电子技术
综合习题集

主　编　吴文全　朱旭芳
副主编　彭　丹　胡秋月　吴尽哲

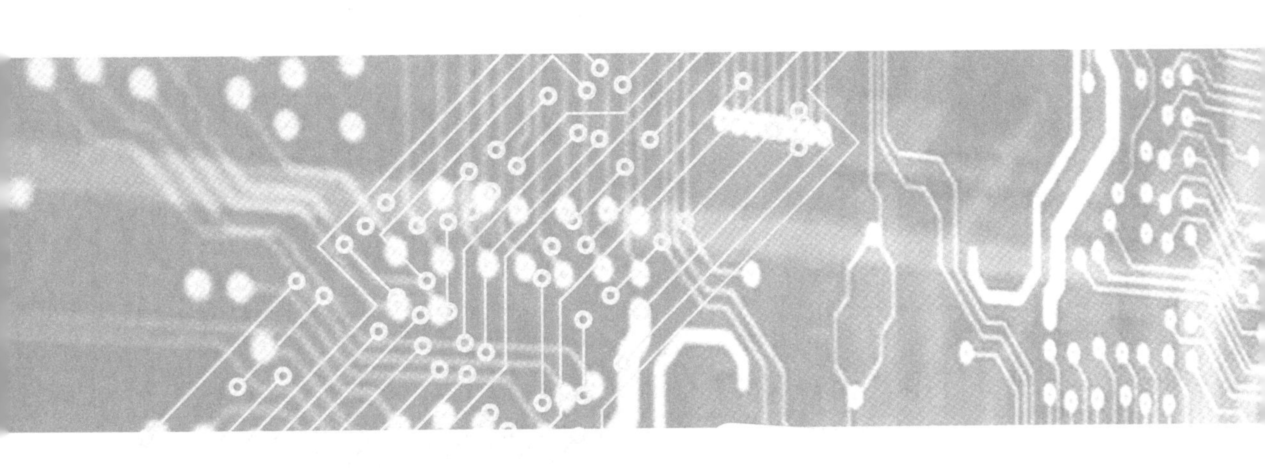

图书在版编目(CIP)数据

电子技术综合习题集/吴文全,朱旭芳主编.—武汉:武汉大学出版社,2023.10

ISBN 978-7-307-18017-8

Ⅰ.电… Ⅱ.①吴… ②朱… Ⅲ.电子技术—习题集 Ⅳ.TN-44

中国国家版本馆 CIP 数据核字(2023)第 096946 号

责任编辑:胡 艳　　责任校对:李孟潇　　版式设计:马 佳

出版发行:**武汉大学出版社**　(430072 武昌 珞珈山)

(电子邮箱:cbs22@whu.edu.cn 网址:www.wdp.com.cn)

印刷:武汉邮科印务有限公司

开本:787×1092　1/16　印张:17.5　字数:415 千字　插页:1

版次:2023 年 10 月第 1 版　2023 年 10 月第 1 次印刷

ISBN 978-7-307-18017-8　定价:58.00 元

前　言

本书是电子技术课程的教学配套用书，也可以独立使用。编写目的是帮助教师更好地教，学生更好地学。本书共分三大部分十四章，第一部分是模拟电子技术，共七章；第二部分是数字电子技术，共四章；第三部分是测试题，共三章。前两部分的每章包含知识脉络、习题详解、扩展题及填空选择题。知识脉络梳理出各章的知识点和前后脉络关系；习题详解对习题进行详细分析和解答；扩展题的难度和层次更高，精选出高难度考试题并提供详细解答；填空选择题是概念原理描述区分题，之所以把填空选择题放在最后，是因为经过熟悉基本知识，通过习题练习进行加强巩固后，再来检验是否真正掌握这些概念原理，这样再回头去学习才更有针对性，效果也更好。

本书由吴文全负责总策划，吴文全、朱旭芳、彭丹、胡秋月、吴尽哲参与编写。

由于受水平和时间所限，书中一定存在不足之处，请大家指正。

编　者

2023 年 4 月

目　　录

第一部分　模拟电子技术部分

第二部分　数字电子技术部分

第三部分　测试题

第一部分

模拟电子技术部分

第一章　二极管及电路

一、知识脉络

本章知识脉络：PN 结形成→二极管特性→二极管电路。

PN 结是 P 型和 N 型半导体通过扩散运动和漂移运动形成的空间电荷区，加封装便成为二极管。二极管主要具有单向导电性和反向击穿特性，主要用于限幅、钳位、整流、稳压、检波等电路。

1. 由于半导体共价键结构，本征半导体具有热敏、光敏和掺杂特性。由于本征激发，在本征半导体中形成了自由电子-空穴对。自由电子带负电，空穴带正电，这种带电粒子称为载流子。(两种载流子)

2. 本征半导体中掺入Ⅴ价元素(如 P、As、Sb)就形成了 N 型半导体，其多子(多数载流子)为自由电子，少子(少数载流子)为空穴；若掺入Ⅲ价元素(如 B、Al、In)就形成了 P 型半导体，其多子为空穴，少子为自由电子。这种杂质半导体的多子浓度取决于掺杂浓度，少子浓度取决于温度，与本征激发有关，且在相同温度下，多子与少子浓度乘积为一定值(多子与少子还会复合)。(两种半导体)

3. 在半导体不同区域掺入Ⅲ价和Ⅴ价元素形成 P 型区和 N 型区，由于扩散运动(由浓度不同引起)和漂移运动(由于电场作用)共同作用，在交界面上形成了一个很薄的空间电荷区，建立了内电场，这就是 PN 结。内电场能够阻止多子的扩散和促使少子的漂移。PN 结的特性主要有单向导电性、反向击穿特性和电容特性。反向击穿特性主要用于稳压管。击穿有雪崩击穿和齐纳击穿两种。(两种运动，产生两种电流——扩散电流和漂移电流以及三种特性)

4. 二极管的伏安特性方程为 $i_D = I_S(e^{\frac{V_D}{V_T}} - 1)$，常温下 $V_T = 26\text{mV}$，二极管主要参数有最大整流电流 I_F、最大反向电压 V_R、反向电流 I_R 等，其中 I_R 受温度影响很大，其值越小越好。温度升高，正向曲线向左移，反向曲线向下移。二极管大信号模型包括理想模型、恒压模型及折线模型。恒压模型应用最广，理想模型是恒压模型的特例，导通电压为 0。折线模型是由导通电阻(200Ω)和门槛电压(V_{th})构成。二极管小信号模型为二极管等效为交流小电阻 r_d，$r_d = 26\text{mV}/I_D$，其中 I_D 为流过二极管的直流电流。(两种模型)

5. 判别二极管是导通还是截止，通常采用开路法，先假设二极管全部开路，然后分析其两端电压 V，$V > V_{D(on)}$，二极管导通，否则截止；若电路存在多个二极管，正偏电压为正且最大的二极管先导通，这个二极管导通后，再分析其他二极管两端的电压，判别这些二极管是导通还是截止。

6. 杂质半导体的电中性。

7. 少子浓度决定反向电流大小。

8. 相同温度下多子与少子浓度之积恒定，若多子多了，则少子就会变少，因为多子与少子会复合。

9. 本征半导体(只有本征激发，导电能力弱)——杂质半导体(多子与少子)——PN结(多子的扩散和少子的漂移达到动态平衡，空间电荷区宽度及内电场强度不变，PN结形成)。

10. 二极管基本应用电路包括限幅、整流、钳位、稳压、门电路等，还用于改变占空比、稳定温漂及电路保护等辅助电路中。

二、习题详解

二极管及电路的习题主要包括：分析二极管构成的限幅、整流、钳位、稳压、门电路；判别二极管是否导通，以及稳压二极管的稳压情况。

1. 电路如图1.1(a)所示，已知 $V_i(t)=10\sin\omega t$(V)，二极管的导通电压为0.7V，$V_1=V_2=2$V，画出输入和输出波形，并标明幅值。

分析：这是一个基本的双向限幅电路，需要分析正负半周情况。

解：当 V_i 为正半周时，D_2 肯定截止，由于二极管有导通电压，当 $V_i\geqslant2.7$V时，D_1 导通，$V_o=2.7$V。当 $V_i<2.7$V时，D_1 截止，$V_o=V_i$。

当 V_i 为负半周时，D_1 肯定截止，由于二极管有导通电压，当 $V_i\leqslant-2.7$V时，D_2 导通，$V_o=-2.7$V。当 $V_i>-2.7$V时，D_2 截止，$V_o=V_i$。输入和输出波形如图1.1(b)所示。

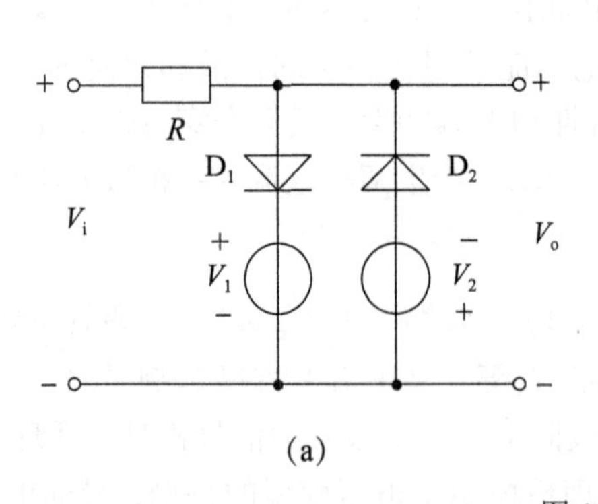

(a)

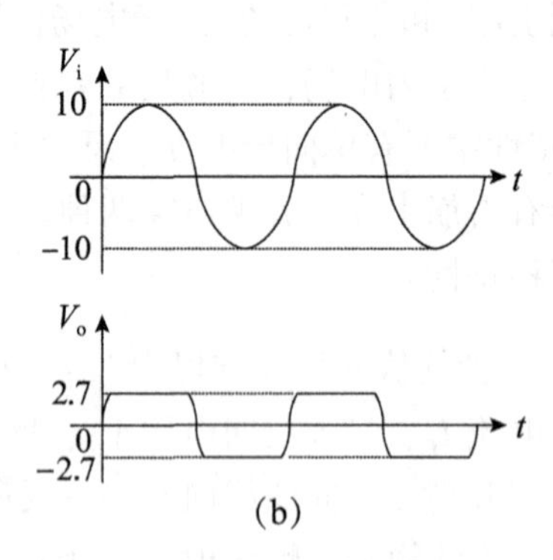

(b)

图1.1

如果不考虑二极管有导通电压，也就是二极管是理想二极管，则 $V_D=0$。当 $V_i\geqslant2$V时，$V_o=2$V。当 $V_i\leqslant-2$V时 $V_o=-2$V。

如果是单向限幅电路，只需要考虑相关的半个周期情况，问题也更简单。

2. 电路如图 1.2(a)所示，说明该电路功能，工作原理及 V_L 与 V_S的关系。

分析：这是一个基本的桥式整流电路，需要分析正负半周情况。

解：在 V_S正半周时，二极管 D_1、D_3 导通，D_2、D_4截止，电流从 $V_{S+}\to D_1\to R_L\to D_3\to V_{S-}$；

在 V_S负半周时，二极管 D_2、D_4导通，D_1、D_3 截止，电流从 $V_{S-}\to D_2\to R_L\to D_4\to V_{S+}$。

这样，整个周期电阻 R_L 上的电压都是上为正下为负。V_L 与 V_S的波形如图 1.2(b)所示。

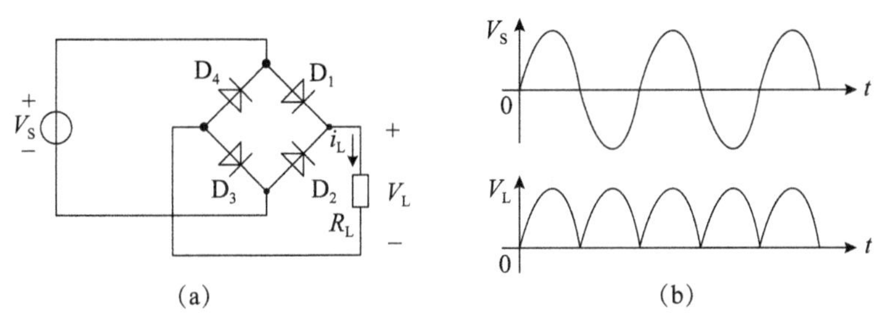

(a)　　　(b)

图 1.2

若 V_S为正弦波，有效值为 V_m，则 $V_L=0.9V_m$。

如果 D_1(或 D_3)、D_2(或 D_4)有一个或一组二极管损坏，则全波整流电路变成半波整流电路。

如果 D_1、D_2、D_3、D_4有一个二极管接反了，电流就不经过 R_L，流过二极管的电流过大容易烧毁二极管。

3. 图 1.3(a)中分析二极管为恒压模型时，v_S为正弦信号，求输出与输入的关系？

分析：这是一个基本的钳位电路，利用二极管单向导电性对电容进行充电。

解：当 v_S为正半周时，v_S通过二极管 D 对电容 C 进行充电，电容 C 上的电压为 V_m(其为 v_S的幅度)，极性为左+、右−。

当 v_S为负半周时，由于二极管 D 的单向导电性，v_S对电容 C 不能充电，电容 C 也不能放电，C 上的电压保持不变，如图 1.3(b)所示。

这样，$v_S=V_m+v_o$，所以 $v_o=-V_m+v_S$。相当于输出是在输入的基础上叠加了$-V_m$，这就是钳位作用。如果二极管反向，钳位的值变为正。

4. 分析如图 1.4 所示电路功能。

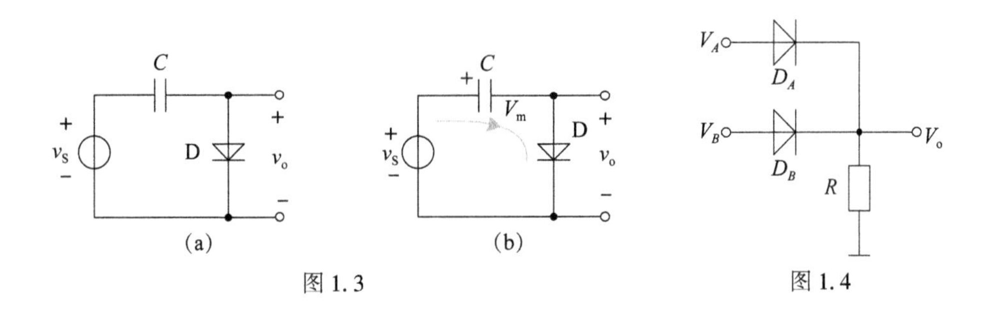

(a)　　　(b)

图 1.3　　　图 1.4

分析：这是一个基本的分立(或)门电路。

解：当 V_A、V_B 均为高电平(如+V_{CC})，二极管 D_A、D_B 都导通，输出 V_o 为高电平；当 V_A 为高电平，V_B 为低电平(如接地)，D_A 导通，D_B 截止，输出 V_o 为高电平；当 V_A 为低电平，V_B 为高电平，D_A 截止，D_B 导通，输出 V_o 仍为高电平；当 V_A、V_B 均为低电平，D_A、D_B 均截止，输出 V_o 才为低电平。

这是一个两输入或门，输入有一个(或两个)高电平，输出为高电平；输入两个都为低电平，输出才为低电平。

类似的还有分立的与门电路。

5. 稳压二极管电路如图 1.5 所示，稳定电压 $V_Z=5$V，稳压管工作电流范围为 10~100mA，$R_L=330\Omega$。(1)若 $R=330\Omega$，求 V_i 的输入范围；(2)若 V_i 的输入范围为 15~30V，求 R 的范围；(3)若 R 为 990Ω，会出现什么情况？

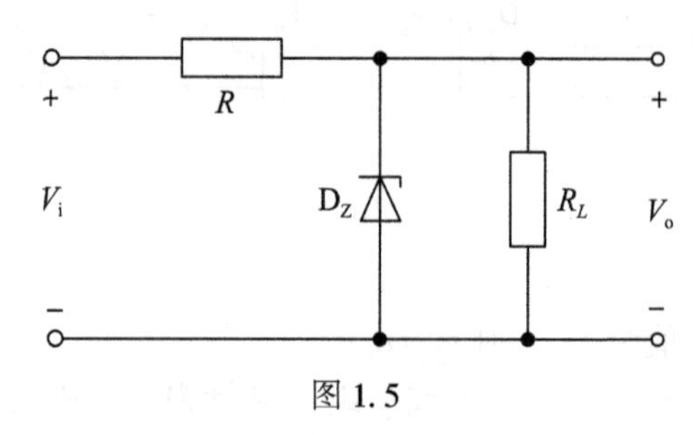

图 1.5

分析：这是一个基本的稳压电路。由于电阻 R 起到限流分压作用，计算出 R 上的电流才能得到其分压值。

解：(1)由于 V_Z 在其工作电流范围内是恒定的，$I_{RL}=V_Z/R_L$。由于 $V_Z=5$V，所以 $I_{RL}=V_Z/R_L=5/330=15.15$(mA)。

已知 $I_{DZ}=10\sim100$mA，由于 $I_R=I_{RL}+I_{DZ}$，所以 I_R 的电流范围为 25.15~115.15mA。

R 上电压为(25.15~115.15mA)×330Ω=8.3~38V。

$V_i=V_R+V_Z$。所以 V_i 的输入范围 13.3~43V。

(2)由于 $V_i=V_R+V_Z$，所以 $V_R=V_i-V_Z=10\sim25$V。而 $I_{RL}=V_Z/R_L=5/330=15.15$(mA)。

又由于 $I_R=I_{RL}+I_{DZ}$，而 $I_{DZ}=10\sim100$mA，这样 $I_R=I_{RL}+I_{DZ}=25.15\sim115.15$mA。

所以 R 的范围为 $V_{R\max}/I_{R\max}\sim V_{R\min}/I_{R\min}=25\text{V}/115.15\text{mA}\sim10\text{V}/25.15\text{mA}\approx220\sim400\Omega$。

(3)当 $R=990\Omega$，稳压管开路时 $V_o=\dfrac{R_L}{R+R_L}V_i=\dfrac{1}{4}V_i$。当 $V_i\leqslant20$V 时，$V_o\leqslant5$V，稳压管不起稳压作用。当 $V_i\geqslant20$V 时，$V_o\geqslant5$V，稳压管才起稳压作用。

6. 判断如图 1.6(a)的二极管是否导通，并求 V_{Ao} 的值。设 $V_{D(ON)}=0.7$V。

分析：这是二极管导通判断问题。对于两个二极管导通判断，先将两个二极管都断开，再将公共端接地，分别求出两个二极管阳极与阴极的电压差，电压差为正且值大的先导通，导通后再求出另一个二极管阳极与阴极的电压差，判断其是否导通。较复杂电路的二极管导通判断也是这样的方法，断开二极管，分别计算出二极管阳极和阴极的电压，与导通电压比较确定是否导通。

解：先断开 D_1、D_2 阳极与阴极，12V 电源阴极接地，D_1 的阳极电压为 12V，阴极电压为 0，D_1 的阳极与阴极电压差为 12V。D_2 的阳极电压为 12V，阴极电压为-6V，D_2 的阳极与阴极电压差为 18V。如图 1.6(b)所示。所以 D_2 先导通。D_2 导通后，D_1 的阳极电压为-5.3V，阴极电压还是 0，D_2 不导通，如图 1.6(c)所示，$V_{Ao}=0.7-6=-5.3(V)$。

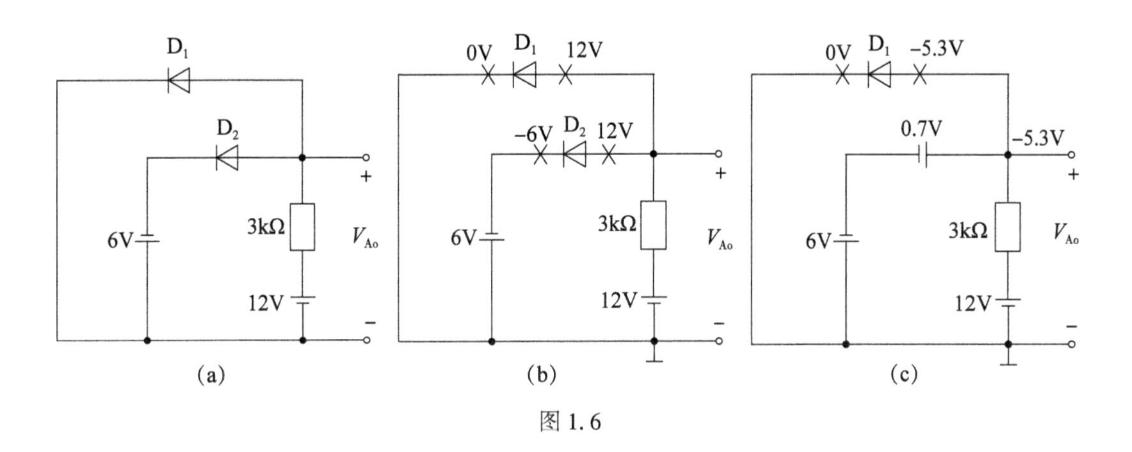

图 1.6

7. 现有两只稳压管，稳定电压分别为 5.3V 和 6.2V，正向导通电压为 0.7V，试问：将它们串联相接，可以得到几种稳压值，各为多大？并联情况又是如何？

分析：这是稳压管的串并联问题，稳压管反向稳压，正向导通，在输入足够大时不同稳压管反向稳压值不同，但正向导通时导通电压都相同。

解：串联时有四种情况：两管都反向、两管都正向、一管正向一管反向、另一管正向另一管反向，如图 1.7(a)～(d)所示。

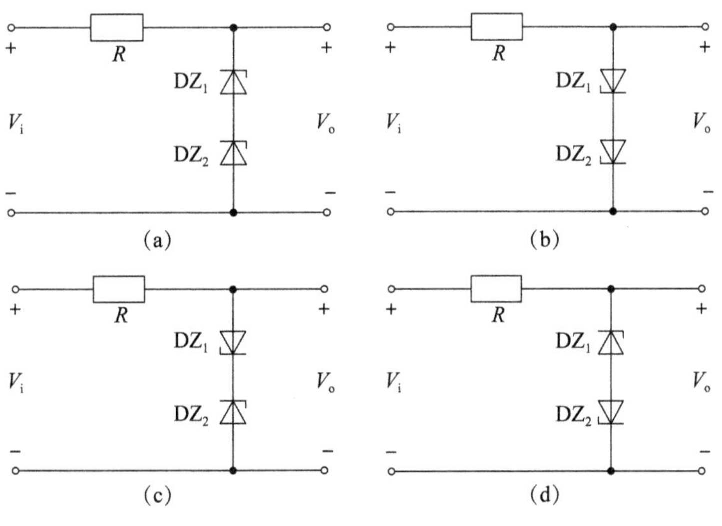

图 1.7

假如 DZ_1 的稳压值为 5.3V，DZ_2 的稳压值为 6.2V，则图 1.7(a)中的稳压值为 5.3+6.2=11.5(V)，图 1.7(b)中的稳压值为 0.7+0.7=1.4(V)，图 1.7(c)中的稳压值为 5.3+0.7=6(V)，图 1.7(d)的稳压值为 6.2+0.7=6.9(V)。

不同电压串联时电压值相加。

并联时有四种情况：两反相并、两正相并、两个一正一反相并。如图 1.8(a)~(d)所示。

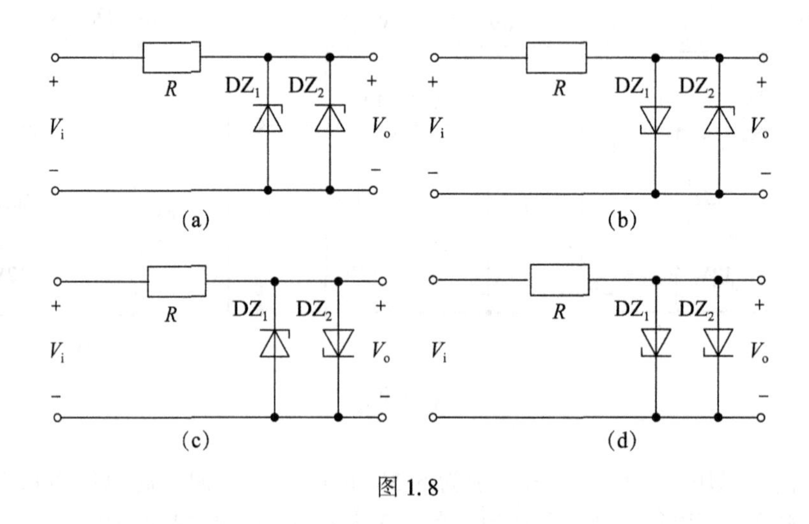

图 1.8

假如 DZ_1 的稳压值为 5.3V，DZ_2 的稳压值为 6.2V，则图 1.8(a)中的稳压值为 5.3V，图 1.8(b)中的稳压值为 0.7V，图 1.8(c)中的稳压值为 0.7V，图 1.8(d)中的稳压值为 0.7V。

不同值电压并联时输出电压为小电压值。

三、扩展题

二极管及电路的扩展部分主要是加强二极管的伏安特性及导通情况的分析。

1. 已知硅二极管的正向电压为 0.6V 时的正向电流为 10mA，若正向电压增大到 0.66V，则正向电流增大到多大?

解：根据二极管 V-I 公式 $i_D=I_S(e^{\frac{V_D}{V_T}}-1)$，$V_T=26\text{mV}$，$ie^{\frac{V_D}{V_T}}>>1$，$i_D=I_S\times e^{\frac{V_D}{V_T}}$，$10\text{mA}=I_S\times e^{\frac{0.6\text{V}}{26\text{mV}}}$，$I=I_S\times e^{\frac{0.66\text{V}}{26\text{mV}}}$。

两式相比得：$I=10\text{mA}\times e^{\frac{60\text{mV}}{26\text{mV}}}\approx100\text{mA}$。这是根据公式计算得到，不是猜想得到的，还有个类似的题型。

用一节 1.5V 的干电池正向接在 V–I 为 $i_D=20\times10^{-12}\left(e^{\frac{V_D}{V_T}}-1\right)$的二极管两端，计算 i_D，该值与实际相符吗，为什么?(已知 $V_T=26\text{mV}$)

将 $V_D=1.5\text{V}$ 代入 $i_D=20\times10^{-12}\times\left(e^{\frac{V_D}{V_T}}-1\right)$，计算得 $i_D=2.27\times10^{14}$A。实际上，流过二极管电流一旦超过允许的最大整流电流，二极管就会被烧毁。

2. 二极管电路如图 1.9 所示，求流过二极管的电流及 A 点的电位。设二极管的导通电压为 0.7V。

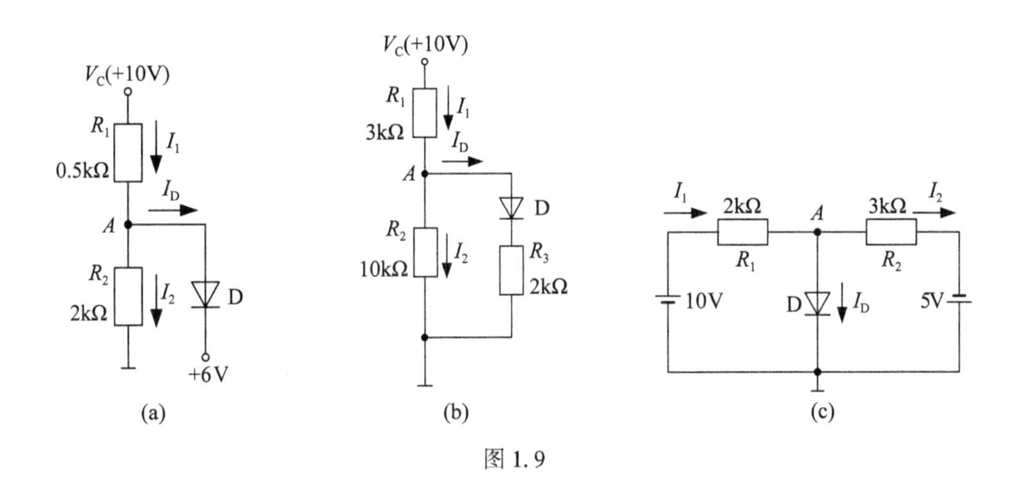

图 1.9

解：图 1.9(a) 中先断开二极管，可计算得 A 点电压为 8V，大于 6+0.7=6.7(V)，所以 D 导通，这时 A 点钳位在 6.7V 上。$I_D=I_1-I_2=(10-6.7)/500-6.7/2000=3.25(\text{mA})$。

先要确定 D 导通，然后 A 点钳位于 6.7V。

图 1.9(b) 中先断开二极管，可计算得 A 点电压为 7.7V。D 导通。$I_1=I_D+I_2$，即

$$\frac{10-V_A}{3000}=\frac{V_A}{10000}+\frac{V_A-0.7}{2000}$$

计算得：$V_A\approx3.95\text{V}$，$I_D=1.625\text{mA}$。

同样先要判断二极管导通，然后根据电流关系计算。

图 1.9(c) 中先断开二极管，可计算得 A 点电压为 4V。D 导通。$I_D=I_1-I_2$。

$$I_D=\frac{10-0.7}{2000}-\frac{5+0.7}{3000}=2.75(\text{mA}),\quad V_A=0.7\text{V}$$

3. 设输入电压为 $v_i=5\sin\omega t(\text{V})$，二极管为恒压模型，画出图 1.10(a)～(d) 的输入、输出电压 v_o 的波形。

解：图 1.10(a)：$v_i=5\sin\omega t(\text{V})$，二极管为恒压模型。

当 $v_i>3+0.7(\text{V})$ 时，$v_o=v_i-3.7(\text{V})$；

当 $v_i<3+0.7(\text{V})$ 时，$v_o=0$。

输入输出电压波形如图 1.11(a) 所示。

图 1.10(b)：当 $v_i>-3+0.7(\text{V})$ 时，$v_o=v_i-2.3(\text{V})$；

当 $v_i<-3+0.7(\text{V})$ 时，$v_o=0$。

输入输出电压波形如图 1.11(b) 所示。

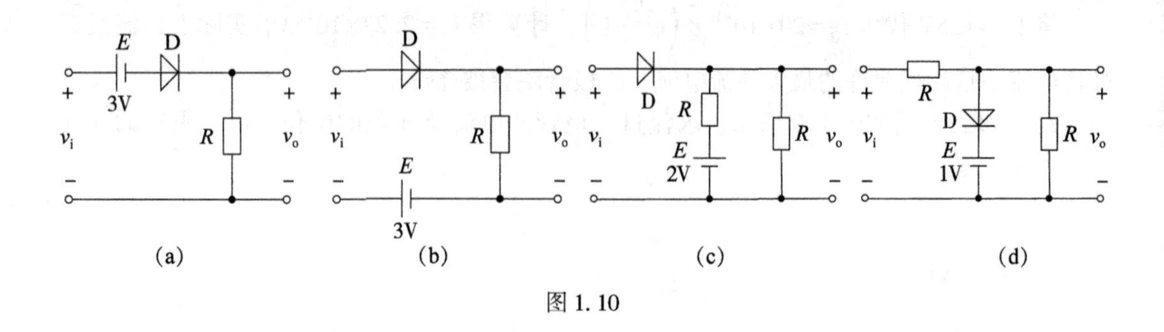

图 1.10

图 1.10(c)：当 v_i>1.7V 时，$v_o=v_i-0.7$(V)；

当 v_i<1.7V 时，v_o=1V。

输入输出电压波形如图 1.11(c)所示。

图 1.10(d)：当 v_i>3.4V 时，v_o=1.7V；

当 v_i<3.4V 时，$v_o=v_i/2$。

输入输出电压波形如图 1.11(d)所示。

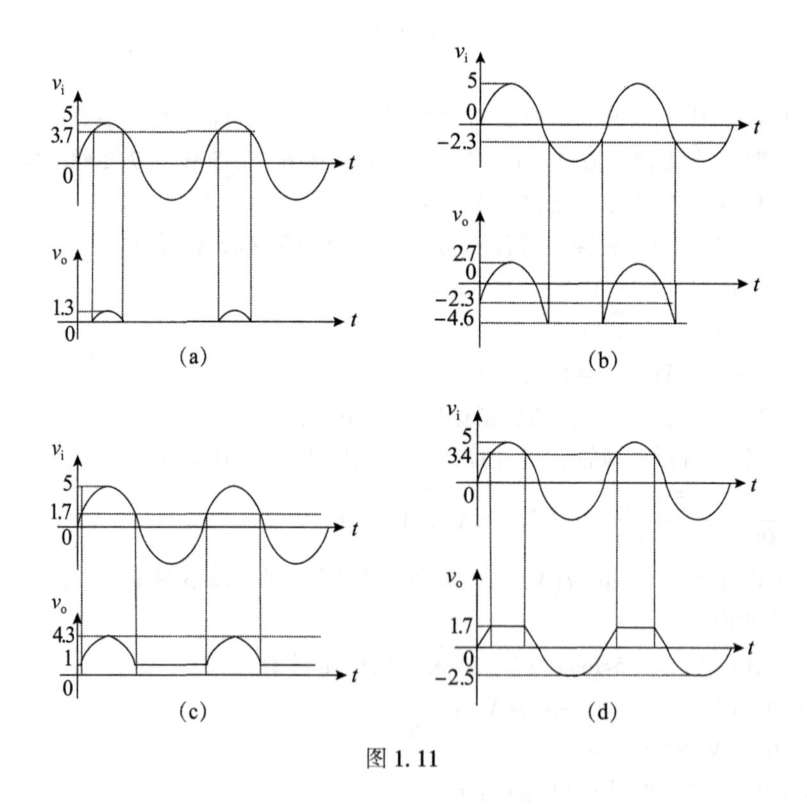

图 1.11

4. 如图 1.12 所示的二极管为理想二极管，小灯泡功率都相同，V_1分别为直流和交流电压时，灯 A、B、C 哪盏最亮?

解：当V_1为直流电压时D_1、D_3导通，D_2截止，只有灯*B*亮；

而V_1为交流电压时正半周D_1、D_3导通，D_2截止，只有灯*B*亮，V_1为交流电压时负半周D_1、D_3截止，D_2导通，灯*A*、*C*都亮，但在一个周期中，*B*灯更亮。

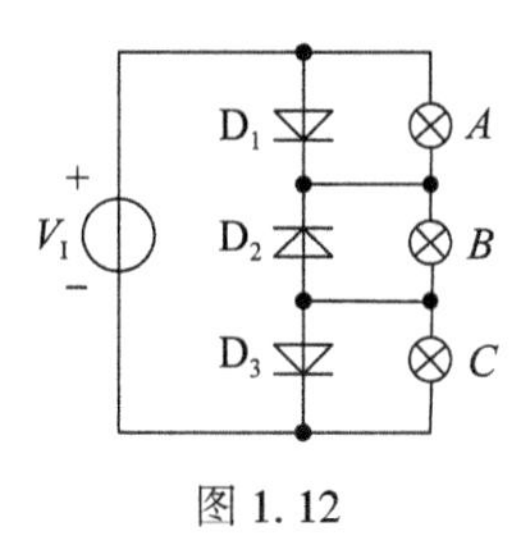

图 1.12

5. 电路如图 1.13(a)所示，二极管为理想器件，输入电压从0变化到140V，画出输出电压的传输特性。

解：若D_1截止D_2导通时，*A*点的电压为60V。

当输入V_i小于60V时，D_1截止D_2导通，输出V_o为60V。

当输入V_i大于60V而小于120V时，D_1、D_2导通，输出V_o等于输入V_i。

当输入V_i大于120V时，D_1导通D_2截止，输出V_o为120V。

输出的电压传输特性如图 1.13(b)所示。

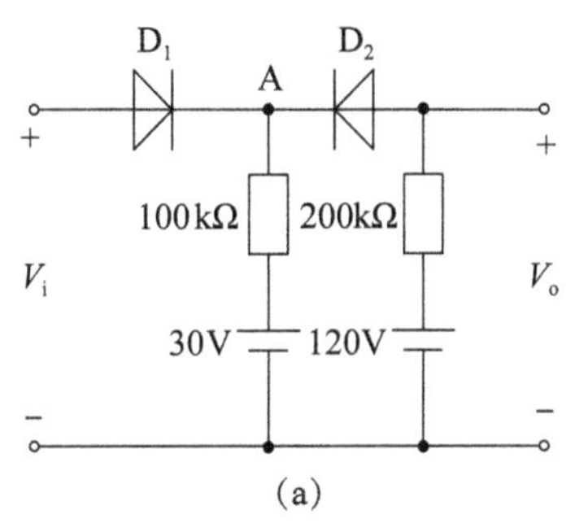

(a)

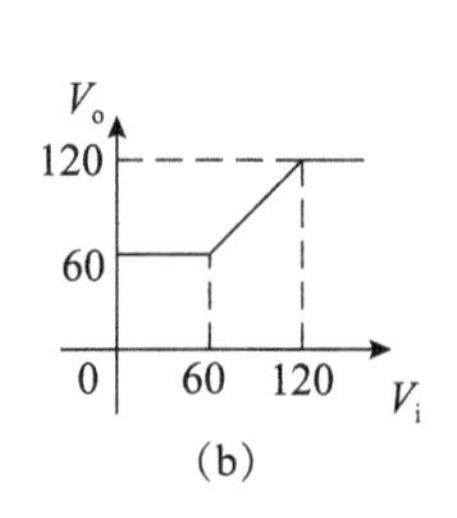

(b)

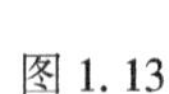
图 1.13

四、填空选择题

二极管及电路的填空选择部分主要是用来考查对PN结、二极管等概念原理的简洁描述和准确区分，避免混淆。

1. 杂质半导体中的少子是由(　　)产生，少子的浓度与(　　)有关。

2. PN结中的扩散电流主要与(　　)有关。

3. 二极管的主要特性是(　　)，它的两个主要参数是反映正向特性的(　　)和反映反向特性的(　　)。

4. 温度升高，二极管的饱和电流将(　　)变化。

5. 稳压二极管工作于(　　)状态。

6. N型半导体是本征半导体中掺入V价元素形成的，其多子为(　　)。

7. 二极管的反向电流越小越(　　)，温度升高10℃，其值增大(　　)。

8. 杂质半导体中，多子的浓度主要取决于(　　)。

A. 温度　　B. 掺杂工艺　　C. 杂质浓度　　D. 扩散速度

9. PN 结的外电场与内电场方向相同，则漂移电流(　　)扩散电流。

A. 大于　　B. 小于　　C. 等于　　D. 不能确定

10. 用同一块模拟万用表"×100"和"×1K"两个挡位测量同一个二极管的正向电阻，测量结果(　　)。

A. "×1K"值大　　B. "×1K"值小　　C. 结果相同　　D. 不能确定

11. 通常不宜使用模拟万用表"×10K"挡测量二极管正向电阻的原因是(　　)。

A. 电压太大　　B. 内阻太大　　C. 电流太大　　D. 电流太小

12. 当一个硅材料 PN 结加反向电压时，它的耗尽层变宽，势垒增强。因此，其扩散电流为(　　)

A. 0A　　B. 无穷大　　C. 毫安数量级　　D. 微安数量级

13. 把一个二极管直接与一个电动势为 1.5V、内阻为 0 的干电池正向连接，该管(　　)。

A. 击穿　　B. 电流过大使管子烧坏

C. 电流为毫安数量级　　D. 电流为微安数量级

14. 温度升高 PN 结的正向导通电压 $V_{BE(on)}$ 会(　　)。

A. 升高　　B. 降低　　C. 先升后降　　D. 先降后升

15. 判断二极管性能好坏的重要依据是(　　)。

A. 正向导通电压的大小　　B. 反向击穿电压的大小

C. 反向饱和电流的大小　　D. 最大正向电流的大小

16. 简单的硅稳压管稳压电路之所以能稳压，一是利用稳压管的稳压性能，二是(　　)能起到调压作用。

A. 变压器副边　　B. 稳压管　　C. 负载电阻　　D. 限流电阻

◎ 参考答案

1. 本征激发，温度　　2. 浓度差

3. 单向导电性，最大平均整流电流 I_F，最大反向工作电压 V_R　　4. 增大

5. 反向击穿　　6. 自由电子　　7. 好，1 倍　　8. C　　9. A

10. A(模拟万用表挡位大的内阻小)　　11. C(内阻太小，形成电流过大，容易烧毁)

12. A　13. B　14. B　15. C　16. D

第二章 三极管及电路

一、知识脉络

本章知识脉络：从三极管器件到三极管电路，从静态到动态分析，从原理到应用，从中频到低频和高频。应用估算法、图解法和微变等效分析从共发、共基和共集三种基本组态电路到分析差放、功放和电流源等应用电路。三极管放大的基本概念主要在器件里面，如放大的特性，怎么实现放大，放大会产生怎样的失真等。重点在于分析各种放大电路。

1. 三极管根据材料分硅管和锗管，根据结构分为 NPN 型和 PNP 型，有两个 PN 结——发射结和集电结，有三个区——发射区、基区和集电区，有三个电极——发射极 e、基极 b 和集电极 c。由于内部特殊结构(发射区高掺杂、基区薄且掺杂低、集电结面积大)，发射结与集电结不能互换，两个二极管不能组成一个三极管，三极管具有电流放大作用不同于二极管的单向导电性。由于两种载流子参与导电，又叫双极型器件。

2. 三极管有三种工作模式：放大、饱和与截止模式。

放大模式：发射结正偏，集电结反偏；

饱和模式：发射结正偏，集电结正偏；

截止模式：发射结反偏，集电结反偏。

对于放大模式，电流满足 $i_E=i_C+i_B$ 及 $i_C=\beta\times i_B$ 关系；

对于放大模式，电压满足：NPN 管 $V_C>V_B>V_E$；PNP 管 $V_E>V_B>V_C$。B、E 之间电压差 0.7V(硅管)或 0.2V(锗管)。这种电压关系是由外围电路来满足的。

3. 三极管有三种组态(连接方式)：共发射极、共基极和共集电极。共某个极可以这样理解，以某个极为公共端接地，信号从另外两个极流入和流出(信号的传递方式)。

4. 三极管有输入和输出特性曲线，输入特性曲线与二极管的伏安特性曲线类似，输出特性曲线分为四个区，饱和、放大、截止和击穿区。放大区满足 $i_C=\beta i_B$ 关系。

5. 线性失真包括幅度和相位失真，由于电路带宽限制，不同频率信号的幅度增益及时延不同而产生。单一频率的信号不会产生线性失真。

非线性失真是由于电路的非线性引起的，会产生新的频率分量。

截止失真是由于静态工作点 Q 点偏低(接近截止区)引起的，i_c 是负半周出现截止而失真，v_o 是正半周出现截止而失真。

饱和失真是由于静态工作点 Q 点偏高(接近饱和区)引起的，i_c 是正半周出现饱和而失真，v_o 是负半周出现饱和而失真。

大信号失真是由于输入信号太大而使得输出信号正负半周都出现截止失真。

交越失真是由于输入信号克服功放管的导通电压而导致的失真。

6. 放大电路的输入端等效于一个电阻 R，输出端等效于一个受控源和它的内阻。受控源又分受控电压源和受控电流源。

7. 直流通路是直流电流流经的回路，求静态工作点时先要画直流通路。

画直流通路时只要将电容开路，电感短路，其他不变。

直流通路有三种基本模式，基极偏置电路如图 2.1(a)所示，基极分压发射极偏置电路如图 2.1(b)所示，双电源电路如图 2.1(c)所示。

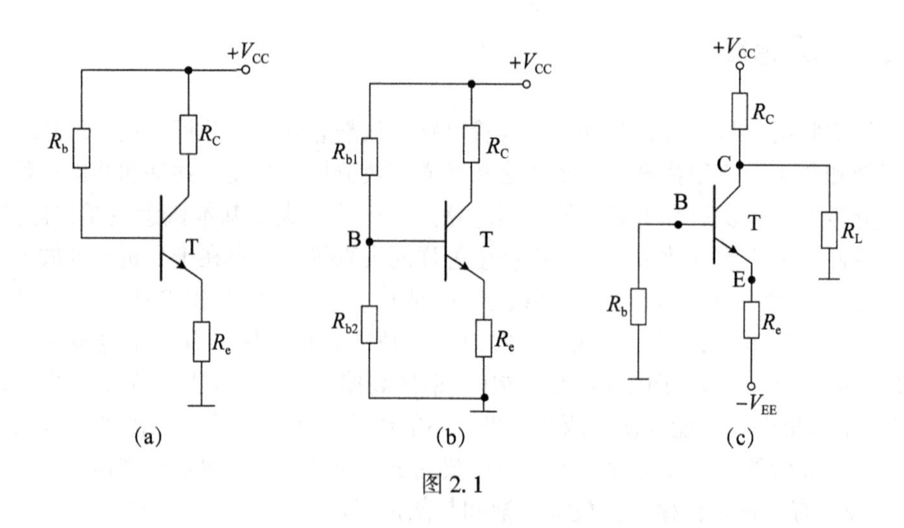

图 2.1

图 2.1(a)：先计算 I_{BQ}，$I_{BQ}=\dfrac{V_{CC}-V_{BEQ}}{R_b+(1+\beta)R_e}$，$I_{CQ}=\beta\cdot I_{BQ}$，$I_{EQ}=(1+\beta)\cdot I_{BQ}$。

再计算 V_{CEQ}，$V_{CEQ}=V_{CC}-I_{CQ}R_C-I_{EQ}R_e$，若 $V_{CEQ}>V_{CES}$，该电路放大状态；若 $V_{CEQ}<V_{CES}$，该电路饱和状态。

图 2.1 (b)：先计算 B 点电压，然后计算 I_{EQ}。$V_B=\dfrac{R_{b2}}{R_{b1}+R_{b2}}V_{CC}$，$I_{EQ}=\dfrac{V_B-V_{BEQ}}{R_e}$，$I_{BQ}=\dfrac{I_{EQ}}{\beta+1}$，$I_{CQ}=\beta\cdot I_{BQ}$。再计算 V_{CEQ}，$V_{CEQ}=V_{CC}-I_{CQ}R_C-I_{EQ}R_e$，若 $V_{CEQ}>V_{CES}$，该电路放大状态；若 $V_{CEQ}<V_{CES}$，该电路饱和状态。

图 2.1 (c)：先计算 I_{BQ}，$I_{BQ}=\dfrac{V_{EE}-V_{BEQ}}{R_b+(1+\beta)R_e}$，$I_{CQ}=\beta\cdot I_{BQ}$，$I_{EQ}=(1+\beta)\cdot I_{BQ}$。

然后计算 C 和 E 点电压，$V_C=\dfrac{(V_{CC}-I_{CQ}R_C)R_L}{R_C+R_L}$。$V_E$的值可以通过 R_b来计算，也可以通过 R_e来计算。$V_E=V_B-V_{BEQ}=-I_{BQ}R_b-V_{BEQ}$，或 $V_E=-V_{EE}+I_{EQ}R_e$。再计算 V_{CEQ}。

8. 交流通路是交流电流流经的回路，求动态特性时先要画交流通路。

画交流通路时要将电容短路，电压(源)接地，电流(源)开路。

9. 三极管简化模型：

b、e 之间用 r_{be} 表示，r_{be} 上的电流为 i_b，方向从 b 到 e；
c、e 之间用 $i_c=\beta i_b$ 表示，电流 i_c 方向从 c 到 e。

$r_{be}=200+(1+\beta)\dfrac{26\text{mV}}{I_{EQ}\text{mA}}=200+\dfrac{26\text{mV}}{I_{BQ}\text{mA}}(\Omega)$。

10. 三极管三种组态放大电路分析：
(1)共发射极放大电路(包含发射极电阻 R_e)，如图 2.2(a)所示。

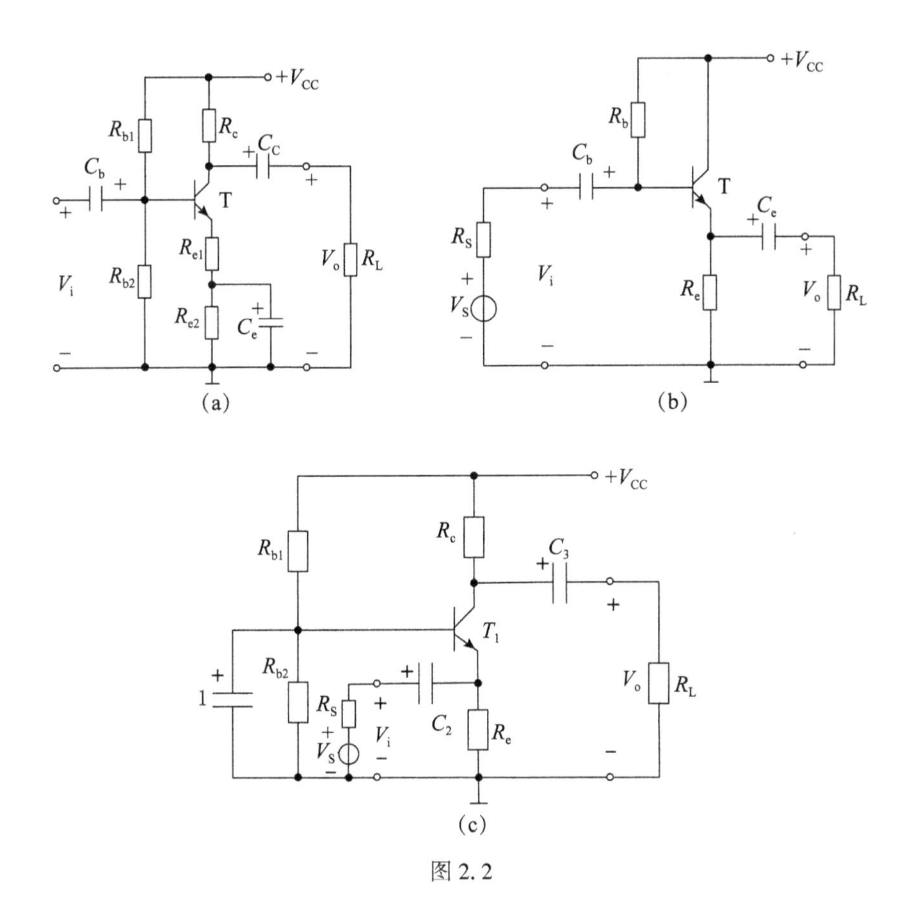

图 2.2

$$A_V=-\frac{\beta(R_C /\!/ R_L)}{r_{be}+(1+\beta)R_{e1}},$$

$R_i=r_{be}+(1+\beta)R_{e1}$,

$R_o=R_C$。

电流增益为 β，输出与输入瞬时极性相反。

(2)共集电极放大电路，如图 2.2(b)所示。

$$A_V=\frac{(1+\beta)(R_e /\!/ R_L)}{r_{be}+(1+\beta)(R_e /\!/ R_L)},$$

$R_i=R_b /\!/ [r_{be}+(1+\beta)(R_e /\!/ R_L)]$,

$R_o = R_e \parallel \dfrac{r_{be} + R_S \parallel R_b}{1 + \beta}$。

电压增益略小于1，约等于1，电流增益为β+1，又称电压跟随器，起到隔离、缓冲及阻抗变换作用。

(3)共基极放大电路，如图2.2(c)所示。

$A_V = \dfrac{\beta(R_C \parallel R_L)}{r_{be}}$，$R_i = R_e \parallel \dfrac{r_{be}}{1 + \beta}$，

$R_o = R_C$，电流增益为α。

11. 差分放大电路，如图2.3所示。

差模双端输出：$A_V = -\dfrac{\beta\left(R_C \parallel \dfrac{R_L}{2}\right)}{R_b + r_{be}}$，$R_i = 2(R_b + r_{be})$，$R_o = 2R_C$。

差模单端输出：$A_V = \pm\dfrac{\beta(R_C \parallel R_L)}{2(R_b + r_{be})}$，$R_i = 2(R_b + r_{be})$，$R_o = R_C$。

共模双端输出：$A_V = 0$。

共模单端输出：$A_V = -\dfrac{\beta(R_C \parallel R_L)}{R_b + r_{be} + 2(1 + \beta)R_e}$，$R_i = \dfrac{1}{2}[r_{be} + R_b + 2(1 + \beta)R_e]$，

$R_o = R_C$。

12. 乙类双电源互补对称功放，如图2.4所示。

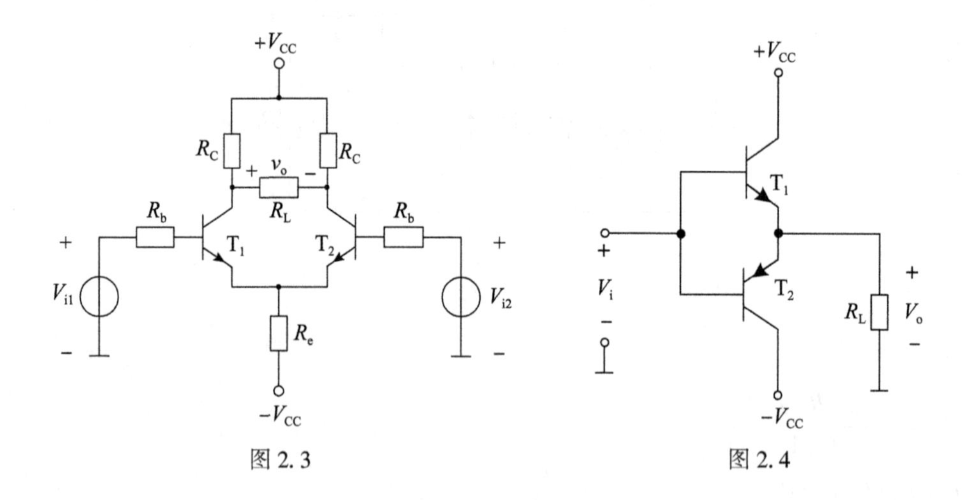

图2.3　　图2.4

$P_o = \dfrac{V_{om}^2}{2R_L}$，$P_E = \dfrac{2V_{CC}V_{om}}{\pi R_L}$。

13. RC电路的低频响应(高通)和高频响应(低通)。

(1)RC构成的高通电路的低频响应，如图2.5(a)所示。

$$A_{VL}=\frac{V_o}{V_i}=\frac{R}{R+\frac{1}{j\omega C}}=\frac{1}{1-j\frac{f_L}{f}}=\frac{1}{1+\frac{f_L}{jf}}=\frac{\frac{jf}{f_L}}{1+\frac{jf}{f_L}}。$$

其中，$f_L=\frac{1}{2\pi RC}$。

其幅频和相频特性曲线如图 2.5(b)所示。

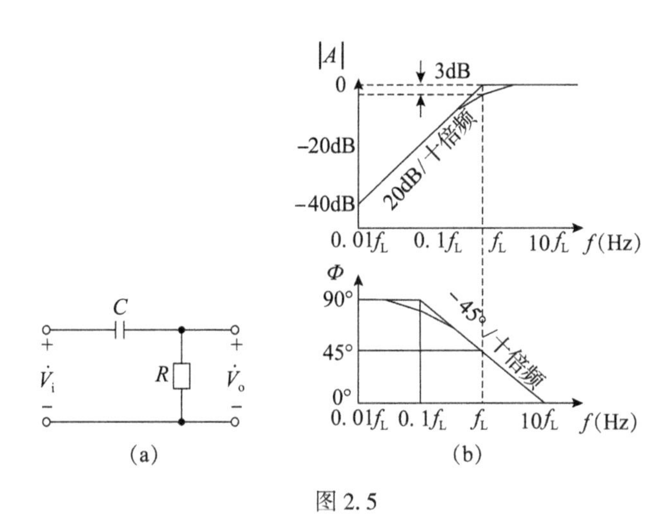

图 2.5

(2)RC 构成的低通电路的高频响应，如图 2.6(a)所示。

$$A_{VH}=\frac{v_o}{v_i}=\frac{\frac{1}{j\omega C}}{R+\frac{1}{j\omega C}}=\frac{1}{1+j\frac{f}{f_H}}=\frac{1}{1+\frac{jf}{f_H}},$$

其中，$f_H=\frac{1}{2\pi RC}$。

其幅频和相频特性曲线如图 2.6(b)所示。

14. 共发射电路的低频、高频响应。

(1)共发射电路的低频响应。

电路如图 2.7(a)所示，低频响应主要考虑耦合电容 C_{b1}、C_{b2}和旁路电容 C_e的影响。

合理近似，$R_b=R_{b1}/\!/R_{b2}>>R_{si}$，$\frac{1}{\omega C_e}\ll R_e$。

画微变等效电路时忽略 R_b、R_e的影响，输入回路电容包含 C_{b1}和 C_e，如图 2.7(b)所示，电阻包含 R_{Si}和 r_{be}，C_e需要折算到基极为 $\frac{C_e}{1+\beta}$，这样基极回路的总电容为 $C_i=\frac{C_{b1}C_e}{(1+\beta)C_{b1}+C_e}$。$C_e$ 对输出回路可以忽略，可将输入和输出回路分开，如图 2.7(c)所示。

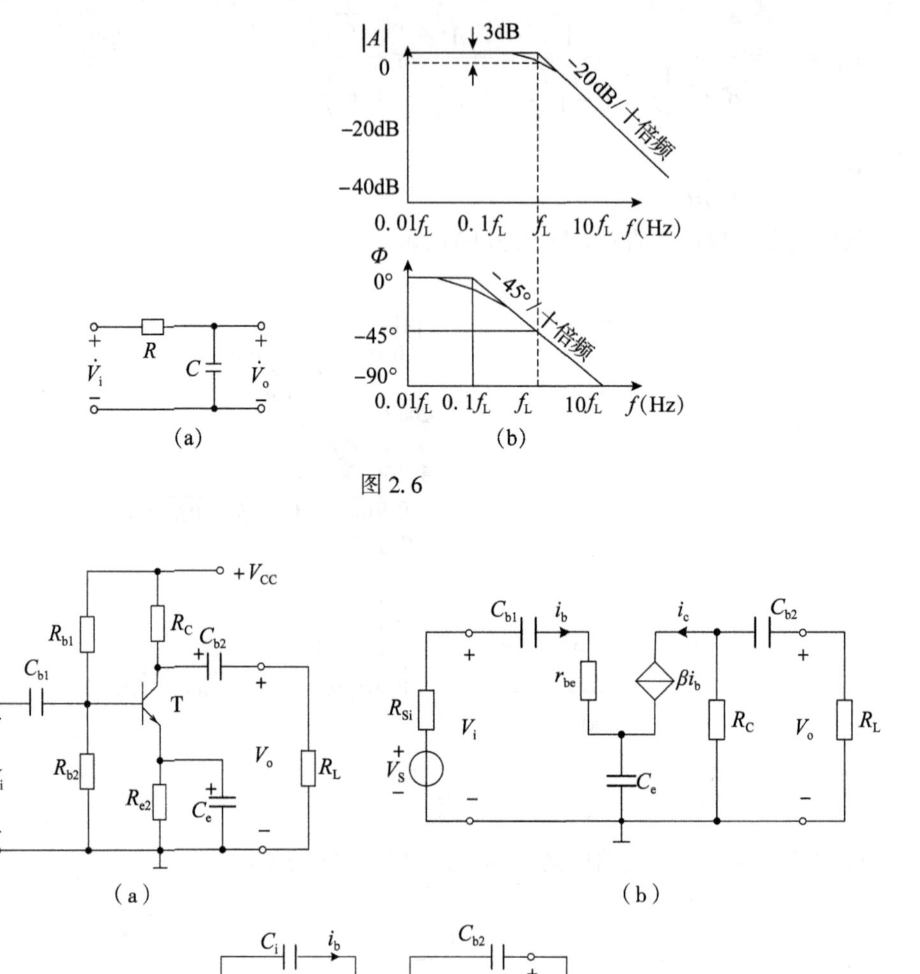

图 2. 6

图 2. 7

这样就可以得到共发射电路的低频响应电压增益

$$A_{\mathrm{VSL}}=A_{\mathrm{VSM}}\frac{1}{1-\mathrm{j}\dfrac{f_{\mathrm{L1}}}{f}}\frac{1}{1-\mathrm{j}\dfrac{f_{\mathrm{L2}}}{f}},$$

其中，$A_{\mathrm{VSM}}=-\dfrac{\beta(R_{\mathrm{C}}\,/\!/\,R_{\mathrm{L}})}{r_{\mathrm{be}}+R_{\mathrm{si}}}$，

$f_{L1}=\dfrac{1}{2\pi(R_{si}+r_{be})\,C_i}$，$C_i=\dfrac{C_{b1}C_e}{(1+\beta)C_{b1}+C_e}$，$f_{L2}=\dfrac{1}{2\pi(R_C+R_L)C_{b2}}$。

(2)共发射电路的高频响应三极管的高频小信号模型：

高频电路耦合电容 C_{b1}、C_{b2}和旁路电容 C_e视为短路，主要考虑结电容 $C_{b'e}$、$C_{b'c}$和体电阻 $r_{bb'}$、结电阻 $r_{b'e}$的影响，如图 2.8(a)所示。

共发射电路的高频小信号等效电路如图 2.8(b)所示。

由于 $C_{b'c}$跨接在输入和输出之间，需通过密勒定理进行变换。可以得到 $C_{b'c}$在输入和输出端得到密勒等效电容 C_{M1}和 C_{M2}，$C_{M1}=(1+g_m R'_L)C_{b'c}$，$C_{M2}$很小，忽略不计，如图 2.8(c)所示。

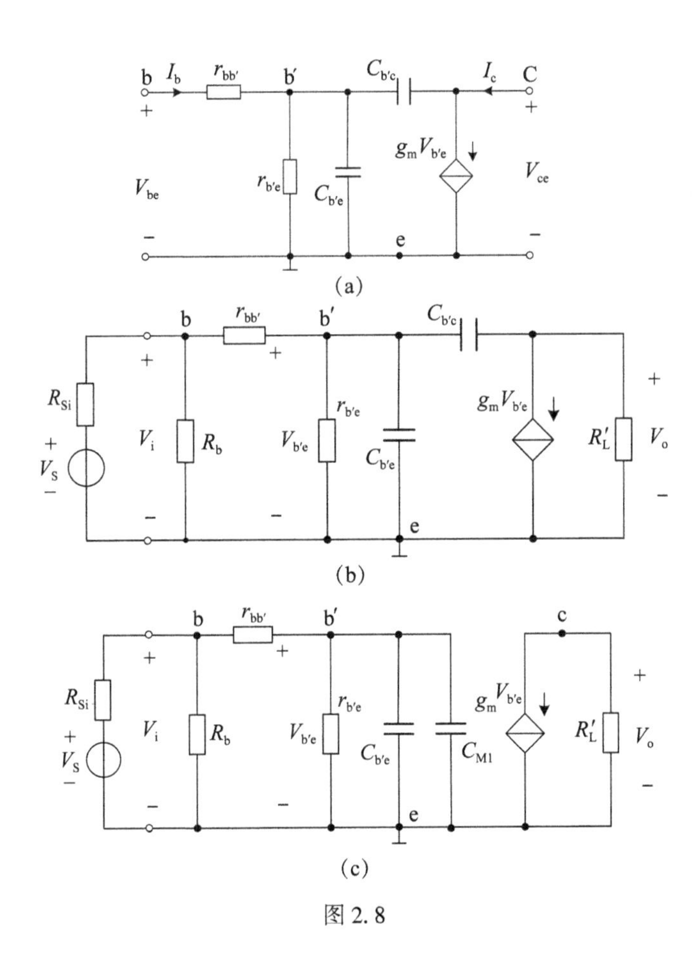

图 2.8

这样就可以得到共发射电路的高频响应电压增益

$$A_{VSH}=A_{VSM}\frac{1}{1+j\dfrac{f}{f_H}},$$

$$A_{VSM}=-\frac{g_m R'_L r_{b'e}}{r_{be}}\ \frac{R_b\ /\!/\ r_{be}}{R_{Si}+R_b\ /\!/\ r_{be}},\ g_m=\frac{I_{EQ}}{26\text{mV}},\ f_H=\frac{1}{2\pi RC},$$

其中，$R=r_{b'e}\ /\!/\ (r_{bb'}+R_b\ /\!/\ R_{Si})$，$C=C_{b'e}+(1+g_m R'_L)C_{b'c}$。

15. 电流源有镜像电流源、微电流源、比例电流源和威尔逊电流源等，在直流工作状态时电流源作为偏置电流使用，具有精度高、热稳定性好等特点。在交流工作状态时作为有源负载使用，具有负载大的特点(理想情况→∞)。

镜像电流源如图 2.9(a)所示，T_0 和 T_1 特性完全相同。

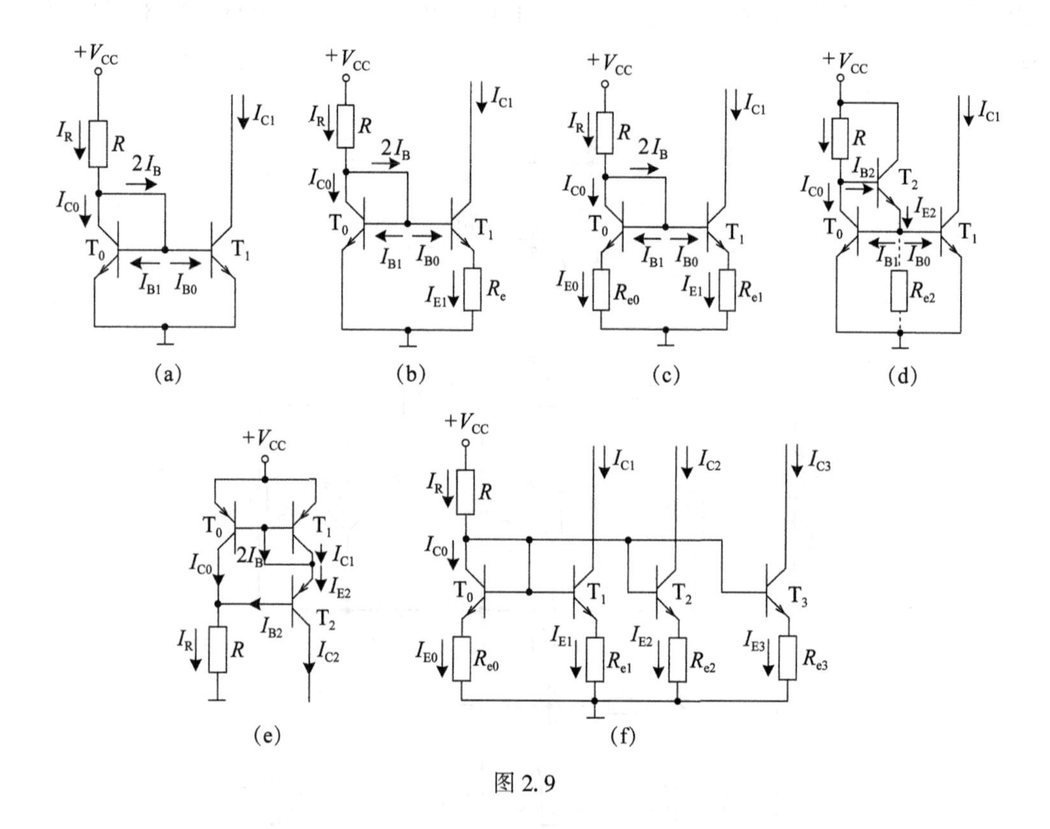

图 2.9

$$I_R=\frac{V_{CC}-V_{BEQ}}{R},\ I_C=I_R\frac{\beta}{\beta+2}\approx I_R。$$

微电流源如图 2.9(b)所示，$I_R=\dfrac{V_{CC}-V_{BEQ}}{R}$，$I_{C1}\approx\dfrac{V_T}{R_e}\ln\dfrac{I_R}{I_{C1}}$。

$V_{BE0}-V_{BE1}=I_{E1}\times R_e$，PN 结电流 $I_D\approx I_S e^{\frac{V_D}{V_T}}$，变换得$\dfrac{V_D}{V_T}=\ln\dfrac{I_D}{I_S}$，即 $V_D=V_T\ln\dfrac{I_D}{I_S}$。

$V_{BE0}=V_T\ln\dfrac{I_R}{I_S}$，$V_{BE1}=V_T\ln\dfrac{I_{C1}}{I_S}$，$V_{BE0}-V_{BE1}=V_T\ln\dfrac{I_R}{I_{C1}}=I_{E1}\times R_e\approx I_{C1}\times R_e$，这样就得到 $I_{C1}\approx\dfrac{V_T}{R_e}\ln\dfrac{I_R}{I_{C1}}$。

比例电流源如图 2.9(c)所示，$I_R \approx \frac{V_{CC}-V_{BEQ}}{R+R_{e0}}$，$I_R R_{e0}=I_{C1}R_{e1}$。

加射极输出器的电流源如图 2.9(d)所示，$I_{C1}=\frac{I_R}{1+\frac{2}{(1+\beta)\beta}}\approx I_R$。

威尔逊电流源如图 2.9(e)所示，$I_{C2}=\left(1-\frac{2}{\beta^2+2\beta+2}\right)I_R\approx I_R$。

多路电流源如图 2.9(f)所示，$I_{E0}R_{e0}\approx I_{E1}R_{e1}\approx I_{E2}R_{e2}\approx I_{E3}R_{e3}$。因为 $I_{EN}\approx I_{CN}$，所以当确定了 I_{E0}、各级电阻 R 时，各路输出电流 I_{EN} 即可确定。

16. 三极管组成复合管时，所有三极管都要处于放大状态，总放大倍数约为两管放大倍数的乘积，复合管类型与第一只三极管的类型相同。

两只相同类型的三极管复合相连，两只三极管的集电极相连，第一只三极管的发射极与第二只三极管的基极相连；两只不同类型的三极管复合相连，第一只三极管的集电极与第二只三极管的基极相连，如图 2.10(a)(b)所示。

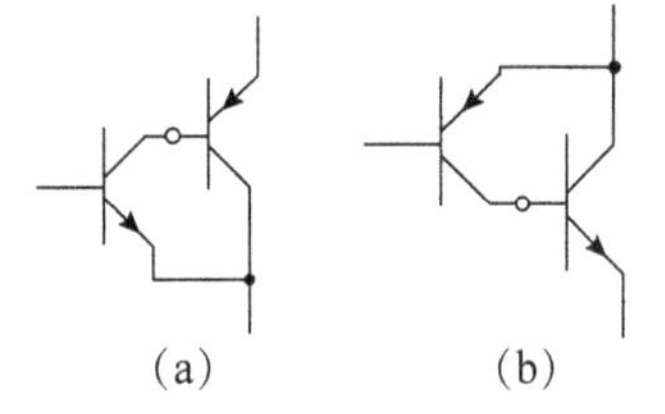

图 2.10

二、习题详解

三极管及电路的习题主要包括：三极管基本特性分析，共发射极电路图解分析，共发射极电路估算和微变等效分析，共集及共基电路分析，功放差放电路分析，两种电路组合的电路分析，共发高低频频响分析。

1. 测得某放大电路中 BJT 的三个电极 A、B、C 的对地电位分别是 $V_A=0$，$V_B=11.3$ V，$V_C=12$V，试问：A、B、C 中哪个是 e 、b 和 c？并说明此管是 NPN 管还是 PNP 管，是硅管还是锗管？

分析：这题是三极管基本概念的典型运用，判别硅管锗管 e、b、c 三个电极及 NPN 管 PNP 管。根据放大电路原理，3 个电极对地电位的值中基极的值在中间，和基极相差 0.2V 或 0.7V 的极是发射极。b 与 e 的差值是 0.2V 还是 0.7V 决定管为硅管锗管，差值为 0.2V 的为锗管，差值为 0.7V 的为硅管。b 与 e 值的大小决定管是 NPN 管还是 PNP 管，若 b 的值大于 e 的值，则为 NPN 管，反之为 PNP 管。可以画一个圆，在上面均匀地标上三点的对地电压，找出基极，画出基极，再找出发射极，画出发射极，这样表达更直观清晰。

解：$V_A=0$，$V_B=11.3$V，$V_C=12$V，中间值为 $V_B=11.3$V，所以电极 B 为基极。电极 B 和 C 电位相差 0.7V，所以电极 C 为发射极，该管为硅管。又 $V_B=11.3\text{V}<V_C=12\text{V}$，故该管为 PNP 管。

2. 某放大电路中 BJT 三个电极 A、B、C 的电流如图 2.11 所示，为 $I_A=-2$mA，$I_B=-0.04$mA，$I_C=2.04$mA，试问：A、B、C 中哪个是基极 b、发射极 e、集电极 c？并说明此管是 NPN 还是 PNP 管，它的 β 为多少？

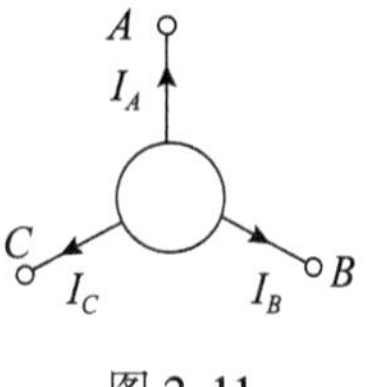

图 2.11

分析：这是三极管的基本概念题，已知三极管三个电极的电流，找出哪个极是基极b、发射极e和集电极c。

首先根据各极电流的大小和正负标出各极电流大小和方向，电流为负表示原来标的方向相反。

然后根据 $I_E=I_C+I_B$，$I_C>>I_B$，可以判断电流最大的极为发射极，发射极电流流出的为NPN管，电流流进的为PNP管。电流最小的极为基极。

最后根据 $\beta=\frac{I_C}{I_B}$ 求出 β 值。

解：由于 $I_A=-2\text{mA}$，$I_B=-0.04\text{mA}$，$I_C=2.04\text{mA}$，I_C 最大且为正值，所以 C 极为发射极，且发射极电流流出，可得该管为NPN管。I_B 最小，B 极为基极，I_A 值在中间，A 为集电极。$\beta=\frac{I_C}{I_B}=50$。

3. 测得三极管三个电极的电位值如图2.12(a)(b)(c)所示，判断三极管的工作状态。

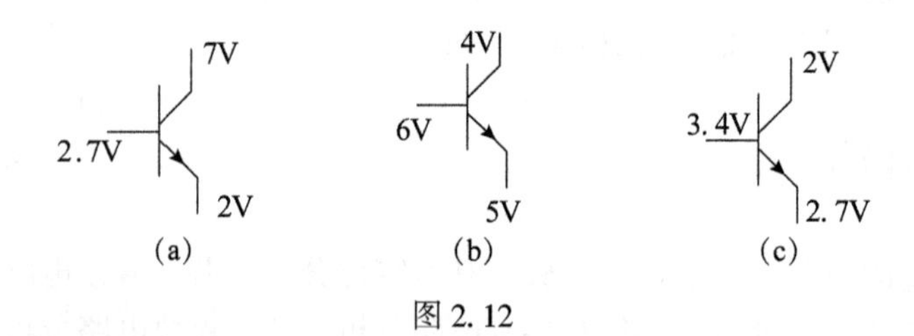

图2.12

分析：这是三极管的基本概念问题，三极管三种工作状态：放大、饱和及截止。工作在放大状态时发射结正偏，集电结反偏；工作在饱和状态时发射结正偏，集电结正偏；工作在截止状态时发射结反偏，集电结反偏。

解：图2.12(a)发射结电压为 $2.7-2=0.7(\text{V})$，集电结电压 $2.7-7=-4.3(\text{V})$，发射结正偏集电结反偏，所以三极管工作在放大状态。

图2.12(b)发射结电压为 $5-6=-1(\text{V})$，集电结电压 $4-6=-2(\text{V})$，发射结反偏集电结反偏，所以三极管工作在截止状态。

图2.12(c)发射结电压为 $3.4-2.7=0.7(\text{V})$，集电结电压 $3.4-2=1.4(\text{V})$，发射结正偏集电结正偏，所以三极管工作在饱和状态。

4. 共发射极电路如图2.13(a)所示，已知 $V_{CC}=12\text{V}$，$V_{BEQ}=0.7\text{V}$，$\beta=50$，若 $R_b=100\text{k}\Omega$，$R_C=5\text{k}\Omega$，$R_L=5\text{k}\Omega$，

(1)求该电路的静态工作点并判别该电路的工作状态；

(2)要使得该电路能正常放大，只改变 R_b，R_b 应怎么变化，临界值为多大？

(3) R_C 增大容易产生何种失真？

(4)若 $R_b=200\text{k}\Omega$，$R_C=R_L=3\text{k}\Omega$，$v_i=0.1\sin\omega t\text{V}$，求 v_o 的大小。

分析：求静态工作点需先画出直流通路，如图2.13(b)所示。再通过直流通路计算出 I_{BQ}、I_{CQ}、V_{CEQ} 等。

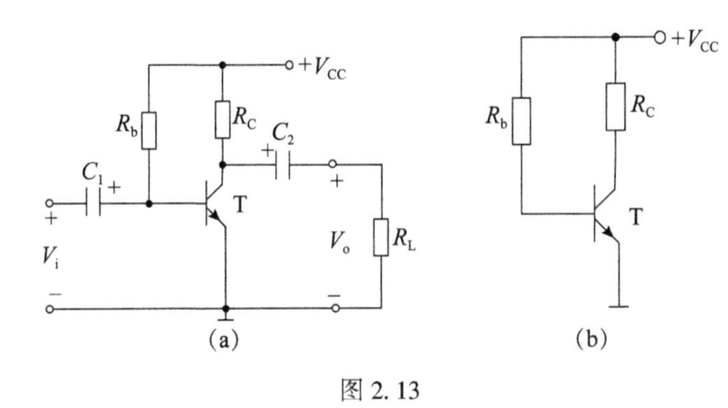

图 2.13

根据 V_{CEQ}的值判别电路的工作状态，若 $V_{CEQ}>0$，放大状态；$V_{CEQ}<0$，饱和状态。

由于 $V_{CEQ}>0$ 电路才是放大状态，$V_{CEQ}=V_{CC}-I_{CQ}R_C$，要使得 V_{CEQ}增大，I_{CQ}就要减小，I_{BQ}就要减小，R_b增大。当 $V_{CEQ}=V_{CES}$时为临界点。R_C 增大时 V_{CEQ}减小，容易进入饱和状态。

已知 v_i 的大小求 v_o 的值，要求出 A_V的值，$A_V=-\dfrac{\beta R'_L}{r_{be}}$，求 A_V的值要求出 r_{be}，又要重新计算静态工作点。

解：(1)根据直流通路可得 $I_{BQ}=\dfrac{V_{CC}-V_{BEQ}}{R_B}=\dfrac{12-0.7}{100000}=113(\mu A)$，$I_{CQ}=\beta I_{BQ}=5.65mA$。

$V_{CEQ}=V_{CC}-I_{CQ}R_C=-16.25V<0$，该电路处于饱和状态。

(2)要使得该电路处于放大状态，$V_{CEQ}=V_{CC}-I_{CQ}R_C>V_{CES}\approx 0$。$R_b$应增大，$I_{BQ}$减小，$I_{CQ}$减小。$R_b$的临界值为 $R_b=\dfrac{V_{CC}-V_{BEQ}}{V_{CC}}\beta R_C=146.25k\Omega$。

(3)R_C 增大容易产生饱和失真，$V_{CEQ}=V_{CC}-I_{CQ}R_C$，R_C 增大时 V_{CEQ}减小。

(4)当 $R_b=200k\Omega$，$R_C=R_L=3k\Omega$，$I_{BQ}=56.5mA$，$r_{be}=660\Omega$，$A_V\approx-114$，$v_i=0.1\sin\omega tV$，$v_o=A_V\times v_i=-11.4\sin\omega tV$。

5. 已知三极管的 $\beta=50$，$V_{BE}=0$，电路及负载线如图 2.14(a)(b)所示，

(1)求 V_{CC}、R_C、R_b、R_L 的值；

(2)求输出动态范围；

(3)不改变 R_C 与 R_L 时，要提高动态范围，R_b应如何变化，动态范围最大可达多大？

(4)若 V_{CC}、R_C 不变，$R_L=0.6k\Omega$，R_b又应如何变化，动态范围最大可达多大？

分析：图 2.14(a)为基本的共发射极放大电路，图 2.14(b)为输出回路的交直流负载线。(0，4)、(12，0)是 $V_{CC}=R_CI_C+V_{CE}$直流负载线的两个顶点，Q 点为(6，2)。将(12，0)代入 $V_{CC}=R_CI_C+V_{CE}$方程，可得 $V_{CC}=12V$。将(0，4)代入 $V_{CC}=R_CI_C+V_{CE}$方程，可得 $R_C=3k\Omega$。由于 Q 点为(6V，2mA)，即 $I_{CQ}=2mA$，可以计算出 $I_{BQ}=40\mu A$。这样根据 I_{BQ}可以计算出 R_b的值为 300kΩ。(0，8)、(8，0)是 $V_{CC}=R_CI_C+V_{CE}$交流负载线的两个顶点，交流

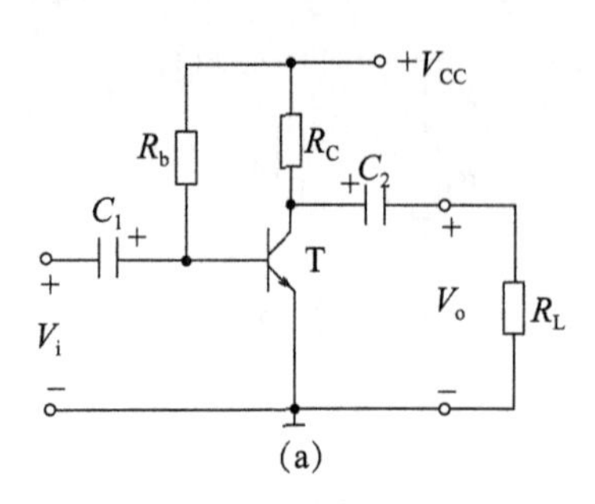

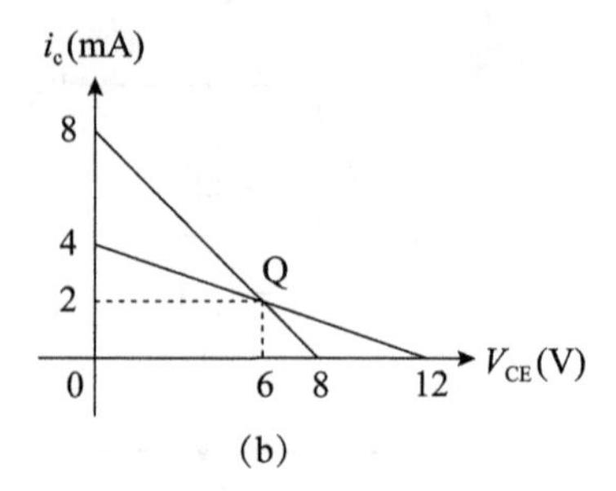

图 2.14

负载线的斜率为$-1=-\dfrac{1}{R_C /\!/ R_L}$，计算得 $R_L=1.5\text{k}\Omega$。

由于 $V_{CEQ}=6\text{V}$，上半周为 8V，下半周为 0，所以输出动态范围为 8−6=2(V)。

由于只改变 R_b 而不改变 R_C 与 R_L，这样交流负载线的斜率不变，要使得动态范围最大，应使交点Q'在交流负载线的中点。由于交流负载线的斜率为−1，所以 V_{CEQ} 和 I_{CQ} 的值大小相等(单位分别为 V 和 mA)。代入公式 $V_{CC}=R_C I_{CQ}+V_{CEQ}$ 计算得 $V_{CEQ}=3\text{V}$，如图 2.15(a)所示。

当 R_C 不变，R_L 为 0.6kΩ 时，交流负载线斜率为$-\dfrac{1}{R_C /\!/ R_L}=-2$，这时 V_{CEQ} 和 I_{CQ} 的比值为 1∶2(单位分别为 V 和 mA)，要使得动态范围最大，应使交点 Q' 仍在交流负载线的中点。代入公式 $V_{CC}=R_C I_{CQ}+V_{CEQ}$ 计算得 $V_{CEQ}=\dfrac{12}{7}\text{V}$，$I_{CQ}=\dfrac{24}{7}\text{mA}$，进一步计算 $I_{BQ}=\dfrac{480}{7}\mu\text{A}$，这样得 R_b 减小至 175kΩ 时，动态范围最大可达$\dfrac{12}{7}$V，如图 2.15(b)所示。

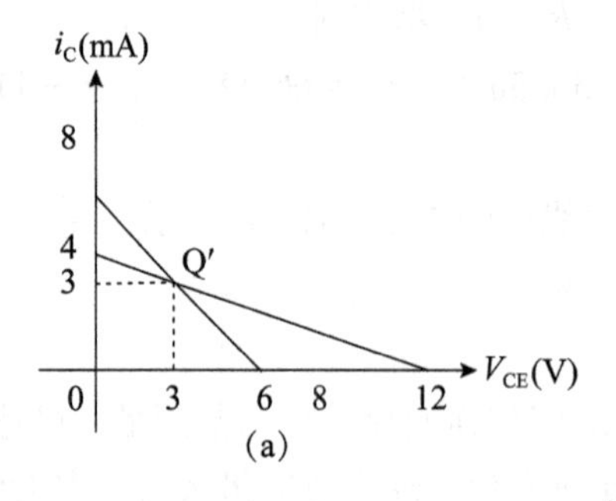

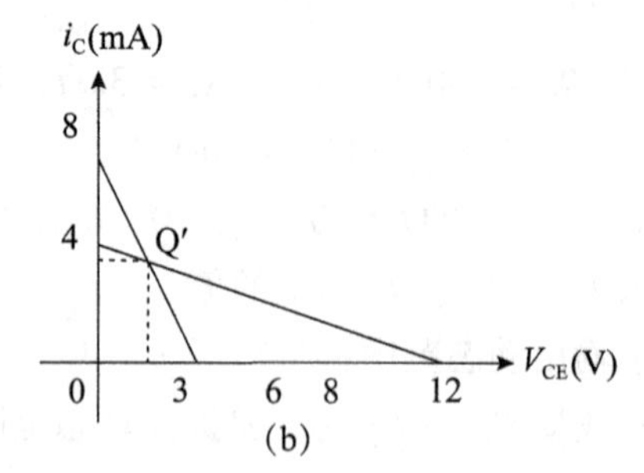

图 2.15

解：(1)将直流负载线的两个顶点坐标(0，4)、(12，0)代入直流负载线 $V_{CC}=R_C I_C+V_{CE}$ 方程，可得 $V_{CC}=12\text{V}$，$R_C=3\text{k}\Omega$。根据 Q 点坐标为(6，2)，$I_{CQ}=2\text{mA}$，可以计算出

$I_{BQ}=40\mu A$，进一步计算得 $R_b=300k\Omega$。根据交流负载线的斜率为 $-1=-\frac{1}{R_C /\!/ R_L}$，计算得 $R_L=1.5k\Omega$。

(2)输出动态范围为 8-6=2(V)。

(3)不改变 R_C 与 R_L 时，交流负载线的斜率不变，要使得动态范围最大，应使交点 Q' 在交流负载线的中点。由于交流负载线的斜率为-1，所以 V_{CEQ} 和 I_{CQ} 的值大小相等。代入公式 $V_{CC}=R_CI_{CQ}+V_{CEQ}$，计算得 $V_{CEQ}=3V$。R_b 减小至 200kΩ 时，$I_{BQ}=60\mu A$，$I_{CQ}=3mA$，动态范围最大可达 3V。

(4)R_L 为 0.6kΩ 时，交流负载线斜率为-2，V_{CEQ} 和 I_{CQ} 的比值为 1：2，要使得动态范围最大，应使交点 Q' 仍在交流负载线的中点。代入公式 $V_{CC}=R_CI_{CQ}+V_{CEQ}$，计算得 $V_{CEQ}=\frac{12}{7}V$，$I_{CQ}=\frac{24}{7}mA$，进一步计算 $I_{BQ}=\frac{480}{7}\mu A$，这样得 R_b 减小至 175kΩ 时，动态范围最大可达 $\frac{12}{7}V$。

6. 基极分压共发射极电路如图 2.16(a)所示，已知 $V_{CC}=12V$，$R_S=300\Omega$，$\beta=50$，$R_{b1}=33k\Omega$，$R_{b2}=10k\Omega$，$R_C=R_L=5.1k\Omega$，$R_{e1}=100\Omega$，$R_{e2}=1k\Omega$。

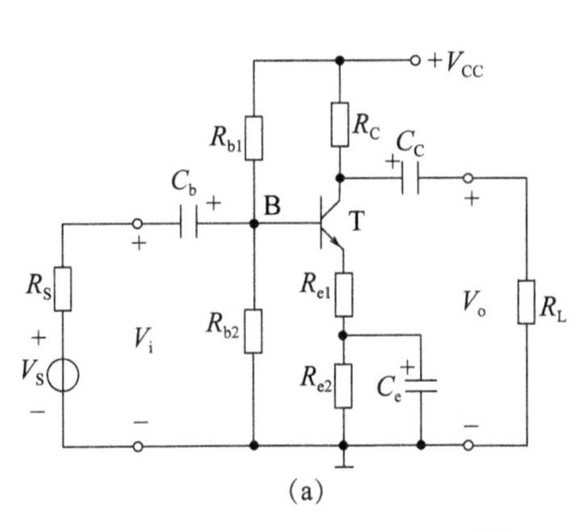

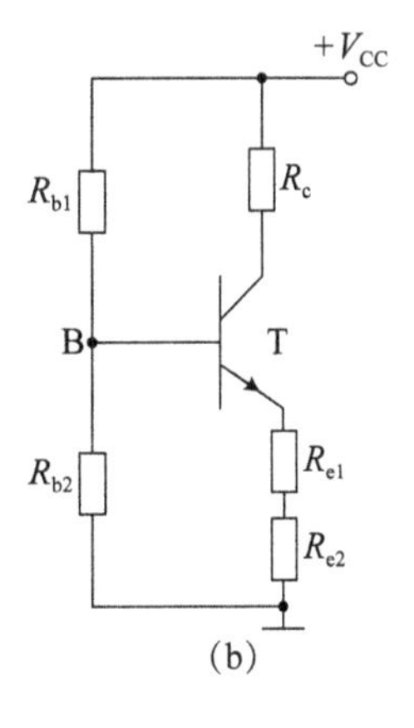

图 2.16

求：(1)静态工作点参数，并说明此电路稳定工作点的原因。

(2)画交流通路和微变等效电路。

(3)动态参数 A_{VS}、R_i、R_o，如何实测它们？

(4)说明 R_{e1} 的作用。

(5)若电路已工作在合适的静态工作点时增大 R_{b2} 的值，电路容易产生何种失真？

(6)若将三极管更换为 PNP 型，电路哪些元件需要更换？

(7)该电路存在何种交流反馈？

分析：求基极分压共发射极电路的静态工作点，要画出直流通路，这里只需要将电容开路。如图 2.16(b)所示，要先求出基极 B 的分压值，再求发射极电流。

$V_B=\frac{R_{b2}}{R_{b1}+R_{b2}}\cdot V_{CC}=V_{BEQ}+I_{EQ}(R_{e1}+R_{e2})$。

所以 $I_{EQ}=\frac{\frac{R_{b2}}{R_{b1}+R_{b2}}\cdot V_{CC}-V_{BEQ}}{R_{e1}+R_{e2}}$。其他参数很容易求出，$I_{BQ}=\frac{I_{EQ}}{\beta+1}$，$I_{CQ}=\beta\cdot I_{BQ}$，$V_{CEQ}=V_{CC}-I_{CQ}R_C-I_{EQ}(R_{e1}+R_{e2})$。

该电路工作点稳定与B点电压不变有关，温度 $T\nearrow$，$I_{CQ}\nearrow$，$I_{EQ}\nearrow$，$V_{EQ}\nearrow$，V_B不变，$V_{BE}\searrow$，$I_{BQ}\searrow$，$I_{CQ}\searrow$，工作点就稳定了。

画交流通路时电容短路，电压源接地。这里 R_{e1} 要保留，R_{e2} 短路了，R_{b1} 与 R_{b2} 变成了并联，R_C 与 R_L 也并联，如图2.17(a)所示。

微变等效电路就是用 r_{be} 代替三极管的b-e，用 $i_c=\beta i_b$ 代替三极管的c-e，注意要标明电流 i_b 和 i_c，如图2.17(b)所示。

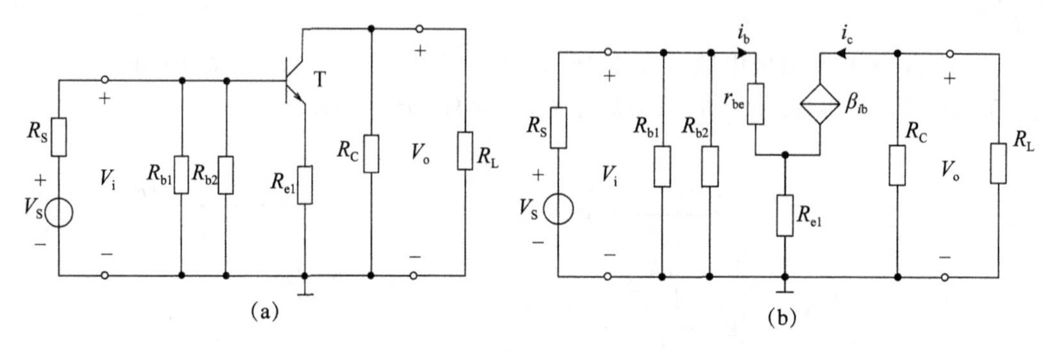

图2.17

根据微变等效电路可以得出 $A_V=-\frac{\beta(R_C /\!/ R_L)}{r_{be}+(1+\beta)R_{e1}}$，$A_{VS}=\frac{R_i}{R_i+R_S}A_V$。

$R_i=R_{b1}/\!/R_{b2}/\!/[r_{be}+(1+\beta)R_{e1}]$，$R_o\approx R_c$。实测这几个参数通常采用示波器测量，测量出 V_o 和 V_i，$A_V=V_o/V_i$，用二次电压法测量输入和输出电阻，$R_i=\frac{V_i}{V_s-V_i}\cdot R_S$，$R_o=\left(\frac{V_o}{V_{oL}}-1\right)\cdot R_L$，这里 V_o 是负载开路输出电压，V_{oL} 是有负载时输出电压。

这里的 R_{e1} 有提高输入电阻的作用，同时又降低了电压增益。增大 R_{b2} 的值时 I_C 增大，容易产生饱和失真。三极管更换为PNP型，电路的电源由 $+V_{CC}$ 变为 $-V_{CC}$，3个电容的正负极要交换。电路 R_{e1} 存在电流串联负反馈，这点较特殊。

解：(1) $V_B=\frac{R_{b2}}{R_{b1}+R_{b2}}\cdot V_{CC}=2.8\text{V}=V_{BEQ}+I_{EQ}(R_{e1}+R_{e2})$。

$I_{EQ}\approx1.9\text{mA}$，$I_{BQ}\approx37.4\mu\text{A}$，$I_{CQ}=1.87\text{mA}$，$V_{CEQ}=0.35\text{V}$。

由于B点电压不变，若温度 $T\nearrow$，$I_{CQ}\nearrow$，$I_{EQ}\nearrow$，$V_{EQ}\nearrow$，V_B 不变，$V_{BE}\searrow$，$I_{BQ}\searrow$，$I_{CQ}\searrow$，这样 I_{CQ} 就不变了。

(2)画交流通路及微变等效电路图，如图 2.17 所示。

(3) $A_{VS}=-\frac{R_i}{R_i+R_S}\cdot\frac{\beta(R_C/\!/R_L)}{r_{be}+(1+\beta)R_{e1}}=-15.7$，

$R_i=R_{b1}/\!/R_{b2}/\!/[r_{be}+(1+\beta)R_{e1}]\approx 800\Omega$，

$r_{be}=200+\frac{26mV}{I_{BQ}}=895\Omega$，

$R_o\approx R_C=5.1k\Omega$。

实测这几个参数通常采用示波器测量，测量出 V_o 和 V_i，$A_V=V_o/V_i$，用二次电压法测量输入和输出电阻，$R_i=\frac{V_i}{V_S-V_i}\cdot R_S$，$R_o=\left(\frac{V_o}{V_{oL}}-1\right)\cdot R_L$。

(4) R_{e1}提高输入电阻的同时又降低了电压增益。

(5)增大 R_{b2}的值时 I_C 增大，容易产生饱和失真。

(6)三极管换为 PNP 型，电路的电源由$+V_{CC}$变为$-V_{CC}$，3 个电容的正负极要交换。

(7)电路 R_{e1}存在电流串联负反馈。

7. 射极输出电路如图 2.18(a)所示，已知 $V_{CC}=12V$，$R_S=300\Omega$，$\beta=50$，$R_b=200k\Omega$，$R_C=50\Omega$，$R_e=4k\Omega$，$R_L=2k\Omega$。

求：(1)静态工作点；

(2)电压增益、输入电阻和输出电阻。

分析：求射极输出电路的静态工作点，画出直流通路，电容开路。得到从$+V_{CC}\to R_b\to$发射结$\to R_e\to$地之间构成一条通路，如图 2.18(b)所示。

$I_{BQ}=\frac{V_{CC}-V_{BEQ}}{R_b+(1+\beta)R_e}$，$I_{CQ}=\beta\cdot I_{BQ}$，

$I_{EQ}=(1+\beta)I_{BQ}$，$V_{CEQ}=V_{CC}-I_{CQ}R_C-I_{EQ}R_e$。

这属于基极偏置电路静态工作点典型求解。

求解电路的电压增益、输入电阻和输出电阻，需要画出交流通路和微变等效电路，如图 2.18(c)(d)所示。

$A_V=\frac{V_o}{V_i}=\frac{(1+\beta)(R_e/\!/R_L)}{r_{be}+(1+\beta)(R_e/\!/R_L)}$，这个电压增益小于 1，约等于 1。虽然该电路电压增益约为 1，但电流增益为 $1+\beta$，较大。该电路适合作缓冲电路及功率放大电路。

$R_i=R_b/\!/[r_{be}+(1+\beta)(R_e/\!/R_L)]$，输入电阻与负载有关，值较大。

$R_o=R_e/\!/\frac{(r_{be}+R_b/\!/R_S)}{1+\beta}$，输出电阻很小，理想情况下 R_S可以为 0。

解：(1)画直流通路，可得 $I_{BQ}=\frac{V_{CC}-V_{BEQ}}{R_b+(1+\beta)R_e}=\frac{12-0.7}{200000+51\times4000}=28(\mu A)$，$I_{CQ}=\beta\cdot I_{BQ}=50\times28\times10^{-3}=1.4(mA)$，$I_{EQ}=(1+\beta)I_{BQ}=51\times28\times10^{-6}=1.43(mA)$，$V_{CEQ}=V_{CC}-I_{CQ}R_C-I_{EQ}R_e=12-1.4\times10^{-3}\times50-1.43\times10^{-3}\times4000=6.2(V)$。

(2)画交流通路和微变等效电路，可得

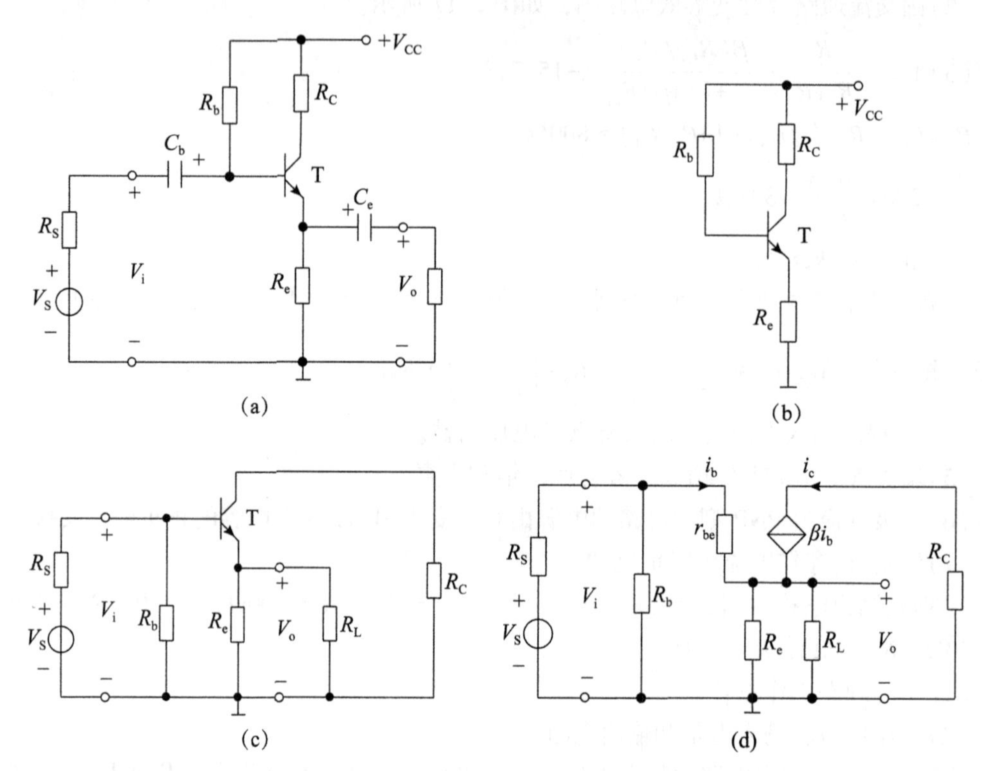

图 2.18

$$r_{be}=200+\frac{26}{I_{BQ}}=1128(\Omega),$$

$$A_V=\frac{V_o}{V_i}=\frac{(1+\beta)(R_e/\!/R_L)}{r_{be}+(1+\beta)(R_e/\!/R_L)}=\frac{51\times(4000/\!/2000)}{1.128+51\times(4000/\!/2000)}=\frac{68}{69.128}=0.984,$$

$$R_i=R_b/\!/[r_{be}+(1+\beta)(R_e/\!/R_L)]=51.37(\mathrm{k}\Omega),$$

$$R_o=R_e/\!/\frac{(r_{be}+R_b/\!/R_S)}{1+\beta}=4000/\!/\frac{1128+300/\!/200000}{51}\approx 28(\Omega)。$$

8. 共基放大电路如图 2.19(a)所示，已知 $V_{CC}=12\mathrm{V}$，$R_S=300\Omega$，$\beta=50$，$R_{b1}=30\mathrm{k}\Omega$，$R_{b2}=15\mathrm{k}\Omega$，$R_C=3\mathrm{k}\Omega$，$R_e=2\mathrm{k}\Omega$，$R_L=3\mathrm{k}\Omega$。求：(1)静态工作点；

(2)电压增益、输入电阻和输出电阻。

分析：求共基电路的静态工作点也是要画直流通路，这是一个典型的基极分压电路。如图 2.19(b)所示。先求出 B 点电压 $V_B=\frac{R_{b2}}{R_{b1}+R_{b2}}V_{CC}$，再根据通路 B→发射结→$R_e$→地求出发射极电流。

$V_B=V_{BEQ}+I_{EQ}R_e$，$I_{EQ}=\frac{V_B-V_{BEQ}}{R_e}$。根据 I_{EQ} 计算出 I_{BQ}、I_{CQ} 和 V_{CEQ}。

要求共基电路的电压增益、输入电阻和输出电阻，要画出其交流通路和微变等效电路。如图 2.19(c)(d)所示。

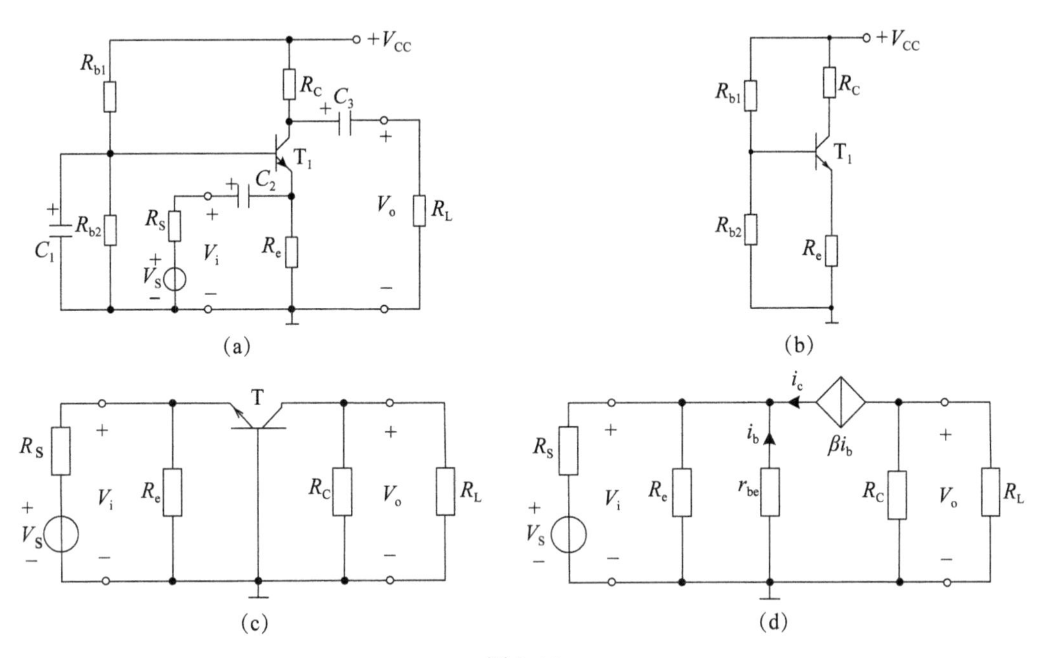

图 2.19

这样可以得到 $V_o=-\beta i_b(R_C/\!/R_L)$，$V_i=-i_b r_{be}$。

$$A_V=\frac{-\beta i_b(R_C/\!/R_L)}{-i_b r_{be}}=\frac{\beta(R_C/\!/R_L)}{r_{be}}。$$

$$R_i=R_e/\!/\frac{r_{be}}{\beta+1}，\ R_o=R_C。$$

这就是三极管三种组态静态工作点、增益、输入和输出电阻基本求法，不需要死记硬背各个参数，熟练画出交直流通路和微变等效电路就很容易求出。共基放大电路的输入电阻较小，适合宽带放大电路。电流没有放大，起跟随作用。

解：(1)静态工作点，画直流通路，可得

$$V_B=\frac{R_{b2}}{R_{b1}+R_{b2}}V_{CC}=\frac{15}{15+30}\cdot 12=4(\mathrm{V}),$$

$$I_{EQ}=\frac{V_B-V_{BEQ}}{R_e}=\frac{4-0.7}{2000}=1.65(\mathrm{mA}),\ I_{BQ}=\frac{I_{EQ}}{\beta+1}=\frac{1.65\times10^3}{51}=32.35(\mu\mathrm{A}),$$

$I_{CQ}=\beta I_{BQ}=1.618\mathrm{mA}$，$V_{CEQ}=V_{CC}-I_{CQ}R_C-I_{EQ}R_e=3.85\mathrm{V}$。

(2) $r_{be}=200+\dfrac{26\mathrm{mV}}{I_{BQ}}=1000(\Omega)$，

$$A_V=\frac{\beta(R_C/\!/R_L)}{r_{be}}=\frac{50\times(3000/\!/2000)}{1000}=60,$$

$R_i = R_e // \frac{r_{be}}{\beta+1} = 2000 // \frac{1000}{51} \approx 19.5\Omega$,

$R_o = R_C = 3000\Omega$。

9. 两级放大电路如图 2.20(a)所示，$\beta_1 = \beta_2 = 50$，$V_{BEQ1} = V_{BEQ2} = 0.7V$。求：

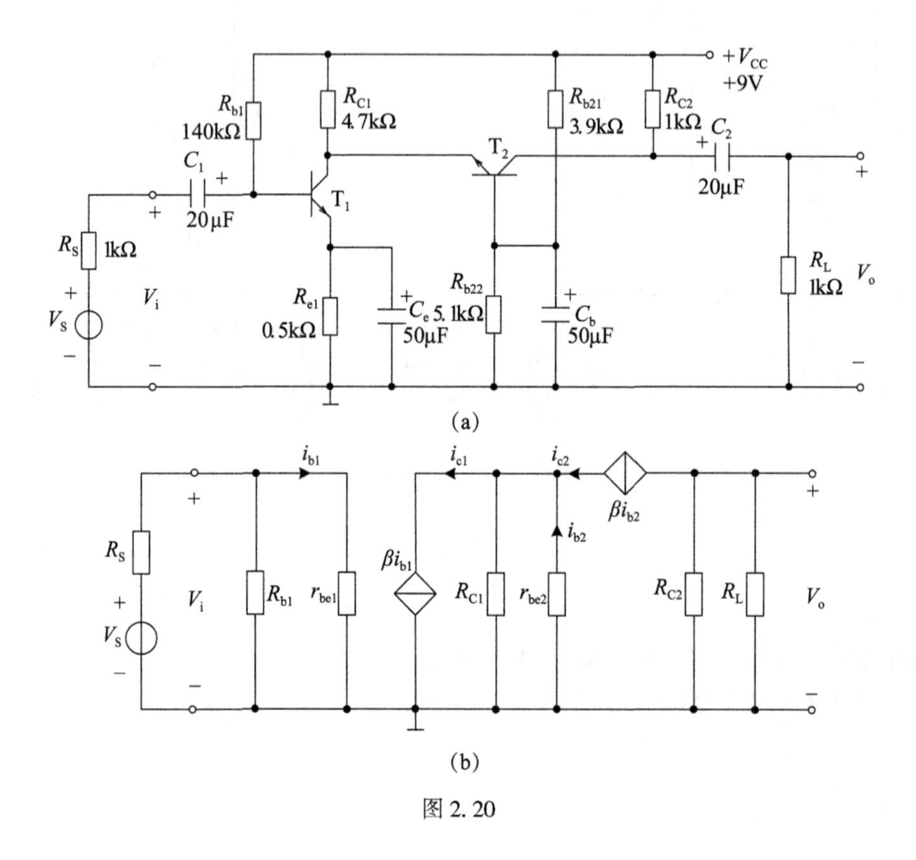

图 2.20

(1)说明 T_1、T_2 的组态；

(2)计算 I_{CQ1}、V_{CEQ1}、I_{CQ2}、V_{CEQ2}；

(3)画出微变等效电路，计算电路中频电压增益、输入和输出电阻。

分析：这是一个两级放大组合电路，T_1 是共发射极放大电路，T_2 是共基极放大电路，从每级放大电路的输入输出信号较容易得到组态，第一级放大电路信号是从基极输入集电极输出，所以共发射极。第二级放大电路信号是从发射极输入集电极输出，所以共基极。

由于两级电路采用直接耦合方式，静态工作点不独立，T_1 的集电极电流是 T_2 的发射极电流与电阻 R_{C1} 上的电流之和。要计算出 R_{C1} 上电流，就要计算出 T_2 的基极电压。

先计算 T_1 的基极电流 $I_{BQ1} = \frac{V_{CC} - V_{BEQ1}}{R_{b1} + (1+\beta)R_{e1}}$，可得 $I_{CQ1} = \beta \cdot I_{BQ1}$ 和 $I_{EQ1} = (\beta+1) \cdot I_{BQ1}$。而 $I_{CQ1} = I_{RC1} + I_{EQ2}$，$I_{RC1} = \frac{V_{CC} - V_{CQ1}}{R_{C1}}$，$V_{CQ1} = V_{EQ2} = V_{B2} - V_{BEQ2}$，$V_{B2} = \frac{R_{b22}}{R_{b21} + R_{b22}} V_{CC}$，计算出 I_{EQ2} 后，

可得 $I_{CQ2}=\dfrac{\beta}{1+\beta}\cdot I_{EQ2}$。

计算 $V_{CEQ1}=V_{CQ1}-V_{EQ1}$，$V_{EQ1}=I_{EQ1}\cdot R_{e1}$，$V_{CEQ2}=V_{CQ2}-V_{EQ2}$。

画微变等效电路按放大电路的先后顺序进行，R_{C1}既是 T_1 的集电极负载又是 T_2 的输入电阻，如图 2.20(b)所示。

①$A_V=A_{V1}\times A_{V2}$，$A_{V1}=\dfrac{-\beta\left(R_{C1}/\!/\dfrac{r_{be2}}{1+\beta}\right)}{r_{be1}}$，$A_{V2}=\dfrac{\beta(R_{C2}/\!/R_L)}{r_{be2}}$。

$R_i=R_{b1}/\!/r_{be1}$，$R_o=R_{C2}$。

②可以用 $A_V=\dfrac{V_o}{V_i}$，$V_o=-\beta i_{b2}(R_{C2}/\!/R_L)$，$V_i=i_{b1}r_{be1}$，

$$A_V=\frac{V_o}{V_i}=\frac{-\beta(R_{C2}/\!/R_L)}{r_{be1}}\cdot\frac{i_{b2}}{i_{b1}},$$

i_{b1}与 i_{b2}的关系可以通过 $i_{c1}=i_{Rc1}+i_{e2}$来求得，$\beta i_{b1}=(\beta+1)i_{b2}+i_{Rc1}$，

$i_{RC_1}=\dfrac{i_{b2}r_{be2}}{R_{C1}}$，代入得：$\beta i_{b1}=\left(\beta+1+\dfrac{r_{be2}}{R_{C1}}\right)i_{b2}$，

$$\frac{i_{b1}}{i_{b2}}=\frac{(\beta+1)R_{C1}+r_{be2}}{\beta R_{C1}}。$$

所以可得：$A_V=\dfrac{V_o}{V_i}=\dfrac{-\beta(R_{C2}/\!/R_L)}{r_{be1}}\dfrac{\beta R_{C1}}{(\beta+1)R_{C1}+r_{be2}}$，结果相同。

解：(1)T_1、T_2 的组态分别为共发射极放大电路和共基极放大电路。

(2)画直流通路，如图 2.21 所示，先计算 T_1 的工作点，再通过之间关系求 T_2 的工作点。

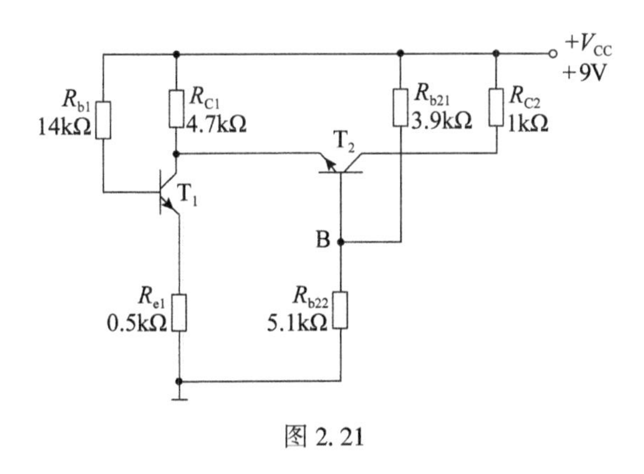

图 2.21

$$I_{BQ1}=\frac{V_{CC}-V_{BEQ1}}{R_{b1}+(1+\beta)R_{e1}}=\frac{9-0.7}{140000+51\times500}=50(\mu A),$$

$I_{CQ1}=\beta\cdot I_{BQ1}=2.5\text{mA}$，$I_{EQ1}=(\beta+1)\cdot I_{BQ1}=2.55\text{mA}$，

$V_{B2}=\frac{R_{b22}}{R_{b21}+R_{b22}}V_{CC}=\frac{5.1}{9}\times 9=5.1(V)$，

$V_{CQ1}=V_{EQ2}=V_{B2}-V_{BEQ2}=5.1-0.7=4.4(V)$，

$I_{RC_1}=\frac{V_{CC}-V_{CQ1}}{R_{C1}}=\frac{9-4.4}{4700}=0.98(mA)$，

$I_{EQ2}=I_{CQ1}-I_{RC1}=2.5-0.98=1.52(mA)$，

$I_{CQ2}=\frac{\beta}{\beta+1}I_{EQ2}=1.49(mA)$，

$V_{CEQ1}=V_{CQ1}-I_{EQ1}R_{e1}=4.4-1.275=3.125(V)$，

$V_{CEQ2}=V_{CC}-I_{CQ2}R_{C2}-V_{EQ2}=9-1.49-4.4=3.11(V)$。

(3)画出微变等效电路，如图2-20(b)所示。

先计算 $r_{be1}=200+\frac{26mV}{I_{BQ1}}=720\Omega$，$r_{be2}=200+(\beta+1)\frac{26mV}{I_{EQ2}}=1072(\Omega)$，

再计算 $A_V=\frac{V_o}{V_i}=\frac{-\beta(R_{C2}/\!/R_L)}{r_{be1}}\frac{\beta R_{C1}}{(\beta+1)R_{C1}+r_{be2}}=-33$。

$R_i=R_{b1}/\!/r_{be1}\approx 0.72k\Omega$，$R_o=R_{C2}=1k\Omega$。

10. 放大电路如图2.22(a)所示。

(1)画出交流通路，说明 T_1、T_2 的组态；

(2)求该放大电路的增益、输入和输出电阻。

分析：这是共集-共基组合放大电路，容易看成差分放大电路。

画交流通路的原则为电容短路、电压源接地、电流源开路，如图2.22(b)所示。

画共集电极交流通路时有两种画法，一种是集电极在下直接接地，发射极在上方接电阻，如图2.22(c)所示；另一种是按共发射极模式连接，集电极从上面连接到地，发射极在下面接输出如图2.22(d)所示。

求放大电路的增益和输入输出电阻可以画出微变等效电路图，如图2.22(e)所示。

可以通过 $A_V=A_{V1}\times A_{V2}$ 求得电路增益，

$$A_{V1}=\frac{(1+\beta_1)\left(R_e/\!/\frac{r_{be2}}{1+\beta_2}\right)}{R_{b1}+r_{be1}+(1+\beta_1)\left(R_e/\!/\frac{r_{be2}}{1+\beta_2}\right)},\ A_{V2}=\frac{\beta_2(R_C/\!/R_L)}{r_{be2}},$$

$$R_i=R_{b1}+r_{be1}+(1+\beta_1)\left(R_e/\!/\frac{r_{be2}}{1+\beta_2}\right),\ R_o=R_C。$$

解：(1)电路的交流通路如图2.22(b)所示：T_1、T_2 的组态分别为共集电极、共基极放大电路。

(2)微变等效电路如图2.22(e)所示。

$$A_V=\frac{(1+\beta_1)\beta_2\left(R_e/\!/\frac{r_{be2}}{1+\beta_2}\right)(R_C/\!/R_L)}{r_{be2}\left[R_{b1}+r_{be1}+(1+\beta_1)\left(R_e/\!/\frac{r_{be2}}{1+\beta_2}\right)\right]},$$

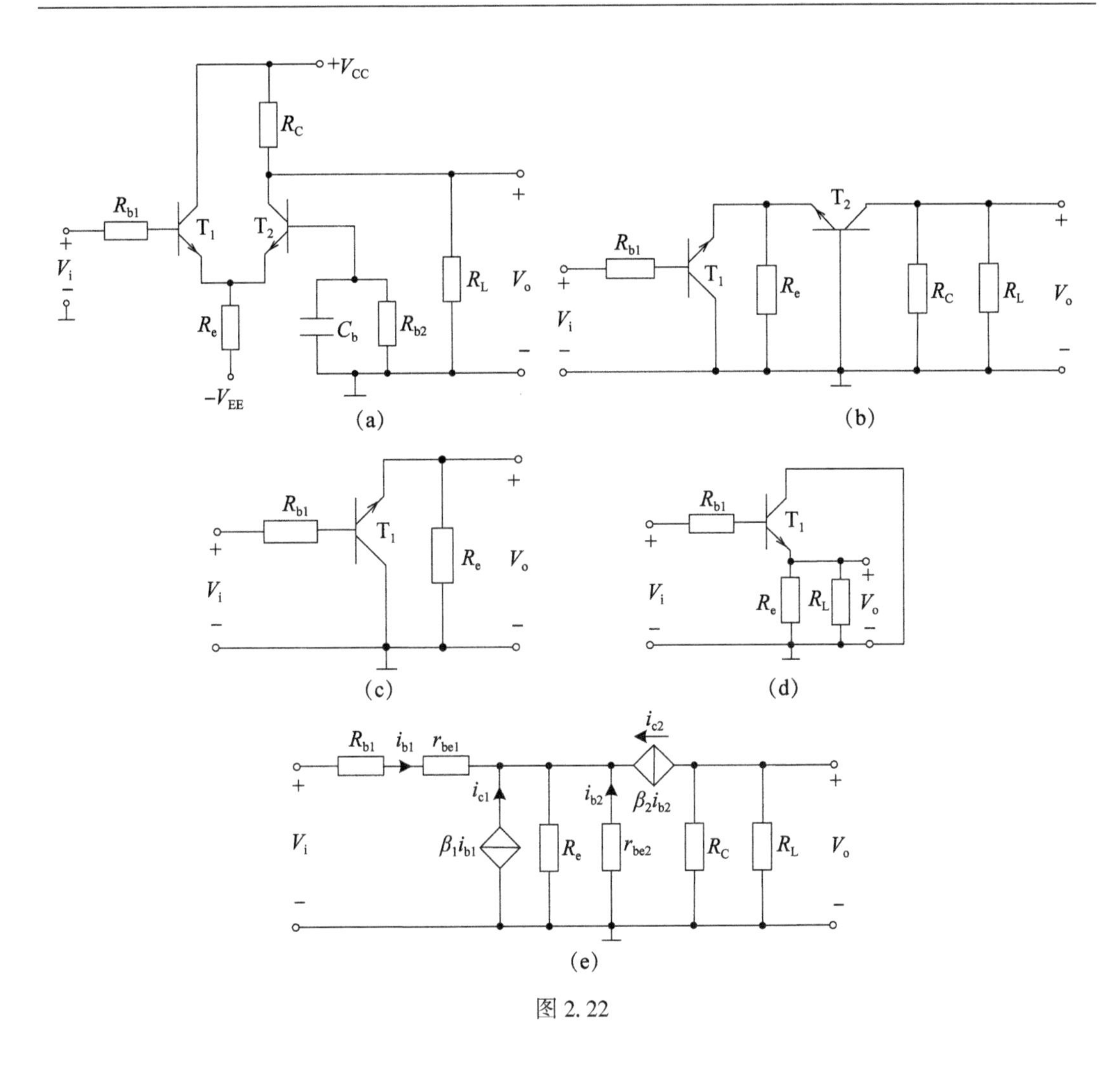

图 2.22

$$R_i = R_{b1} + r_{be1} + (1+\beta_1)\left(R_e // \frac{r_{be2}}{1+\beta_2}\right),\ R_o = R_C。$$

11. 电路如图 2.23 所示，已知电压放大倍数为 -100，输入电压 v_i 为正弦波，T_2 和 T_3 管的饱和压降 $|V_{CES}| = 1V$。

(1)该电路的名称是什么？两个二极管在电路中的作用是什么？

(2)在不失真的情况下，输入电压的最大有效值 v_{imax} 为多大？

(3)若 $v_i = 10mV$(有效值)，则 v_o 为多大？

(4)若 R_3 短路或开路时，输出结果如何？

分析：该电路是典型的甲乙类互补对称功率放大电路，T_1 是进行电压放大，T_2、T_3 是进行功率放大。

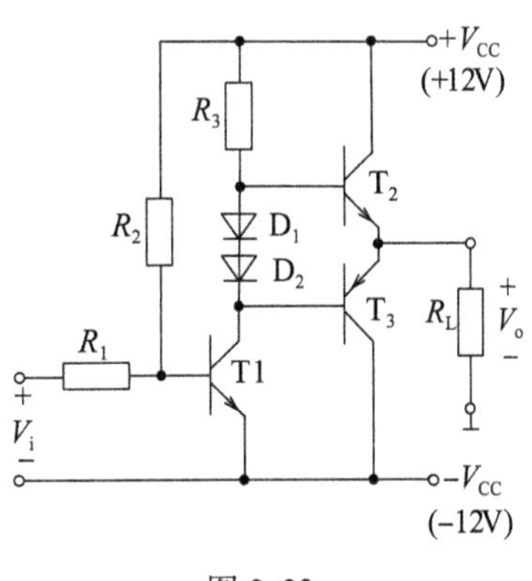

图 2.23

由于乙类功放会产生交越失真，为了避免交越失真，用二极管 D_1、D_2 进行补偿，二极管工作恒压模式，D_1、D_2 上的管压降补偿抵消 T_2、T_3 的发射结导通电压。

不失真输出的最大电压为 V_{CC}，但要减去三极管的饱和压降 V_{CES}，这是信号的幅度，要求得正弦信号的有效值还要除以$\sqrt{2}$，所以输入正弦电压的最大有效值 v_{imax} 为$\dfrac{V_{CC}-V_{CES}}{\sqrt{2}}$。当输入信号小于最大值时，信号正常放大，不产生失真。

电路中 R_1 起 T_1 输入信号的耦合作用，R_2 起基极偏置作用，R_3 是 T_1 的集电极电阻，当 R_3 短路，T_2 的基极直接接$+V_{CC}$了，$+V_{CC}$通过 T_2 的发射结接负载 R_L。当 R_3 开路了，T_2 就不工作，T_1 与 T_3 组成 NPN 型复合管，负载 R_L 较大 T_1 饱和，从负电源$\to T_1\to T_3\to$负载输出，形成一条通路。$V_o=-V_{CC}+1\approx-11V$。负载 R_L 较小时，T_1 T_3 复合管的电流放大倍数为 $\beta_1\beta_3$，T_3 因功耗过大容易烧坏。

解：(1)该电路的名称为甲乙类互补对称功率放大电路。两个二极管在电路中的作用是消除交越失真。

(2)在不失真的情况下，输入电压的最大有效值为

$$v_{imax}=\frac{V_{CC}-V_{CES}}{\sqrt{2}}=\frac{12-1}{\sqrt{2}}=7.78(V)。$$

(3)$v_i=10mV$(有效值)$<v_{imax}=7.78V$，$v_o=100\times10mV=1V$(有效值)。

(4)若 R_3 短路 $v_o=V_{CC}-V_{BEQ2}=12-0.7=11.3(V)$。

若 R_3 开路时 R_L 较大，$V_o=-V_{CC}+V_{CES1}+V_{BEQ3}\approx-11V$；$R_L$ 较小，T_3 损坏。

12. 电路如图 2.24 所示，已知三极管的 $\beta=100$，$V_{CC}=V_{EE}=15V$，$R_C=36k\Omega$，$R_E=27k\Omega$，$R_B=2.7k\Omega$，$R_W=100\Omega$，R_W 的滑动端处于中点，$R_L=18k\Omega$，试求：

(1)电路的静态工作点；

(2)差模电压增益；

(3)差模输入电阻。

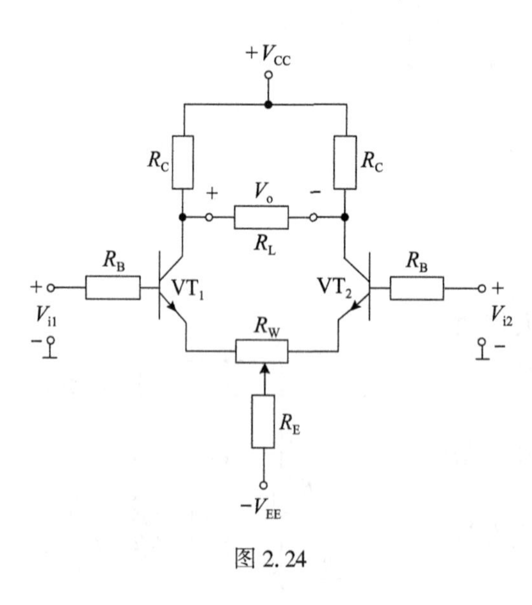

图 2.24

分析：这是一个基本的差分放大电路，但在共发射极端增加了一个调零电位器 R_W。由于求静态工作点时要求输入短路，这样从输入端$\to R_B\to V_T$ 的发射结$\to R_W\to R_E\to -V_{EE}$构成直流回路。但需要注意 R_E上的电流是 $2I_{EQ}$。即

$$I_{BQ}R_B+V_{BEQ}+\frac{1}{2}I_{EQ}R_W+2I_{EQ}R_E=V_{EE},$$

$$I_{BQ}=\frac{V_{EE}-V_{BEQ}}{R_B+\left(\frac{1}{2}R_W+2R_E\right)(1+\beta)},\ I_{CQ}=\beta I_{BQ},\ I_{EQ}=(1+\beta)I_{BQ}。$$

$V_{EQ}=-V_{BEQ}-I_{BQ}R_B$，若有负载 R_L，平衡条件下负载 R_L 的中点对地直流电压为0。

$V_{CQ}=\dfrac{R_L}{R_L+2R_C}(V_{CC}-I_{CQ}R_C)$，$V_{CEQ}=V_{CQ}-V_{EQ}$。

电压增益 $A_V=-\dfrac{\beta\left(R_C/\!/\dfrac{1}{2}R_L\right)}{R_B+r_{be}+\dfrac{1}{2}(1+\beta)R_W}$，

先要求出 $r_{be}=200+\dfrac{26\text{mV}}{I_{BQ}}$。

差模输入电阻 $R_{id}=2\left[R_B+r_{be}+(1+\beta)\dfrac{1}{2}R_W\right]$。

解：(1) $I_{BQ}=\dfrac{V_{EE}-V_{BEQ}}{R_B+\left(\dfrac{1}{2}R_W+2R_E\right)(1+\beta)}=\dfrac{15-0.7}{2.7\times10^3+101\times(50+54000)}=2.6(\mu\text{A})$。

$I_{CQ}=\beta I_{BQ}=0.26\text{mA}$，$I_{EQ}=(1+\beta)I_{BQ}=0.262\text{mA}$。

$V_{CQ}=\dfrac{R_L}{R_L+2R_C}(V_{CC}-I_{CQ}R_C)=\dfrac{18000}{18000+2\times36000}(15-0.26\times36)=1.12(\text{V})$，

$V_{EQ}=-V_{BEQ}-I_{BQ}R_B=-0.77\text{V}$，$V_{CEQ}=V_{CQ}-V_{EQ}=1.12+0.77=1.89(\text{V})$。

(2) $r_{be}=200+\dfrac{26\text{mV}}{I_{BQ}}=10.2(\text{k}\Omega)$，

$$A_V=-\frac{\beta(R_C/\!/\frac{1}{2}R_L)}{R_B+r_{be}+\frac{1}{2}(1+\beta)R_W}=-\frac{100\times(36/\!/9)}{2.7\times10^3+10.2\times10^3+101\times50}=-40。$$

(3) $R_{id}=2[R_B+r_{be}+(1+\beta)\dfrac{1}{2}R_W]=35.9\text{k}\Omega$。

13. 放大电路如图2.25所示，已知三极管的 $\beta=50$，$V_{BEQ}=0.7\text{V}$，$V_{CC}=V_{EE}=15\text{V}$，$R_{C1}=R_{C2}=10\text{k}\Omega$，$R_B=1\text{k}\Omega$，恒流源电流 I=0.2mA。

(1) 分析差分电路输入输出是何种接法？

(2) 若当输入为零时输出也为零，则 R_{C3} 为多大值？

(3) 当 $v_i=10\sin\omega t\text{mV}$ 时，求 v_o 的值。

分析：这是一个差分放大电路与共发射极放大电路的组合电路，差分电路是单端输入-单端输出形式，后接电路是共发射极电路。这种长尾型差分电路是共发射极的，公共端输出的电流是每个发射极电流的2倍，三极管集电极电流基本等于发射极电流，发射结电压也是恒定的，本题可以根据电流关系计算出 I_{BQ3}，即 $I_{BQ3}=I_{CQ1}-I_{RC1}$。计算出 I_{BQ3} 后可计算出 I_{CQ3}，再根据电流电压关系计算出 R_{C3} 的值。要计算 v_o 先要求出 A_V，$A_V=A_{V1}\times A_{V2}$，单入-单出的差放增益为 $-\dfrac{\beta(R_C/\!/r_{be3})}{2(R_B+r_{be1})}$，共发放大电路增益为 $-\dfrac{\beta R_{C3}}{r_{be3}}$。

解：(1) 差分电路输入输出是单端输入-单端输出连接形式。

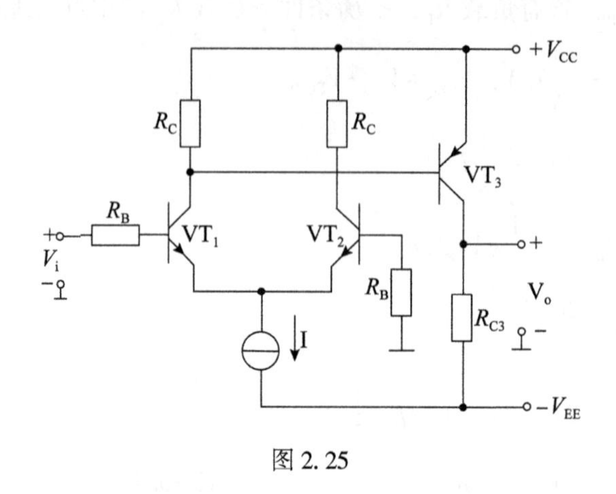

图 2.25

(2)由于 $I=0.2\text{mA}$，可得 $I_{EQ1}=0.1\text{mA}\approx I_{CQ1}$。

$I_{RC1}=\dfrac{V_{BEQ3}}{R_C}=\dfrac{0.7}{10000}=70(\mu\text{A})$，所以 $I_{BQ3}=I_{CQ1}-I_{RC1}=0.1\text{mA}-70\mu\text{A}=30\mu\text{A}$。

$I_{CQ3}=\beta\times I_{BQ3}=1.5\text{mA}$。由于 $v_i=0$ 时 $v_o=0$，R_{C3}的压降等于 V_{EE}，

$R_{C3}=\dfrac{V_{EE}}{I_{CQ3}}=\dfrac{15}{1.5\times10^{-3}}=10000\Omega$。

(3)$r_{be1}=200+(\beta+1)\dfrac{26\text{mV}}{I_{EQ}}=200+51\times260=13.46(\text{k}\Omega)$，

$r_{be3}=200+(\beta+1)\dfrac{26\text{mV}}{I_{EQ}}=200+51\times\dfrac{26}{1.5}=1.08(\text{k}\Omega)$，

$A_V=A_{V1}\times A_{V2}=-\dfrac{\beta(R_C/\!/r_{be3})}{2(R_B+r_{be1})}\times\left(-\dfrac{\beta R_{C3}}{r_{be3}}\right)=910$，

$v_i=10\sin\omega t\text{mV}$，$v_o=A_V\times v_i=9.1\sin\omega t\text{V}$。

14. 电路如图 2.26 所示，所有晶体管均为硅管，β 均为 100，静态时 $|V_{BEQ}|=0.6\text{V}$。

(1)求静态时 T_1、T_2 管和 T_3 的集电极电流 I_{C1}、I_{C2}、I_{C3}。

(2)若静态时 $V_o=0$，求电路的输入电阻 R_i，输出电阻 R_o 和电压增益 A_V。

分析：这也是一个差分放大电路与共发射极放大电路的组合电路，不同之处在于这里用的是比例电流源，另外 T_3 的发射极有电阻 R_{e3}。所以计算 $I_R\approx\dfrac{V_{CC}-V_{BEQ}}{R_{e4}+R_{c4}}$，$I_RR_{e4}=I_{C5}R_{e5}$。

计算出 I_{C5}后可以得到 I_{C1}和 I_{C2}。

计算 I_{C3}是通过 βI_{B3}，$I_{B3}=I_{C2}-I_{RC2}$，而 $V_{RC2}=V_{Re3}+V_{EB3}$。

总 $A_V=A_{V1}\times A_{V2}$，$A_{V1}=\dfrac{\beta(R_{C1}/\!/[r_{be3}+(1+\beta)R_{e3}])}{2r_{be1}}$，$A_{V2}=-\dfrac{\beta R_{C3}}{r_{be3}+(1+\beta)R_{e3}}$。

这里需要先计算 r_{be1}、r_{be3}、R_{C3}。R_{C3}可根据静态时 $V_o=0$ 来求，即 $I_{C3}\times R_{C3}=V_{EE}$。

$R_i=r_{be1}+r_{be2}$，$R_o=R_{C3}$。

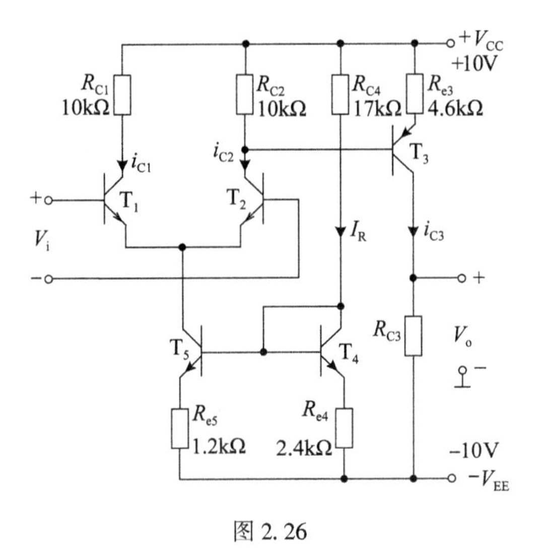

图 2.26

解：(1) $I_R \approx \dfrac{V_{CC}-V_{BEQ}}{R_{e4}+R_{c4}}=\dfrac{20-0.6}{17000+2.4\times10^3}=1(\text{mA})$，

又 $I_R R_{e4}=I_{C5}R_{e5}$，$I_{C5}=I_R R_{e4}/R_{e5}=2\text{mA}$。

所以 $I_{C1}=I_{C2}=I_{C5}/2=1\text{mA}$。

由于 $I_{B3}=I_{C2}-I_{RC2}$，$V_{RC2}=V_{Re3}+V_{EB3}$，$V_{Re3}=(1+\beta)I_{B3}\times R_{e3}$，

所以 $I_{B3}=I_{C2}-\dfrac{(1+\beta)I_{B3}R_{e3}+V_{EB3}}{R_{C2}}$，

整理得：$I_{B3}=\dfrac{I_{C2}R_{C2}-V_{EB3}}{R_{C2}+(1+\beta)R_{e3}}\approx 20\mu\text{A}$，$I_{C3}=2\text{mA}$。

(2) 由于静态时 $V_o=0$，所以 $I_{C3}\times R_{C3}=V_{EE}$，$R_{C3}=V_{EE}/I_{C3}=\dfrac{10}{2\text{mA}}=5\text{k}\Omega$。

计算 $r_{be1}=r_{be2}=200+(\beta+1)\dfrac{26\text{mV}}{I_{EQ}}=200+101\times26=2.8(\text{k}\Omega)$，

$r_{be3}=200+(\beta+1)\dfrac{26\text{mV}}{I_{EQ}}=200+101\times13=1.5(\text{k}\Omega)$。

$R_i=r_{be1}+r_{be2}=5.6\text{k}\Omega$，$R_o=R_{C3}=5\text{k}\Omega$。

$A_V=A_{V1}\times A_{V2}=-\dfrac{\beta(R_{C1}/\!/[r_{be3}+(1+\beta)R_{e3}])}{2r_{be1}}\times\dfrac{\beta R_{C3}}{r_{be3}+(1+\beta)R_{e3}}=-174.8\times1.07=-187$。

15. 电路如图 2.27 所示，三极管均为硅管，$|V_{BEQ}|=0.7\text{V}$，$\beta_1=\beta_2=50$，$\beta_3=80$，当 $V_i=0$ 时 $V_o=0$。

(1) 求静态工作点 I_{C2}、I_{C3}、V_{CE2}、V_{CE3}、I_E 及 R_{E2} 的值。

(2) 求电路电压增益 A_V。

(3) 当 $V_i=5\text{mV}$ 时，V_o 是多少？

(4) 当输出端接 $R_L=12\text{k}\Omega$ 的负载时，电压增益 A_V 的值是多大？

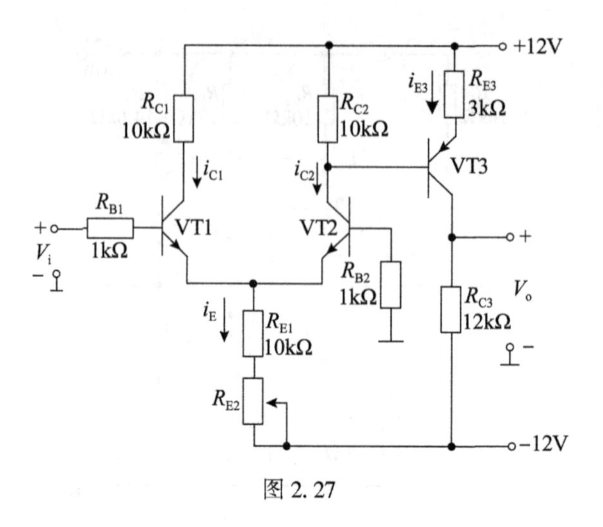

图 2.27

分析：这还是一个差分放大电路与共发射极放大电路的组合电路，先要通过 $V_i=0$ 时 $V_o=0$ 求出 I_{C3}，再求 I_{C2}，得到 I_E，最后通过长尾两端的电压与流过的电流计算出电阻，可得 R_{E2} 的值。这种类型的题最关键的地方都是计算 I_{C2} 或 I_{C3}，核心为计算 R_{C2} 上的电压值。

$$A_V=A_{V1}\times A_{V2}，A_{V1}=\frac{\beta_1(R_{C2}/\!/[r_{be3}+(1+\beta_3)R_{e3}])}{2(r_{be1}+R_{B1})}，A_{V2}=-\frac{\beta_3R_{C3}}{r_{be3}+(1+\beta_3)R_{e3}}。$$

计算出增益后输入乘增益就等于输出。

当输出端接有负载时，输出的交流负载就 R_L' 等于 $R_{C3}/\!/R_L$，增益变小了。

解：(1)由于当 $V_i=0$ 时 $V_o=0$，所以 $I_{C3}\times R_{C3}=0-(-12)=12$，$R_{C3}=12\text{k}\Omega$，$I_{C3}=1\text{mA}$。

由于 $I_{E3}\approx I_{C3}=1\text{mA}$。$V_{RC2}=I_{E3}\times R_{E3}+V_{EBQ}=3.7\text{V}$。$I_{C2}\approx I_{RC2}=V_{RC2}/R_{C2}=0.37\text{mA}$。$I_E=2I_{C2}=0.74\text{mA}$。

由于 $I_E\times(R_{E1}+R_{E2})=12-0.7=11.3(\text{V})$，所以 $R_{E2}=(11.3/I_E)-R_{E1}=5.2\text{k}\Omega$。

$V_{C2}=12-I_{C2}\times R_{C2}=12-3.7=8.3(\text{V})$，$V_{E2}=-0.7\text{V}$，所以 $V_{CE2}=V_{C2}-V_{E2}=9\text{V}$。

$V_{CE3}=V_{C3}-V_{E3}=0-9=-9(\text{V})$。

(2)由于 $A_V=A_{V1}\times A_{V2}=-\frac{\beta_1(R_{C2}/\!/[r_{be3}+(1+\beta_3)R_{e3}])}{2(r_{be1}+R_{B1})}\times\frac{\beta_3R_{C3}}{r_{be3}+(1+\beta_3)R_{e3}}$，

$$r_{be1}=r_{be2}=200+(\beta+1)\frac{26\text{mV}}{I_{EQ2}}=200+51\times\frac{26}{0.37}=3.78(\text{k}\Omega),$$

$$r_{be3}=200+(\beta+1)\frac{26\text{mV}}{I_{EQ}}=200+81\times26=2.3(\text{k}\Omega)。$$

代入计算可得：

$$A_{V1}=\frac{\beta_1\{R_{C2}/\!/[r_{be3}+(1+\beta_3)R_{e3}]\}}{2(r_{be1}+R_{B1})}=\frac{50\times(10/\!/245.3)}{2\times(3.87+1)}\approx50.2,$$

$$A_{V2}=-\frac{\beta_3R_{C3}}{r_{be3}+(1+\beta_3)R_{e3}}=-\frac{80\times12}{245.3}=-3.9,$$

$A_V=A_{V1}\times A_{V2}=-195.8$。

(3)当 $V_i=5\text{mV}$ 时，$V_o=A_V\times V_i=-195.8\times5\text{mV}=-0.98\text{V}$。

(4)当输出端接 $R_L=12\text{k}\Omega$ 的负载时，$R_L'=R_{C3}/\!/R_L=12/\!/12=6(\text{k}\Omega)$，用 R_L'代替 $R_{C3}=12\text{k}\Omega$ 计算 A_{V2}，A_{V2}减小一半，而 A_{V1}不变，A_V也降低一半为-97.9。

16. 电路如图 2.28(a)所示，三极管的 β 为 60，$r_{be}=1\text{k}\Omega$，试推导出低频区电压放大倍数的表达式，确定下限截止频率。

分析：电容 C_{b1}、C_{b2}对下限频率是有影响的，而 C_e不是足够大，在低频范围不能忽略，对下限频率也有影响。考虑交流通路 R_b是 $R_{b1}/\!/R_{b2}$，其值远大于 r_{be}，忽略 R_b。R_{e2}远大于 C_e的容抗，也可忽略。这样就可得到交流通路和微变等效电路，如图 2.28(b)(c)所示。

将 C_e折算到基极，其容抗增大 $1+\beta$ 倍，电容量减小 $1+\beta$ 倍，和 C_{b1}串联成 C_i，所以 $C_i=\dfrac{C_{b1}C_e}{(1+\beta)C_{b1}+C_e}$，如图 2.28(d)所示。

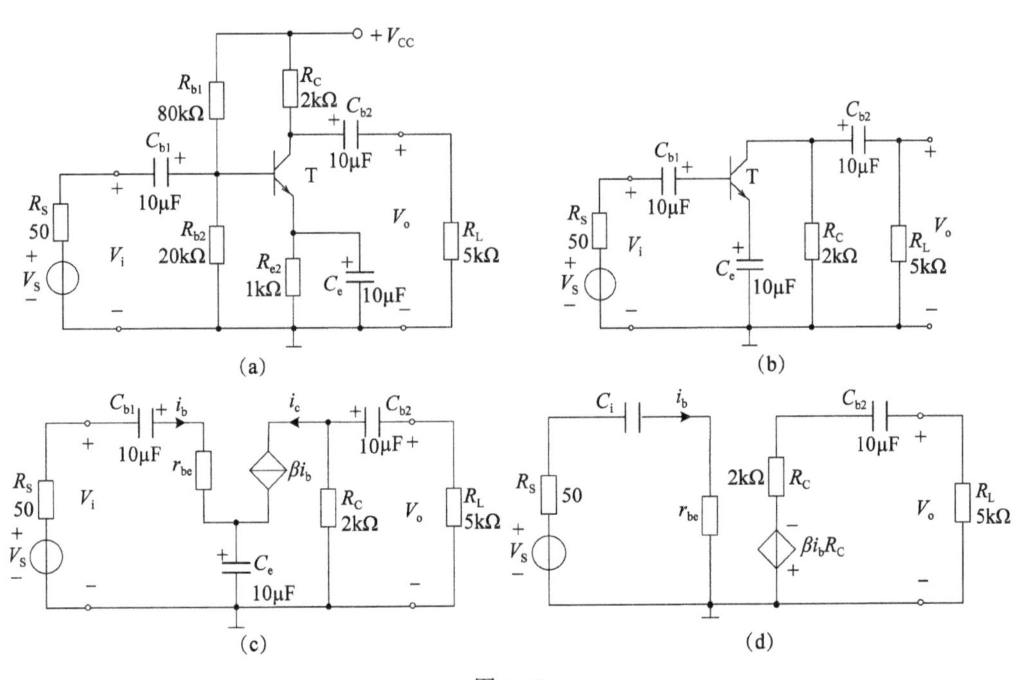

图 2.28

这样 $v_S=i_b\left(R_S+r_{be}+\dfrac{1}{j\omega C_i}\right)=i_b(R_S+r_{be})\left[1+\dfrac{1}{j\omega(R_S+r_{be})C_i}\right]$，

$$v_o=-\beta i_b R_C\frac{R_L}{(R_C+R_L)+\dfrac{1}{j\omega C_{b2}}}=\frac{-\beta i_b R_L'}{1+\dfrac{1}{j\omega(R_C+R_L)C_{b2}}}，\quad R_L'=R_C/\!/R_L。$$

$$A_{VL}=\frac{v_o}{v_S}=\frac{-\beta R_L'}{(R_S+r_{be})\left[1+\dfrac{1}{j\omega(R_S+r_{be})C_i}\right]\left[1+\dfrac{1}{j\omega(R_C+R_L)C_{b2}}\right]}=\frac{A_{VM}}{\left(1-j\dfrac{f_{L1}}{f}\right)\left(1-j\dfrac{f_{L2}}{f}\right)},$$

其中，$A_{VM}=\frac{-\beta R_L'}{R_S+r_{be}}$，$f_{L1}=\frac{1}{2\pi(R_S+r_{be})C_i}$，$f_{L2}=\frac{1}{2\pi(R_C+R_L)C_{b2}}$。

比较f_{L1}与f_{L2}，值大的为下限截止频率。

解：由于 $R_b=R_{b1}/\!/R_{b2}=10\text{k}\Omega\gg r_{be}=1\text{k}\Omega$，$R_{e2}\gg\frac{1}{\omega C_e}$，忽略 R_b 及 R_{e2} 在低频区的影响。可得到画微变等效电路如图 2.28(c) 所示。将 C_e 折算到基极后与 C_{b1} 串联成 C_i，$C_i=\frac{C_{b1}C_e}{(1+\beta)C_{b1}+C_e}$，得到电路图 2.24(d)。

$$v_o=-\beta i_b R_C\frac{R_L}{(R_C+R_L)+\frac{1}{j\omega C_{b2}}},$$

$$v_S=i_b(R_S+r_{be})\left[1+\frac{1}{j\omega(R_S+r_{be})C_i}\right],$$

$$A_{VL}=\frac{v_o}{v_S}=\frac{-\beta R_L'}{(R_S+r_{be})\left[1+\frac{1}{j\omega(R_S+r_{be})C_i}\right]\left[1+\frac{1}{j\omega(R_C+R_L)C_{b2}}\right]}=\frac{A_{VM}}{\left(1-j\frac{f_{L1}}{f}\right)\left(1-j\frac{f_{L2}}{f}\right)},$$

其中，$A_{VM}=\frac{-\beta R_L'}{R_S+r_{be}}=-81.6$，$f_{L1}=\frac{1}{2\pi(R_S+r_{be})C_i}=947\text{Hz}$，$f_{L2}=\frac{1}{2\pi(R_C+R_L)C_{b2}}=2.27\text{Hz}$。

17. 电路如图 2.29(a)所示，三极管的 β_0 为 60，$I_E=2.4\text{mA}$，$V_{BE}=0.6\text{V}$，$r_{bb'}=50\Omega$，$r_{b'e}=660\Omega$，$f_T=200\text{MHz}$，$C_{b'C}=5\text{pF}$，$R_L=\infty$。

(1)计算电路的上限频率f_H及增益-带宽积，写出高频区频率特性表达式。

(2)若 R_C 减小至 200Ω，高频特性有何影响?

(3)不改变电路连接和不更换三极管，通过调整电路参数能增加带宽吗?

分析：要得到高频特性，先要画出三极管简化的高频等效电路，如图 2.29(b)所示。再画出完整的高频小信号电路，如图 2.29(c)所示。由于 $R_b=R_{b1}/\!/R_{b2}$，其值远大于 r_{be}，忽略 R_b，视作开路。为了进一步简化，需用密勒定理将跨接在输入-输出端的电容 $C_{b'c}$ 等效折算到输入和输出回路。计算得到在输入回路的等效电容 $C_{M1}=(1+g_mR_C)C_{b'c}$，输出回路的等效电容 C_{M2}很小，忽略不计，如图 2.29(d)所示。

输入端的总电容为

$C=C_{b'e}+C_{M1}=C_{b'e}+(1+g_mR_C)C_{b'c}$。

而 $g_m\approx\frac{I_E}{26\text{mV}}=92.3(\text{ms})$。由于$f_T\approx\frac{\beta_0}{2\pi r_{b'e}C_{b'e}}$，可以计算出 $C_{b'e}$的值。

注：这两个式子可当公式使用。

又由于输入端的总电阻为 $R=r_{b'e}/\!/(R_S+r_{b'b})$。这样就可以求出$f_H=\frac{1}{2\pi RC}$。

中频电压增益为 $A_{VM}=\frac{v_o}{v_S}\approx-\frac{g_m r_{b'e}R_C}{R_S+r_{bb'}+r_{b'e}}$。如果有负载 R_L，就需要把 R_C 换成 $R_L'=R_C/\!/R_L$。

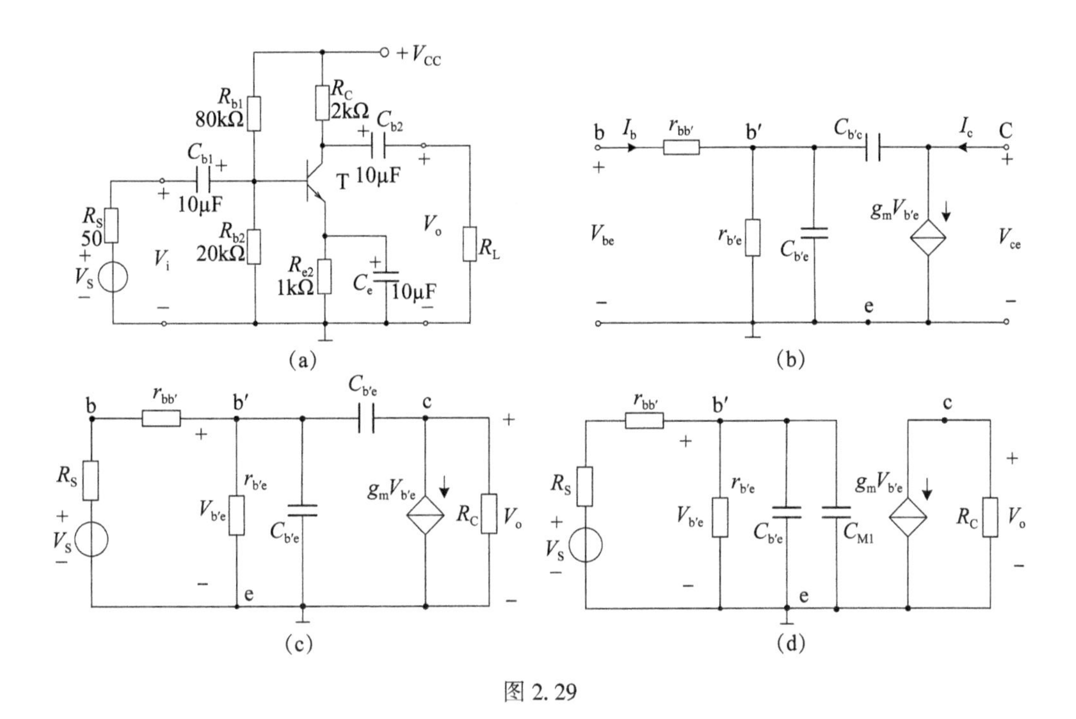

图 2.29

若 R_C 减小至 200Ω，中频电压增益减小，C_{M1}减小，总的 C 减小，f_H提高了。

由于总电容 $C=C_{b'e}+(1+g_mR_C)C_{b'c}$，$g_m\approx\dfrac{I_E}{26\text{mV}}$，减小 I_E，g_m减小，C_{M1}减小，总的 C 减小，f_H提高了。

解：(1)先画三极管简化高频等效电路，如图 2.29(b)所示。后画出完整的高频小信号电路，$R_b=R_{b1}/\!/R_{b2}$，其值远大于 r_{be}，忽略 R_b，视作开路，如图 2.29(c)所示。

再用密勒定理将跨接在输入-输出端的电容 $C_{b'c}$等效折算到输入和输出回路。可得输入回路的等效电容 $C_{M1}=(1+g_mR_C)C_{b'c}$，输出回路的等效电容 C_{M2}很小，忽略不计，如图 2.29(d)所示。

由于输入端的总电容为 $C=C_{b'e}+C_{M1}=C_{b'e}+(1+g_mR_C)C_{b'c}$，输入端的总电阻为 $R=r_{b'e}/\!/(R_S+r_{b'b})$。

$g_m\approx\dfrac{I_E}{26\text{mV}}=92.3\text{ms}$。

$f_T\approx\dfrac{\beta_0}{2\pi r_{b'e}C_{b'e}}$，$C_{b'e}\approx\dfrac{\beta_0}{2\pi r_{b'e}f_T}=72\text{pF}$。

$C=C_{b'e}+(1+g_mR_C)C_{b'c}=72+(1+92.3\times2)\times5=1000(\text{pF})$，

$R=r_{b'e}/\!/(R_S+r_{b'b})=660/\!/(50+50)=86.8(\Omega)$。

上限频率 $f_H=\dfrac{1}{2\pi RC}=\dfrac{1}{2\pi\times86.8\times1000\times10^{-12}}=1.8(\text{MHz})$。

中频电压增益为 $A_{VM} \approx -\frac{g_m r_{b'e} R_C}{R_S + r_{bb'} + r_{b'e}} = -\frac{92.3 \times 10^{-3} \times 660 \times 2000}{50 + 50 + 660} = -160$。

增益-带宽积为 $A_{VM} \cdot f_H = 160 \times 1.8\text{MHz} = 288\text{MHz}$。

高频特性表达式 $A_{VH} = \frac{A_{VM}}{1 + j\frac{f}{f_H}}$。

(2) R_C 减小至 200Ω，$A_{VM} \approx -\frac{g_m r_{b'e} R_C}{R_S + r_{bb'} + r_{b'e}}$减小了，$C = C_{b'e} + (1 + g_m R_C) C_{b'c}$ 也减小了，$f_H = \frac{1}{2\pi RC}$增大了，高频特性得到改善。

(3)不改变电路连接和不更换三极管，适当降低电路静态工作点，I_{EQ} 减小，$g_m \approx \frac{I_E}{26\text{mV}}$减小，$C = C_{b'e} + (1 + g_m R_C) C_{b'c}$ 也减小，f_H 增大，电路带宽增大。

18. 已知一个两级放大电路各级电压增益分别为

$$A_{V1} = \frac{-25jf}{\left(1 + j\frac{f}{4}\right)\left(1 + j\frac{f}{10^5}\right)},\quad A_{V2} = \frac{-2jf}{\left(1 + j\frac{f}{50}\right)\left(1 + j\frac{f}{10^5}\right)}$$

(1)写出该放大器的电压增益的表达式；

(2)求出该电路的总增益、f_L 和 f_H 各为多少；

(3)画出该电路的波特图。

分析：考虑从低频到高频的放大电路的电压增益表达式为

$$\dot{A}_V = \dot{A}_{VM} \frac{j\frac{f}{f_L}}{\left(1 + j\frac{f}{f_L}\right)\left(1 + j\frac{f}{f_H}\right)} = \dot{A}_{VM} \frac{1}{\left(1 + \frac{f_L}{jf}\right)\left(1 + \frac{jf}{f_H}\right)},$$

这个表达式可以直接得到中频电压增益 A_{VM}，下限频率 f_L 及上限频率 f_H。对于相频，低频区为 $\varphi = -90° - \arctan\frac{f}{f_L}$，高频区为 $\varphi = -180° - \arctan\frac{f}{f_H}$。这个放大电路经两级放大后相位不变，中频区相位为 0。对于多级放大电路来说，电路电压总增益等于各级电压增益之积，下限截止频率 $f_L \approx 1.1\sqrt{\sum_{k=1}^{N} f_{Lk}^2}$，上限截止频率 $\frac{1}{f_H} \approx 1.1\sqrt{\sum_{k=1}^{N} \frac{1}{f_{Hk}^2}}$。

由于波特图采用对数坐标，如果中频区相位为 0，则一级放大电路的下限频率 $0.1f_L$、f_L、$10f_L$ 对应相位分别为 90°、45°、0°，上限频率 $0.1f_H$、f_H、$10f_H$ 对应相位分别为 0°、-45°、-90°，每级经过上、下限频率区域相位都下降 90°。

解：(1) $A_V = A_{V1} \cdot A_{V2} = \frac{-25jf}{\left(1 + j\frac{f}{4}\right)\left(1 + j\frac{f}{10^5}\right)} \times \frac{-2jf}{\left(1 + j\frac{f}{50}\right)\left(1 + j\frac{f}{10^5}\right)}$

$$=\frac{-50f^2}{\left(1+j\frac{f}{4}\right)\left(1+j\frac{f}{50}\right)\left(1+j\frac{f}{10^5}\right)^2}=\frac{10^4\times\frac{jf}{4}\times\frac{jf}{50}}{\left(1+\frac{jf}{4}\right)\left(1+\frac{jf}{50}\right)\left(1+\frac{jf}{10^5}\right)^2}。$$

(2)从放大电路增益的标准表达式可得：

电压总增益为10^4，即 80dB，$f_{L1}=4\text{Hz}$，$f_{H1}=10^5\text{Hz}$，$f_{L2}=50\text{Hz}$，$f_{H2}=10^5\text{Hz}$。

$f_L\approx1.1\sqrt{\sum_{k=1}^{N}f_{LK}^2}$，但$f_{L2}=50\text{Hz}\gg f_{L1}=4\text{Hz}$，故$f_L=f_{L2}=50\text{Hz}$。

$\frac{1}{f_H}\approx1.1\sqrt{\sum_{k=1}^{N}\frac{1}{f_{Hk}^2}}$，$f_H=\frac{f_{H1}}{1.1\sqrt{2}}\approx64\text{kHz}$。

(3)波特图幅频特性中，中频 $50\sim10^5$Hz 增益为 80dB；低频段 4~50Hz，20dB 每 10 倍频，0~4Hz，40dB 每 10 倍频；高频段 $10^5\sim10^6$Hz，40dB 每 10 倍频(本题的两级放大电路的上限频率都是 10^5Hz)。

波特图相频特性中，中频区相位为 0°，低频区 5Hz→50Hz→500Hz，90°→45°→0°。再低的频率区 0.4Hz→4Hz→40Hz，180°→135°→90°。但在 4Hz→50Hz 之间有很大重叠，135°→45°。高频区 10^4Hz→10^5Hz→10^6Hz，0°→-90°→-180°。

波特图如图 2.30 所示。

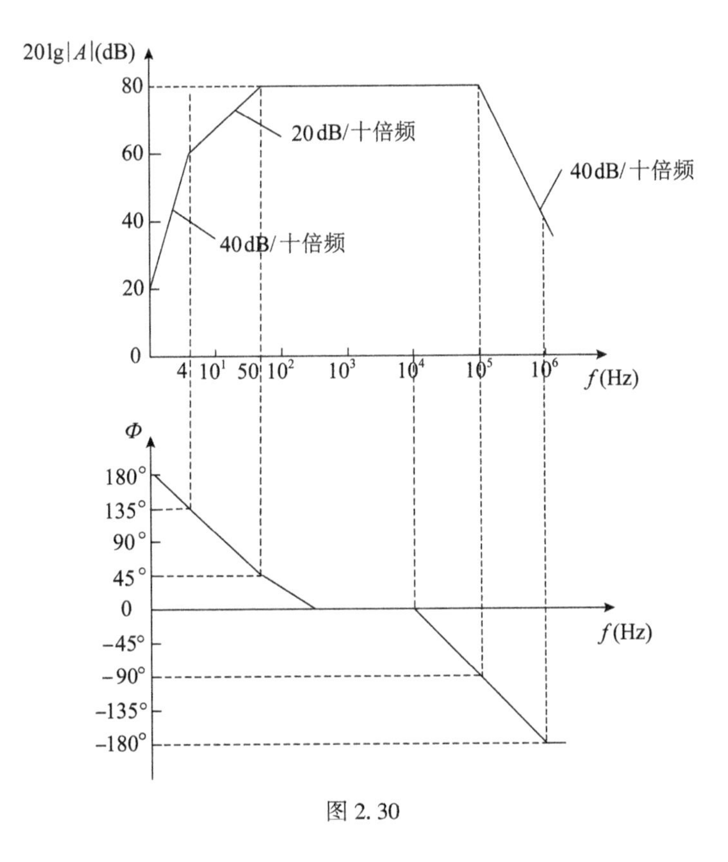

图 2.30

三、扩展题

三极管及电路的扩展题主要是加强组合电路的分析，提高解题思路和技巧。

1. 分析图 2.31(a)中 T_1、T_2 的组态并求电路的输入输出电阻及增益。

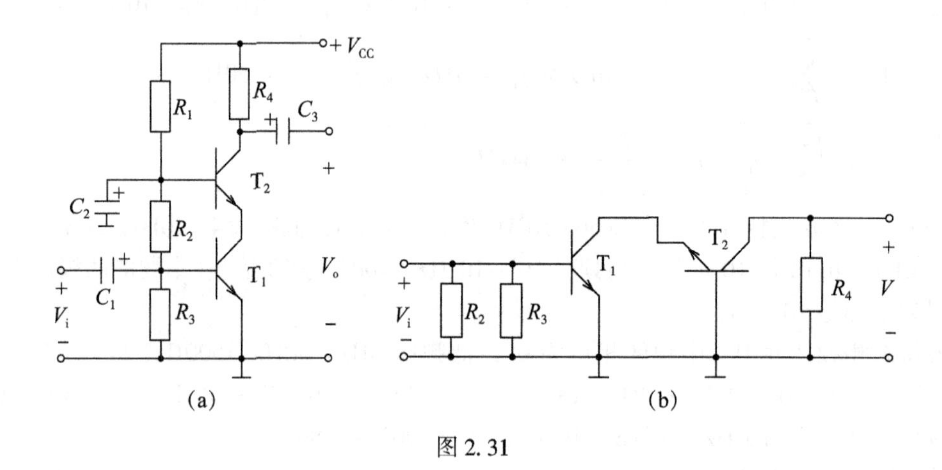

图 2.31

解：T_1、T_2 的组态分别为共发射极和共基极。求动态参数通常需要画交流通路，该电路的交流通路如图 2.31(b)所示。

电路的输入电阻为 $R_i = R_2 /\!/ R_3 /\!/ r_{be1}$，输出电阻为 $R_o = R_4$。

电路的增益为 $A_V = A_{V1} \cdot A_{V2} = -\dfrac{\beta_1 \dfrac{r_{be2}}{1+\beta_2}}{r_{be1}} \cdot \dfrac{\beta_2 R_4}{r_{be2}} \approx -\dfrac{\beta_1 R_4}{r_{be1}}$。

2. 已知三极管的电路及输出特性曲线如图 2.32(a)(b)所示，三极管的 $\beta = 80$，$V_{BEQ} = 0.7V$，$V_{CES} = 1V$，

(1)估算三极管的静态工作点。

(2)当 R_b 和 R_e 不变，R_c 增加时，Q 点将如何移动？为使三极管不进入饱和状态，R_c 如何选值？

(3)当 R_c 和 R_e 不变，R_b 减小时，Q 点将如何移动？为使三极管不进入饱和状态，R_b 如何选值？

(4)当 R_b、R_c 和 R_e 不变，V_{CC} 减小时，Q 点将如何移动？为使三极管不进入饱和状态，V_{CC} 应如何选值？

解：(1)估算静态工作点，画直流通路如图 2.32(c)所示。

可得 $I_{BQ} = \dfrac{V_{CC} - V_{BEQ}}{R_b + (1+\beta) R_e} = \dfrac{12 - 0.7}{145000 + 81 \times 1000} = \dfrac{11.3}{226000} = 50(\mu A)$，

$I_{CQ} = \beta \cdot I_{BQ} = 4(mA)$，$I_{EQ} = (1+\beta) I_{BQ} = 4.05(mA)$，

$V_{CEQ} = V_{CC} - I_{CQ} R_c - I_{EQ} R_e \approx 12 - 10 = 2(V)$。

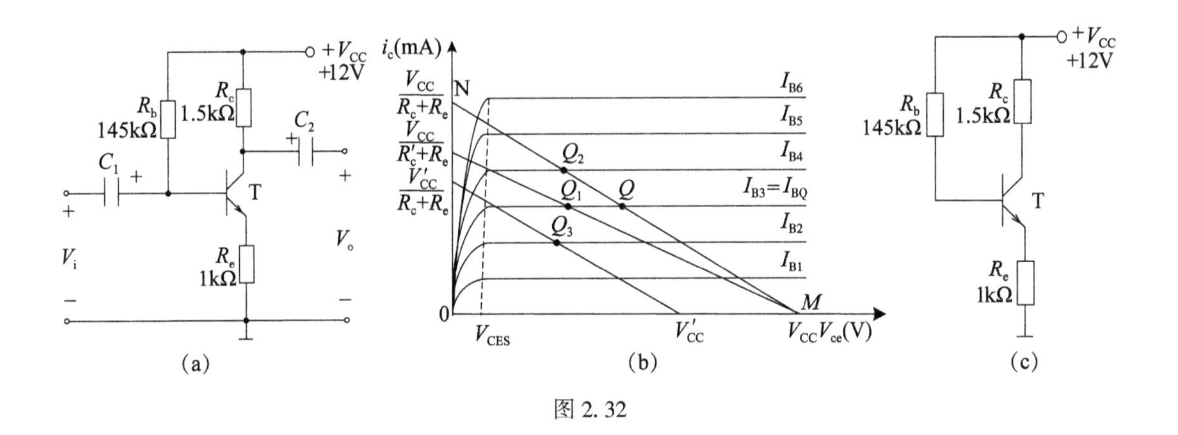

图 2. 32

(2)直流负载线 $V_{CE}=V_{CC}-I_C(R_c+R_e)$，作直流负载线 MN 与 I_{BQ} 的输出特性曲线相交于 Q 点。当 R_b 和 R_e 不变，R_c 增加时，I_{BQ} 不变，直流负载线斜率 $\left(-\frac{1}{R_C}\right)$ 的绝对值减小，故静态工作点向左移动到 Q_1 点。为了使三极管不进入饱和状态，可根据 $V_{CC}=I_C(R_{cmax}+R_e)+V_{CES}$，求得 $R_{cmax}=1.75\text{k}\Omega$。所以 $R_c<1.75\text{k}\Omega$。

(3)当 R_c 和 R_e 不变，R_b 减小时，直流负载线不变，I_{BQ} 增大，故静态工作点向上移动到 Q_2 点。为了使三极管不进入饱和状态，可根据 $V_{CC}=I_{cmax}(R_c+R_e)+V_{CES}$，$I_{cmax}=4.4\text{mA}$。$I_{Bmax}=55\mu\text{A}$。求得 $R_{bmin}=124.5\text{k}\Omega$。所以 $R_b>124.5\text{k}\Omega$。

(4)当 R_b、R_c 和 R_e 不变，V_{CC} 减小时，直流负载线向左平移，I_{BQ} 减小，故静态工作点向上移动到 Q_3 点。为了使三极管不进入饱和状态，可根据

$$V_{CCmin}=\beta \text{I}_b'(R_c+R_e)+V_{CES},\quad I_b'=\frac{V_{CCmin}-V_{BEQ}}{R_b+(1+\beta)R_e},$$

$$V_{CCmin}=\beta(R_c+R_e)\frac{V_{CCmin}-V_{BEQ}}{R_b+(1+\beta)R_e}+V_{CES},$$

$V_{CC\,min}=3.3\text{V}$，所以 $V_{CC}>3.3\text{V}$。

3. 共集电极放大电路及负载线如图 2. 33(a)、(b)所示。

(1)确定电路的 V_{CC}、R_e 和 R_L 的值，并确定输出动态范围；

(2)设三极管的临界饱和压降 $V_{CES}=1\text{V}$，为使放大器输出跟随范围最大，应如何改变 R_b 并确定此时的 Q 点?

解：(1)因为直流负载线的斜率绝对值总是小于或等于交流负载线的斜率，所以与坐标为(12, 0)，(0, 4)两点所确定的直线为直流负载线。另一条斜率为 1/2 的直线为交流负载线。从电路图可知，输出回路的直流负载线为 $V_{CC}=V_{CEQ}+I_E R_e$，直流电阻为 R_e，交流电阻为 $R_e/\!/R_L$。所以得 $V_{CC}=12\text{V}$，$R_e=3\text{k}\Omega$，$R_e/\!/R_L=2\text{k}\Omega$，计算得 $R_L=6\text{k}\Omega$，输出动态范围为 $2\times(10-6)=8(\text{V})$。

(2)要使放大器输出跟随范围最大，应满足 $V_{CEQ}-V_{CES}=I_{CQ}(R_e/\!/R_L)$，而 $V_{CEQ}=V_{CC}-$

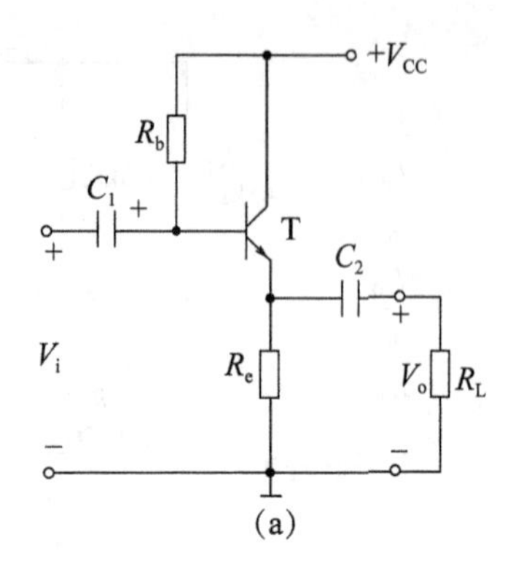

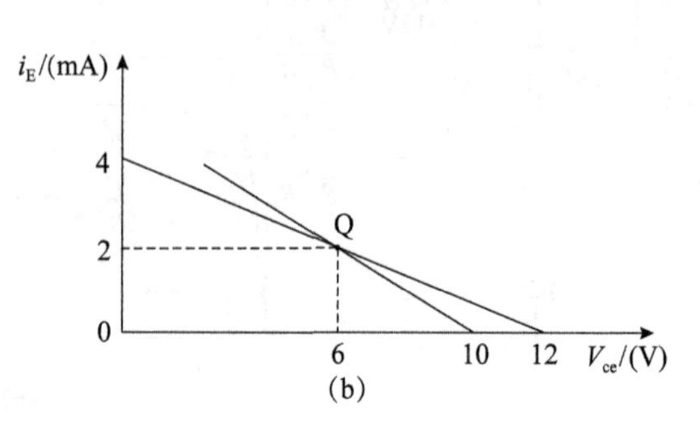

图 2. 33

$I_{CQ}R_e$，所以 $I_{CQ}=\dfrac{V_{CC}-V_{CES}}{R_e+R_e/\!/R_L}$，代入计算得 $I_{CQ}=2.2\text{mA}$，$V_{CEQ}=5.4\text{V}$。

所以应该减小 R_b，增大 I_{BQ}，增大 I_{CQ}。这样最大输出范围为 $V_{omax}=2\times I_{CQ}\times(R_e/\!/R_L)=2\times2.2\times2=8.8(\text{V})$。

4. 三极管放大电路如图 2.34 所示，已知 $\beta=100$，$r_{be}=1.5\text{k}\Omega$，耦合电容对交流信号短路。为了满足以下要求，电路应连接成何种组态，端点①、②、③分别如何连接?

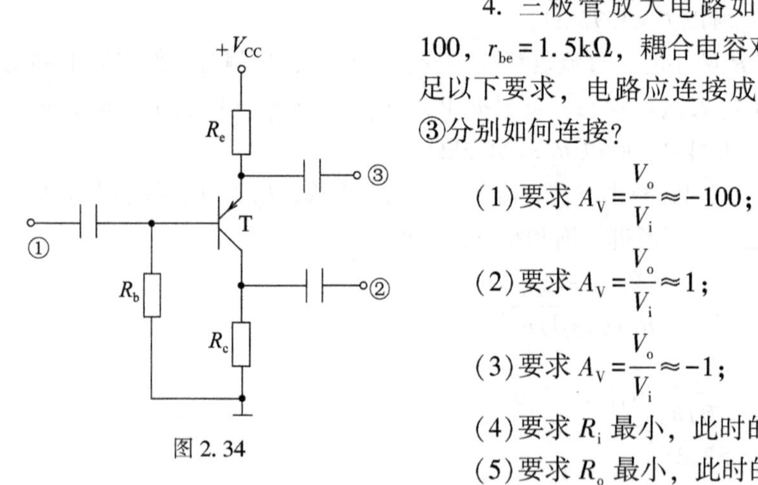

图 2. 34

(1)要求 $A_V=\dfrac{V_o}{V_i}\approx-100$;

(2)要求 $A_V=\dfrac{V_o}{V_i}\approx1$;

(3)要求 $A_V=\dfrac{V_o}{V_i}\approx-1$;

(4)要求 R_i 最小，此时的 R_i 为多少?

(5)要求 R_o 最小，此时的 R_o 为多少?

解：(1)要求 $A_V=\dfrac{V_o}{V_i}\approx-100$，必须连接成射极接地的共发射极电路，如图 2.34 中③接地，①接输入，②接输出。$A_V=-\dfrac{\beta\cdot R_c}{r_{be}}$，$R_c=1.5\text{k}\Omega$。

(2)要求 $A_V=\dfrac{V_o}{V_i}\approx1$，必须连接成共集电极电路，如图 2.34 中②接地，①接输入，③接输出。$A_V=\dfrac{(\beta+1)R_e}{r_{be}+(1+\beta)R_e}$。

(3)要求 $A_V=\dfrac{V_o}{V_i}\approx-1$，必须连接成射极接电阻的共发射极电路，如图 2.34 中③接地，

①接输入，②接输出。$A_V=-\dfrac{\beta \cdot R_c}{r_{be}+(1+\beta)R_e}$。

(4)要求 R_i 最小，必须连接成共基极电路，如图 2.34 中①接地，③接输入，②接输出。$R_i=R_e//\dfrac{r_{be}}{1+\beta}$。

(5)要求 R_o 最小，必须连接成共集电极电路，如图 2.34 中②接地，①接输入，③接输出。$R_o=R_e//\dfrac{r_{be}}{1+\beta}$。

5. 电路如图 2.35 所示，若 $\beta=50$，$V_{BEQ}=0.7V$，$V_{CC}=12V$，$R_{b1}=R_{b2}=10k\Omega$，$R_p=100k\Omega$，$R_c=3k\Omega$，$R_{e1}=100\Omega$，$R_{e2}=1k\Omega$，$R_L=3k\Omega$。

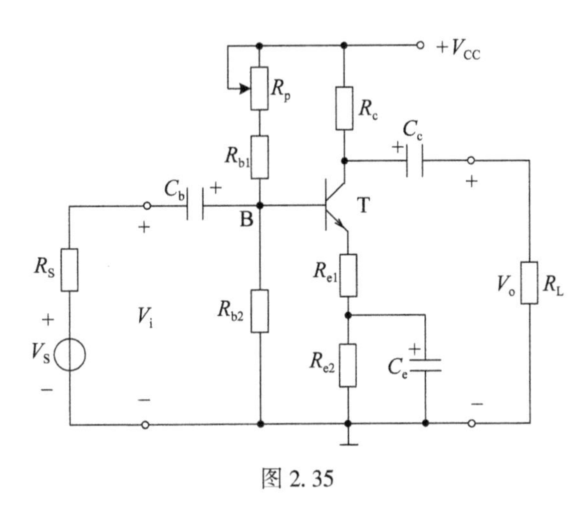

图 2.35

(1)当三极管的发射极对地的直流电压为 1.1V 时，求此时的 R_P 值及动态参数 A_V、R_i、R_o 值；

(2)当 $R_p=90k\Omega$ 时，电路容易产生何种失真，输出波形 v_o 哪个部位出现形变?

(3)电容 C_e 开路和短路对动态参数 A_V、R_i、R_o 有何影响?

解：(1)因为 $V_{EQ}=I_{EQ}(R_{e1}+R_{e2})=1.1V$，

$R_{e1}+R_{e2}=1.1k\Omega$，所以 $I_{EQ}=1mA$，$V_B=1.8V$，

$$V_B=\frac{R_{b2}}{R_{b1}+R_{b2}+R_p}V_{CC},$$

代入得 $R_p=46.6k\Omega$。

$$r_{be}=200+(1+\beta)\frac{26mV}{I_{EQ}}=1.5k\Omega,$$

$$A_V=-\frac{\beta(R_C//R_L)}{r_{be}+(1+\beta)R_{e1}}=-11.4,$$

$R_i=(R_P+R_{b1})//R_{b2}//[r_{be}+(1+\beta)R_{e1}]=3.7k\Omega$，$R_o=R_C=3k\Omega$。

(2)当 $R_p=90k\Omega$ 时，$I_{EQ}<1mA$，电路容易产生截止失真，输出波形顶部出现形变。

(3)电容 C_e 开路时，I_{EQ} 不变，动态参数 A_V 减小，R_i 增大，R_o 不变。

电容 C_e 短路时，I_{EQ} 增大，r_{be} 减小，A_V 增大，R_i 减小，R_o 不变。

6. 用小信号模型分析图 2.36(a)所示交流通路图的动态参数。

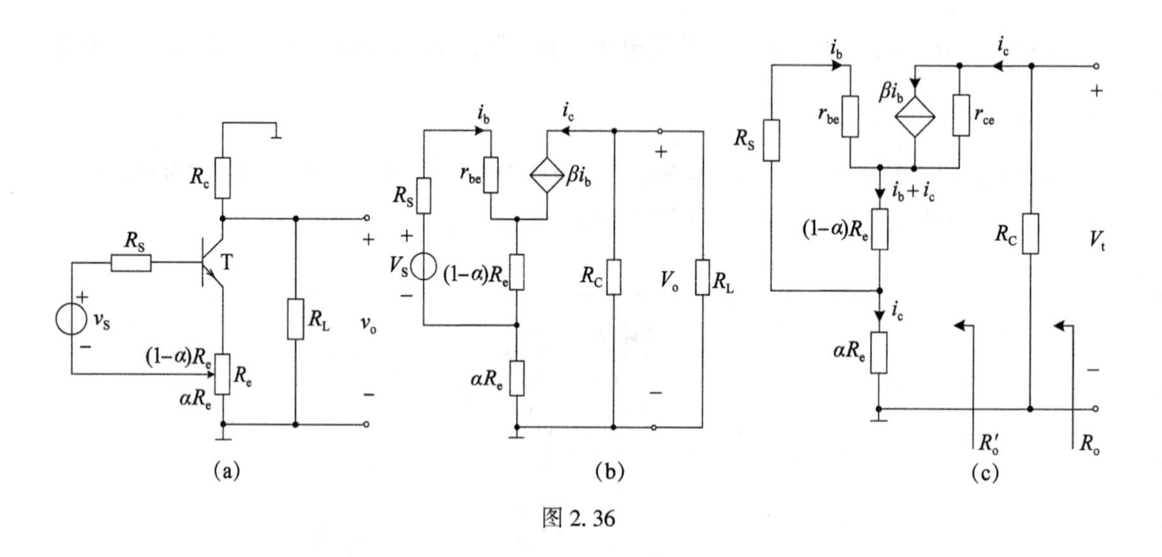

图 2.36

解：画出电路的小信号等效电路，如图 2.36(b)所示。

$v_o=-\beta i_b(R_C/\!/R_L)$，$v_i=i_b(R_S+r_{be})+(1+\beta)i_b(1-\alpha)R_e$，

$$A_{vs}=\frac{v_o}{v_i}=-\frac{\beta(R_C/\!/R_L)}{R_S+r_{be}+(1+\beta)(1-\alpha)R_e}。$$

$$R_i=\frac{v_i}{i_i}=\frac{i_b r_{be}+(1+\beta)i_b(1-\alpha)R_e}{i_b}=r_{be}+(1+\beta)(1-\alpha)R_e。$$

求 R_o 需要根据定义来，并且要考虑 r_{ce}，画电路图如图 2.36(c)所示。

$$R_o=R_C/\!/R_o'=R_c/\!/\frac{V_t}{i_c},$$

$$V_t=(i_c-\beta i_b)r_{ce}+(i_b+i_c)(1-\alpha)R_e+i_c\alpha R_e,$$

又 $R_S i_b+r_{be}i_b+(i_b+i_c)(1-\alpha)R_e=0$，

得 $$i_b=-\frac{(1-\alpha)R_e i_c}{R_S+r_{be}+(1-\alpha)R_e},$$

所以 $$R_o'=\frac{V_t}{i_c}=r_{ce}+\frac{(1-\alpha)R_e\beta r_{ce}+R_e(R_S+r_{be})+\alpha(1-\alpha)R_e^2}{R_S+r_{be}+(1-\alpha)R_e}。$$

由于 $r_{ce}>>R_e$，$R_o'\approx r_{ce}>>R_C$，所以 $R_o=R_C/\!/r_{ce}\approx R_C$。

7. 电路如图 2.37(a)所示，所有电容对交流信号均可视为短路。二极管 D 的导通压降为 V_D，其交流等效电阻为 r_d，三极管 T 的 V_{BEQ} 和 β 参数以及 V_T 为已知。

(1)求三极管 T 和二极管 D 的静态电流 I_{CQ} 和 I_{DQ}；

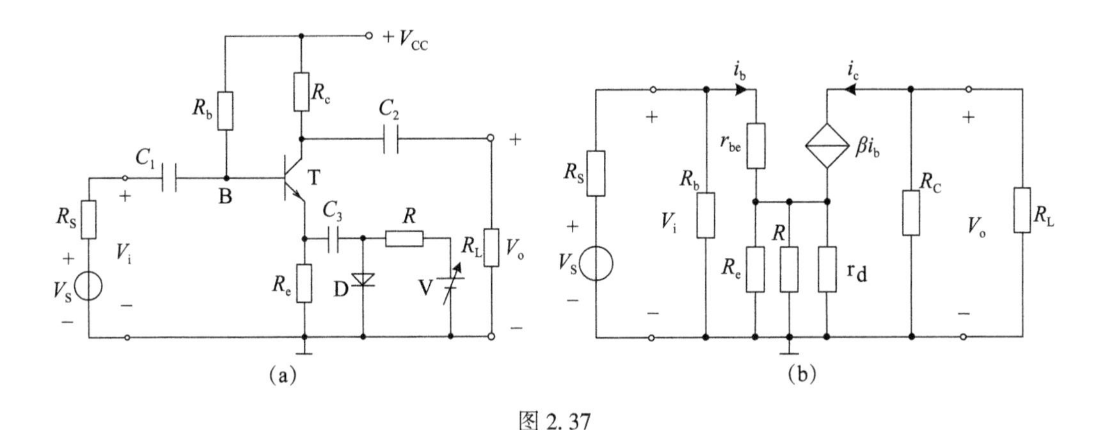

图 2.37

(2)求电压放大倍数 A_V、输入电阻 R_i、输出电阻 R_o；

(3)当电压 V 增大时，调节电压放大倍数 $|A_V|$ 增大还是减小？

解：(1) $I_{CQ}=\beta\dfrac{V_{CC}-V_{BEQ}}{R_b+(1+\beta)R_e}$，$I_{DQ}=\dfrac{V-V_D}{\mathrm{R}}$。

(2)画微变等效电路如图 2.37(b)所示。

$$A_V=-\frac{\beta(R_C/\!/R_L)}{r_{be}+(1+\beta)(R_e/\!/\mathrm{R}/\!/r_d)},$$

$$R_i=R_b/\!/[r_{be}+(1+\beta)(R_e/\!/\mathrm{R}/\!/r_d)],$$

$$R_o=R_C。$$

(3)由于 $r_d=\dfrac{26\text{mV}}{I_D}$，V 增大时 I_D 增大，r_d 减小，$r_{be}+(1+\beta)(R_e/\!/R/\!/r_d)$ 减小，所以 A_V 增大。

8. 共基相加电路如图 2.38 所示，若 $R_{E1(2,3)}>>\dfrac{r_{be}}{1+\beta}$，求输出 V_o 与输入 V_{i1}、V_{i2}、V_{i3} 的关系。

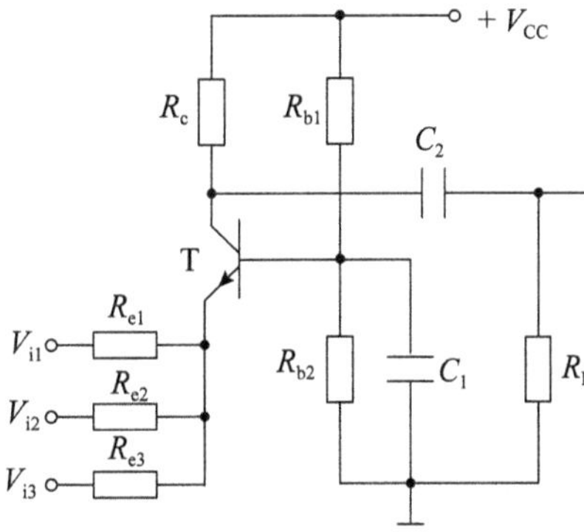

图 2.38

解：由于共基极发射极对地电阻为$\dfrac{r_{be}}{1+\beta}$，当 V_{i1} 作用，V_{i2}、V_{i3} 接地时，R_{e2} 与 R_{e3} 和$\dfrac{r_{be}}{1+\beta}$是并联关系，形成的总电流为$\dfrac{V_{i1}}{R_{e1}+R_{e2}/\!/R_{e3}/\!/\dfrac{r_{be}}{1+\beta}}$，

发射极上的电流为 $I_{e1}=\dfrac{V_{i1}}{R_{e1}+R_{e2}/\!/R_{e3}/\!/\dfrac{r_{be}}{1+\beta}}\times\dfrac{R_{e2}/\!/R_{e3}}{R_{e2}/\!/R_{e3}+\dfrac{r_{be}}{1+\beta}}\approx\dfrac{V_{i1}}{R_{e1}}$，

同理可得：$I_{e2}\approx\frac{V_{i2}}{R_{e2}}$，$I_{e3}\approx\frac{V_{i3}}{R_{e3}}$。$I_e=I_{e1}+I_{e2}+I_{e3}$，$I_c=\alpha I_e\approx I_e$。

而 $V_o=-I_C(R_C/\!/R_L)$，代入得 $V_o\approx-\left(\frac{V_{i1}}{R_{e1}}+\frac{V_{i2}}{R_{e2}}+\frac{V_{i3}}{R_{e3}}\right)(R_C/\!/R_L)$。

9. 某运放的电流源电路如图 2.39 所示，设 $V_{BEQ}=0.7V$。

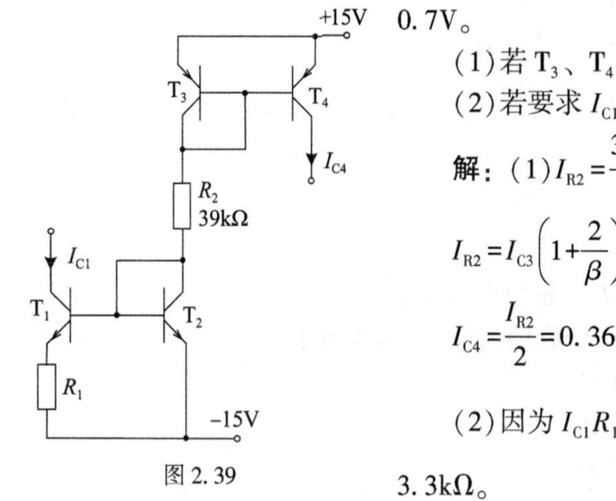

图 2.39

(1)若 T_3、T_4的$\beta=2$，求 I_{C4}；

(2)若要求 $I_{C1}=26\mu A$，求 R_1。

解：(1) $I_{R2}=\frac{30-2V_{BEQ}}{R_2}=\frac{30-1.4}{39k\Omega}=0.733(mA)$。

$I_{R2}=I_{C3}\left(1+\frac{2}{\beta}\right)=I_{C4}\left(1+\frac{2}{\beta}\right)$，

$I_{C4}=\frac{I_{R2}}{2}=0.366mA$。

(2)因为 $I_{C1}R_1=V_T\ln\left(\frac{I_{R2}}{I_{C1}}\right)$，代入计算 $R_1=\frac{V_T}{I_{C1}}\ln\left(\frac{I_{R2}}{I_{C1}}\right)=3.3k\Omega$。

10. 自举式射极输出电路如图 2.40(a)所示，电容对交流信号都视为短路，三极管的$\beta=50$。

(1)确定电路的静态工作点；

(2)画微变等效电路图，计算 A_V和 R_i；

(3)估算输出电阻 R_o。

解：(1)根据戴维南定理，将电路的直流偏置电路进行等效，其开路电压为：

$V_B=\frac{R_{b2}}{R_{b1}+R_{b2}}V_{CC}=6.67V$，

输入端电阻为：$R_b=R_{b3}+R_{b1}/\!/R_{b2}=106.7k\Omega$。

根据等效电路可以计算静态工作点，如图 2.40(b)所示。

$I_{BQ}=\frac{V_B-V_{BEQ}}{R_b+(1+\beta)R_e}=\frac{6.67-0.7}{106.7\times10^3+51\times10^3}=38(\mu A)$，

$I_{CQ}=\beta I_{BQ}=1.9mA$，$V_{CEQ}=V_{CC}-I_{EQ}R_e=18.1V$。

(2)画微变等效电路图如图 2.40(c)所示，作适当的简化如图 2.40(d)所示。

$r_{be}=200+\frac{26mV}{I_{BQ}}=880\Omega$，$r'_{be}=R_{b3}/\!/r_{be}\approx r_{be}$。

$R'_e=R_{b1}/\!/R_{b2}/\!/R_e\approx20/\!/10/\!/1=0.87k\Omega$。

$R_i=r'_{be}+(1+\beta)R'_e=0.88+51\times0.87=45.2(k\Omega)$。

$A_V=\frac{(1+\beta)R'_e}{r'_{be}+(1+\beta)R'_e}=\frac{44.3}{45.2}=0.98$。

(3)估算输出电阻 R_o 时，不考虑 R_s和 R_{b3}的跨接，$R_o=R'_e/\!/\frac{r'_{be}}{1+\beta}\approx16.8\Omega$。

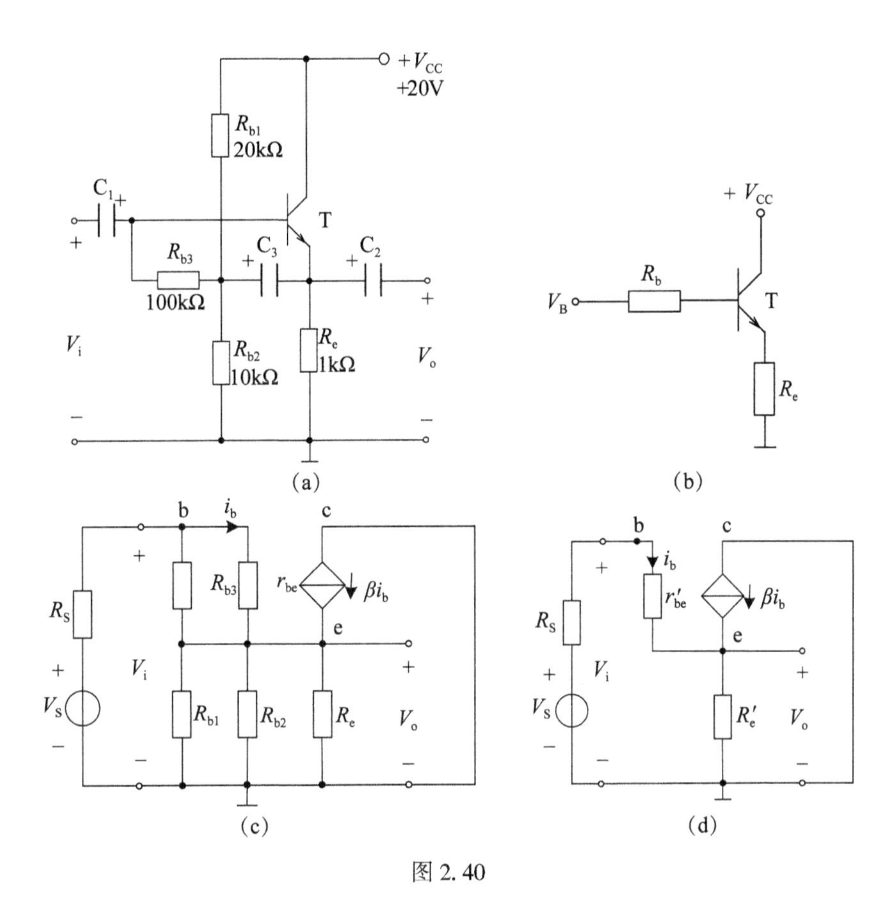

图 2.40

11. 集–基偏置放大电路如图 2.41(a)所示，它是另一类稳定 Q 点的电路。已知 $V_{CC}=6V$，$R_b=120k\Omega$，$R_c=2k\Omega$，$R_s=100\Omega$，$\beta=50$，$V_{BEQ}=0.7V$。

(1)估算静态工作点。

(2)定性分析 Q 点自动稳定的过程。

(3)画微变等效电路，并求 A_V、R_i、R_o。

解：(1)估算静态工作点，画直流通路，电容开路，如图 2.41(b)所示。

$$I_{BQ}=\frac{V_{CC}-V_{BEQ}}{R_b+(1+\beta)R_c}=\frac{6-0.7}{120000+51\times2000}\approx24(\mu A),\ I_{CQ}=\beta I_{BQ}=1.2mA,$$

$V_{CEQ}=V_{CC}-(1+\beta)I_{BQ}R_c=3.55V$。

(2)$T\uparrow\rightarrow I_{CQ}\uparrow\rightarrow V_{CEQ}(=I_{BQ}R_b+V_{BEQ})\downarrow\rightarrow V_{BEQ}\downarrow\rightarrow I_{BQ}\downarrow\rightarrow I_{CQ}\downarrow$，$Q$ 点自动稳定。

(3)画微变等效电路，如图 2.42(a)所示。由于 R_b 跨接在输入和输出端，利用密勒定理将其折算到输入和输出端，如图 2.42(d)所示。

$$R_{bi}=\frac{R_b}{1-A_V},\ R_{bo}=\frac{R_b}{1-\frac{1}{A_V}}\approx R_b,\ R_C /\!/ R_{bo}\approx R_C。$$

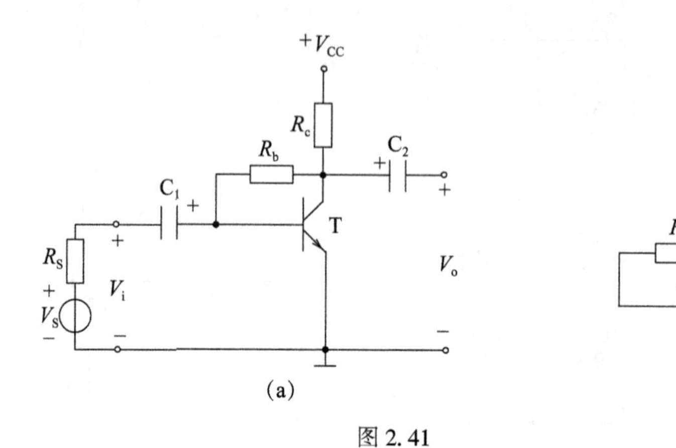

图 2.41

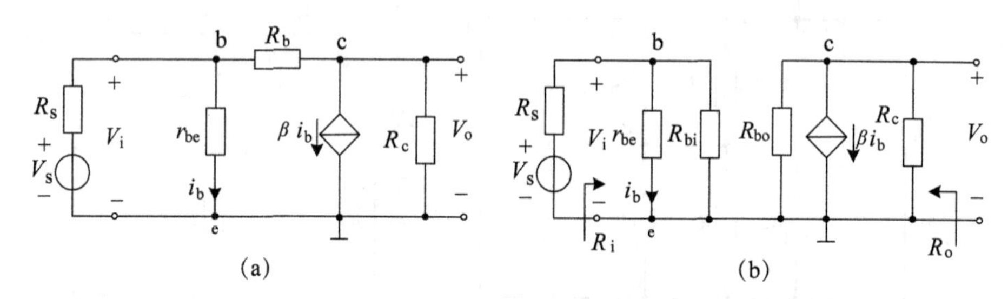

图 2.42

$r_{be}=200+\dfrac{26\text{mV}}{24\mu\text{A}}=1.28\text{k}\Omega$，$A_V\approx-\dfrac{\beta R_C}{r_{be}}\approx-50\times\dfrac{2}{1.28}=-78$。

$R_{bi}=\dfrac{R_b}{1-A_V}=\dfrac{120000}{79}=1.5(\text{k}\Omega)$，

$R_i=r_{be}/\!/R_{bi}=1.28\times10^3/\!/1.5\times10^3=0.69\text{k}\Omega$，$R_o\approx \text{RC}=2\text{k}\Omega$。

12. 某放大电路如图 2.43(a)所示，已知 $V_{CC}=12\text{V}$，$R_{b1}=R_{b2}=120\text{k}\Omega$，$R_C=3\text{k}\Omega$，$R_S=300\Omega$，三极管的 $\beta=50$，$V_{BEQ}=0.7\text{V}$，$V_{CES}=0.2\text{V}$。

(1)求静态工作点；

(2)求该电路输出最大不失真幅度；

(3)不失真条件下最大输入信号的幅值。

解：(1)求静态工作点，画直流通路，电容开路，如图 2.43(b)所示。

$I_{BQ}=\dfrac{V_{CC}-V_{BEQ}}{R_{b1}+R_{b2}+(1+\beta)R_C}=28.8\mu\text{A}$，$I_{CQ}=\beta I_{BQ}=1.44\text{mA}$，$V_{CEQ}=V_{CC}-I_{EQ}R_C=4.4\text{V}$。

(2)画交流通路，如图 2.43(c)所示。因为 $V_{CEQ}-V_{CES}=4.4-0.2=4.2(\text{V})$，$I_{CQ}(R_{b2}/\!/R_C)=1.44\times2.9=4.2(\text{V})$，两者的值相等，所以输出最大不失真幅度为 4.2V。

(3) $r_{be}=200+\dfrac{26\text{mV}}{I_{BQ}}=1.1\text{k}\Omega$，$A_V=-\dfrac{\beta(R_{b2}/\!/R_c)}{r_{be}}=-\dfrac{50\times(120\times10^3/\!/3\times10^3)}{1.1}=-133$，

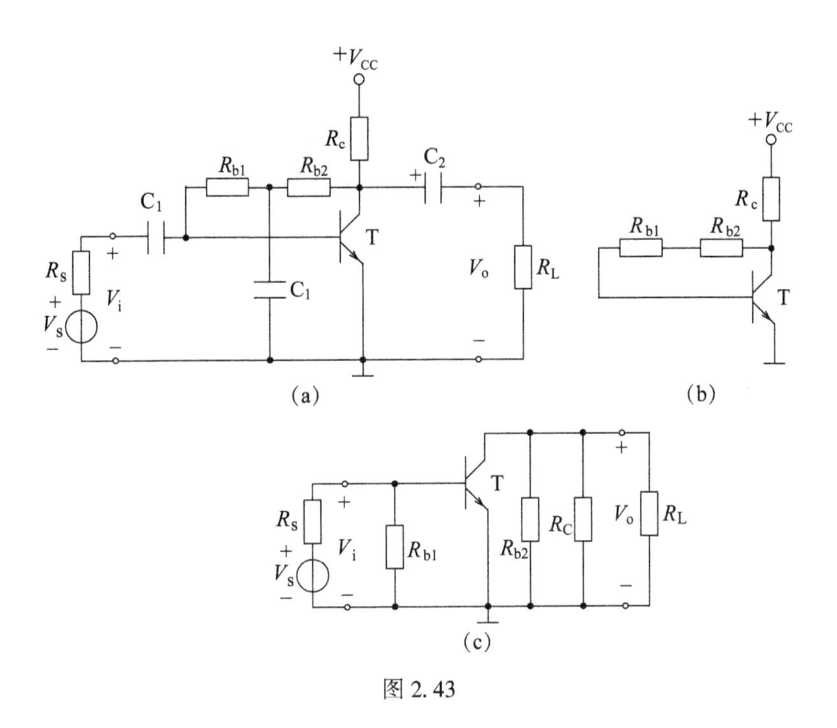

图 2.43

不失真条件下最大输入信号的幅值为 4.2V/133 = 31.5mV。

13. 差分放大电路图如图 2.44(a)所示，已知三极管的 $\beta=100$，$V_{BEQ}=0.7V$。

(1)若要求差放管的静态工作电流为 1mA，求 R_3 的值；

(2)静态时($v_{i1}=v_{i2}=0$)，若将电位器 R_W 左右移动，其输出端 V_{o1} 和 V_{o2} 的直流电位如何变化，并说明 R_W 的作用；

(3)若输入信号分别为 $v_{i1}=20\sin\omega t(mV)$，$v_{i2}=50mV$，且两输出端接有 $R_L=8k\Omega$ 的负载，求此时双端输出电压 $V_o(=V_{o1}-V_{o2})$；

(4)若将上面的负载接于 V_{o1} 输出，则 T_1 管静态工作点有何变化？此时输出电压 V_{o1} 是多少？

(5)当输入信号时，R_W 左右移动，问输出电压和输入电阻是否发生变化？

(6)确定电路允许输入的共模电压范围。

解：(1)要求差放管的静态工作电流为 1mA，则 $I_{c3}=2mA$。

$I_{e4}\approx I_{c4}\approx\dfrac{15-0.7}{3\times10^3+11.3\times10^3}=1mA=I_r$。

根据比例电流源关系得

$I_{e3}\times R_3=I_{e4}\times R_2$，代入得 $R_3=1.5k\Omega$。

(2)静态时 R_W 左移，T_1 管的发射极电阻减小，T_2 管的发射极电阻增大，使得 I_{CQ1} 增大，I_{CQ2} 减小，进而引起 V_{o1} 减小，V_{o2} 增大。通过调整 R_W，使得 $V_{o1}=V_{o2}$，使得静态输出为 0，R_W 为调零电位器。

(3)双端差模电压增益 $A_{vd}=-\dfrac{\beta\left(R_C//\dfrac{R_L}{2}\right)}{r_{be1}+(1+\beta)\dfrac{R_W}{2}}$,

$r_{be}=200+(1+\beta)\dfrac{26mV}{I_{EQ}}=2.826k\Omega$，代入上式可得

$A_{vd}=-\dfrac{\beta\left(R_C//\dfrac{R_L}{2}\right)}{r_{be1}+(1+\beta)\dfrac{R_W}{2}}=-20.7$,

$V_o=V_{o1}-V_{o2}=-20\times(20\sin\omega t-50)mV=1-0.4\sin\omega t(V)$。

(4)将负载 R_L 接于 V_{O1}输出时，I_{EQ1}、I_{CQ1}不变，如图 2.44(b)所示，要计算 C 点电压 V_C。$\dfrac{V_{CC}-V_C}{R_C}=\dfrac{V_C}{R_L}+I_{CQ1}$，$V_C=3.5V$。不接 R_L 时 $V_C=7V$，这样接 R_L 后 V_{CEQ}下降了。

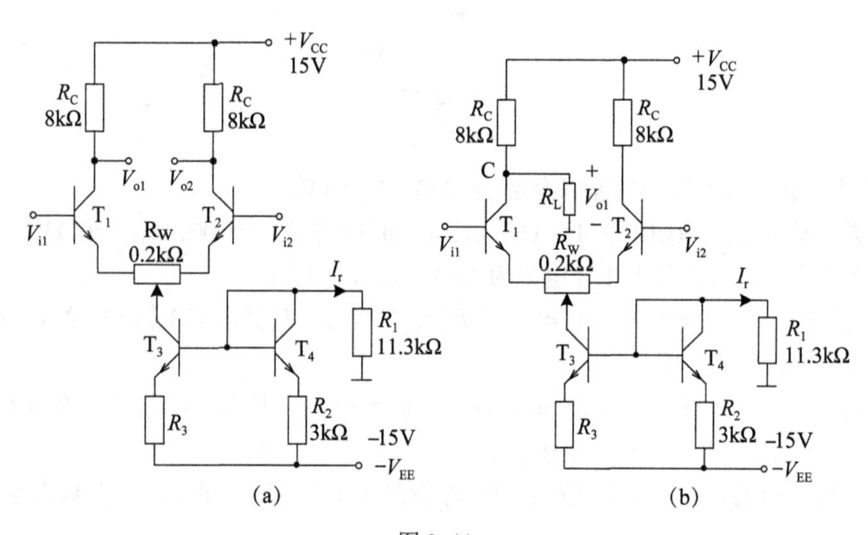

图 2.44

单端 1 差模电压增益 $A_{vd}=-\dfrac{1}{2}\dfrac{\beta(R_C//R_L)}{r_{be1}+(1+\beta)\dfrac{R_W}{2}}=-15.5$,

$V_{o1}=-15.5\times(20\sin\omega t-50)mV=0.775-0.31\sin\omega t(V)$。

(5)R_W左右移动，A_{vd}保持不变，输出电压不变。$R_{id}=2r_{be}+(1+\beta)R_W$，也不变。

(6)为使差放管不饱和，输入共模电压 V_{ic}的最大值 V_{icmax}应满足：

$V_{icmax}\leqslant V_{C1Q}=V_{CC}-I_{C1Q}R_C=15-1m\times8000=7(V)$,

同时保证 T_3 管不饱和，V_{ic}的最小值 V_{icmin}应满足：

$V_{icmin}\geqslant V_{B3}=-V_{EE}+I_rR_1=-15+1\times10^{-3}\times11.3\times10^3=-3.7(V)$。

允许输入的共模电压范围为[-3.7V，7V]。

当同时输入差模和共模信号时，$7-V_{idmax} \geq V_{ic} \geq -3.7-V_{idmin}$。

14. 已知某共射放大电路的波特图如图 2.45 所示，试写出 A_v 的表达式。

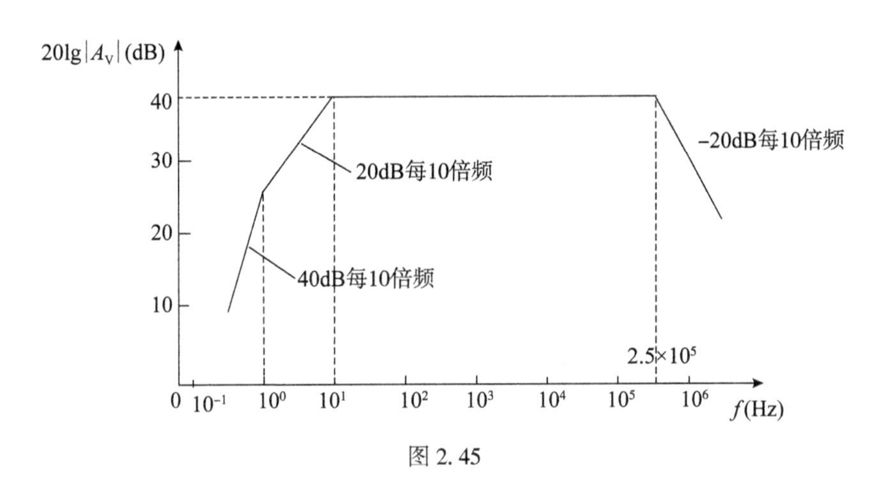

图 2.45

解： 从图 2.45 可以看出，中频电压增益为 40dB，即放大倍数为 100 倍。下限频率为 1Hz 和 10Hz，上限频率为 2.5×10^5 Hz，共射放大电路在中频带的相移为-180°，这样就可以直接写出表达式为 $A_V=\dfrac{-100}{\left(1+\dfrac{1}{\mathrm{j}f}\right)\left(1+\dfrac{10}{\mathrm{j}f}\right)\left(1+\dfrac{\mathrm{j}f}{2.5\times10^5}\right)}$。

还有一种形式为 $A_V=\dfrac{-100\times\dfrac{\mathrm{j}f}{1}\times\dfrac{\mathrm{j}f}{10}}{\left(1+\dfrac{\mathrm{j}f}{1}\right)\left(1+\dfrac{\mathrm{j}f}{10}\right)\left(1+\dfrac{\mathrm{j}f}{2.5\times10^5}\right)}$，结果都一样。

15. 某放大电路的对数幅频特性图如图 2.46 所示。

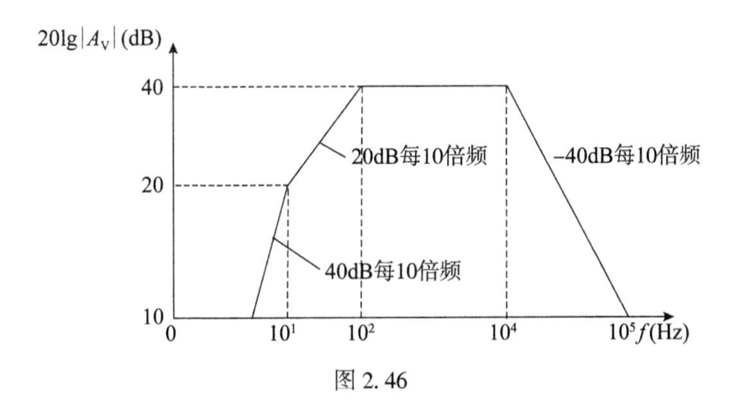

图 2.46

(1) 该电路由几级阻容耦合电路组成，每级的上、下限频率为多大？

(2)总的电压增益是多少，上、下限截止频率分别是多少?

解：(1)由于单级放大电路在上下限频率处各有一个+20dB 每 10 倍频和-20dB 每 10 倍频的转折。图中的低频处有两次转折，一次为+20dB 每 10 倍频的转折，一次为+40dB/10 倍频的转折。高频段只有一次-40dB 每 10 倍频的转折，但可看成是 10^4Hz 处有两个-20dB 每 10 倍频的转折叠加。所以该电路由两级阻容耦合电路组成，一级的下、上限频率分别为 10Hz 和 10^4Hz，另一级的下、上限频率分别为 10^2Hz 和 10^4Hz。

(2)图中的总增益为 40dB，即 100 倍。

两个下限频率分别为 10Hz 和 10^2Hz，相差 10 倍，取较大的值为下限频率 $f_L = 10^2$Hz。而上限频率都为 10^4Hz，用公式计算，$f_H = \dfrac{f_{H1}}{1.1\sqrt{2}} = \dfrac{10}{1.1\sqrt{2}} = 6.4(\text{kHz})$。

16. 差分放大电路如图 2.47 所示，已知 $V_{CC} = V_{EE} = 15\text{V}$，$R_b = 1\text{k}\Omega$，$R_C = R_E = R_L = 10\text{k}\Omega$，三极管的 $\beta = 100$，$V_{BEQ} = 0.7\text{V}$。

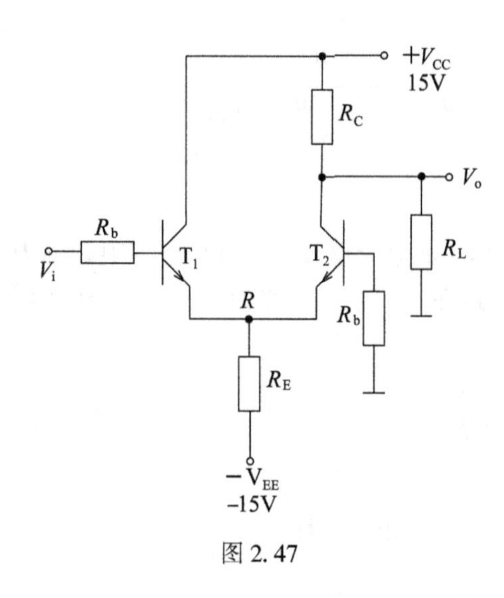

图 2.47

(1)估算 T_2 的静态工作点；

(2)估算共模抑制比；

(3)求 R_{id}。

解：(1)由于 $2I_{E2Q}R_E + V_{BE2Q} + I_{B2Q}R_b = V_{EE}$，

所以 $I_{B2Q} = \dfrac{V_{EE} - V_{BE2Q}}{R_b + 2(1+\beta)R_E} = 7.07(\mu\text{A})$。

$I_{C2Q} = \beta I_{B2Q} = 0.7\text{mA}$，

根据 $\dfrac{V_{CC} - V_{C2}}{R_C} = \dfrac{V_{C2}}{R_L} + I_{CQ}$，得 $V_{C2} = 4\text{V}$。

$V_{E2Q} = -V_{BE2Q} - I_{B2Q}R_b = -0.7\text{V}$，

所以 $V_{CE2} = V_{C2} - V_{E2} = 4 + 0.7 = 4.7(\text{V})$。

(2)这个差分放大电路属于单端输入单端输出。

差模增益为 $A_{Vd} = \dfrac{\beta(R_C /\!/ R_L)}{2(R_b + r_{be})}$，共模增益为 $A_{Vc} = -\dfrac{\beta(R_C /\!/ R_L)}{R_b + r_{be} + 2(1+\beta)R_E}$，

共模抑制比 $K_{CMR} = \left|\dfrac{A_{Vd}}{A_{Vc}}\right| = \dfrac{R_b + r_{be} + 2(1+\beta)R_E}{2(R_b + r_{be})} \approx \dfrac{\beta R_E}{R_b + r_{be}}$，

计算 $r_{be} = 200 + \dfrac{26\text{mV}}{I_{BQ}} = 3.88\text{k}\Omega$，代入计算 $K_{CMR} \approx 205$。

(3)$R_{id} = 2(R_b + r_{be}) = 9.76\text{k}\Omega$。

17. 晶体管压控电流源电路如图 2.48 所示，若各晶体管的 V_{BE} 相同，β 足够大，V_C 为控制电压。

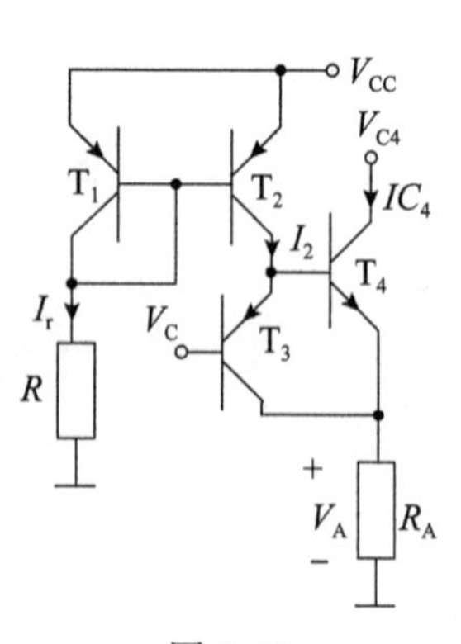

图 2.48

(1)推导出输出电流 I_{C4} 与 V_C 的关系，并说明 V_C 的取值范围；

(2)若 $V_{BE} = 0.7\text{V}$，取 $V_{CC} = 12\text{V}$，$R = 23\text{k}\Omega$，$R_A = 4\text{k}\Omega$，求 $V_C = 6\text{V}$ 时的 I_{C4}，并确定 I_{C4} 受控变化的范围；

(3)若 T_4 管的击穿电压 $V_{(BR)CEO}=40V$，试确定电流源输出端电位 V_{C4}允许的取值范围。

解：(1)由于 $I_2 \approx I_r=\dfrac{V_{CC}-V_{BE}}{R}$，$V_A+V_{BE}=V_C+V_{BE}$，所以 $V_A=V_C=R_A(I_{C4}+I_{C3})=R_A(I_{C4}+I_{C2})$，$I_{C4}=\dfrac{V_C}{R_A}-\dfrac{V_{CC}-V_{BE}}{R}$。

要保证导通下的电流源管既不饱和，又不击穿，$|V_{CB}|\geqslant 0$，$|V_{CE}|<V_{(BR)CEO}$。所以，V_C 的最大值 $V_{Cmax}\leqslant V_{CC}-V_{BE2}-V_{BE3}=V_{CC}-2V_{BE}$。而当 I_{C4}趋于 0 时，T_4管不截止，T_3 管不饱和，$V_{Cmin}\geqslant I_{C2}R_A$，故 V_C 的取值范围为 $V_{CC}-2V_{BE}\geqslant V_C\geqslant I_{C2}R_A=\dfrac{(V_{CC}-V_{BE})}{R}\cdot R_A$。

(2)$I_{C4}=\dfrac{V_C}{R_A}-\dfrac{V_{CC}-V_{BE}}{R}=\dfrac{6}{4000}-\dfrac{12-0.7}{23000}\approx 1(mA)$。

$I_{C4max}=\dfrac{V_{Cmax}}{R_A}-\dfrac{V_{CC}-V_{BE}}{R}=\dfrac{12-1.4}{4000}-\dfrac{12-0.7}{23000}\approx 2.15(mA)$。

I_{C4}的最小值趋于 0，所以 I_{C4}的受控范围为 0~2.15mA。

(3)T_4管的基极电位为 V_C+V_{BE3}，而发射极电位为 $V_A=V_C$，所以使其既不饱和又不击穿的 V_{C4}的允许取值范围为 $V_C+V_{BE}\leqslant V_{C4}<V_C+40$。

18. 差分放大电路如图 2.49 所示，已知输入电压 $V_i=1.2\cos\omega t(V)$。

(1)说明输入输出对应的电压波形及幅值；

(2)若 $R_C=5k\Omega$，输入不变，输出有何变化？

解：(1)由于 V_i 远大于 100mV，所以在 V_i 的正半周 T_1 很快截止了 $V_{C1}=-12V$，而 T_2 放大导通，$V_{C2}=-6V$，所以 $V_o=V_{C1}-V_{C2}=-12-(-6)=-6(V)$。$V_i$ 的负半周 T_1、T_2 的情况相反，T_1 导通 T_2 截止，$V_o=6V$。

(2)当 R_C 变为 5kΩ 时，两管的临界饱和电流(约为 2.4mA)小于电流源电流。因此，在 V_i 的正半周，T_1 截止，T_2 饱和，$V_{C2}\approx 0$，$V_o=-12V$，反之，$V_o=+12V$。

19. 某放大电路的幅频特性曲线如图 2.50 所示。

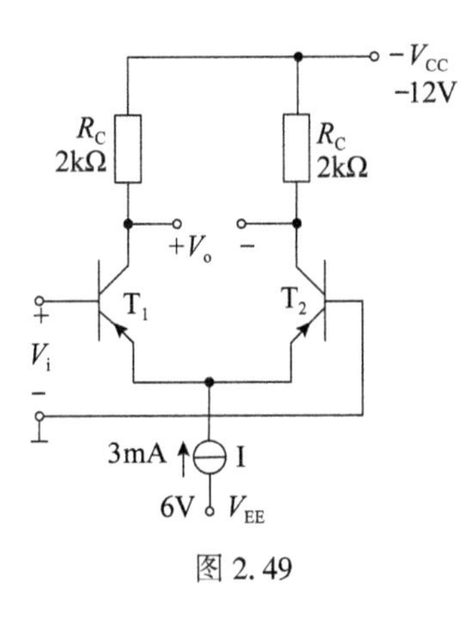

图 2.49

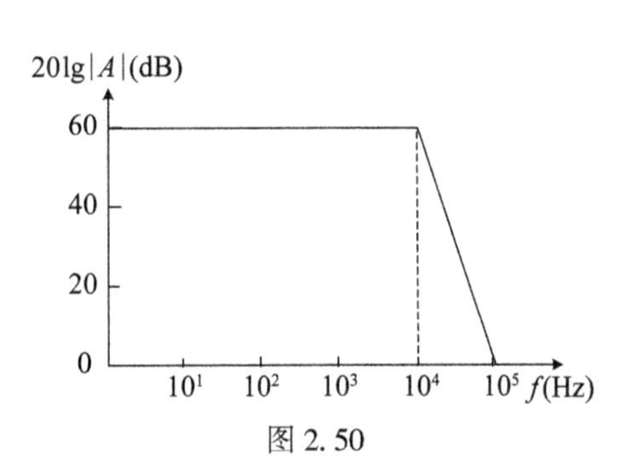

图 2.50

(1)该电路的耦合方式是什么？

(2)该电路由几级放大电路组成？

(3)当 $f=10^4$Hz 及 10^5Hz 时，附加相移分别是多少？

(4)该电路的上限频率 f_H 约为多少？

解：(1)由于该幅频特性曲线没有下限频率，故为直接耦合方式。

(2)在高频段为 60dB 每 10 倍频，一级放大电路为 20dB 每 10 倍频，所以为三级放大电路。

(3)在高频段 10^3Hz→10^4Hz→10^5Hz 对应的相移分别为 0°→-45°→-90°，三级放大器相位叠加，$f=10^4$Hz 及 10^5Hz 时的附加相移分别是-135°和-270°。

(4)各级的上限频率均为 10^4Hz，三级电路上限频率 f_H 约为 $\dfrac{10000}{1.1\sqrt{3}}=5.2(\text{kHz})$。

20. 共射放大电路如图 2.51 所示，要求 $f_L=10$Hz，若三极管 $\beta=100$，$r_{be}=2.6\text{k}\Omega$，且 C_1、C_2、C_3 对下限频率影响一样。试分别求 C_1、C_2、C_3 的值。

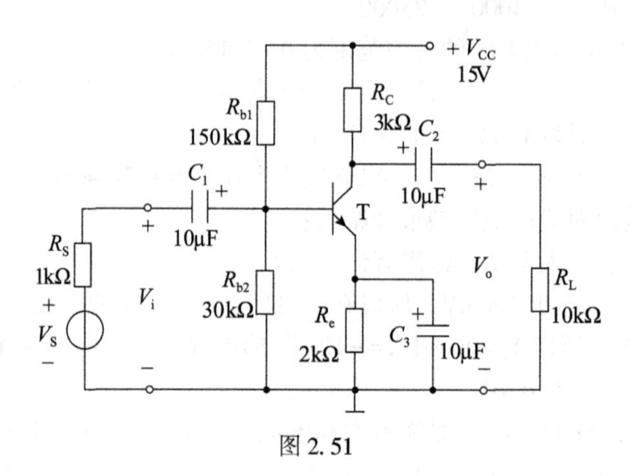

图 2.51

解：由于 $f_L=1.1\sqrt{f_{L1}^2+f_{L2}^2+f_{L3}^2}$，$C_1$、$C_2$、$C_3$ 对 f_L 影响一样，所以 $f_{L1}=f_{L2}=f_{L3}=\dfrac{f_L}{\sqrt{3}}\approx$ 5.26Hz。C_1、C_2、C_3 所确定的低频截止频率由各自所在的回路得到。

仅考虑 C_1 的影响时，$f_{L1}\approx\dfrac{1}{2\pi C_1(R_S+R_{b1}/\!/R_{b2}/\!/r_{be})}$，

$C_1\approx\dfrac{1}{2\pi f_{L1}(R_S+r_{be})}=8.4\mu\text{F}$，取 C_1 为 10μF。

仅考虑 C_2 的影响时，$f_{L2}\approx\dfrac{1}{2\pi C_2(R_C+R_L)}$，

$C_2\approx\dfrac{1}{2\pi f_{L2}(R_C+R_L)}=2.32\mu\text{F}$，取 C_2 为 10μF。

仅考虑 C_3 的影响时，$f_{L3}\approx\dfrac{1}{2\pi C_3\left(R_e/\!/\dfrac{R_S+r_{be}}{1+\beta}\right)}$，

$$C_3 \approx \frac{1}{2\pi f_{L3}\left(\frac{R_S + r_{be}}{1+\beta}\right)} = 841\mu F，取 C_3 为 1000\mu F。$$

四、填空选择题

本章填空选择部分主要是用来加强对三极管器件及电路中的概念与原理准确把握，内容多、题量大，容易出错。

1. 晶体管放大电路三种组态中，功率放大倍数最大的是(　　)组态电路，输入阻抗最小的是(　　)组态电路，输出阻抗最小的是(　　)组态电路。

2. 温度升高，三极管的反向穿透电流 I_{CBO} 将(　　)。

3. 发射结正偏集电结反偏的三极管工作在(　　)区。

4. 界定晶体管安全工作区的三个极限参数是 I_{CM}、P_{CM} 和(　　)。

5. 某放大电路的电压增益为 20dB，则该电路的电压增益为(　　)倍。

6. 某基极偏置共发射极放大电路输出的正弦信号底部出现失真，该失真为(　　)失真，通过增大(　　)电阻可以消除此失真。

7. 由于运放内部不易制造大容量的电容器，故集成运放电路均采用(　　)耦合形式。

8. 直接耦合三极管放大电路存在零点漂移的原因是(　　)。

9. 乙类互补对称功放电路存在(　　)失真，为了减小失真，通常使功率管工作在(　　)。

10. 电流源作为放大电路的有源负载，主要是为了提高电压增益，因为电流源的(　　)大。

11. 当 PNP 型锗管处在放大状态时，在三个电极电位中，(　　)极电位居中。

12. 三级放大电路中 $A_{V1} = A_{V2} = A_{V3} = 20\text{dB}$，则该电路将信号放大了(　　)倍；当信号频率恰好为上限频率或下限频率时，此时电压增益为(　　)dB。

13. 用直流电压表测得放大电路中某晶体管电极 A、B、C 的电位各为 $V_A = 2.7\text{V}$，$V_B = 6\text{V}$，$V_C = 2\text{V}$，则 B 为晶体管的(　　)极，C 为(　　)极。

14. 按照晶体管的导通角划分，在常见的甲类、乙类、甲乙类和丙类四种放大器中，效率最高的是 (　　)类，失真最小的是 (　　)类。

15. 影响放大电路的低频特性的主要因素是(　　)，而高频特性主要受(　　)因素影响。

16. 晶体三极管的共射极输出特性曲线可分为截止区、饱和区以及(　　)区。

17. 三极管是双极(　　)控制型器件，具体表达式为(　　)。

18. 差分放大电路放大(　　)信号，抑制(　　)信号，常用共模抑制比来衡量(　　)。

19. 在单级共射极放大电路中，输出电压与输入电压的极性(　　)，在单级共集电极放大电路中，输出电压与输入电压的幅度(　　)。

20. 功率放大电路采用互补对称电路的原因是(　　)，若要设计一个输出功率为 10W

的乙类功率放大器，应选择的两只功率管的 P_{CM} 至少为(　　)W。

21. 频率失真是由于放大电路(　　)而造成的，是线性失真。

22. 温度升高，三极管发射结的导通电压会(　　)，反向饱和电流会(　　)。

23. 在 NPN 三极管的输出特性曲线上，Q 点选得过高容易发生(　　)失真；若输出信号正半周产生了失真，发生了(　　)失真。

24. 画放大器交流通路时，电容应(　　)处理、直流电源应(　　)处理。

25. 理想的恒压源，其内阻为(　　)。

26. 信号 v_{i1} 与 v_{i2}，(　　)为它们的差模电压，(　　)为共模电压。

27. 三极管的穿透电流 I_{CEO} 是反向饱和电流的(　　)倍，在选用三极管时一般希望 I_{CEO} 值尽量(　　)。

28. 两只放大系数分别为 β_1、β_2 的三极管组成复合管时，它们都处于放大状态时得到复合管的放大系数约为(　　)。

29. RC 构成的高通电路的低频响应增益 A_{VL} 为(　　)，截止频率为(　　)。

30. 电流源在交流工作状态时作为有源负载使用，具有的(　　)特点。理想情况下，电流源内阻为(　　)。

31. 甲类功率放大电路中，放大管的导通角 θ 为(　　)，乙类功率放大电路中，放大管的导通角 θ(　　)。

32. 放大电路的输入信号频率升高到上限截止频率时，放大倍数幅值下降到中频放大倍数的(　　)倍，或说下降了(　　)dB；放大倍数的相位与中频时相比，附加相移约为(　　)度。

33. 已知某放大电路的中频电压放大倍数 $|\dot{A}_{um}|=20$，下限截止频率为 10Hz。当信号频率等于 10Hz 时，该电路的电压增益为(　　)dB，当信号频率等于 1Hz 时，该电路的电压增益约为(　　)dB，折合电压放大倍数约为(　　)倍。

34. 在多级放大电路中，后一级的输入电阻可视为前一级的(　　)，而前一级的输出电阻可视为后一级的(　　)。

35. 在两边完全对称的差分放大电路中，若两输入端电压 $v_{I1}=v_{I2}$，则双端输出电压 $V_o=$(　　)V；

36. 若 $v_{I1}=1.5\text{mV}$，$v_{I2}=0.5\text{mV}$，则差分放大电路的差模输入电压 $v_{Id}=$(　　)mV，其分配在两边的一对差模输入信号为 $v_{Id1}=$(　　)mV，$v_{Id2}=$(　　)mV，共模输入信号 $v_{Ic}=$(　　)mV。

37. 与甲类功率放大电路相比，乙类功率放大电路的效率(　　)，其最大值为(　　)。

38. 已知某放大电路的电压增益表达式为：$\dot{A}_u=\dfrac{1000\left(j\dfrac{f}{10}\right)}{\left(1+j\dfrac{f}{10}\right)\left(1+j\dfrac{f}{10^5}\right)}$(式中，$f$ 的单位为 Hz)，该放大电路的中频增益为(　　)dB，在中频段输出电压与输入电压相位差为(　　)度，上限截止频率为(　　)Hz，下限截止频率为(　　)Hz。

39. 已知某晶体管的 $P_{CM}=800\text{mW}$，$I_{CM}=500\text{mA}$，$V_{(BR)CEO}=30\text{V}$。若该管子在电路中工作电压 $V_{CE}=10\text{V}$，则工作电流 I_C 不应超过(　　)mA；若 $V_{CE}=1\text{V}$，则 I_C 不应超过(　　)mA。若管子的工作电流 $I_C=10\text{mA}$，则工作电压 V_{CE}不应超过(　　)V；若 $I_C=200\text{mA}$，则 V_{CE}不应超过(　　)V。

40. 射极跟随器在连接组态方面属共(　　)极接法，它的电压放大倍数接近(　　)，输入电阻很(　　)，输出电阻很(　　)。

41. 上限截止频率为 1MHz 的两个相同的单级放大电路连接成一个两级放大电路，这个两级放大电路在信号频率为 1MHz 时，放大倍数的幅值下降到中频放大倍数的(　　)倍，或者说下降了(　　)dB，放大倍数的相位与中频时相比，附加相移约为(　　)度。

42. 为了保证 NPN 型三极管工作在放大区，要求三极管的 V_{BE}(　　)，V_{CB}(　　)。

43. 差动放大电路中，R_e 只对(　　)信号起负反馈作用，R_e 越大，电路抑制零点漂移的能力越(　　)。

44. PNP 三极管共发放大电路输入一正弦波信号，输出波形底部产生失真，这种失真称为(　　)失真。

45. 测得某三极管放大电路的三个电极的直流电位如下：$V_C=12\text{V}$、$V_B=1.8\text{V}$、$V_E=0$，则可以判断该管(　　)。

A. 放大状态　　B. 饱和状态　　C. 截止状态　　D. 已经损坏

46. 模拟集成电路中电流源的主要用途是作(　　)。

A. 偏置电路　　B. 补偿电路　　C. 电平移动　　D. 推挽输出

47. 电流源作有源负载的目的是(　　)。

A. 提高输入阻抗　B. 降低输出阻抗　C. 提高电压增益　D. 提高电流增益

48. 某放大电路在负载开路时的输出电压为 4V，接入 12kΩ 的负载电阻后，输出电压降为 3V，这说明放大电路的输出电阻为(　　)。

A. 10kΩ　　B. 2kΩ　　C. 4kΩ　　D. 3kΩ

49. 与甲类功率放大方式比较，乙类 OCL 互补对称功放的主要优点是(　　)。

A. 不用输出变压器　　B. 不用输出端大电容

C. 效率高　　D. 无交越失真

50. 在低频小信号放大电路中，合适地设置静态工作点的目的是(　　)。

A. 增强带负载能力　　B. 提高交流输入电阻

C. 不失真地放大信号　　D. 增大交流输出电压幅值

51. 分压式偏置电路，射极旁路电容 C_E的作用是(　　)。

A. 旁路交流信号，使电压放大倍数不致降低

B. 隔直耦交

C. 稳定 Q 点

D. 提高电流增益

52. 从外部看，集成运放可以等效为(　　)的差动放大器。

A. 双入双出　　B. 双入单出　　C. 单入双出　　D. 单入单出

53. 有两个性能完全相同的放大器，其开路电压增益为 20dB，$R_i=2\text{k}\Omega$，$R_o=3\text{k}\Omega$。

现将两个放大器级联构成两级放大器，则开路电压增益为(　　)。

A. 40 dB　　B. 32 dB　　C. 16 dB　　D. 160db

54. 双端输出的差分放大电路抑制零点漂移效果较好的主要原因是(　　)。

A. 采用了双电源　　B. 输入电阻大

C. 电路和参数的对称性　　D. 电压放大倍数大

55. 三种基本组态的放大器，下列说法正确的是(　　)。

A. 共集放大器的电压增益较高　　B. 共基放大器的电压增益较高

C. 共射放大器的高频响应最好　　D. 共集放大器输入电阻较小

56. 功放电路易出现的失真现象是(　　)。

A. 饱和失真　　B. 截止失真　　C. 交越失真　　D. 大信号失真

57. 运算放大器的输出级采用(　　)电路。

A. 共射放大　　B. 电流源　　C. 差动放大　　D. 电压跟随器

58. 工作在放大区的某三极管，如果当 I_B 从 12μA 增大到 22μA 时，I_C 从 1mA 变为 2mA，那么它的 β 约为(　　)。

A. 100　　B. 91　　C. 83　　D. 120

59. 放大电路产生零点漂移的主要原因是(　　)。

A. 环境温度变化引起参数变化　　B. 放大倍数太大

C. 采用了直接耦合方式　　D. 外界存在干扰源

60. 差分放大电路是能有效(　　)信号的放大电路，一般用作电路的(　　)级。

A. 抑制共模，输入　　B. 抑制差模，输入

C. 抑制共模，输出　　D. 抑制差模，输出

61. 放大器的电压倍数为 60dB，相当于把电压信号放大(　　)。

A. 60 倍　　B. 100 倍　　C. 1000 倍　　D. 10 倍

62. 要使一个 NPN 型晶体三极管工作于饱和区，应使(　　)。

A. 集电极电位高于基极电位　　B. 集电极电位低于基极电位

C. 集电极电位与基极电位相同　　D. 集电极和基极可取任意电位

63. 三极管的 I_{CEO} 大，说明其(　　)。

A. 工作电流大　　B. 击穿电压高　　C. 寿命长　　D. 热稳定性差

64. 共模抑制比 K_{CMR} 越大，表明电路(　　)。

A. 放大倍数越稳定　　B. 交流放大倍数越大

C. 抑制温漂能力越强　　D. 输入信号中的差模成分越大

65. 单级共射极放大电路，在环境温度为 20℃时正常工作。当环境温度升高到 30℃时出现了削波失真，这是因为此时静态工作点 Q 与 20℃时相比(　　)。

A. 向上移动　　B. 向下移动　　C. 没有移动　　D. 向上或向下都有可能

66. 某放大器增益表达式为：$A_V(j\omega)=\dfrac{-100}{1-j\dfrac{2\pi}{\omega}\times 10^3}$，则(　　)。

A. 增益为 100dB，上限频率为 10^3 Hz

B. 增益为 100，上限频率为 10^3 Hz

C. 增益为 40dB，下限频率为 10^3 Hz

D. 增益为 40，下限频率为 10^3 Hz

67. 在多级直流放大器中，零点漂移危害最大的是(　　)。

A. 输入级　　B. 中间级　　C. 输出级　　D. 偏置电路

68. 如果负载电阻增大，则放大电路的输出电阻(　　)。

A. 增大　　B. 减小　　C. 不变　　D. 都有可能

69. 单管共射极固定偏置放大电路的电压增益$|\dot{A}_V|$与 BJT 的电流放大系数β(　　)。

A. 无关　　B. 成正比　　C. 正反比　　D. 都有可能

70. 差动放大电路由双端输出变为单端输出，则其空载差模电压增益(　　)。

A. 增加一倍　　B. 减少一半　　C. 不变　　D. 都有可能

71. 对于 RC 耦合单管共射放大电路，若其上、下限频率分别为f_H、f_L，则当 f=f_L 时，下列描述正确的是(　　)。

A. V_o 滞后 V_i 45°　B. V_o 滞后 V_i 135°　C. V_o 超前 V_i 45°　D. V_o 超前 V_i 135°

72. 某阻容耦合共发射极单管放大电路的中频电压放大倍数为-100，当信号频率等于上限频率f_H时，此时电路的放大倍数为(　　)。

A. -100　　B. -3　　C. -70　　D. -97

73. 由于功放电路的输入输出信号幅值都比较大，所以采用(　　)法分析。

A. 微变等效　　B. 图解　　C. 最大值估算　　D. 相量

74. 增益-带宽积用来描述放大电路 A_{VM}与f_{BW}之间的关系，此值应(　　)。

A. 大一些好　　B. 越小越好　　C. 越大越好　　D. 越稳定越好

75. 放大电路在低频信号作用下增益下降的原因是(　　)。

A. 晶体管有分布电容　　B. 三极管有结电容

C. Q 点选择不对　　D. 电路存在有耦合和旁路电容

76. 图 2.52 所示共射放大电路，设静态时 $I_{CQ}=2$mA，晶体管饱和管压降 $V_{CES}=0.6$V，当输入信号幅度增大到一定值时，电路将首先出现(　　)失真，其输出波形的(　　)将削去一部分。

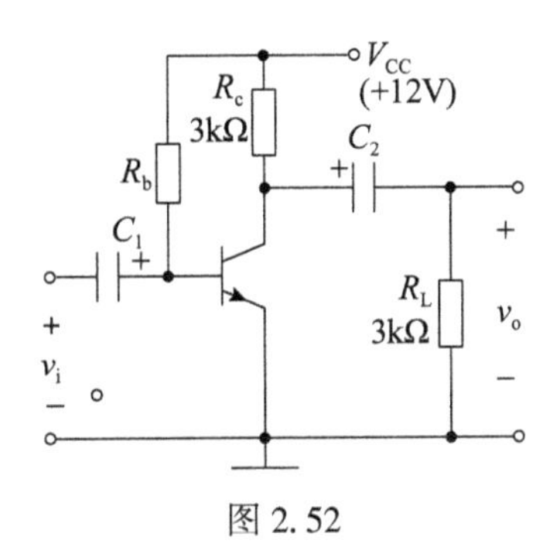

图 2.52

A. 饱和；底部　　B. 饱和；顶部

C. 截止；底部　　D. 截止；顶部

77. 在图2.52所示电路中，已知$V_T=26\text{mV}$，静态时$I_{CQ}=2\text{mA}$，晶体管参数：$\beta=100$，$r_{bb'}=200\Omega$，正弦交流输入电压$v_i=0.02\sqrt{2}\sin\omega t$，则交流输出$v_o$为(　　)。

A. $v_o=2\sqrt{2}\sin(\omega t+\pi)$　　B. $v_o=2\sqrt{2}\sin(\omega t)$

C. $v_o=4\sqrt{2}\sin(\omega t+\pi)$　　D. $v_o=4\sqrt{2}\sin(\omega t)$

78. 根据不同器件的工作原理，可判断下图中(　　)可以构成复合管。

A. 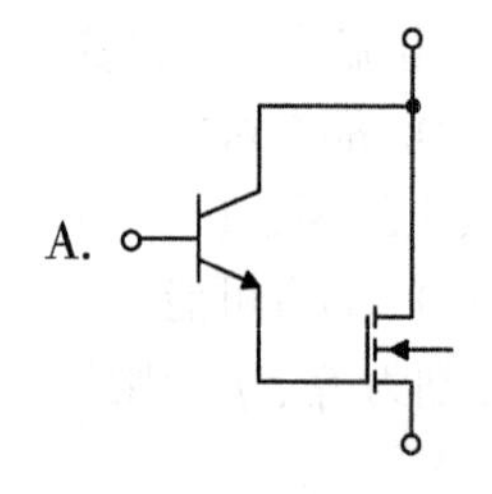

B. 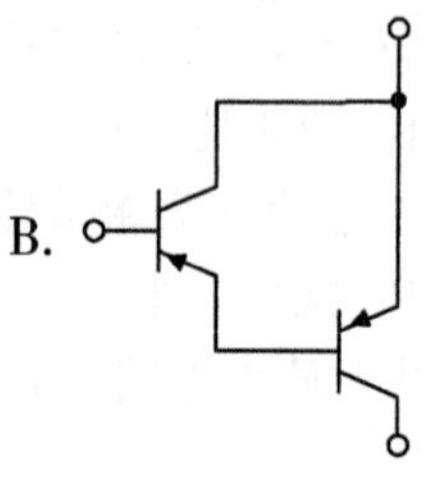

C. 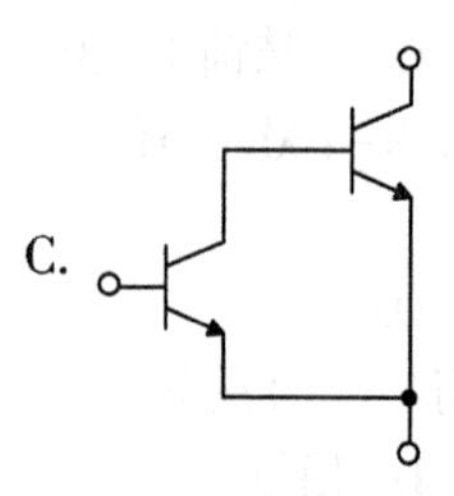

D. 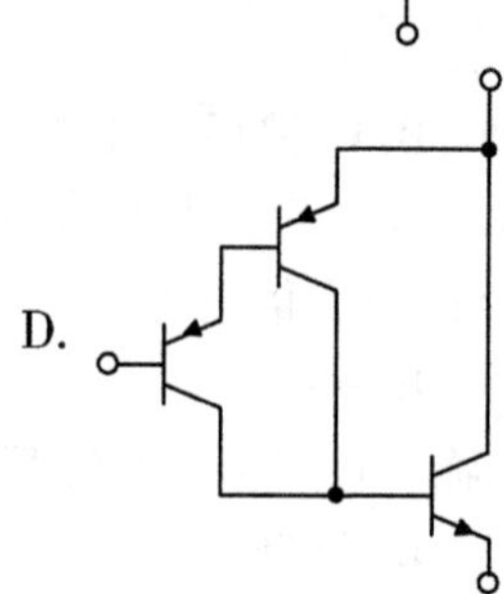

79. 差动放大电路由双端输出改为单端输出，共模抑制比K_{CMR}减少的原因是(　　)。

A. $|A_{vd}|$不变，$|A_{vc}|$增大　　B. $|A_{vd}|$减小，$|A_{vc}|$不变

C. $|A_{vd}|$减小，$|A_{vc}|$增大　　D. $|A_{vd}|$增大，$|A_{vc}|$减小

80. 基本差动放大电路接入长尾电阻后，(　　)将增大。

A. A_d　　B. A_c　　C. K_{CMR}　　D. R_o

◎ 参考答案

1. 共发射极，共基极，共集电极　2. 增大　3. 放大　4. $V_{(BR)CEO}$　5. 10
6. 饱和失真　基极偏置　7. 直接　8. 其参数受温度影响　9. 交越　甲乙类
10. 交流电阻　11. 基　12. 1000　17　13. 集电　发射　14. 乙类　甲类
15. 输入输出间的耦合电容及旁路电容　三极管的结电容　16. 放大
17. 电流　$i_C=\beta\cdot i_B$　18. 差模　共模　对共模信号的抑制能力
19. 相反　基本相等　20. 正负半周期两个功率管可以轮流导通　2
21. 带宽不足　22. 减小　增大　23. 饱和　截止　24. 短路　接地
25. 0　26. $v_{i1}-v_{i2}$　$(v_{i1}+v_{i2})/2$　27. $\beta+1$　小　28. $\beta_1\times\beta_2$
29. $A_{vL}=\dfrac{1}{1+\dfrac{f_L}{jf}}$　$f_L=\dfrac{1}{2\pi RC}$　30. 负载大　无穷大　31. 2π　π　32. 0.7　3　−45

33. 23　6　2（20lg20＝26，下降 3dB，26－3＝23；26－20＝6 10Hz→1Hz，20 dB 每 10 倍频，20lg2＝6）

34. 负载　信号源内阻　　35. 0　　36. 1　0. 5　－0. 5　1　　37. 高　78. 5%

38. 60　0　10^5 10　　39. 80　500　30　4（$P_{CM}=I_{CM}V_{CE}$，但各个值不能超过其极限值）

40. 集电　1　大　小　　41. 0. 5　6　－90　　42. 大于 0 大于 0　　43. 共模　强

44. 饱和　45. D　46. A　47. C　48. C　49. C　50. C　51. A　52. B　53. C　54. C

55. B　56. C　57. D　58. A　59. A　60. A　61. C　62. B　63. D　64. C　65. A　66. C

67. A　68. C　69. B　70. B　71. B　72. C　73. C　74. C　75. D

76. D$\left(Q\right.$ 点居中间，直流、交流负载线斜率分别为$-\frac{1}{3000}$、$\left.-\frac{1}{1500}\right)$　77. A

78. D（A 中场效应管栅极无电流，B 与 C 中都是同型号管复合，集电极相连，D 左边两个同型号管复合，再与右边不同型号管复合）

79. C　　80. C

第三章　场效应管及电路

一、知识脉络

本章知识脉络：从场效应管器件到场效应管电路，从中频响应扩展到低高频响应。

1. 场效应管分为结型(JFET)和金属-氧化物-半导体(MOSFET)场效应管，其输入阻抗高，有输入电压无输入电流，输出电流受输入电压控制，是电压控制型器件。只有一种载流子参与导电，又叫单极型器件。

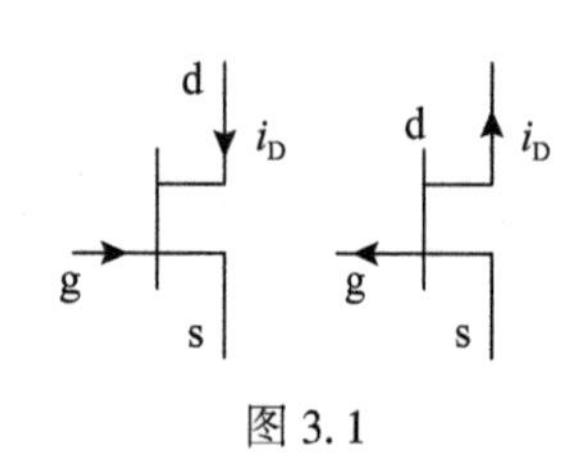

图 3.1

结型场效应管分为 N 沟道和 P 沟道两种，符号如图 3.1 所示，N 沟道的箭头指向里面，而 P 沟道的箭头指向外面。

N 沟道结型场效应管是在 N 型半导体上扩散两个 P 型区，形成两个 PN 结，两 P 型区相连并引出电极为栅极 g，在 N 型区两端各引出一个电极称为源极 s 和漏极 d。箭头的方向表示栅结正偏栅极电流方向由 P 指向 N。

N 沟道结型场效应管工作可分为三个区域：

(1)截止区(夹断区)：

$V_{GS}<V_P$，$i_D=0$

(2)可变电阻区(非饱和区)：

$V_{PN}<V_{GS}\leqslant 0$，$V_{DS}\leqslant V_{GS}-V_{PN}$，$i_D=K_n[2(V_{GS}-V_{PN})V_{DS}-V_{DS}^2]$

(3)饱和区(放大区)：

$$V_{PN}<V_{GS}\leqslant 0,\ V_{DS}>V_{GS}-V_{PN},\ i_D=K_n(V_{GS}-V_{PN})^2=I_{DSS}\left(1-\frac{V_{GS}}{V_{PN}}\right)^2$$

式中，$K_n=I_{DSS}/V_{PN}{}^2$，考虑 λ，应修正为 $i_D=I_{DSS}\left(1-\dfrac{V_{GS}}{V_{PN}}\right)^2(1+\lambda V_{DS})$。

N 沟道结型场效应管的输出特性和转移特性如图 3.2 所示(和 N 沟道耗尽型 MOSFET 相似)。

2. 金属-氧化物-半导体(MOSFET)场效应管 N 沟道和 P 沟道，增强型和耗尽型。N 沟道增强型场效应管是用 P 型半导体作为基片，必须依靠栅源电压的作用才能形成导电沟道的场效应管，也是三端器件，有三个电极：源极(S)、栅极(G)和漏极(D)。使用时，源极 S 一般与衬底(B)相连，在未与衬底相连时，源极(S)和漏极(D)可以互换。

MOSFET 管有截止、可变电阻、放大(饱和、恒流)三种工作模式。

对于 N 沟道增强型场效应管，$V_{GS}<V_T$，工作在截止区；$V_{GS}>V_T>0$，$V_{DS}<V_{GS}-V_T$，工作

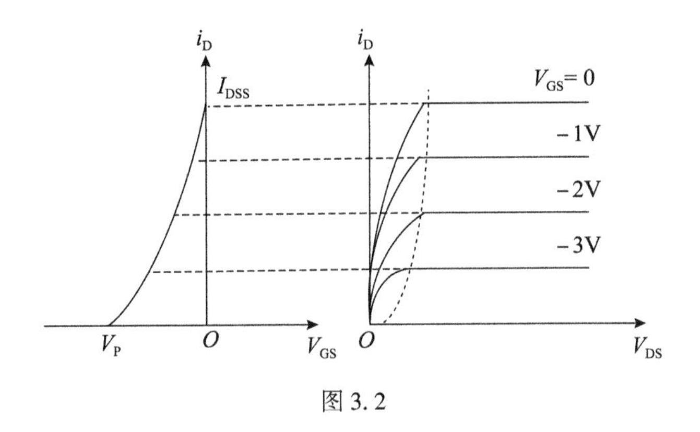

图 3.2

在可变电阻区；$V_{GS}>V_T$，$V_{DS}>V_{GS}-V_T$，工作在饱和区。

由于场效应管的输入电阻很高，场效应管没有输入特性曲线，只有输出特性曲线 $i_D=f(V_{DS})\mid V_{GS}=C$ 和转移特性曲线 $i_D=f(V_{GS})\mid V_{DS}=C$。

N 沟道增强型场效应管的符号、输出特性和转移特性如图 3.3 所示。

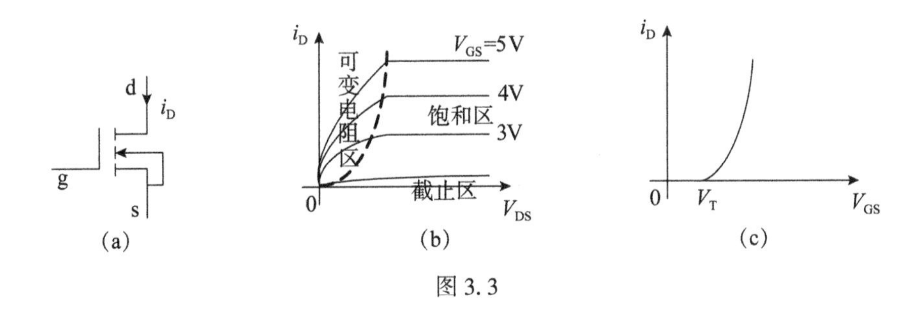

图 3.3

N 沟道耗尽型场效应管的符号、输出特性和转移特性如图 3.4 所示。

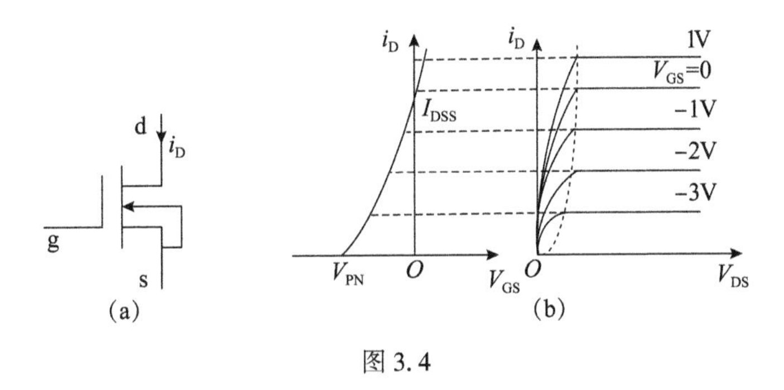

图 3.4

P 沟道增强型和耗尽型场效应管的输出特性曲线、转移特性特性曲线与 N 沟的曲线基本上是关于原点对称。

3. 三极管与场效应管的比较，见表 3-1。

表 3-1　　　　　　　　　　　　　**三极管与场效应管的比较**

项　　目	三极管(BJT)	场效应管(FET)
参与导电的载流子	两种(电子和空穴)	一种(电子或空穴)
器件类型	电流控制型	电压控制型
控制关系	$i_C=\beta i_B$	$i_d=g_m V_{GS}$
判别是否放大	$V_{CE}>V_{CES}$	$V_{GS}>V_T$，$V_{DS}>V_{GS}-V_T$
特性曲线	输入和输出特性	转移和输出特性
小信号模型	b-e 用 r_{be} 代替	g-s 之间开路
	c-e 用 i_c 代替	d-s 用 i_d 代替
符号		

4. 场效应管的放大电路，如图 3.5(a)所示。共源放大电路(有的没有源极电阻)的直流通路只需要将电容开路，如图 3.5(b)所示，假设工作在放大状态，利用 $I_D=K_n(V_{GS}-V_T)^2$ 计算出 V_{GS}，V_{DS}等，再判断 $V_{GS}>V_T$，$V_{DS}>(V_{GS}-V_T)$，看看工作在放大、可变电阻区还是截止区。

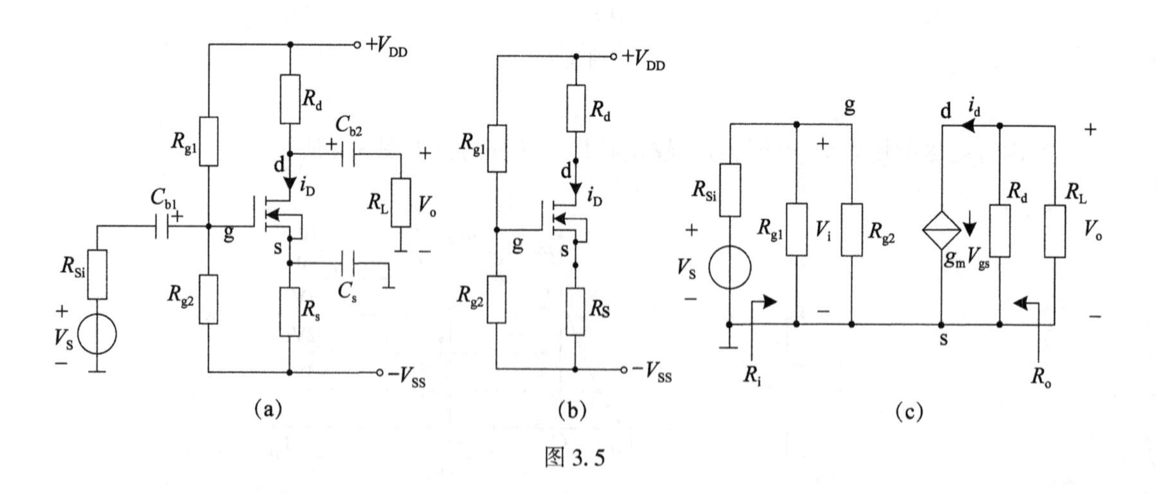

图 3.5

画交流通路只要将电容短路，电源接地，如图 3.5(c)所示。画小信号模型时将 g、s 之间开路，d、s 之间用 $i_d=g_m v_{gs}$代替，电流的方向从 d 到 s。可以得到 $A_v=-g_m(R_d /\!/ R_L)$，$R_i=R_{g1} /\!/ R_{g2}$，$R_o=R_d$。

若源极有电阻但没有电容，如图 3.6(a)所示，直流通路相同，小信号模型不同，如

图 3.6(b)所示。

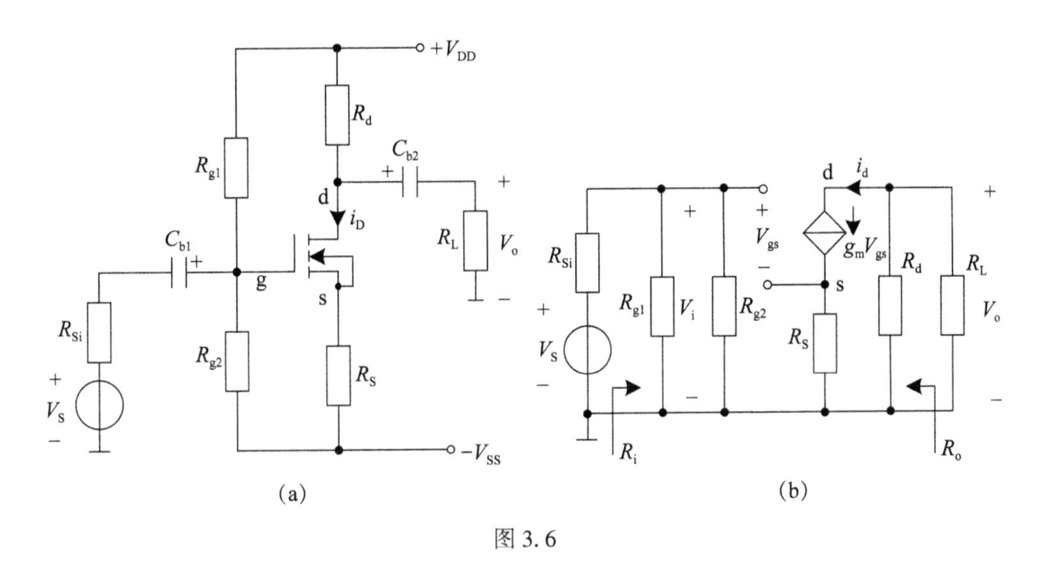

图 3.6

增益也不同，$A_v=-\dfrac{g_m(R_d/\!/R_L)}{1+g_mR_S}$。

共漏放大电路、交流通路及小信号模型如图 3.7 所示。

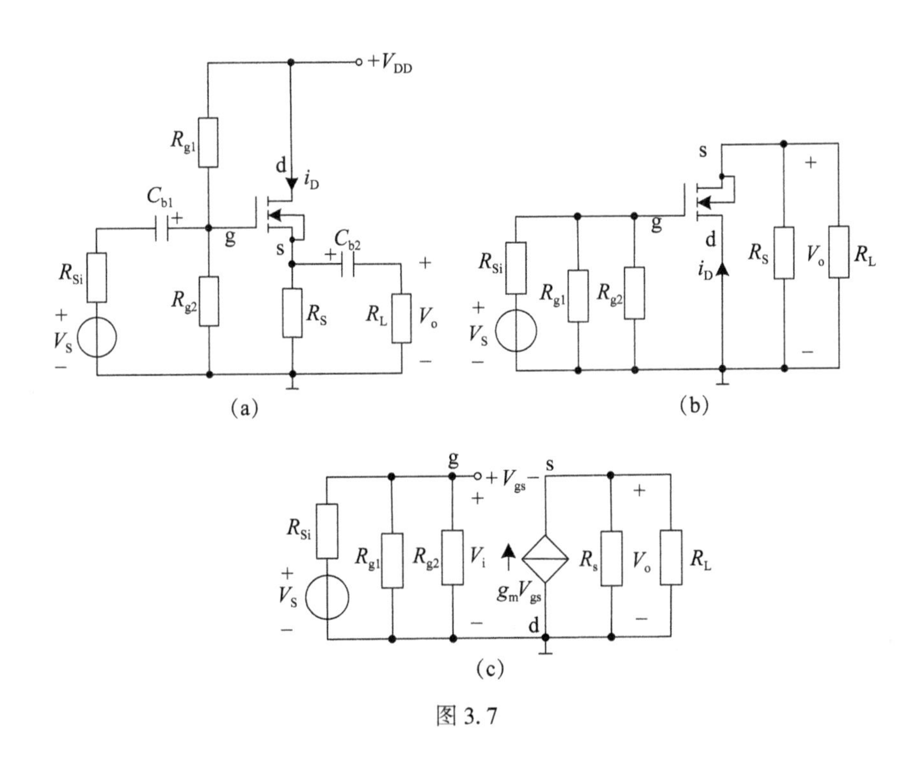

图 3.7

$$A_v=\frac{V_o}{V_i}=\frac{g_m(R_S/\!/R_L)}{1+g_m(R_S/\!/R_L)}=\frac{R_S/\!/R_L}{\frac{1}{g_m}+R_S/\!/R_L},\ R_i=R_{g1}/\!/R_{g2},\ R_o=R_S/\!/\frac{1}{g_m}。$$

共栅放大电路及小信号模型如图 3.8 所示。

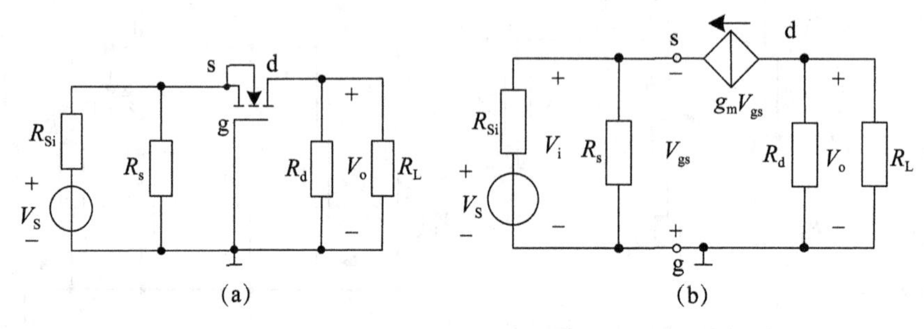

图 3.8

$$A_v=g_m(R_d/\!/R_L),\ R_i=R_S/\!/\frac{1}{g_m},\ R_o=R_d。$$

5. 场效应管的共源电路如图 3.9(a)所示，小信号模型如图 3.9(b)所示，其低频响应简化 R_S，得到电压增益为 $\dot{A}_{VSL}=\dot{A}_{VSM}\cdot\frac{1}{1-j\frac{f_{L1}}{f}}\cdot\frac{1}{1-j\frac{f_{L2}}{f}}\cdot\frac{1}{1-j\frac{f_{L3}}{f}}$，

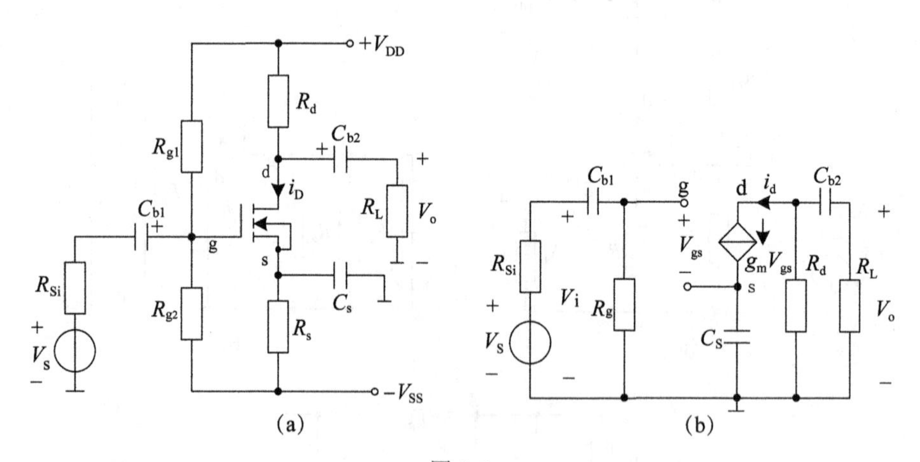

图 3.9

其中，$\dot{A}_{VSM}=-g_m(R_d/\!/R_L)\frac{R_g}{R_g+R_{SI}}$，$f_{L1}=\frac{1}{2\pi C_{b1}(R_{SI}+R_g)}$，$f_{L2}=\frac{g_m}{2\pi C_s}$，$f_{L3}=\frac{1}{2\pi C_{b2}(R_d+R_L)}$。

f_{L2}的值应该最大。

场效应管的高频模型如图3.10(a)所示，其放大简化电路如图3.10(b)、(c)所示。

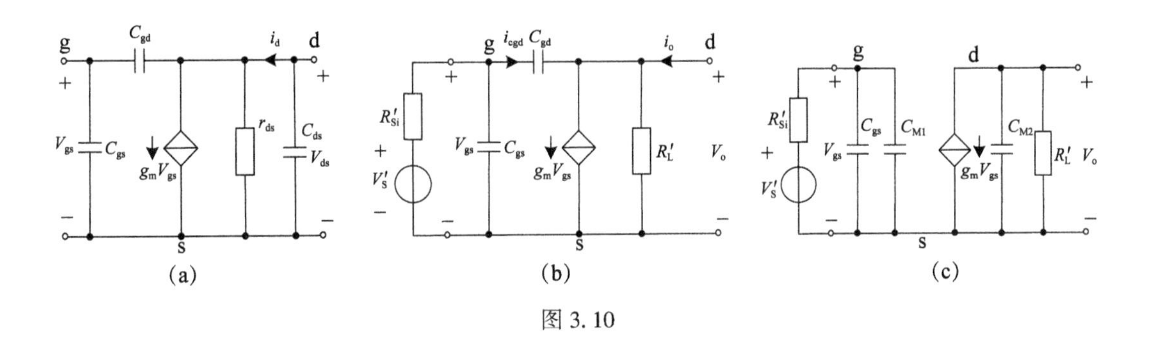

图3.10

可得 $\dot{A}_{VSH}=\dot{A}_{VSM}\dfrac{1}{1+j\dfrac{f}{f_H}}$，$\dot{A}_{VSM}=-g_mR'_L\dfrac{R_g}{R_g+R_{SI}}$，$f_H=\dfrac{1}{2\pi R'_{SI}C}$，$C=C_{gs}+(1+g_mR'_L)C_{gd}$，$R'_{SI}=R_{SI}/\!/R_g$。

二、习题详解

本章习题不单独分析场效应管的放大电路，主要分析场效应管与三极管组合放大电路及场效应管电路的高低频频率响应。

1. 电路如图3.11(a)所示，设FET的$g_m=0.8\text{ms}$，$r_d=200\Omega$，三极管的$\beta=40$，$r_{be}=1\text{k}\Omega$。

(1)说明T_1、T_2的组态；

(2)求电路R_i；

(3)求放大电路的A_v。

分析：这是场效应管与三极管组合放大电路，先分析每个管子的组态，再按组态进行分析。T_1、T_2的组态较明显，T_1是共源极，如果把它看成共漏极，信号就没有经过T_2。T_2是共射极。要求R_i，前级是FET，画交流通路就很方便看出，$R_i=R_{g3}+R_{g1}/\!/R_{g2}$。

求放大电路的A_V，要画微变等效电路，如图3.11(b)所示，可得到电压和电流的关系。主要是要将FET的V_{gs}与后面的三极管的i_b之间的关系找到，场效应管是以V_{gs}为联系纽带，三极管是以i_b为联系纽带。

电压关系为：$V_i=V_{gs}+V_o$，$V_o=I_R\cdot R$，

电流关系为：$I_R=I_D-I_C$，$I_D=g_mV_{gs}$，$I_C=\beta\cdot I_B$，$I_D=-I_{Rd}-I_B$，$I_{Rd}=\dfrac{r_{be}+(1+\beta)R_E}{R_d}I_B$。

最后得到：$I_B=-\dfrac{g_mV_{gs}}{1+\dfrac{r_{be}+(1+\beta)R_E}{R_d}}$，$V_o=g_mV_{gs}R\left[1+\dfrac{\beta R_d}{R_d+r_{be}+(1+\beta)R_E}\right]$，

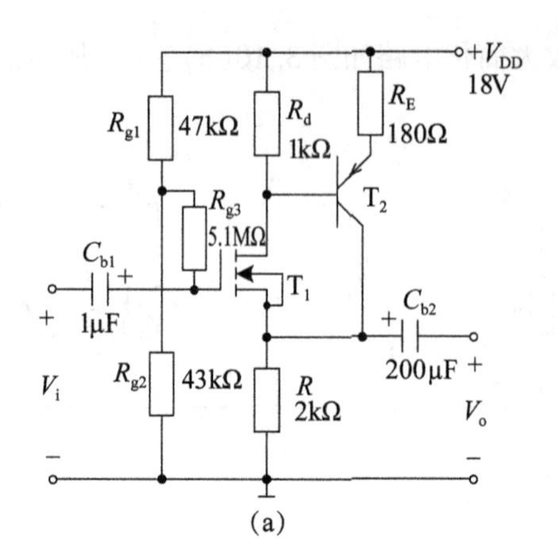

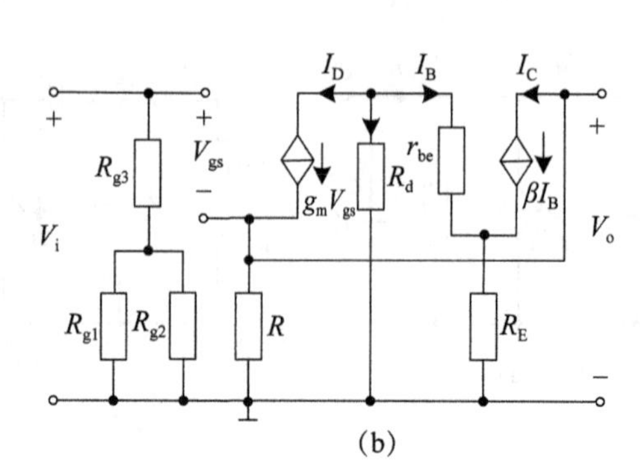

图 3.11

代入求 $A_v=\dfrac{V_o}{V_i}=\dfrac{V_o}{V_{gs}+V_o}=\dfrac{g_mR\left[1+\dfrac{\beta R_d}{R_d+r_{be}+(1+\beta)R_E}\right]}{1+g_mR\left[1+\dfrac{\beta R_d}{R_d+r_{be}+(1+\beta)R_E}\right]}=0.89$。

解：(1) T_1 是共源极，T_2 是共射极。

(2) $R_i=R_{g3}+R_{g1}/\!/R_{g2}=5.1\text{M}\Omega+47\text{k}\Omega/\!/43\text{k}\Omega=5.12\text{M}\Omega$。

(3) $A_v=\dfrac{V_o}{V_i}=\dfrac{V_o}{V_{gs}+V_o}=\dfrac{g_mR\left(1+\dfrac{\beta R_d}{R_d+r_{be}+(1+\beta)R_E}\right)}{1+g_mR\left(1+\dfrac{\beta R_d}{R_d+r_{be}+(1+\beta)R_E}\right)}=0.89$。

2. 电路如图 3.12 所示，已知 $C_{gs}=C_{gd}=5\text{pF}$，$g_m=5\text{ms}$，$C_s=10\mu\text{F}$，试求 f_H，f_L 各约为多少，并写出当信号频率为 0～∞时源电压增益 $A_{vS}=V_o/V_S$的表达式。

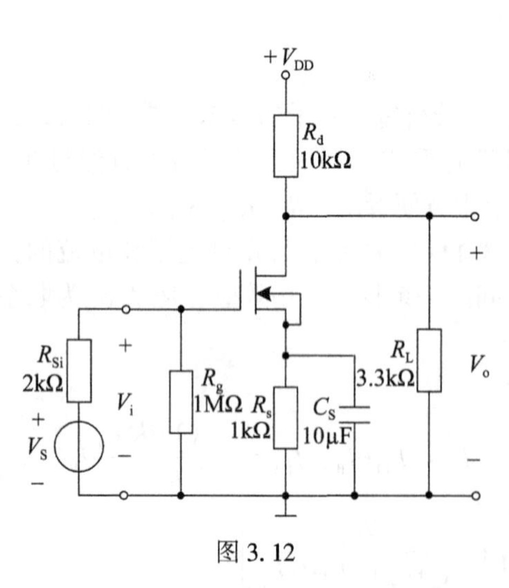

图 3.12

分析：这是求场效应管的高低频特性的频率响应问题。场效应管的低频特性取决于耦合与旁路电容，这里只有旁路电容 C_S，$f_L=\dfrac{g_m}{2\pi C_s}=\dfrac{5\times10^{-3}}{2\pi\times10\times10^{-6}}=79.6\text{Hz}$，高频特性取决于结电容，$f_H=\dfrac{1}{2\pi R'_{SI}C}$，$R'_{SI}=R_{SI}/\!/R_g$，$C=C_{gs}+(1+g_mR'_L)C_{gd}$。

代入计算得 $f_H=1.1\text{MHz}$。

信号频率为0～∞时源电压增益为中频段源电压增益乘以低频、高频频响。所以，要先求出中频段源电压增益。

$A_{VSM}=-g_m(R_d/\!/R_L)\cdot\dfrac{R_g}{R_g+R_{si}}\approx-12.4$。

低频频响、高频频响分别为$\dfrac{1}{1-\dfrac{f_L}{\mathrm{j}f}}$、$\dfrac{1}{1+\dfrac{\mathrm{j}f}{f_H}}$，

代入数据$\dfrac{1}{1-\dfrac{79.6}{\mathrm{j}f}}$、$\dfrac{1}{1+\dfrac{\mathrm{j}f}{1.1\times10^6}}$。

得到完整表达式为 $A_{VS}=-g_m(R_d/\!/R_L)\cdot\dfrac{R_g}{R_g+R_{SI}}\dfrac{1}{1-\dfrac{f_L}{\mathrm{j}f}}\dfrac{1}{1+\dfrac{\mathrm{j}f}{f_H}}$。

代入数据为 $A_{VS}=-12.4\times\dfrac{1}{1-\dfrac{79.6}{\mathrm{j}f}}\times\dfrac{1}{1+\dfrac{\mathrm{j}f}{1.1\times10^6}}$。

解：$f_L=\dfrac{g_m}{2\pi C_s}=\dfrac{5\times10^{-3}}{2\pi\times10\times10^{-6}}=79.6\text{Hz}$，$f_H=\dfrac{1}{2\pi R'_{SI}C}$，$R'_{SI}=R_{SI}/\!/R_g$，

$C=C_{gs}+(1+g_mR'_L)C_{gd}$，计算得$f_H=1.1\text{MHz}$。

$A_{VS}=-g_m(R_d/\!/R_L)\cdot\dfrac{R_g}{R_g+R_{SI}}\dfrac{1}{1-\dfrac{f_L}{\mathrm{j}f}}\dfrac{1}{1+\dfrac{\mathrm{j}f}{f_H}}=-12.4\times\dfrac{1}{1-\dfrac{79.6}{\mathrm{j}f}}\times\dfrac{1}{1+\dfrac{\mathrm{j}f}{1.1\times10^6}}$。

3. 电路图如图3.13(a)所示，已知FET的g_m和BJT的β、r_{be}等参数。

(1)说明T_1、T_2的组态；

(2)画出该放大电路的微变等效电路图；

(3)求电压增益、输入与输出阻抗。

分析：这是场效应管与三极管组合放大电路分析，T_1、T_2的组态从信号的流程就可以看出，T_1为共漏极，T_2为共射极。而画微变等效电路对于FET就是g、s之间开路，电压为V_{gs}，d、s之间用压控恒流源i_d代替，$i_d=g_mV_{gs}$，电流方向从d到s。对BJT就是b、e之间用r_{be}代替，其上的电流为i_b，电流方向从b到e；c、e之间用i_c代替，电流方向从c到e，$i_c=\beta i_b$，如图3.13(b)所示。

从微变等效电路图可以看出，

$V_i=V_{gs}+i_br_{be}$，

$V_o=-\beta i_b(R_C/\!/R_L)$，

$g_mV_{gs}=i_b$，

$A_v=\dfrac{V_o}{V_i}=-\dfrac{\beta g_m(R_C/\!/R_L)}{1+g_mr_{be}}$，$R_i=R_G$，$R_o=R_C$。

解：(1)T_1、T_2的组态分别为共漏极和共射极。

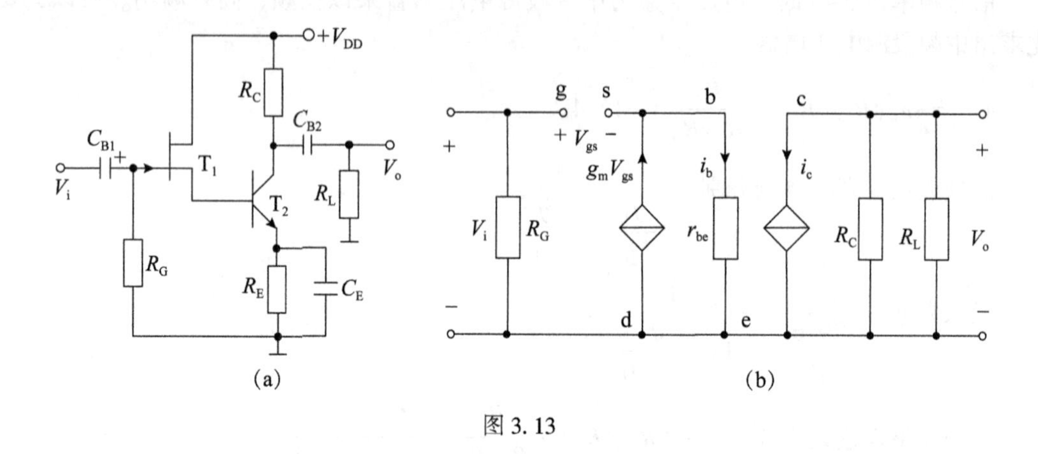

图 3.13

(2)该放大电路的微变等效电路图如图 3.13(b)所示。

(3)$A_v=\dfrac{V_o}{V_i}=-\dfrac{\beta g_m(R_C/\!/R_L)}{1+g_mr_{be}}$，$R_i=R_G$，$R_o=R_C$。

三、填空选择题

本章填空选择题主要是针对场效应管的特性进行考查，同时与三极管性质进行比较，避免混淆。

1. 当场效应管的漏极电流 I_D 从 2mA 变为 4mA 时，它的低频跨导 g_m将(　　)。

2. 电路如图 3.14 所示，若输出波形出现底部失真，这是(　　)失真，可以通过增大(　　)或减小(　　)等方法消除。

3. 电路如图 3.15 所示，该电路的增益为(　　)，要想增大该电路增益，可采取(　　)方法。

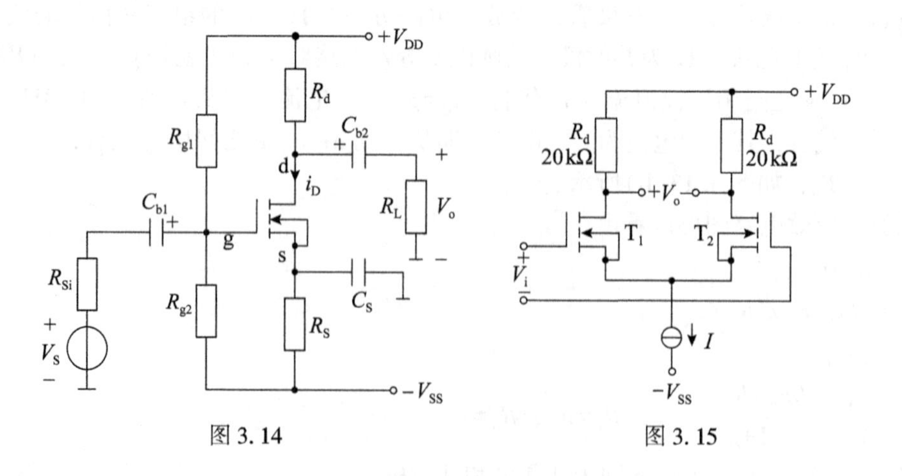

图 3.14　　图 3.15

4. 电路如图 3.15 所示，T_1 和 T_2 的低频跨导 g_m 均为 10ms，则该电路的差模放大倍数为(　　)，电路的输入阻抗为(　　)。

5. 场效应管的低频跨导 g_m 反映了管子(　　)的作用。

6. 相对晶体三极管，场效应管的温度稳定性(　　)。

7. 工作中的结型场效应管的漏极电流等于源极各电流，这一电流(　　)。

8. 场效应管的共源放大电路的电压增益比晶体三极管的共射放大电路的电压增益小得多，主要是因为(　　)。

9. 双极型晶体管的发射极电流放大系数 β 反映了基极电流对(　　)极电流的控制能力；而单极型场效应管常用(　　)参数反映栅源电压对漏极电流的控制能力。

10. 在放大状态下，双极性晶体管的发射结处于(　　)偏置，集电结处于(　　)偏置；结型场效应管的栅源之间加有(　　)偏置电压，栅漏之间加有(　　)偏置电压。

11. 不加栅源电压，存在导电沟道的场效应管是(　　)。

A. N 沟道增强型场效应管　　B. P 沟道增强型场效应管

C. P 沟道结型场效应管　　D. 晶体三极管

12. 某场效应管的 $I_{DSS}=10mA$，$V_P=-4V$，则 $g_{m0}=$(　　)。

A. 4ms　　B. 5ms　　C. 6ms　　D. 10ms

◎ 参考答案

1. 增大(相当某点的斜率)

2. 饱和　R_{g1}　R_S　R_{g2}　R_d($I_D=K_n(V_{GS}-V_T)^2$，减小 I_D，较小 V_G 或增大 V_S)

3. $-g_m(R_d/\!/R_L)$　减小 R_{g1}，减小 R_S，增大 R_{g2} 增大来 g_m，或增大 R_d

4. -200 ($A_d=-g_mR_d$)　$R_i=\infty$　　5. v_{GS} 控制 i_D　　6. 好得多

7. 不穿过任何 PN 结，穿过导电沟道

8. 场效应管的 g_m 较小　　9. 集电　跨导 g_m

10. 正向　反向　反向　反向　　11. C　　12. B

第四章　运放及基本电路

一、知识脉络

本章知识脉络：以运放的基本特性为基础组成四种基本电路，再扩展成较复杂电路。

1. 运放是由输入级(一般是差分电路)、中间级(多为共射/源电路)、输出级(互补共集电路)及偏置电路组成。运放在线性范围内满足 $v_o = A_v(v_p - v_n)$，当输出超过电源电压时就进入饱和区(分正、负向饱和区)。理想运放 $A_v \to \infty$，$R_i \to \infty$，$R_o \to 0$，$K_{CMR} \to \infty$。运放线性放大电路最基本的性质："虚短"及"虚断"，即 $v_p = v_n$，$i_p = i_n = 0$。

2. 四种最基本的运放电路，同相与反相放大电路、微分与积分电路，如图 4.1 所示。

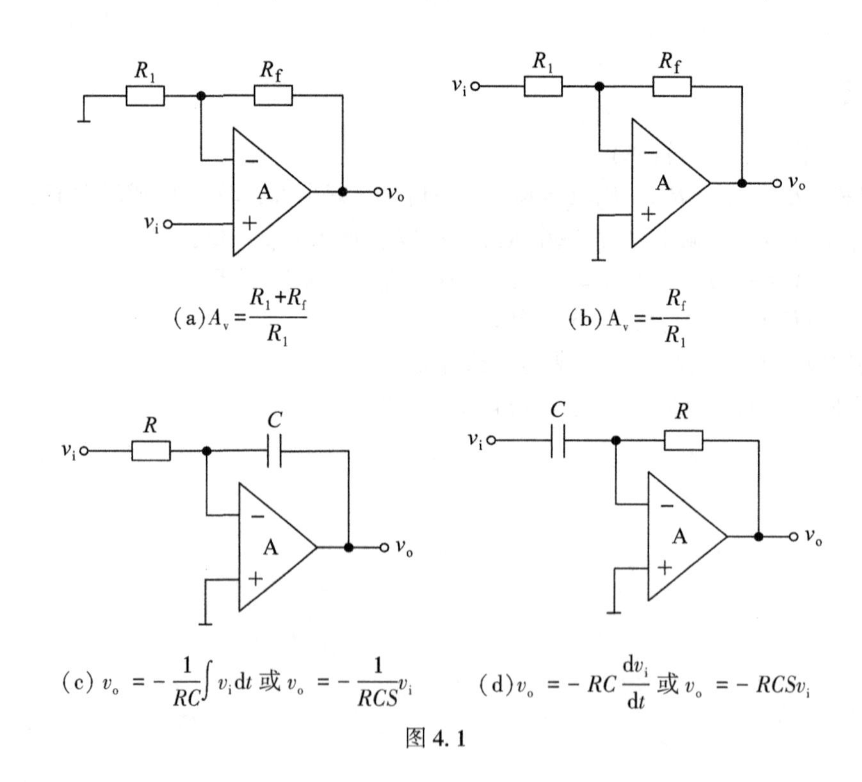

图 4.1

同相放大电路，若 $R_f = 0$ 或 R_1 开路，则变成电压跟随器，$A_v = 1$，$R_i \to \infty$，$R_o \to 0$。

3. 求差电路(图 4.2(a))与求和电路(图 4.2 (b)(c))都可以采用"叠加"方法求解，也就是使其中的一路信号作用，其他路信号接地，最后将结果相加。

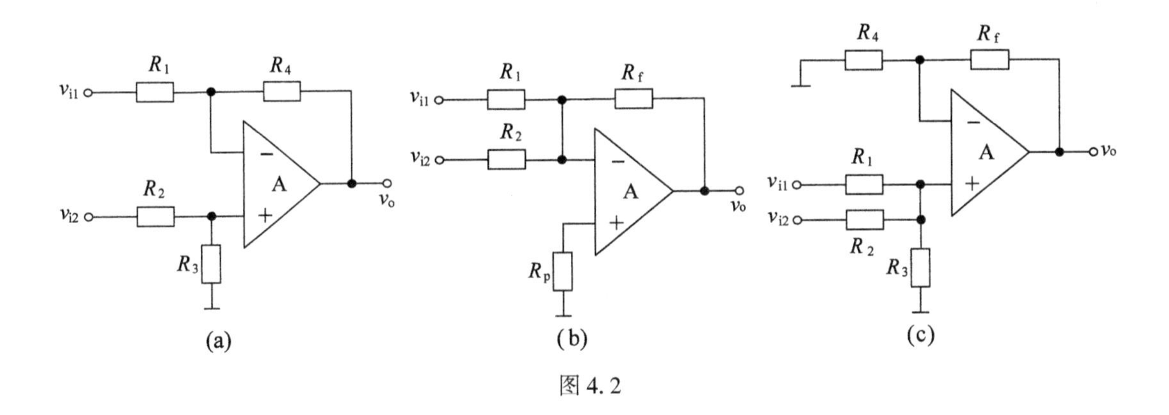

图 4.2

$$v_o=\frac{R_3}{R_3+R_2}\ \frac{R_4+R_1}{R_1}v_{i2}-\frac{R_4}{R_1}v_{i1},$$

当$\frac{R_3}{R_2}=\frac{R_4}{R_1}$时，$v_o=\frac{R_4}{R_1}(v_{i2}-v_{i1})$。

求和分为反相与同相求和，同相求和要注意有分压问题。

$$v_o=-\frac{R_f}{R_1}v_{i1}-\frac{R_f}{R_2}v_{i2},\quad v_o=\frac{R_f+R_4}{R_4}\left(\frac{R_2/\!/R_3}{R_2/\!/R_3+R_1}v_{i1}+\frac{R_1/\!/R_3}{R_1/\!/R_3+R_2}v_{i2}\right)。$$

仪表放大器充分应用了运放的"虚短"、"虚断"两个性质，很好地与求差结合起来，电路如图 4.3 所示。

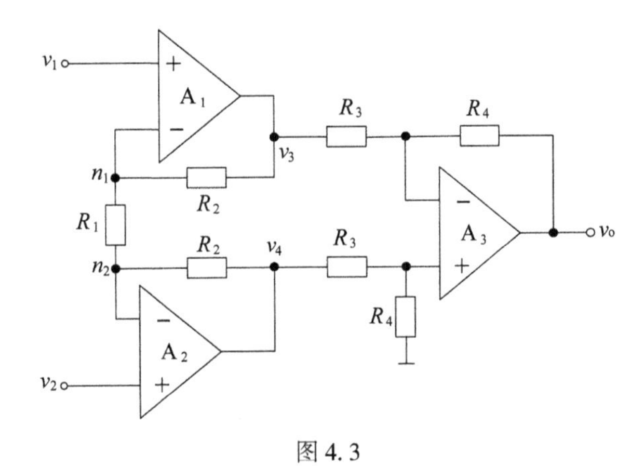

图 4.3

A_1 与 A_2 都是输入端，根据"虚短"，$V_1=V_{n1}$，$V_2=V_{n2}$，根据"虚断"，$i_{n1}=i_{n2}=0$，所以 $i_{R1}=i_{R2}$。这样$\frac{V_3-V_4}{R_1+2R_2}=\frac{V_1-V_2}{R_1}$。后面就是差分放大电路，$v_o=\frac{R_4}{R_3}(v_4-v_3)$。所以 $v_o=-\frac{R_4}{R_3}$

$\frac{R_1+2R_2}{R_1}(v_1-v_2)$。

二、习题详解

本章习题主要包括分析基本运放的扩展电路、与二极管结合电路及多运放环路。

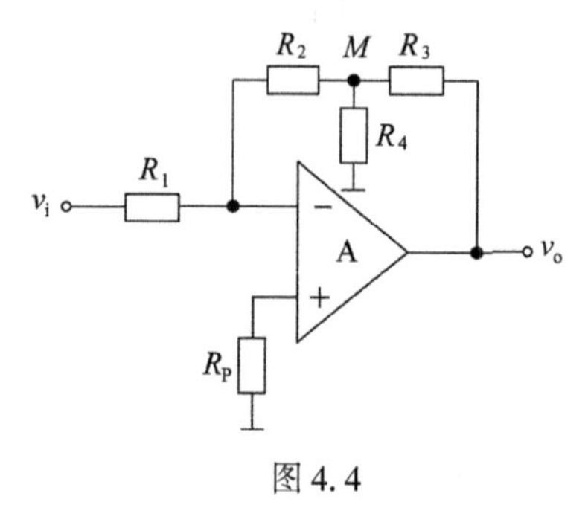

图 4.4

1. 已知电路图如图 4.4 所示，求电路的增益表达式及 R_P 的值。

分析：这是基本运放的扩展题，先要根据运放“虚短、虚断”求出 M 点的电压，再根据节点电流为零（M 点）求 v_o。求 R_P 的值，要根据同相反相输入端电阻平衡原理，将输入输出端接地，输入输出端对地电阻相等。

解：由于 $\frac{v_i-0}{R_1}=\frac{0-v_M}{R_2}$，所以 M 点电压为 $v_M=-\frac{R_2}{R_1}v_i$。

根据节点 M 的电流为零可得 $\frac{0-v_M}{R_2}=\frac{v_M-0}{R_4}+\frac{v_M-v_o}{R_3}$。

联解两个方程得：$v_o=-\frac{R_3R_2}{R_1}\left(\frac{1}{R_2}+\frac{1}{R_3}+\frac{1}{R_4}\right)\cdot v_i$。

所以 $A_v=-\frac{R_3R_2}{R_1}\left(\frac{1}{R_2}+\frac{1}{R_3}+\frac{1}{R_4}\right)$。

根据输入端电阻平衡原理可得 $R_P=(R_1+R_2)\ /\!/\ R_3\ /\!/\ R_4$。

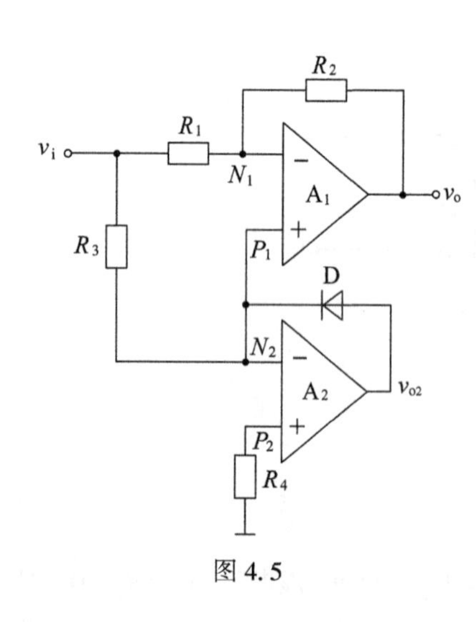

图 4.5

2. 电路如图 4.5 所示，已知 $R_1=R_2$，试说明该电路实现什么功能，并求解输出 v_o 与输入 v_i 之间的运算关系式。

分析：这是运放与二极管结合的题，二极管 D 对 A_2 很重要，D 截止了，A_2 就开环；D 导通了，A_2 就闭环。而 D 的导通与截止和 v_i 的正负极性有关，v_i 为正电压，v_{o2} 为负电压，D 截止，A_2 为开环，A_1 构成加减运算电路，$v_{p1}=v_i$，$v_o=\frac{R_1+R_2}{R_1}v_i-\frac{R_2}{R_1}v_i=v_i$；

v_i 为负电压，v_{o2} 为正电压，D 导通，A_2 为闭环，$V_{p1}=V_{N2}=0$，A_1 构成反相运算电路，$v_o=-\frac{R_2}{R_1}v_i=-v_i$。

综合起来，$v_o=|v_i|$，实现了求绝对值的功能。

解：当 v_i 为正电压，v_{o2} 为负电压，D 截止，A_2 为开环，A_1 构成加减运算电路，$V_{p1}=$

v_i，$v_o=\frac{R_1+R_2}{R_1}v_i-\frac{R_2}{R_1}v_i=v_i$；

v_i 为负电压，v_{o2}为正电压，D 导通，A_2 为闭环，$V_{p1}=V_{N2}=0$，A_1 构成反相运算电路，$v_o=-\frac{R_2}{R_1}v_i=-v_i$。综合起来，$v_o=|v_i|$，实现了求绝对值的功能。

3. 写出图 4.6 所示电路输出与输入的函数关系。

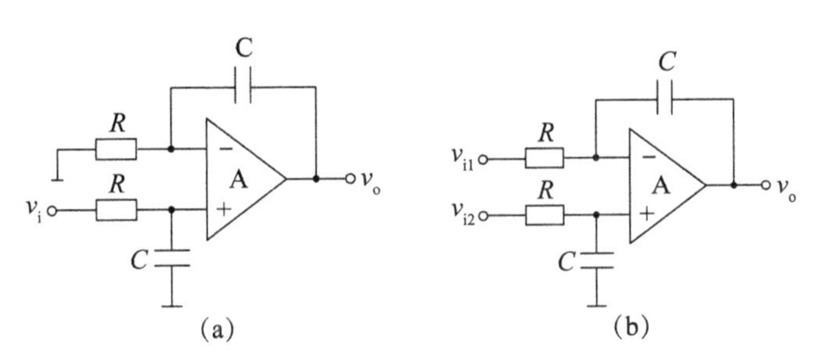

图 4.6

分析：这是运放基本微分积分电路的扩展形式题，可以直接用拉氏算子$\frac{1}{SC}$表示电容 C 就能得结果，也可以在时域里进行计算。

图 4.6(a)中设同相端电压为 v_p，根据同相端的电流关系可得$\frac{v_i-v_p}{R}=C\frac{dv_p}{dt}$。由于虚短，反相端的电压也是 v_p，根据反相端的电流关系可得$\frac{v_p-0}{R}=C\frac{d(v_o-v_p)}{dt}$。整理得$\frac{v_i}{RC}=\frac{dv_o}{dt}$，所以是同相积分电路，与反相积分电路相差一个负号。同样的方法可以求出后面电路图 4.6(b)的表达式，是一个求差积分电路。

解：(a)$\frac{v_o}{v_i}=\frac{\frac{1}{SC}}{\frac{1}{SC}+R}\cdot\frac{\frac{1}{SC}+R}{R}=\frac{1}{SCR}$，

(b)$v_o=\frac{1}{SCR}(v_{i2}-v_{i1})$。

图(a)为同相积分电路，图(b)为求差积分电路。

4. 求电路图 4.7 的电压增益 $A_v=\frac{v_o}{v_{i1}-v_{i2}}$。

分析：这是多运放运算题，A_1、A_2 都是电压跟随器，A_4是基本的反相放大器，A_3 与 A_4构成环路，无特殊作用，运用运放“虚短、虚断”的特性进行计算。由于 A_1、A_2 都是电压跟随器，所以 $v_{o1}=v_{i1}$，$v_{o2}=v_{i2}$。运用“虚短、虚断”A_3 可以得到 $v_{p3}=v_{n3}=\frac{R_2}{R_1+R_2}v_{i1}$。$A_4$构

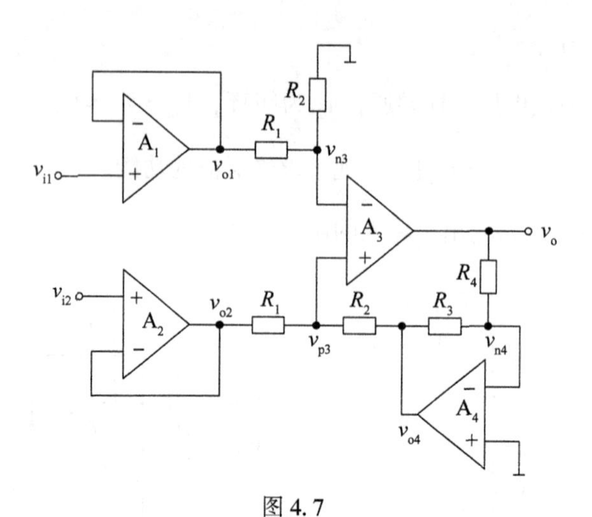

图 4.7

成反相放大器，可得 $v_{o4}=-\dfrac{R_3}{R_4}v_o$。由于 A_3 虚断，所以 R_1、R_2 上的电流相等，即

$\dfrac{v_{o2}-v_{p3}}{R_1}=\dfrac{v_{p3}-v_{o4}}{R_2}$，整理得：

$$\frac{v_{i2}}{R_1}=v_{i1}\frac{R_2}{R_1+R_2}\left(\frac{1}{R_1}+\frac{1}{R_2}\right)-\frac{v_{o4}}{R_2},$$

再将 v_{o4} 代入，可得：

$$-\frac{R_3}{R_4}v_o=\frac{R_2}{R_1}(v_{i1}-v_{i2}),$$

所以$\dfrac{v_o}{v_{i1}-v_{i2}}=-\dfrac{R_2R_4}{R_1R_3}$。

解：由于 $v_{o1}=v_{i1}$，$v_{o2}=v_{i2}$，$v_{p3}=v_{n3}=\dfrac{R_2}{R_1+R_2}v_{i1}$，$v_{o4}=-\dfrac{R_3}{R_4}v_o$，

又由于 $i_{R_1}=i_{R_2}$，即$\dfrac{v_{o2}-v_{p3}}{R_1}=\dfrac{v_{p3}-v_{o4}}{R_2}$，

代入整理得：$-\dfrac{R_3}{R_4}v_o=\dfrac{R_2}{R_1}(v_{i1}-v_{i2})$，

所以$\dfrac{v_o}{v_{i1}-v_{i2}}=-\dfrac{R_2R_4}{R_1R_3}$。

5. 理想运放组成的电路如图 4.8 所示，求输出 v_{o2}、v_{o1} 与输入 v_i 之间的关系？

分析：这是个两运放构成的电路，没有形成环路，求 M 点的电压和电流是关键。

先根据“虚断”，求出 M 点的电压 $v_M=-\dfrac{R_2}{R_1}v_i$，

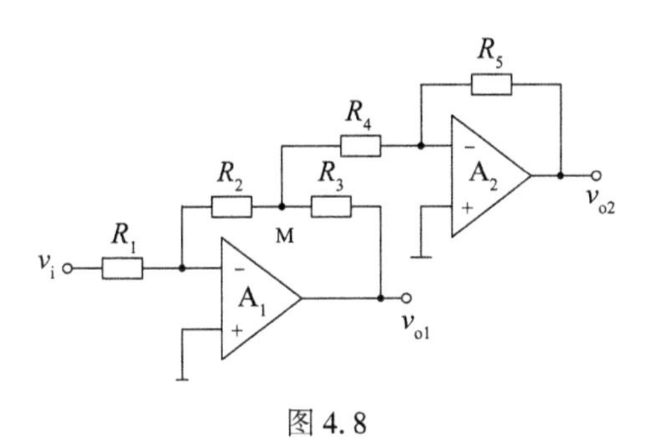

图 4.8

再用 M 点节点电流法求 v_{o1}，$\dfrac{0-v_M}{R_2}=\dfrac{v_M-v_{o1}}{R_3}+\dfrac{v_M-0}{R_4}$，

最后根据反相放大求 v_{o2}，$v_{o2}=-\dfrac{R_5}{R_4}v_M$。

解：M 点的电压 $v_M=-\dfrac{R_2}{R_1}v_i$，M 点的电流得：$\dfrac{0-v_M}{R_2}=\dfrac{v_M-v_{o1}}{R_3}+\dfrac{v_M-0}{R_4}$，

所以 $V_{o1}=-\left(\dfrac{1}{R_2}+\dfrac{1}{R_3}+\dfrac{1}{R_4}\right)\dfrac{R_3R_2}{R_1}V_i$，$V_{o2}=-\dfrac{R_5}{R_4}V_M=\dfrac{R_2R_5}{R_1R_4}V_i$。

6. 理想运放组成的电路如图 4.9 所示，求输出 v_{o2}、v_{o1} 与输入 v_{i1}、v_{i2} 之间的关系。

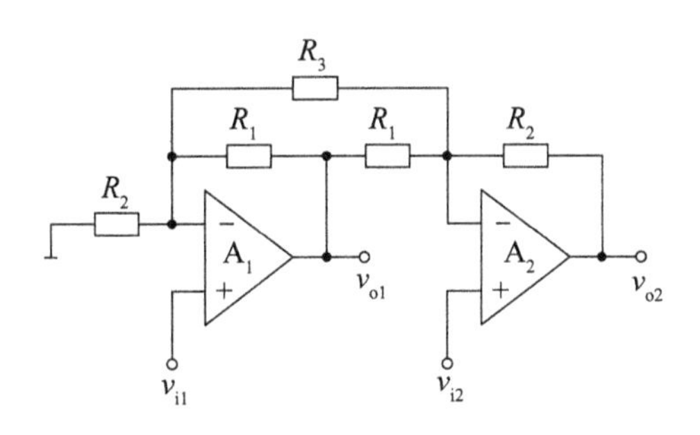

图 4.9

分析：这是多运放多输入问题，可采用叠加法进行求解。

求 v_{o1} 与 v_{o2} 都是采用叠加法进行，v_{i1} 与 v_{i2} 的作用不一样。求 v_{o1} 时，v_{i1} 同相输入，v_{i1} 作用时 v_{i2} 接地，R_3 与 R_2 变成并联关系。求 v_{o1} 时，v_{i2} 是反相输入，v_{i1} 接地。这样就可以得到：

$$v_{o1}=\left(\frac{R_1}{R_2\,/\!/\,R_3}+1\right)v_{i1}-\frac{R_1}{R_3}v_{i2}。$$

求 v_{o2} 时，有三个输入 v_{i1}、v_{i2} 和 v_{o1}：当 v_{i1} 作用，v_{i2} 和 v_{o1} 接地时，通过 R_3 与 R_2 构成一个反相放大器；当 v_{i2} 作用，v_{i1} 和 v_{o1} 接地时，通过 R_2、$R_1\,/\!/\,R_3$ 构成一个同相放大器；当 v_{o1} 作用，v_{i1} 和 v_{i2} 接地时，通过 R_2、R_1 构成一个反相放大器。这样就可以得到：

$$v_{o2}=-\frac{R_2}{R_3}v_{i1}-\left(\frac{R_2}{R_1 /\!/ R_3}+1\right)v_{i2}-\frac{R_2}{R_1}v_{o1}。$$

解：采用叠加法求 v_{o1} 与 v_{o2} 可得

$$v_{o1}=\left(\frac{R_1}{R_2 /\!/ R_3}+1\right)v_{i1}-\frac{R_1}{R_3}v_{i2},$$

$$v_{o2}=-\frac{R_2}{R_3}v_{i1}-\left(\frac{R_2}{R_1 /\!/ R_3}+1\right)v_{i2}-\frac{R_2}{R_1}v_{o1}。$$

7. 运放为理想器件，电路如图4.10所示，求输出 v_o 与输入 v_{i1}、v_{i2} 之间的关系。

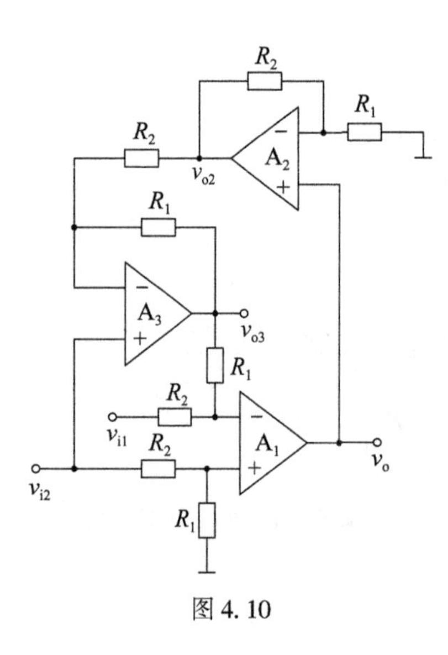

图4.10

分析：这是多输入多运放形成环路问题，2个输入3个运放，A_2 构成同相放大，A_3 是减法器，A_1 形成环路，运用运放"虚短、虚断"的特性进行计算。3个运放 A_1、A_2、A_3，其中 A_2 构成同相放大器，A_1 的输出是其输入，可以得到：$v_{o2}=\left(1+\frac{R_2}{R_1}\right)v_o$；$A_3$ 有两个输入信号 v_{i2} 和 v_{o2}，v_{i2} 同相输入，v_{o2} 反相输入，可以得到：$v_{o3}=\frac{R_1+R_2}{R_2}v_{i2}-\frac{R_1}{R_2}v_{o2}$；$A_1$ 有3个输入端 v_{i1}、v_{i2} 和 v_{o3}，由于 A_1 虚短可得同相与反相端电压相等，

$$v_n=\frac{R_2}{R_1+R_2}v_{o3}+\frac{R_1}{R_1+R_2}v_{i1},\quad v_p=\frac{R_1}{R_1+R_2}v_{i2}。$$

最后整理得：

$$v_o=\frac{R_1}{R_1+R_2}v_{i1}+\frac{R_2}{R_1+R_2}v_{i2}。$$

解：首先通过 A_2 求得 $v_{o2}=\left(1+\frac{R_2}{R_1}\right)v_o$；

其次通过 A_3 求得 $v_{o3}=\frac{R_1+R_2}{R_2}v_{i2}-\frac{R_1}{R_2}v_{o2}$；

然后通过 A_1 求得 $v_n=\frac{R_2}{R_1+R_2}v_{o3}+\frac{R_1}{R_1+R_2}v_{i1}$，$v_p=\frac{R_1}{R_1+R_2}v_{i2}$；

最后整理得：$v_o=\frac{R_1}{R_1+R_2}v_{i1}+\frac{R_2}{R_1+R_2}v_{i2}$。

8. 求图4.11所示电路的 v_o 与 R_P 的值。

分析：这是一个反相放大电路的概念题，关键点在于求 M 点电压，M 点不是 R_1 与 R_2 两个电阻的分压，对于 A_2 的虚断来说，只是 $i_p=0$，$i_{R3}\neq 0$，但 $V_p=V_n=0$，所以 R_2 与 R_3 是并联关系，R_2 与 R_3 并联之后与 R_1 串联分压，可得 $V_M=\frac{R_2 /\!/ R_3}{R_1+R_2 /\!/ R_3}V_1=0.5\text{V}$，再通过

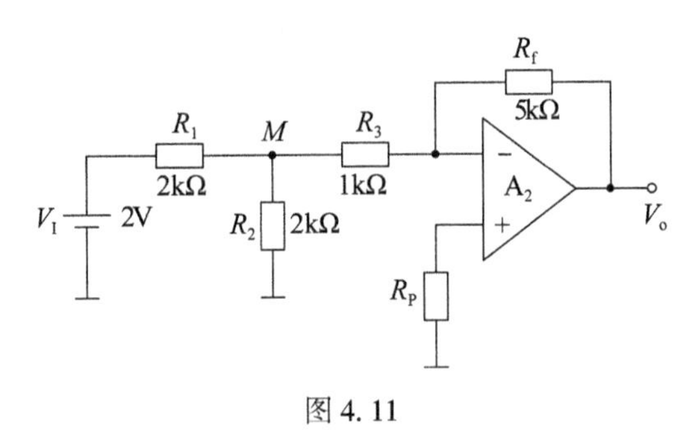

图 4.11

反相放大求出 V_o 的值，$V_o=-\frac{R_f}{R_3}V_M=-2.5V$。而这里的 R_P 为同相平衡电阻，其应该与反相端的对地电阻相等，反相端的对地电阻为反相端的输入输出均接地时反相端的对地电阻，$R_P=(R_1 /\!/ R_2+R_3) /\!/ R_f=1.4k\Omega$。

解：由于 $V_M=\frac{R_2 /\!/ R_3}{R_1+R_2 /\!/ R_3}V_1=0.5V$，所以 $V_o=-\frac{R_f}{R_3}V_M=-2.5V$。

R_P 为同相平衡电阻，与反相端的对地电阻相等，$R_P=(R_1 /\!/ R_2+R_3) /\!/ R_f=1.4k\Omega$。

9. 写出图 4.12 所示电路的输出表达式，说明当$\frac{R_2}{R_1}=\frac{R_4}{R_3}$时电路的功能。

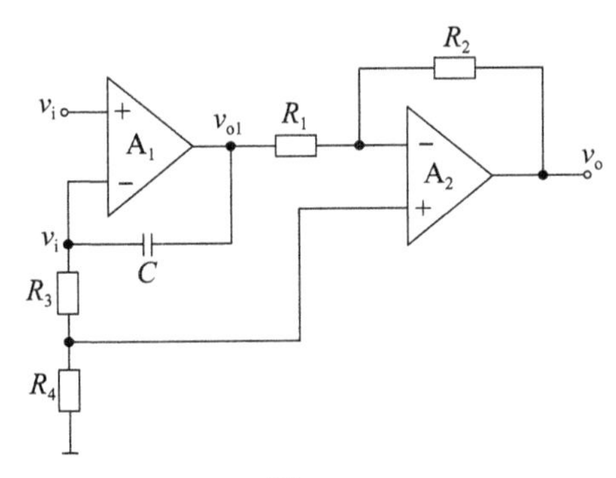

图 4.12

分析：这是由两个运放组成的多输入问题，第一级运放是同相放大的 RC 电路，$v_{o1}=\left[1+\frac{1}{SC(R_3+R_4)}\right]v_i$。

第二级运放是由第一级的输出作为输入的加减运算电路，其反相端的输入为 v_{o1}，同相端的输入为 v_i 经过 R_3、R_4 的分压，$v_o=\frac{R_4}{R_3+R_4}\frac{R_2+R_1}{R_1}v_i-\frac{R_2}{R_1}v_{o1}$。

把 v_{o1} 代入得 $v_o=\left[\frac{R_4}{R_3+R_4}\frac{R_2+R_1}{R_1}-\frac{R_2}{R_1}-\frac{R_2}{R_1}\frac{1}{SC(R_3+R_4)}\right]v_i$。

当$\frac{R_2}{R_1}=\frac{R_4}{R_3}$时，$v_o=-\frac{1}{SCR_1\left(1+\frac{R_1}{R_2}\right)}v_i$为反相积分器。

解：由于$v_{o1}=\left[1+\frac{1}{SC(R_3+R_4)}\right]v_i$，$v_o=\frac{R_4}{R_3+R_4}\frac{R_2+R_1}{R_1}v_i-\frac{R_2}{R_1}v_{o1}$，

所以$v_o=\left[\frac{R_4}{R_3+R_4}\frac{R_2+R_1}{R_1}-\frac{R_2}{R_1}-\frac{R_2}{R_1}\frac{1}{SC(R_3+R_4)}\right]v_i$。

当$\frac{R_2}{R_1}=\frac{R_4}{R_3}$时，$v_o=-\frac{1}{SCR_1\left(1+\frac{R_1}{R_2}\right)}v_i$，为反相积分器。

10. 用叠加法分析图 4.13 所示电路的输入 - 输出关系。

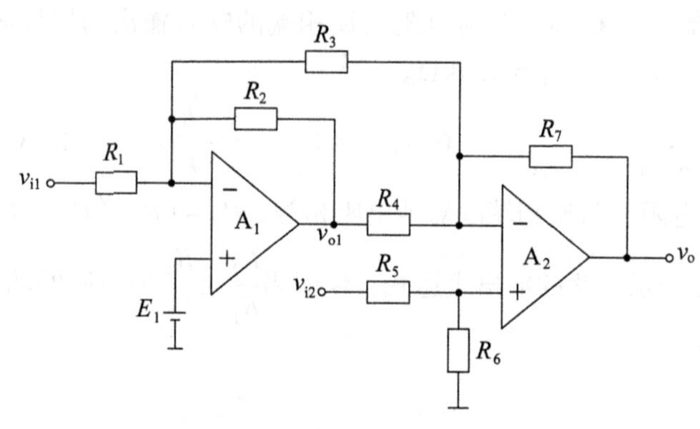

图 4.13

分析：这是运放的多输入 - 多输出问题，特别需要注意前输出对后输入的影响。

对于 A_1 来说，有 3 个输入信号，即 v_{i1}、E_1、v_{i2}，需要用叠加的方法求出。

v_{i1} 作用，E_1、v_{i2} 接地时，v_{i1} 为反相输入；E_1 作用，v_{i1}、v_{i2} 接地时，E_1 为同相输入，但 R_1 与 R_3 为并联关系；v_{i2} 作用，v_{i1}、E_1 接地时，v_{i2} 为反相输入，但 v_{i2} 先经 R_5、R_6 的分压。求 v_{o1} 值得：$v_{o1}=E_1\left(1+\frac{R_2}{R_1 /\!/ R_3}\right)-v_{i1}\frac{R_2}{R_1}-v_{i2}\frac{R_6}{R_5+R_6}\frac{R_2}{R_3}$。

对于 A_2 来说，也有 3 个输入信号，即 v_{o1}、E_1、v_{i2}，需要用叠加的方法求出。这里没有 v_{i1} 的作用，因为 v_{i1} 的作用体现在 v_{o1} 上了。

当 v_{o1} 作用，E_1、v_{i2} 接地时，v_{o1} 反相输入，R_4、R_7 组成反相放大电路；当 E_1 作用 v_{o1}、v_{i2} 接地时，E_1 反相输入，R_3、R_7 组成反相放大电路；当 v_{i2} 作用，v_{o1}、E_1 接地时，v_{i2} 先由 R_5、R_6 分压，R_3、R_4 并联，与 R_7 组成同相放大电路。

求 v_o 值得：$v_o=v_{i2}\frac{R_6}{R_5+R_6}\left(1+\frac{R_7}{R_3 /\!/ R_4}\right)-v_{o1}\frac{R_7}{R_4}-E_1\frac{R_7}{R_3}$。

解：求 v_{o1} 时，由于 A_1 有 3 个输入信号 v_{i1}、E_1 和 v_{i2}，这样可以用叠加法求 v_{o1} 值，得：

$$v_{o1}=E_1\left(1+\frac{R_2}{R_1 /\!/ R_3}\right)-v_{i1}\frac{R_2}{R_1}-v_{i2}\frac{R_6}{R_5+R_6}\frac{R_2}{R_3}。$$

求 v_o 时，由于 A_2 也有 3 个输入信号 v_{o1}、E_1 和 v_{i2}，这样可以用叠加法求 v_o 值，得：

$$v_o=v_{i2}\frac{R_6}{R_5+R_6}\left(1+\frac{R_7}{R_3 /\!/ R_4}\right)-v_{o1}\frac{R_7}{R_4}-E_1\frac{R_7}{R_3}。$$

11. 请用一个运算放大器设计一个加减运算电路，要求 $v_o=8v_{i1}+10v_{i2}-20v_{i3}$，反馈电阻 R_f 选取 240kΩ。试按要求画出电路图并求出相关电阻的阻值。

分析：这是一道设计题，主要原则是根据静态电阻平衡。输出表达式要求可以得到运放电路是由两个同相输入和一个反相输入组成。可确定电路模式为如图 4.14 所示。由于反馈电阻 R_f 选取 240kΩ 已定，可以确定电阻 R_3 的值。由于电路须满足静态电阻平衡，即 $R_{\sum P}=R_{\sum N}$，也就是 $R_3 /\!/ R_f=R_1 /\!/ R_2 /\!/ R_4$。这样就可以得到 $\frac{R_f}{R_3}=20$，$\frac{R_f}{R_1}=8$，$\frac{R_f}{R_2}=10$。相应可以计算出 $R_3=12\text{k}\Omega$，$R_2=24\text{k}\Omega$，$R_1=30\text{k}\Omega$。根据满足平衡可计算得 $R_4=80\text{k}\Omega$。

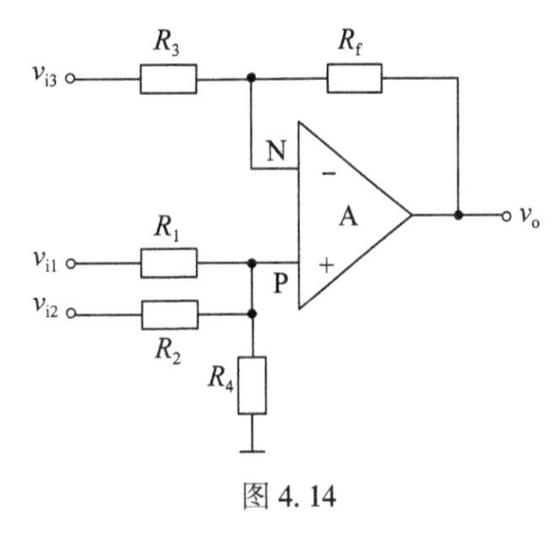

图 4.14

解：根据要求可以得到运放电路是由两个同相输入和一个反相输入组成。电路图如图 4.14 所示。

根据静态平衡要求 $R_{\sum P}=R_{\sum N}$，确定 $\frac{R_f}{R_3}=20$，$\frac{R_f}{R_1}=8$，$\frac{R_f}{R_2}=10$。

计算出 $R_3=12\text{k}\Omega$，$R_2=24\text{k}\Omega$，$R_1=30\text{k}\Omega$。满足平衡，可计算得 $R_4=80\text{k}\Omega$。

三、扩展题

本章扩展部分题主要是讨论运放电路中极限情况及微分积分电路。

1. 电路图如图 4.15 所示，$R_1=10\text{k}\Omega$，$R_2=20\text{k}\Omega$，$R_3=20\text{k}\Omega$，$R_4=5\text{k}\Omega$，若运放输出电压的最大幅值为 ±14V，v_i 为 2V 的直流电压，求下列四种情况的输出电压：(1) R_2 短路；(2) R_3 短路；(3) R_4 短路；(4) R_4 断路。

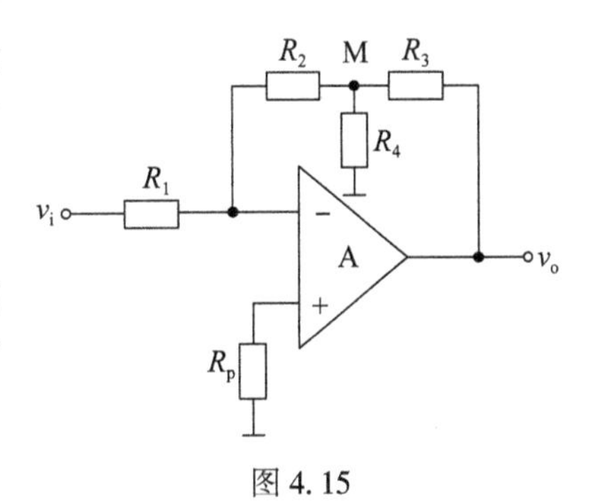

图 4.15

解：(1) 若 R_2 短路，R_4 接到了反相端，R_3 变成了反馈电阻，还是反相放大电路，如图 4.16(a) 所示。

$$v_o=-\frac{R_3}{R_1}v_i=-2\times 2=-4(\text{V})。$$

(2)R_3 短路，输出通过 R_4 接地，R_2 为反馈电阻，还是反相放大电路，如图 4.16(b) 所示。

$$v_o = -\frac{R_2}{R_1}v_i = -2 \times 2 = -4(\text{V})。$$

(3)R_4 短路，R_2 接到了反相端，输出通过 R_3 接地，无反馈回路，如图 4.16(c) 所示。

$v_o = -14\text{V}$，输出不超过电压的最大幅值。

(4)R_4 断路，这时反馈回路的电阻为 R_2 与 R_3，如图 4.16(d) 所示。

$$v_o = -\frac{R_2 + R_3}{R_1}v_i = -4 \times 2 = -8(\text{V})。$$

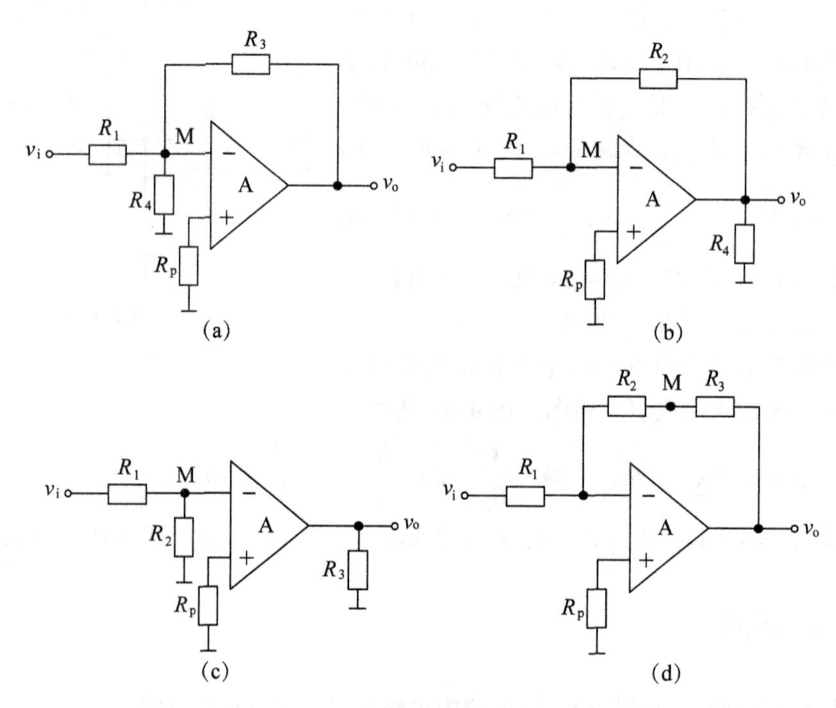

图 4.16

2. 写出如图 4.17 电路输出的表达式，并说明该集成运放的共模信号是多少。

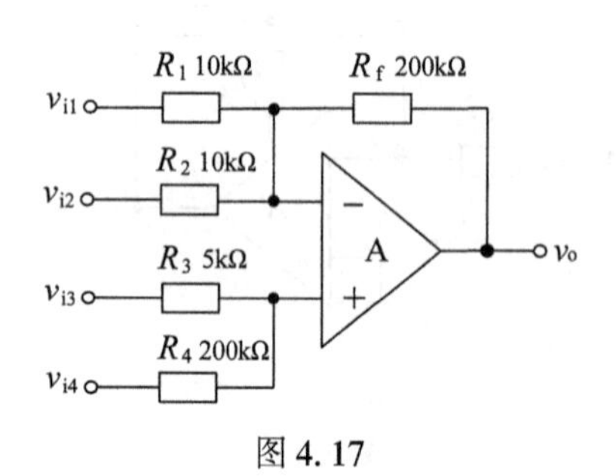

图 4.17

解：由于 $R_1 // R_2 // R_f = R_3 // R_4$，也就是运放的同相与反相静态电阻平衡，所以

$$v_o = -\frac{R_f}{R_1}v_{i1} - \frac{R_f}{R_2}v_{i2} + \frac{R_f}{R_3}v_{i3} + \frac{R_f}{R_4}v_{i4}。$$

代入阻值得：$v_o = -20v_{i1} - 20v_{i2} + 40v_{i3} + v_{i4}$。

运放的共模信号是指加到同相端的信号，这里共模信号有两个 v_{i3} 和 v_{i4}，但电阻 R_3 和 R_4 对 v_{i3} 和 v_{i4} 有分

压作用，所以加到同相端的信号大小为

$$v_{IC}=\frac{R_4}{R_4+R_3}v_{i3}+\frac{R_3}{R_3+R_4}v_{i4}=\frac{40}{41}v_{i3}+\frac{1}{41}v_{i4}。$$

3. 电路如图 4.18 所示。

(1) 试求 v_o 与 v_{i1}、v_{i2} 之间的关系；

(2) 当 R_W 的滑动端在最上端时，若 $v_{i1}=10mV$，$v_{i2}=20mV$，求 v_o 的值；

(3) 若 v_o 的最大幅值为 ±14V，$v_{i1max}=10mV$，$v_{i2max}=20mV$，它们的最小值均为0，则为了保证运放工作在线性区，R_2 的最大值为多大？

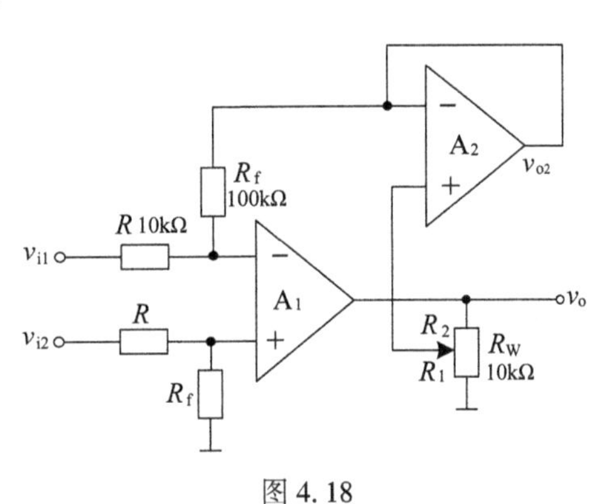

图 4.18

解：(1) 由 A_2 可得，$v_{N2}=v_{P2}=\frac{R_1}{R_W}v_o$。

由 A_1 可得，$v_{P1}=\frac{R_f}{R_f+R}v_{i2}=v_{N1}$，$\frac{v_{i1}-v_{N1}}{R}=\frac{v_{N1}-v_{N2}}{R_f}$。

整理得：$\frac{v_o}{v_{i2}-v_{i1}}=\frac{R_f}{R}\frac{R_W}{R_1}=10\frac{R_W}{R_1}$。

(2) R_W 的滑动端在最上端时 $R_1=R_W$，$\frac{v_o}{v_{i2}-v_{i1}}=10$，$v_o=10(v_{i2}-v_{i1})$。

将 $v_{i1}=10mV$ 和 $v_{i2}=20mV$ 代入得：$v_o=10(v_{i2}-v_{i1})=100mV$。

(3) 由于 $(v_{i2}-v_{i1})_{max}=20mV$，$v_o=10\frac{R_W}{R_1}(v_{i2}-v_{i1})_{max}$，而 v_o 的最大幅值为 ±14V，得 R_{1min} 为 143Ω，所以 R_{2max} 为 9.857kΩ。

4. 求图 4.19 所示两个电路图的运算关系式。其中：$\frac{R_3}{R_1}=\frac{R_4}{R_5}$。

解：图 4.19(a)：设 A_1 的同相端输入的信号为 v_{i1}，A_2 的同相端输入的信号为 v_{i2}，则 $v_i=v_{i1}-v_{i2}$。A_1 为同相放大，$v_{o1}=\frac{R_3+R_1}{R_1}v_{i1}$。$A_2$ 有两个输入端，v_{o1} 为反相输入信号，v_{i2} 为同相输入信号，$v_o=-\frac{R_5}{R_4}v_{o1}+\frac{R_5+R_4}{R_4}v_{i2}$。

将 v_{o1} 代入可得：$v_o=-\frac{R_5}{R_4}\frac{R_3+R_1}{R_1}v_{i1}+\frac{R_5+R_4}{R_4}v_{i2}$，

又 $\frac{R_3}{R_1}=\frac{R_4}{R_5}$，

所以 $v_o=\frac{R_5+R_4}{R_4}(v_{i2}-v_{i1})=-\frac{R_5+R_4}{R_4}v_i$。

图 4.19(b)：由于 A_1、A_2、A_3 都是电压跟随器，所以 A_1、A_2、A_3 的输出都为它们的

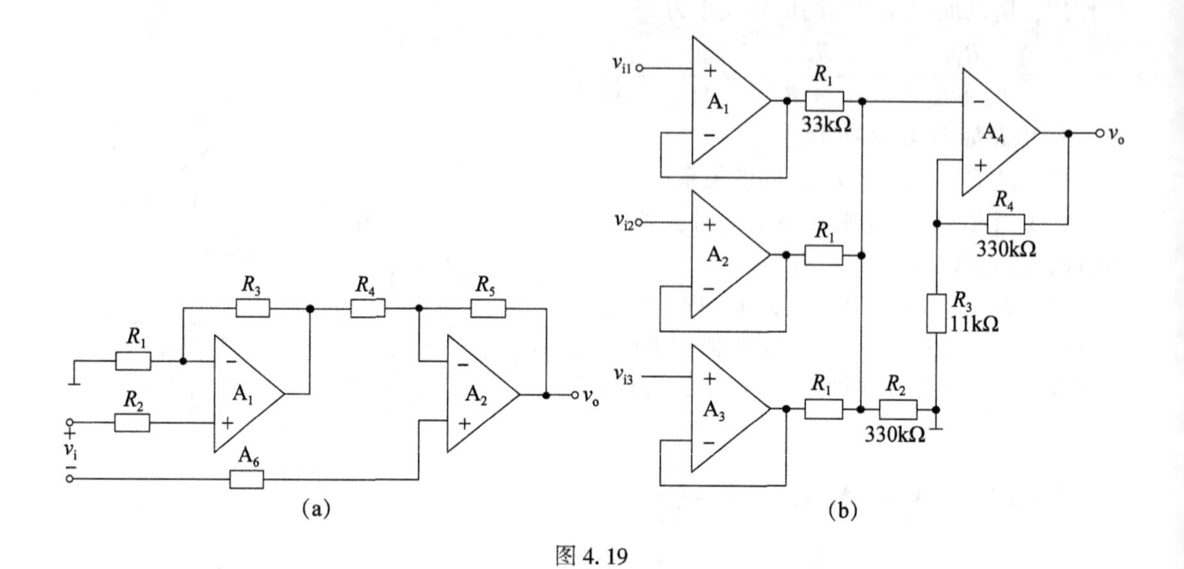

图 4.19

输入 v_{i1}、v_{i2}、v_{i3}。对于 A_4，根据"虚短、虚断"可得，$v_{n4}=v_{p4}=\dfrac{R_3}{R_3+R_4}v_o$，$\dfrac{v_{i1}-v_{n4}}{R_1}+\dfrac{v_{i2}-v_{n4}}{R_1}+\dfrac{v_{i3}-v_{n4}}{R_1}=\dfrac{v_{n4}}{R_2}$。将 R_1、R_2、R_3、R_4 的值代入整理可得：$v_o=10(v_{i1}+v_{i2}+v_{i3})$。

5. 求图 4.20 所示电路的输入电阻，分析使得输入电阻为最大值的条件。

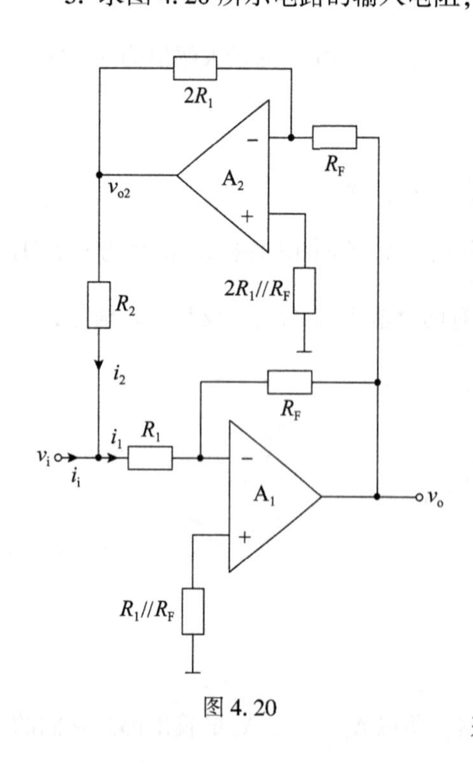

图 4.20

解：由于 $R_i=\dfrac{v_i}{i_i}$，而 $i_i=i_1-i_2$。

对于 A_1，$i_1=\dfrac{v_i}{R_1}$，$v_o=-\dfrac{R_F}{R_1}v_i$。

对于 A_2，$i_2=\dfrac{v_{o2}-v_i}{R_2}$，$v_{o2}=-\dfrac{2R_1}{R_F}v_o$。

所以 $i_i=i_1-i_2=\dfrac{v_i}{R_1}-\dfrac{v_{o2}-v_i}{R_2}$，

$$v_{o2}=-\frac{2R_1}{R_F}v_o=-\frac{2R_1}{R_F}\left(-\frac{R_F}{R_1}v_i\right)=2v_i。$$

$$i_i=i_1-i_2=\frac{v_i}{R_1}-\frac{v_{o2}-v_i}{R_2}=\frac{v_i}{R_1}-\frac{v_i}{R_2},$$

所以 $R_i=\dfrac{v_i}{i_i}=\dfrac{R_2R_1}{R_2-R_1}$。

若 $R_2=R_1$，则 $R_i\to\infty$。但实际电阻总是有误差，通常选取 R_1 略小于 R_2。

6. 已知电路图和 v_i 输入波形如图 4.21(a)、(b) 所示，且当 $t=0$ 时，$v_o=0$，写出输出表达式。

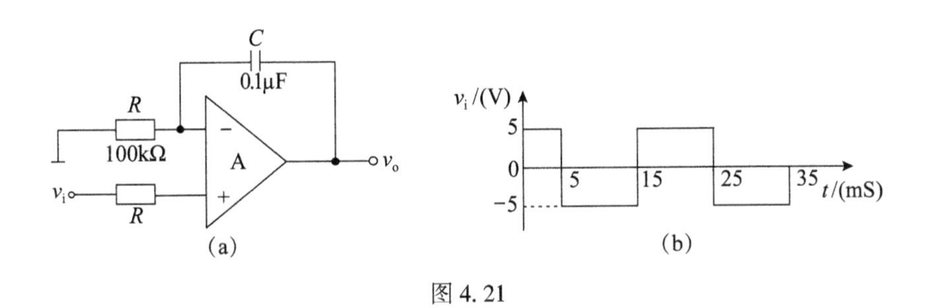

图 4.21

解：根据运放的“虚短、虚断”，$v_p=v_n=v_i$，电容上的电流与反相端的电阻上的电流相等，$i_C=\dfrac{v_i}{R}$。$v_C=v_o-v_i$，$v_C=\dfrac{1}{C}\int i_C\mathrm{d}t$。

所以 $v_o=v_i+v_C(t_1)+\dfrac{1}{RC}\int_{t_1}^{t}v_i\mathrm{d}t$。

代入数值可得：

$v_o=v_i+v_C(t_1)+100\int_{t1}^{t}v_i\mathrm{d}t$。

当 $0\leqslant t\leqslant 5\text{ms}$ 时，$v_o=v_i+v_C(t_1)+100\int_{t_1}^{t}v_i\mathrm{d}t=5+(-5)+500(t-0)=500t$；

且当 $t=5\text{ms}$ 时，$v_o=500\times5\times10^{-3}-10=-7.5(\text{V})$。

当 $5\leqslant t\leqslant 15\text{ms}$ 时，$v_o=v_i+v_C(t_1)+100\int_{t_1}^{t}v_i\mathrm{d}t=-5+(-7.5)-500(t-5)=-12.5-500(t-5)$；

且当 $t=15\text{ms}$ 时，$v_o=-500\times10\times10^{-3}-12.5+10=-7.5(\text{V})$。

当 $15\leqslant t\leqslant 25\text{ms}$ 时，$v_o=v_i+v_C(t_1)+100\int_{t_1}^{t}v_i\mathrm{d}t=5+(-7.5)+500(t-15)$；

且当 $t=25\text{ms}$ 时，$v_o=500\times10\times10^{-3}-7.5+5-10=-7.5(\text{V})$。

当 $25\leqslant t\leqslant 35\text{ms}$ 时，$v_o=v_i+v_C(t_1)+100\int_{t_1}^{t}v_i\mathrm{d}t=-5+(-7.5)-500(t-5)=-12.5-500(t-5)$；

且当 $t=35\text{ms}$ 时，$v_o=-500\times10\times10^{-3}-12.5+10=-7.5(\text{V})$。

所以 $0\leqslant t\leqslant 5\text{ms}$、$5\leqslant t\leqslant 15\text{ms}$、$15\leqslant t\leqslant 25\text{ms}$ 这三个波形不完全相同，后面的波形就完全相同。

7. 已知电路图和 v_i 输入波形如图 4.22(a)、(b)所示，且当 $t=0$ 时 $v_o=0$，写出输出表达式。

解：根据运放的“虚短、虚断”，流过 R_1 的电流与流过 R_2 和 C 的电流相等。

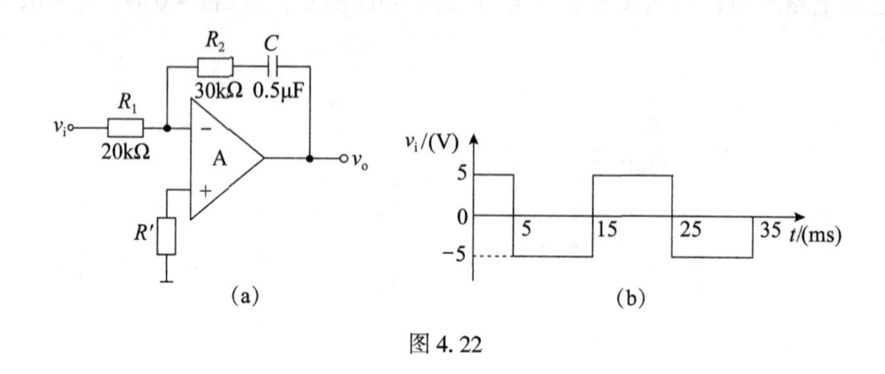

图 4. 22

$v_o=-(v_{R1}+v_C)$，$i_{R1}=\frac{v_i}{R_1}$，所以 $v_o=-\frac{R_2}{R_1}v_i-\frac{1}{C}\int\frac{v_i}{R_1}dt$。

代入数值得：

$v_o=-1.5v_i-100\int v_i dt$。

第一项为反相放大值，第二项为积分值。

在 0~5ms，$v_i=5V$，$v_o=-1.5v_i-100\int v_i dt=-7.5-500t$；

在 5~15ms，$v_i=-5V$，$v_o=1.5v_i+100\int v_i dt=7.5+500t$；

后面的情况类似。

8. 电路如图 4. 23 所示，已知电路图中所有的电阻阻值均为 100kΩ，$C=1\mu F$。

(1)试求 v_o 与 v_i 的关系；

(2)设当 $t=0$ 时 $v_o=0$，且 v_i 由 0 跃迁为−1V，求 v_o 由 0 上升到 6V 所需的时间。

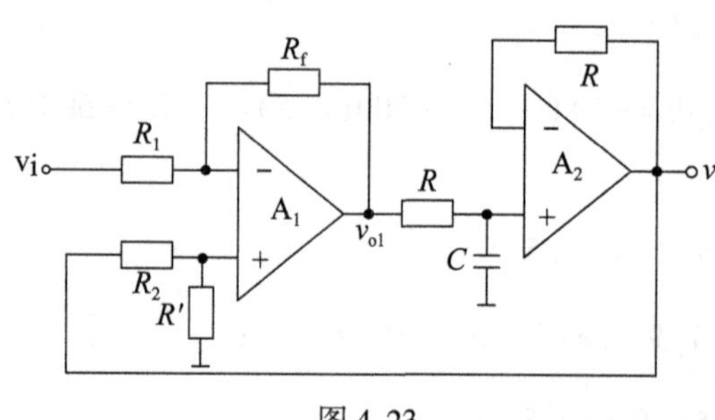

图 4. 23

解：(1) A_1 有两个输入端 v_i 和 v_o，v_o 为同相输入，v_i 为反相输入。又因为所有的电阻阻值相等，所以 $v_{o1}=v_o-v_i$。A_2 是电压跟随器，$v_o=v_{P2}$。根据 A_2 虚断可得 $\frac{v_{o1}-v_o}{R}=C\frac{dv_o}{dt}$，

将 $v_{o1}=v_o-v_i$ 代入得：$-\frac{v_i}{R}=C\frac{dv_o}{dt}$，

即：$v_o=-\frac{1}{RC}\int v_i dt=-10\int v_i dt$。

(2) $v_o=-10\int v_i dt$，$6=10\times t$，$t=0.6s$。

9. 电路如图 4.24 所示，已知 $v_{i1}=4V$，$v_{i2}=1V$。

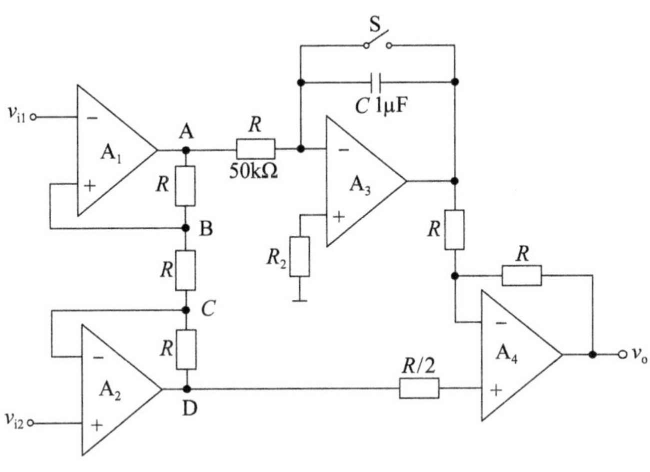

图 4.24

(1)当开关 S 闭合时，分别求解 A、B、C、D 和 v_o 的电位；

(2)设当 $t=0$ 时 S 打开，问经过多长时间 $v_o=0$?

解：(1)开关 S 闭合时，A_3 输出接地，A_1、A_2 为电压跟随器，A_4为同相放大电路。所以 $V_B=v_{i1}=4V$，$V_C=v_{i2}=1V$。根据虚断可得，流过 A、B、C、D 之间电阻的电流相等，而电阻又都为 R，

所以 $V_A=V_B+V_{BC}=4+3=7(V)$。

$V_D=V_C-V_{BC}=1-3=-2(V)$。

$v_o=2V_D=-4V$。

(2)由于 $t=0$ 时 $v_o=-4V$，$v_{o3}=0$。

开关打开，$v_o=2V_D-V_{o3}=-4-V_{o3}$，$V_{o3}=-\dfrac{1}{RC}\int V_A dt=-20\int 7dt=-140t$。

当 $v_o=0$ 时，$t=\dfrac{4}{140}\approx 0.0286s=28.6ms$。

10. 试推导出如图 4.25 所示电路的输入-输出关系。

解：A_2 构成了反相积分器，所以

$$v_{o2}=-\frac{1}{R_3C}\int v_o dt。$$

对于 A_1，根据“虚短、虚断”可得：

$$\frac{v_i}{R_1}=-\frac{v_{o2}}{R_2}。$$

所以$\dfrac{v_i}{R_1}=\dfrac{1}{R_2R_3C}\int v_o dt$。

这样可得：$v_o=\frac{R_2}{R_1}R_3C\frac{dv_i}{dt}$。

如果改成频域，只需要将电容的容抗变为$\frac{1}{SC}$即可。$v_{o2}=-\frac{1}{R_3CS}v_o$。

$\frac{v_i}{R_1}=-\frac{v_{o2}}{R_2}=\frac{1}{R_2R_3CS}v_o$，$v_o=\frac{R_2}{R_1}R_3CSv_i$。$Sv_i$ 就是微分的表达式。

11. 试推导出如图 4.26 所示电路的输入-输出关系。

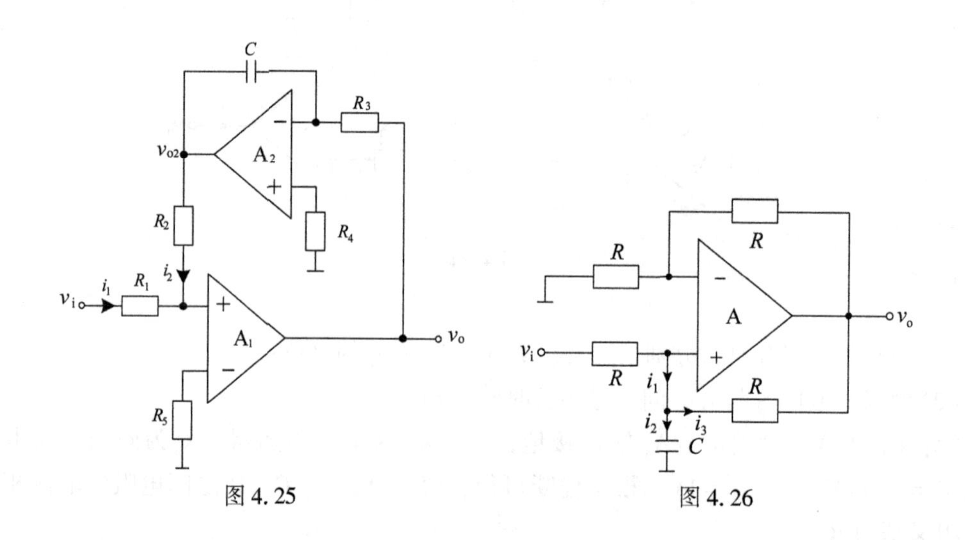

图 4.25　　　　图 4.26

解：该电路存在正、负两个反馈，但为了使电路稳定，负反馈一定强于正反馈。根据运放的“虚短、虚断”得：$V_N=\frac{1}{2}v_o$，

$$V_P=\frac{R/\!/\frac{1}{j\omega C}}{R+R/\!/\frac{1}{j\omega C}}(v_i+v_o)=\frac{1}{2+j\omega RC}(v_i+v_o)=\frac{1}{2}v_o。$$

整理得：$v_o=\frac{1}{j\omega C\frac{R}{2}}v_i$，其时域表达式为 $v_o=\frac{1}{C\frac{R}{2}}\int v_i dt$。

这是一个同相积分器。

根据节点电流法，电流 $i_1=i_2+i_3$ 和 $v_p=v_n$ 可得：

$$\frac{v_i-\frac{v_o}{2}}{R}=\frac{\frac{v_o}{2}-v_o}{R}+C\frac{d\frac{v_o}{2}}{dt}。$$

得到的结果相同。

四、填空选择题

本章填空选择题以集成运放结构组成、构成基本放大电路为内容，以概念原理为主。

1. 集成运放是一种采用(　　)耦合方式的放大电路，所以低频性能(　　)，其最大的问题是(　　)。

2. 反相比例运算电路的(　　)，同相比例运算电路的(　　)大，但引入了(　　)。

3. 通用型集成运放中的输入级为(　　)放大器，输出级一般为(　　)放大器，偏置电路采用(　　)电路。

4. 运算放大器输入级采用差分放大结构的原因是(　　)。

5. 集成运算放大器 μA741 的增益-带宽积为 1M，用其组成同相比例运算放大电路如图 4.27 所示。设 $R_1=10\text{k}\Omega$，欲使放大电路的闭环增益带宽不小于 100kHz，则 R_2 的值应不大于(　　)。

6. 电路如图 4.27 所示，集成运放为理想器件，最大输出电压为±14V，$R_1=10\text{k}\Omega$，$R_2=100\text{k}\Omega$。电路引入了交流(　　)反馈，电路的输入电阻为(　　)，输出电阻为(　　)。设 $v_i=1\text{V}$，则 $v_o=$(　　)，若 R_1 开路，则 $v_o=$(　　)；若 R_1 短路，则 $v_o=$(　　)；若 R_2 开路，则 $v_o=$(　　)；若 R_2 短路，则 $v_o=$(　　)。

7. 集成运放是一个高增益的多级(　　)耦合的放大器；由(　　)、(　　)、(　　)、(　　)等四部分构成。

8. 电路如图 4.28 所示，已知 A_1、A_2、A_3 均为理想运算放大器，其输出电压的两个极限值为±14V。A_1 构成(　　)，A_2 构成(　　)，A_3 构成(　　)。

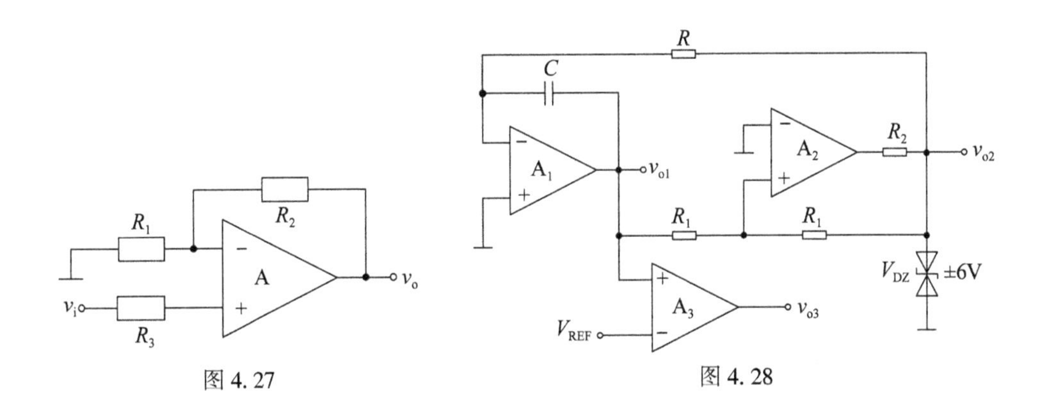

图 4.27　　图 4.28

9. 集成运算放大器的两个输入端分别为(　　)输入端和(　　)输入端，前者的极性与输出端(　　)，后者的极性与输出端(　　)。

10. 已知图 4.29(a)中 A 为理想运放，为使电路具有图 4.29(b)所示的电压传输特性，限幅电路中稳压管的稳定电压 V_Z 应为(　　)V，正向导通电压 $V_D=$(　　)V；基准电压 V_{REF} 应为(　　)V。请在图 4.29(a)中标出集成运放的同相输入端(+)和反相输入端(-)，并在方框内画出稳压管。

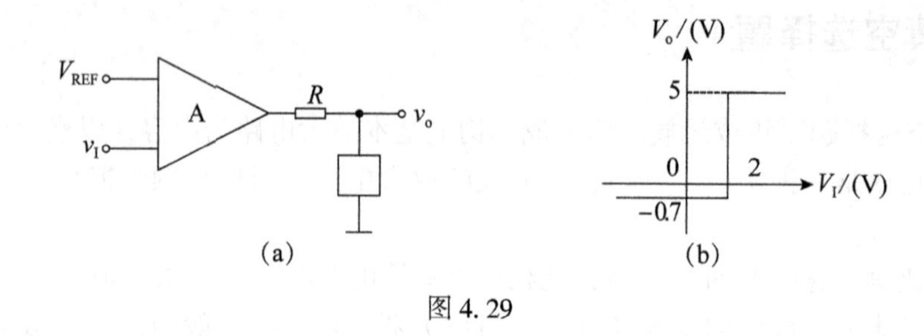

图 4. 29

11. 电路如图 4. 30 所示，A_1、A_2 为理想运算放大器，其最大输出电压幅值为$\pm V_{OM}$。A_1 组成(　　)电路；A_2 组成(　　)电路；VD_1、VD_2 和 R 组成(　　)电路，起(　　)作用。

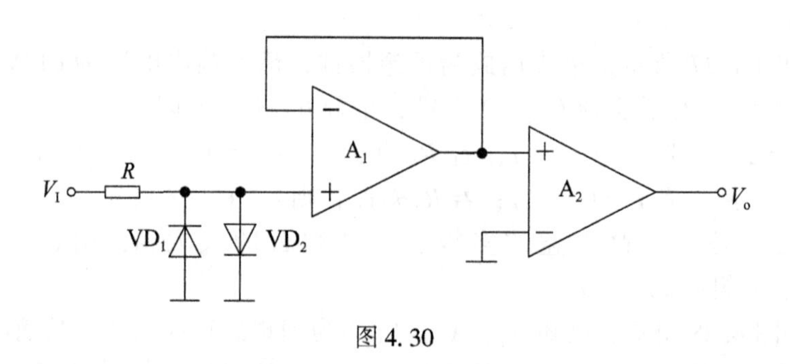

图 4. 30

12. 电路如图 4. 31 所示，设 A_1、A_2、A_3 为理想运放。$R_1 = R_1'$。该电路是一个输入电阻(　　)，　共模抑制作用(　　)的测量放大器。对于 A_1、A_2 的性能参数(　　)，为抑制输入共模信号对输出端的影响，起关键作用的是运放(　　)，在通常情况下，电路输出电压的温度漂移主要取决于运放是(　　)。电路中的 R_W 对电路的增益调节(　　)。

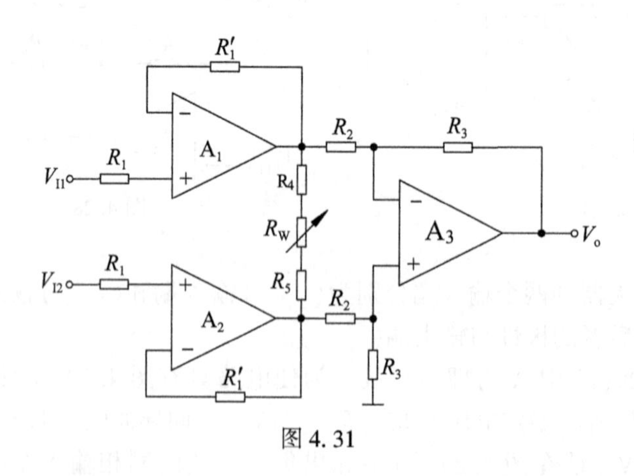

图 4. 31

13. 图 4.32(a)所示为某电路的方框图，已知 $v_{o1} \sim v_{o4}$ 的波形如图 4.32(b)所示。电路 1 为(　　)，电路 2 为(　　)，电路 3 为(　　)，电路 4 为(　　)。

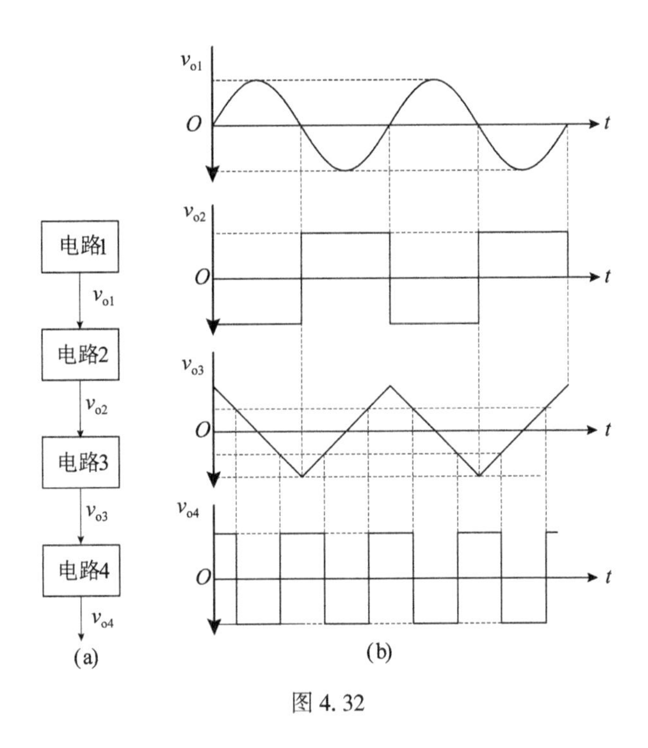

图 4.32

14. 电压−电流变换电路如图 4.33 所示。A 为理想集成运算放大器，其最大输出电压为±15V，最大输出电流为±5mA。该电流的表达式 I_1 =(　　)。当 V_I = 1.5V，R_1 = 4.5kΩ 时，电阻 R 的最小值 R_{min} =(　　)；当 V_I = 1V，R = 250Ω 时，则 R_1 的最大值 R_{1max} =(　　)。

15. 电路如图 4.34 所示，电流-电流变换，A 为理想运算放大器，I_o 与 I_S 的关系是(　　)。若 I_S 的图示方向为实际方向，则 I_F、I_R、I_o 的实际方向与图示方向(　　)、(　　)、(　　)。若 I_F = 0，则 I_R 等于(　　)。

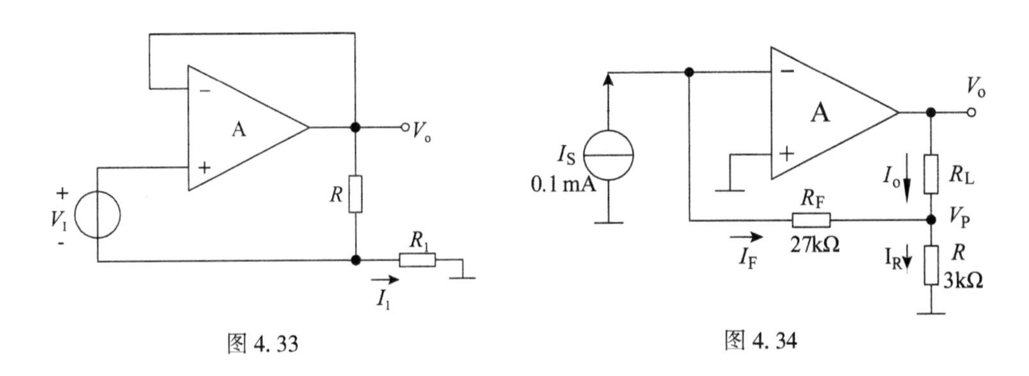

图 4.33　　　　图 4.34

16. 电路如图 4.35 所示，已知 A 为理想运算放大器，晶体管 VT 的 β 很大，其饱和压降 $V_{CES}\approx 0$，电流表的内阻可略。已知 $R=200\Omega$，$R_L=500\Omega$，当 $V=2V$ 时，负载电流 $I_L=$(　　)。当 $V=2V$，$R=200\Omega$ 时，负载电阻的最大值 $R_{L\max}=$(　　)。当 $R=200\Omega$，$R_L=300\Omega$ 时，$V_{max}=$(　　)。

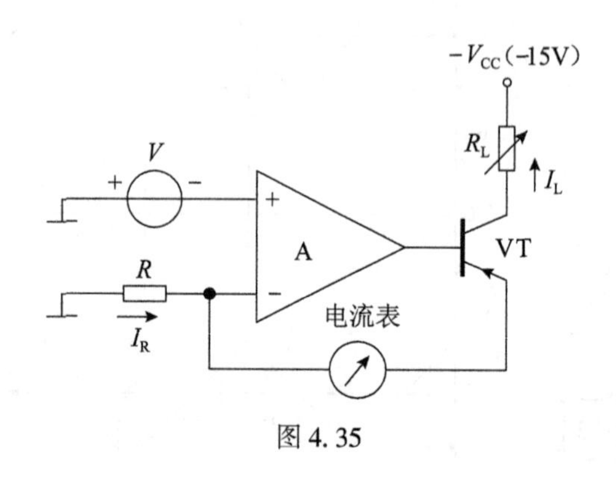

图 4.35

17. 虚地和虚断路只存在于具有(　　)的集成运放应用电路中。

A. 负反馈　　B. 正反馈　　C. 开环　　D. 无反馈

18. 欲将正弦输入电压移相 90 度，应选用(　　)电路

A. 同相比例　　B. 反相比例　　C. 微分　　D. 积分

19. 下列集成运放电路中，需要工作于非线性区的电路是(　　)。

A. 电压比较器　　B. 积分电路　　C. 有源滤波器　　D. 比例运算电路

20. 工作在电压比较器中的运放与工作在运算电路中的运放的主要区别是，前者的运放通常工作在(　　)。

A. 开环或正反馈状态　　B. 深度负反馈状态

C. 放大状态　　D. 线性工作状态

◎ 参考答案

1. 直接　较好　容易产生零点漂移
2. 输入电阻较低　输入电阻较高　共模信号
3. 差分　互补共集(电压跟随)　电流源
4. 减小温漂的影响
5. 90kΩ
6. 电压串联负反馈　∞　0　11V　1V　14V　14V　1V
7. 直接　输入级　中间　输出　偏置
8. 积分器　迟滞比较器　单限比较器
9. 同相　反相　相同　相反
10. 5　0.7　2　上负下正　稳压管的阴极在上边

11. 电压跟随器　过零比较器　限幅 输入保护

12. 高　较好　要求尽可能一致　A_3　A_3　无效

13. 正弦波发生器　(反相输入)过零比较器　积分器　窗口比较器

14. V_I/R　$500\Omega\left[V_o=\frac{V_I}{R}(R+R_1)\right]$　$3.5k\Omega$

15. $I_o=-\left(1+\frac{R_F}{R}\right)I_S$　相同　相反　相反　0

16. 10mA　1.3kΩ　6V

17. A　18. C　19. A　20. A

第五章　负反馈及应用

一、知识脉络

本章知识脉络：判断电路的反馈类型，计算深度负反馈。

1. 负反馈类型的判断：

(1)电压/电流反馈：反馈信号直接取自输出端的反馈为电压反馈，否则为电流反馈；

(2)串/并联反馈：反馈信号直接加到信号输入端的为并联反馈，否则为串联反馈；

(3)正、负反馈：瞬时极性法判别，反馈使输入量减小的为负反馈。

共有五种传输路径，如图 5.1 所示。其中三极管有三种：运放一种，差放一种。

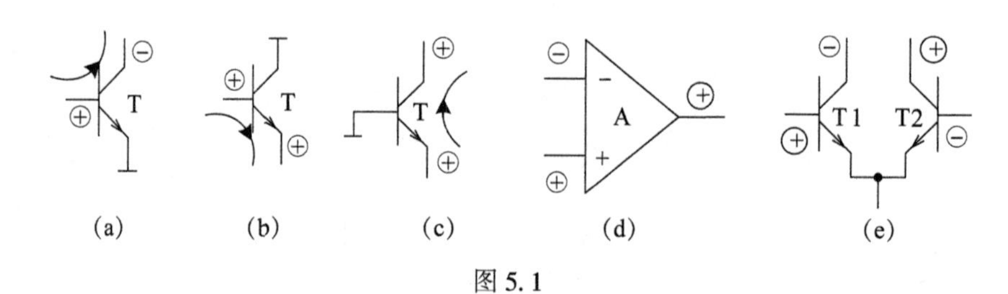

图 5.1

三极管的三种组态只有共发射极的输入输出的瞬时极性相反，其他两种输入输出瞬时相同；运放的同相输入端瞬时极性与输出端相同，反相端瞬时极性与输出端相反；差放的两输入端本身瞬时极性也相反，输出端的瞬时极性又与输入端的瞬时极性相反。

由于三极管 $v_{be}=v_b-v_e$，如果反馈信号加在基极 b，反馈信号瞬时极性为负，才是负反馈；如果反馈信号加在发射极 e，反馈信号瞬时极性要为正，才是负反馈。同样的情况还有运放 $v_{pn}=v_p-v_n$及差放 $v_{id}=v_{i1}-v_{i2}$，如果反馈信号加在 v_p、v_{i1}端，反馈信号瞬时极性要为负，才是负反馈；反馈信号加在 v_n、v_{i2}端，反馈信号瞬时极性为正，才是负反馈。

2. 负反馈对电路的影响：框图如图 5.2 所示。

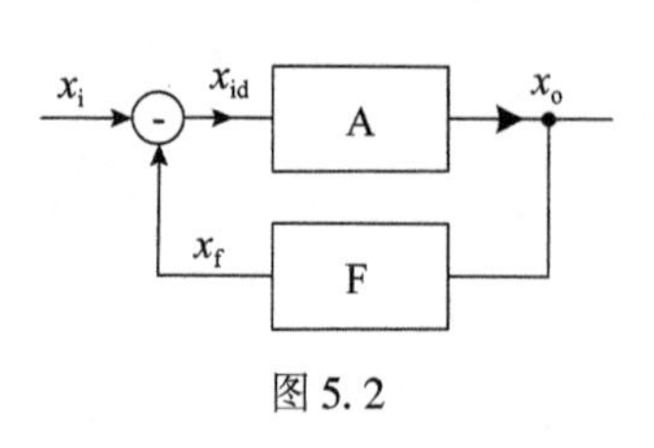

图 5.2

闭环增益：$A_f=\dfrac{x_o}{x_i}=\dfrac{A}{1+AF}$。

其中，$A=\dfrac{x_o}{x_{id}}$，为放大电路开环增益；$F=\dfrac{x_f}{x_o}$，为反馈系数；x_i 为输入信号；x_o 为输出信号；x_f为反馈信号；x_{id}为净输入信号。

(1)闭环增益下降，增益稳定性提高，带宽增大；

(2)影响输入输出电阻。电压反馈稳定输出电压，使得输出电阻减小[大约除以(1+AF)]；电流反馈稳定输出电流，使得输出电阻增大[大约乘以(1+AF)]。并联反馈使得输入电阻减小，串联反馈使得输入电阻增大。

负反馈有四种基本组态：电压并联负反馈、电压串联负反馈、电流并联负反馈、电流串联负反馈，框图如图 5.3 所示。

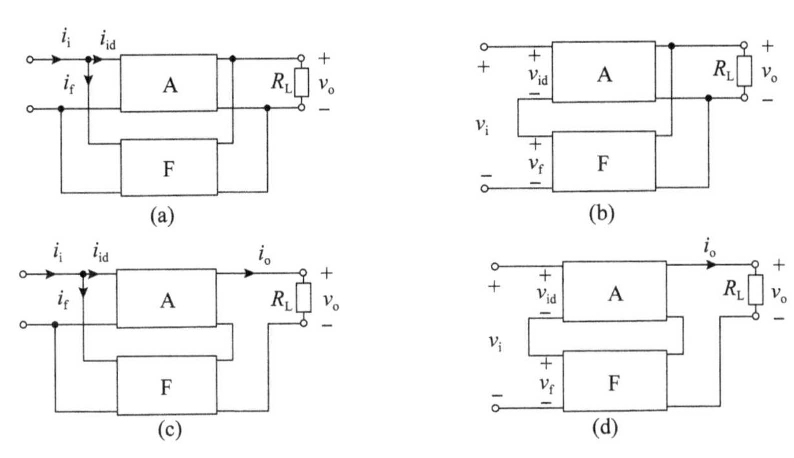

图 5.3

电压并联负反馈中取的反馈信号是输出电压，反馈到输入端的信号是电流，所以 $A=\dfrac{v_o}{i_{id}}$，$F=\dfrac{i_f}{v_o}$。

3. 深度负反馈条件的计算：如反馈深度 $1+AF\gg1$，$A_f=\dfrac{x_o}{x_i}=\dfrac{A}{1+AF}\approx\dfrac{1}{F}=\dfrac{x_o}{x_f}$，所以 $x_i=x_f$，$x_{id}=0$，净输入信号为 0。当输入信号为电压时即为“虚短”，$v_i=v_f$；当输入信号为电流时即为“虚断”，$i_i=i_f$。

对于三极管而言，虚短虚断就是 $v_b=v_e$，$i_b=i_e=0$，如图 5.4(a)所示；对于运放而言，虚短虚断就是 $v_p=v_n$，$i_p=i_n=0$，如图 5.4(b)所示；对于差放而言，虚短虚断就是 $v_{b1}=v_{b2}$，$i_{b1}=i_{b2}=0$，如图 5.4(c)所示。

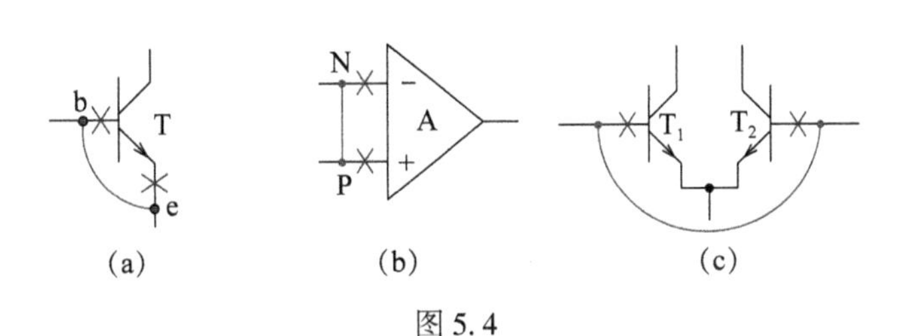

图 5.4

二、习题详解

本章习题都是判断反馈类型，计算(深度负反馈下)增益。

1. 分析下列图 5.5 所示四个电路图的反馈类型，并求出增益。

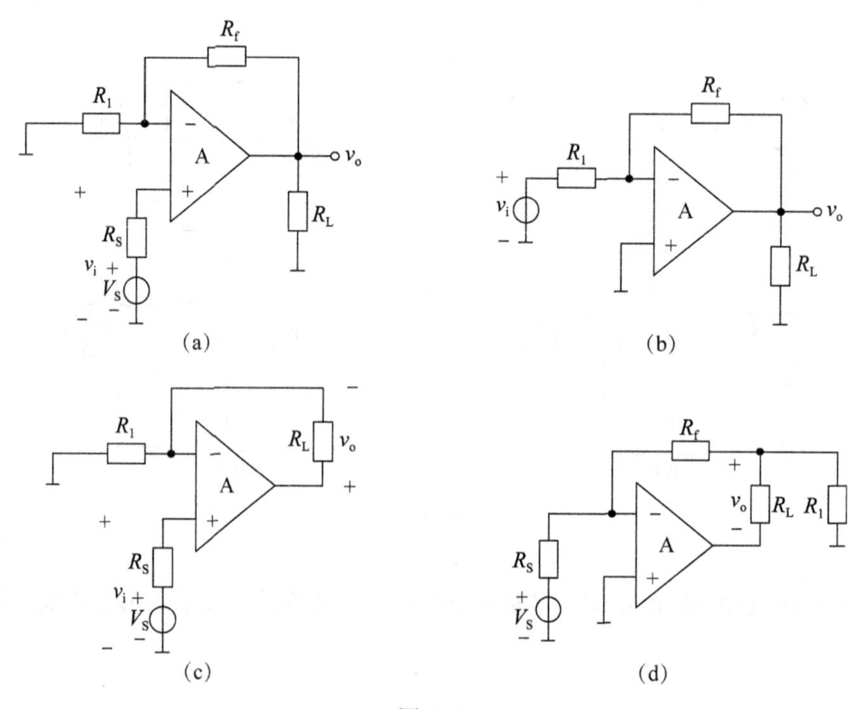

图 5.5

解：图 5.5(a)：这里只有一个运放，反馈信号(瞬时极性为正)直接取自 v_o 但没有直接加到同相输入端 v_i，反馈信号加到反相输入端，$v_i = v_p - v_n$ 减小，所以反馈为电压串联负反馈。增益为 $A_{vf} = \dfrac{v_o}{v_i} = \dfrac{R_f + R_1}{R_1}$。

图 5.5(b)：与上面不同的是，信号输入端为反相端(设瞬时极性为正)，反馈信号直接取自 v_o(瞬时极性为负)直接加到反相输入端，v_i 减小，所以反馈为电压并联负反馈。增益为 $A_{vf} = \dfrac{v_o}{v_i} = -\dfrac{R_f}{R_1}$。

图 5.5(c)：这个反馈是电流反馈，因为 v_o 短路了反馈还存在，信号从同相端输入，反馈信号加到反相端，所以反馈为电流串联负反馈。根据运放“虚短、虚断”，$\dfrac{v_o}{R_L} = \dfrac{v_i}{R_1}$，增益为 $A_{vf} = \dfrac{v_o}{v_i} = \dfrac{R_L}{R_1}$。

图 5.5(d)：由于 v_o 短路了反馈还存在，所以为电流反馈，信号输入端为反相端，反馈信号直接取自 v_o 直接加到反相端，所以反馈为电流并联负反馈。根据运放“虚短、虚断”，$i_S = i_{Rf}$，$i_{R1} = i_{Rf}R_f/R_1$，$i_{RL} = i_{Rf} + i_{R1}$。

增益为 $A_{vf} = \frac{v_o}{v_S} = \frac{(R_f + R_1)R_L}{R_S R_1}$。

2. 分析图 5.6 所示两个电路的级间反馈类型，并求出深度反馈条件下的电路增益。

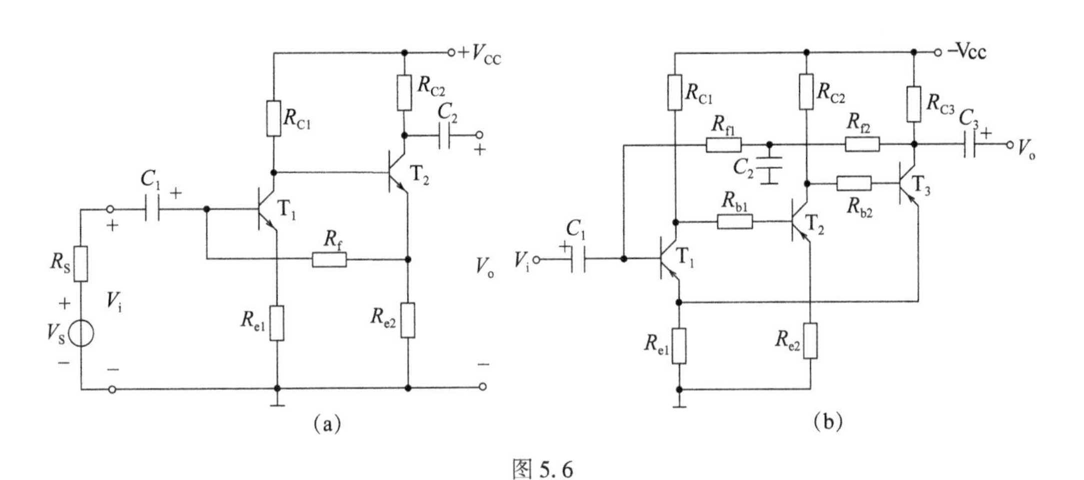

图 5.6

解：图 5.6(a)：级间反馈器件为 R_f，反馈信号不是直接取自 V_o，所以为电流反馈；反馈信号直接加到输入端，所以为并联反馈；根据瞬时极性可得加到输入端的信号瞬时极性为负，如图 5.7(a) 所示，所以为负反馈。反馈类型为电流并联负反馈。

根据深度负反馈下的“虚短、虚断”可知，T_1 的基极接交流地，与 R_{e2} 为并联关系，如图 5.7(b) 所示，$i_s = i_{Rf}$，$i_{e2} = -(i_{Rf} + i_{Re2})$，$i_{Re2} = i_{Rf} \times R_f/R_{e2}$，$V_o = -i_{C2} \times R_{C2} \approx -i_{e2} \times R_{C2}$。

$$A_v = \frac{V_o}{V_i} = \frac{i_{Rf}\left(1 + \frac{R_f}{R_{e2}}\right)R_{C2}}{i_S R_S} = \frac{(R_f + R_{e2})R_{C2}}{R_S R_{e2}}。$$

图 5.6(b)：这里的级间反馈有两条路，一是从 T_3 的集电极通过 R_{f1}、R_{f2} 到 T_1 的基极，但中间通过电容 C_2 接地，对交流信号来说电容短路，所以这条路没有交流反馈；二是从 T_3 的发射极连接到 T_1 的发射极，这是交流反馈回路。由于反馈信号不是直接取自 V_o，所以是电流反馈；反馈信号没有直接加到输入端，所以是串联反馈；根据瞬时极性可得加到 T_1 发射极的信号瞬时极性为正，所以为负反馈。如图 5.7(c) 所示，所以反馈类型为电流串联负反馈。

根据深度负反馈下的“虚短、虚断”可知，R_{e1} 与 T_1 的发射极断开，R_{e1} 上的电压为 V_i，也就是 T_3 的发射极电流 $i_{e3} = V_i/R_{e1} \approx i_{C3}$，如图 5.7(d) 所示。

$$A_v = \frac{V_o}{V_i} = \frac{-i_{C3}(R_{C3} /\!/ R_{f2})}{i_{e3}R_{e1}} = \frac{-R_{C3} /\!/ R_{f2}}{R_{e1}}。$$

3. 分析如图 5.8 所示四个电路图的反馈类型并求出深度反馈条件下的电路增益。

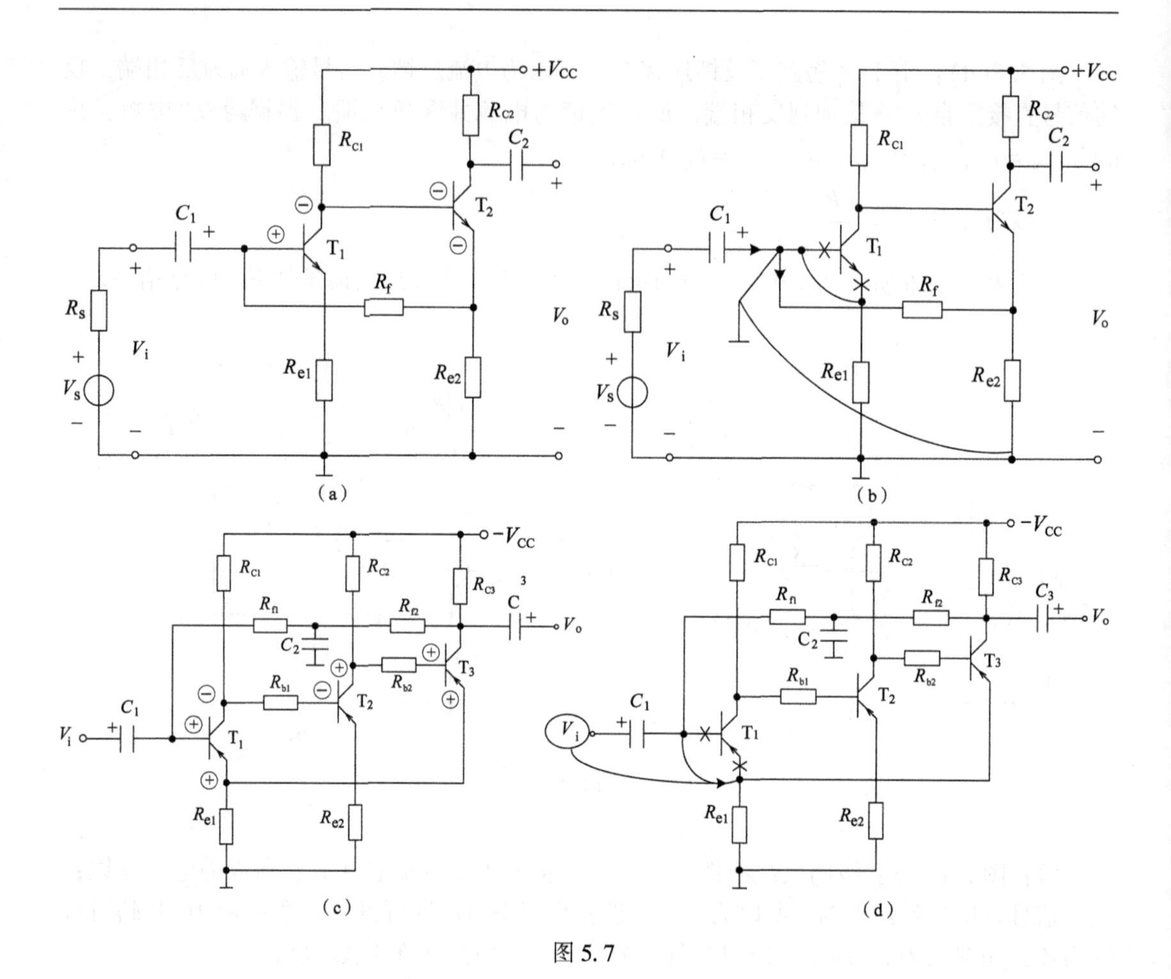

图 5.7

解：图 5.8(a)：这个电路较简单，反馈元件为 R_e，反馈信号没有直接取自 V_o，没有直接加到输入端 V_i，所以是电流串联反馈。根据瞬时极性，信号从基极到发射极，属于共集电极组态，基极瞬时极性为"+"，发射极的瞬时极性也为"+"，而 $v_{be}=v_b-v_e$ 减小，所以反馈为电流串联负反馈。

根据深度负反馈下的"虚短、虚断"可知，R_e 上的电压为 V_i，如图 5.9(a) 所示，

$A_v=\dfrac{V_o}{V_i}=\dfrac{-i_C R_C}{i_e R_e}=-\dfrac{R_C}{R_e}$。

(2) 图 5.8(b)：这里不考虑 R_e 的反馈，反馈元件为 R_f，反馈信号直接取自 V_o，直接加到输入端，所以为电压并联反馈。根据瞬时极性信号从基极到集电极，属于共发射极组态，基极瞬时极性为"+"，集电极的瞬时极性为"－"，使得输入信号减小，所以反馈为电压并联负反馈。

根据深度负反馈下的"虚短、虚断"可知，$i_{Rs}=i_{Rf}$，三极管的基极虚地。

$V_o=-i_{Rf}R_f$，如图 5.9(b) 所示，所以 $A_{vs}=\dfrac{V_o}{V_s}=\dfrac{-i_{Rf}R_f}{i_{Rs}R_S}=-\dfrac{R_f}{R_S}$。

(3) 图 5.8(c)：这里反馈元件为 R_f，不考虑 R_e 的反馈，反馈信号没有直接取自 v_o，

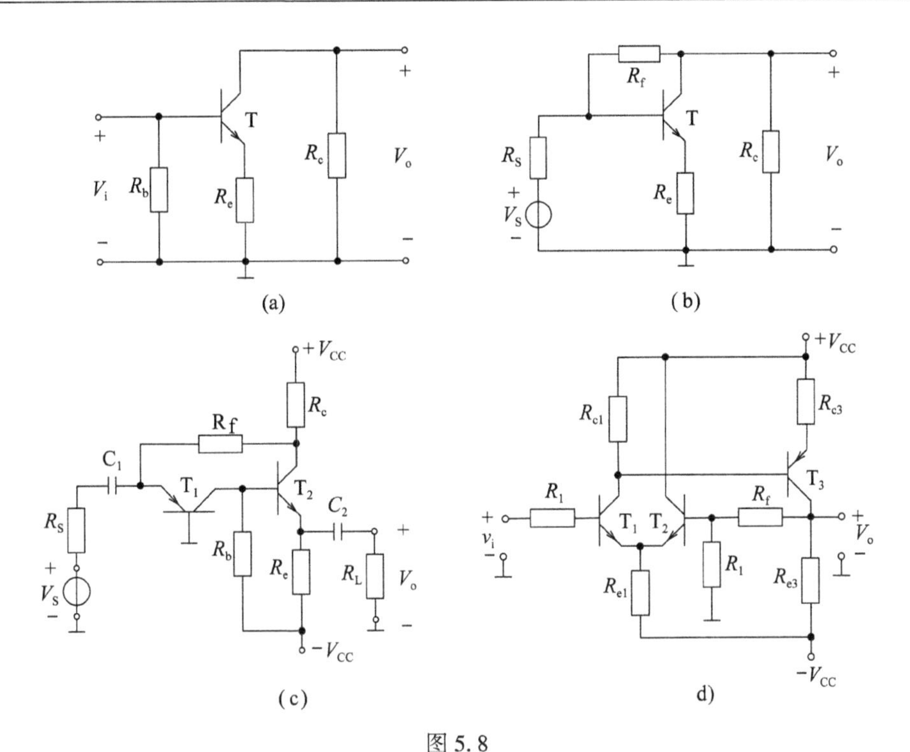

图 5.8

属于电流反馈，反馈信号直接加到输入端，属于并联反馈，合起来为电流并联反馈。根据瞬时极性信号从 T_1 的发射极到集电极，为共基极，发射极瞬时极性为 +，集电极的瞬时极性也为 +；信号从 T_2 的基极到集电极，为共发射极，基极瞬时极性为 +，集电极的瞬时极性为 -。这样反馈信号加到 T_1 的发射极使得输入信号减小，故为负反馈，所以电路的反馈为电流并联负反馈。如图 5.9(c) 所示。

根据深度负反馈下的"虚短、虚断" 可知，$i_{Rs}=i_{Rf}$，三极管 T_1 的基极虚地。

$$V_o=i_{e2}R_L\approx i_{c2}R_L,\ i_{c2}=i_{Rf}\left(1+\frac{R_f}{R_c}\right),$$

$$A_{vs}=\frac{V_o}{V_s}=\frac{i_{Rf}\left(1+\frac{R_f}{R_c}\right)(R_e\ /\!/\ R_L)}{i_{Rs}R_S}=\frac{\left(1+\frac{R_f}{R_c}\right)(R_e\ /\!/\ R_L)}{R_S}。$$

(4) 图 5.8(d)：这里反馈元件为 R_f，不考虑 R_{e1} 和 R_{e3} 的反馈，反馈信号直接取自 V_o，属于电压反馈，反馈信号没有直接加到输入端，属于串联反馈，合起来为电压串联反馈。根据瞬时极性信号从 T_1 的基极到集电极，为共发射极，基极瞬时极性为"+"，集电极的瞬时极性为"-"；信号从 T_3 的基极到集电极，为共发射极，基极瞬时极性为"-"，集电极的瞬时极性为"+"。这样反馈信号加到 T_2 的基极使得差分电路输入信号减小，故为负反馈，所以电路的反馈为电压串联负反馈。

根据深度负反馈下的"虚短、虚断" 可知，T_2 的基极与 R_1 和 R_f 之间虚断，T_2 的 R_1 对地电压为 V_i，如图 5.9(d) 所示，$A_v=\frac{V_o}{V_i}=\frac{R_f+R_1}{R_1}$。

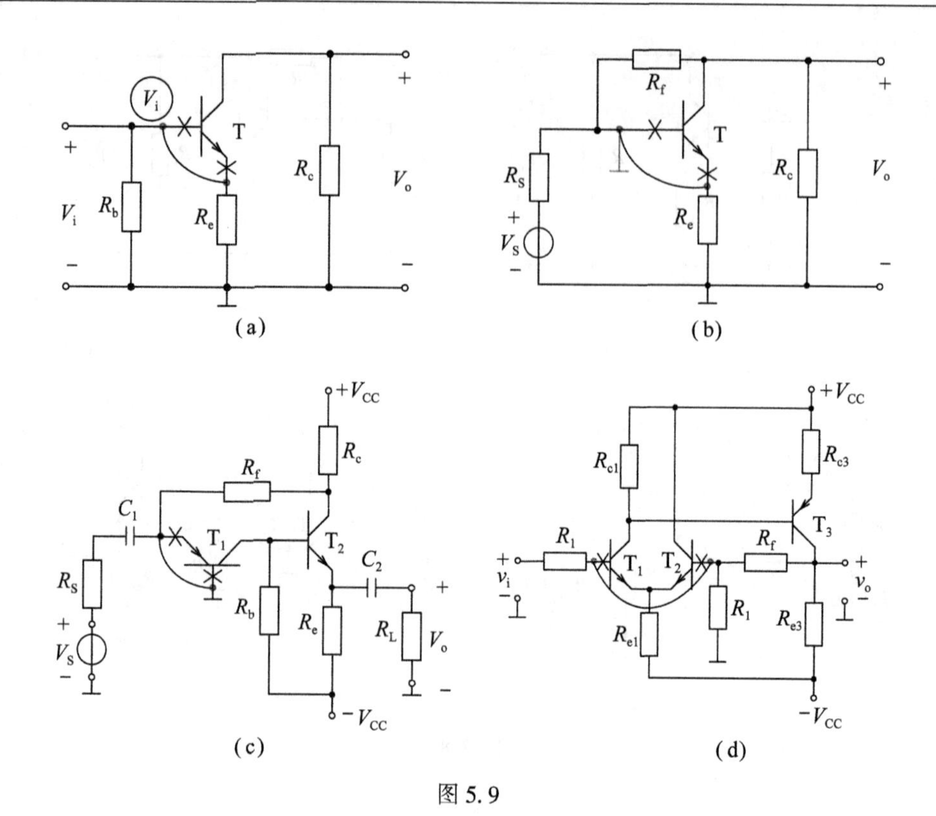

图 5.9

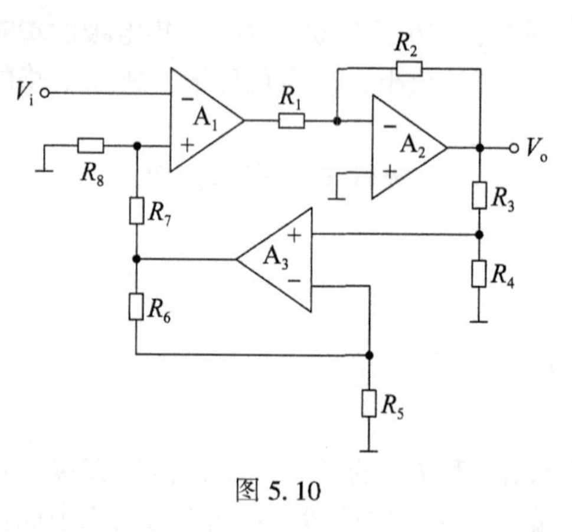

图 5.10

4. 由三个理想运放 A_1、A_2、A_3 组成的反馈放大电路如图 5.10 所示，试分析电路中存在哪些反馈，求电路的电压增益 A_V。图中电阻均为 10kΩ。

解：运放 A_2 构成反相放大电路，R_2 构成负反馈；运放 A_3 构成同相放大电路，R_6 构成负反馈；运放 A_1、A_2 与 A_3 共同组成一个电压串联负反馈。

$$V_{p3}=\frac{R_4}{R_4+R_3}V_o(\text{分压}),$$

$$V_{o3}=\frac{R_6+R_5}{R_5}V_{p3}(\text{反相放大}),$$

$$\frac{V_i}{R_8}=\frac{V_{o3}}{R_7+R_8}(A_1\text{ 虚短虚断})。$$

分别代入计算可得，$A_v=\frac{V_o}{V_i}=\frac{R_5}{R_5+R_6}\frac{R_3+R_4}{R_4}\frac{R_7+R_8}{R_8}=2$。

5. 放大电路如图 5.11(a) 所示，若要求输出电压稳定，输入电阻增大，应引入何种类型的反馈？直接在图上连线，并写出深度反馈条件下的闭环放大增益。若需引入电流串联负反馈，应如何连接？

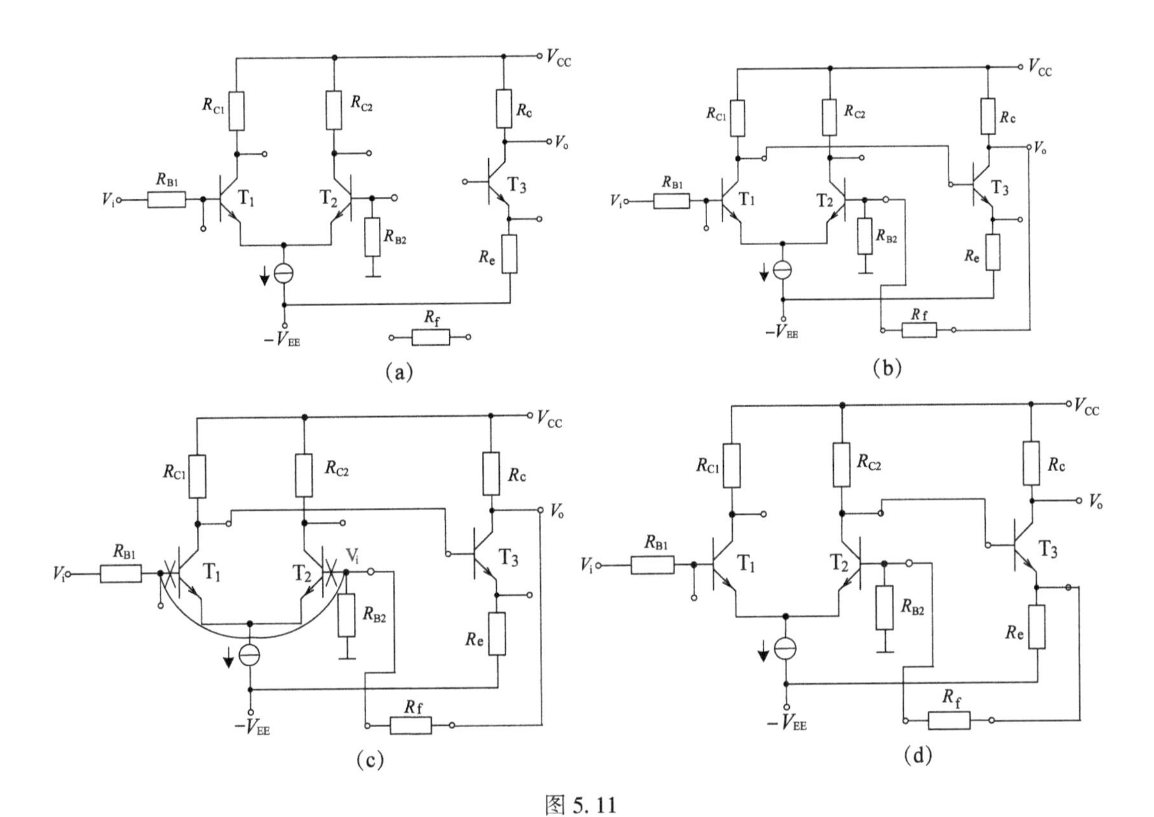

图 5.11

解：要稳定输出电压的负反馈是电压负反馈，要增大输入电阻的负反馈是串联负反馈，所以应引入电压串联负反馈。反馈电阻 R_f 从输出端 V_o 接入，加到 T_2 的基极，负反馈还要满足瞬时极性要求，从 T_3 的 V_o 处取出的信号瞬时极性应该为正，这样得到 T_3 的基极为负极性，所以 T_3 的基极与 T_1 的集电极相连，如图 5.11(b) 所示。

求深度反馈条件下的闭环放大增益时，充分利用“虚短、虚断”，如图 5.11(c) 所示。

$$A_{vf}=\frac{V_o}{V_i}=\frac{R_f+R_{B2}}{R_{B2}}。$$

若需引入电流串联负反馈，应将 R_f 从 T_3 的发射极连接 T_2 的基极，考虑到瞬时极性，T_3 的基极与 T_2 的集电极相连才能达到负反馈，如图 5.11(d) 所示。

6. 电路如图 5.12(a) 所示，试说明：

(1) 为了使从 v_o 引回到 T_2 基极的反馈成为负反馈，图中运放 A 的同相、反相端与第二级差放的输出端如何连接？(标出运放的“+”“-”)

(2) 在深度负反馈条件下欲使 $\dfrac{v_o}{v_i}=60$，已知 $R_{B2}=1\text{k}\Omega$，求 R_f 的值。

(3) 若运放 A_v 或 R_e 变化 5%，问 A_{vf} 的值是否变化？

解：(1) 由于电路的反馈为电压串联负反馈，根据瞬时极性关系，V_o 的瞬时极性为正。若 T_1 的基极瞬时极性为正，则其发射极的瞬时极性为负，T_3 的基极瞬时极性为负，其发射极瞬时极性为正，即与 T_3 发射极相连的运放端口为运放的同相端，如图 5.12(b) 所示。

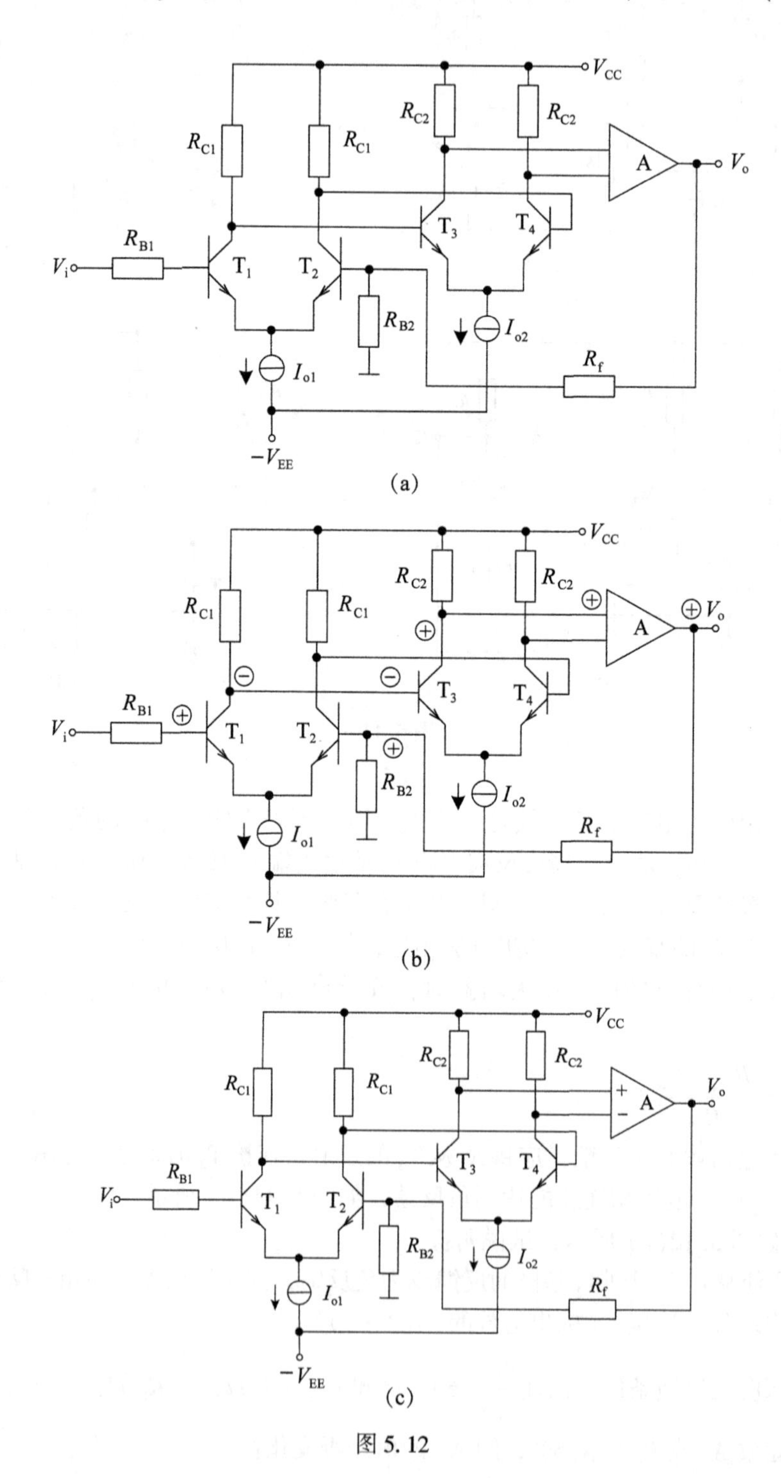

(a)

(b)

(c)

图 5.12

(2) 在深度负反馈条件下$\frac{v_o}{v_i}=\frac{R_f+R_{B2}}{R_{B2}}$，如图5.12(c)所示，即$\frac{R_f+R_{B2}}{R_{B2}}=60$，可得$R_f=59\text{k}\Omega$。

(3) 由于$A_{vf}=\frac{v_o}{v_i}=\frac{R_f+R_{B2}}{R_{B2}}$与$A_V$或$R_e$变化无关，$A_{vf}$的值不变。

7. 电路图如图5.13(a)所示，试说明，为了实现下列要求，电路应引入什么类型的反馈？并将反馈路径标出。

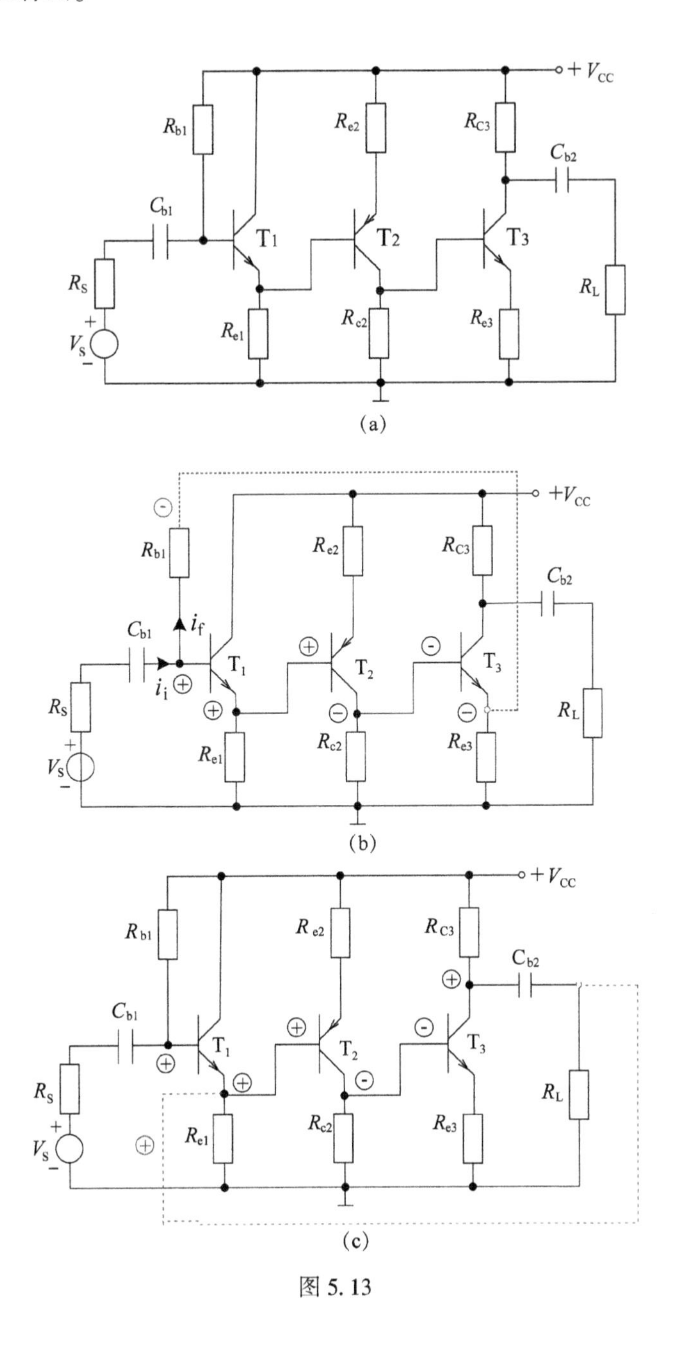

图 5.13

(1) 要求在 $v_s=0$ 时，元件参数的变化对各级工作点的影响比较小；加入信号后，负载 R_L 的变化对电路输出电流影响较小，而且信号源内阻 R_S 增大时其反馈作用加强。

(2) 接入信号 v_s 后电路输入端从信号源索取的电流要小；负载 R_L 的变化对电路输出电压影响较小；引入反馈后电路的静态工作点情况不变。

解：(1) 反馈要对工作点有影响应该是直流反馈，要使负载对输出电流影响小的反馈为电流反馈，使信号源内阻 R_S 增大反馈作用加强的反馈为并联反馈。所以，引入的反馈为直流电流并联负反馈。如图 5.13(b) 所示，从 T_3 的引出反馈电流，直接加到 T_1 的基极，得到电流并联反馈，没有加电容就得到直流反馈，是不是负反馈通过瞬时极性判断，反馈回去的瞬时极性为负，故为负反馈。

(2) 引入反馈后电路的静态工作点情况不变的反馈为交流负反馈，负载对输出电压影响较小的反馈为电压反馈，接入信号 v_s 后电路输入端从信号源索取的电流要小，则为串联反馈(也可以假设为并联反馈，得到相反的结果)。所以，引入的反馈为交流电压串联负反馈。如图5.13(c) 所示，直接从 R_L 上面引出反馈信号直接加到 T_1 的发射极，由于 C_{b2} 的隔直作用，反馈信号只含交流成分，另根据瞬时极性可知反馈为负反馈。

8. 电路如图5.14(a) 所示，已知 $V_{CC}=15V$，T_1、T_2 的饱和管压降 $|V_{CES}|=1V$，集成运放的最大输出电压幅值为 ±13V，二极管的导通压降可忽略。

(1) D_1、D_2 的作用是什么？

(2) 若输入电压幅度足够大，则电路的最大不失真输出功率 P_{om} 为多少？

(3) 为了提高输入电阻，稳定输出电压，应引入哪种组态的交流负反馈？请在图中标出连接方式。

(4) 若输入电压有效值 $V_i=0.1V$ 时，输出电压有效值为 $V_o=10V$，求反馈电阻 R_f 的值。

分析：这是运放、功放与负反馈相结合的试题，综合性不高，只需按步骤完成。

解：(1) D_1、D_2 的作用是用来消除乙类互补对称功放的交越失真。

(2) 集成运放的最大输出电压幅值为 ±13V，且二极管的导通压降可忽略，

$$P_{om}=\frac{V_{om}^2}{2R_L}=\frac{13^2}{2\times 8}\approx 10.5(W)。$$

(3) 为了提高输入电阻，稳定输出电压，采用的反馈应该是电压串联负反馈，反馈信号直接从 e 点取出，接反馈电阻 R_f 的 b 点，R_f 的 a 点接运放的 N 点，2、4 点接地 5 点，3 点接 1 点信号源，如图 5.14(b) 所示。

(4) 若输入电压有效值 $U_i=0.1V$ 时，输出电压有效值为 $U_o=10V$，根据“虚短、虚断”可得：

$$A_{vf}=\frac{V_o}{V_i}=1+\frac{R_f}{R}=\frac{10}{0.1}=100，R_f=99k\Omega。$$

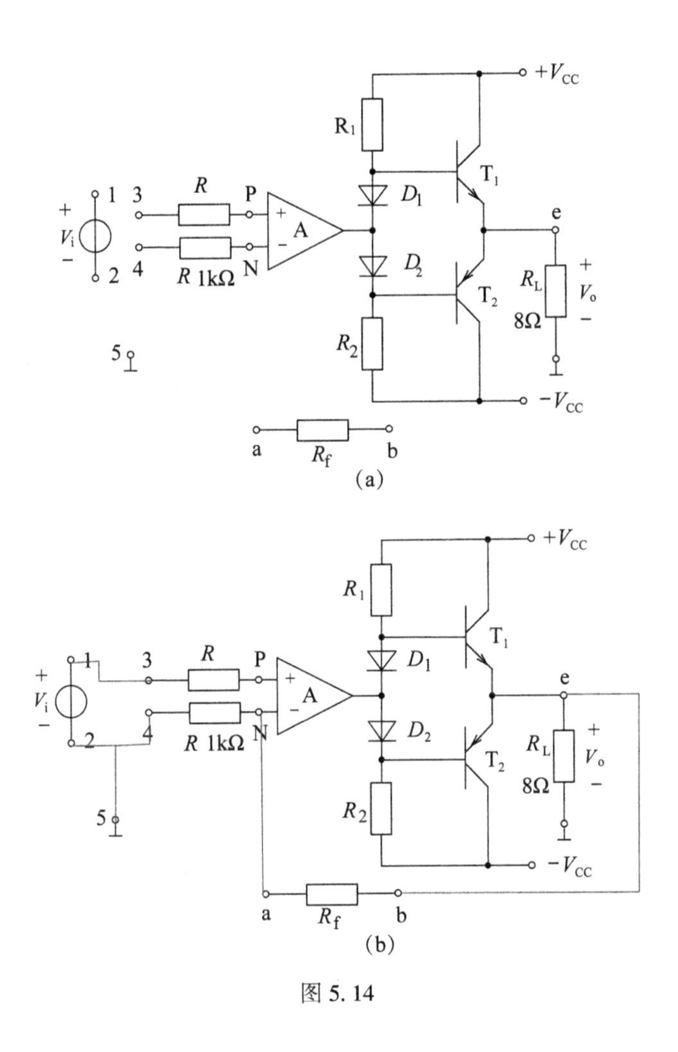

图 5.14

三、填空选择题

本章填空选择题强化对负反馈概念和性质的理解。

1. 在电流串联负反馈放大器中，取样信号的类型是(　　)，反馈信号的类型是(　　)，对信号源内阻大小的要求是(　　)，反馈的效果是使输入电阻(　　)、输出电阻(　　)、(　　)增益得到稳定。

2. 电路中要求达到以下效果，应该引入什么反馈？

希望在温度改变后，静态参数基本不变(　　)；希望提高输入电阻(　　)；希望在输入给定，输出电阻改变时，其上电流 I_o 基本不变(　　)。

3. 一个负反馈放大电路其开环放大倍数 $A=1000$，若要求电路的闭环放大倍数 $A_f=100$，电路的反馈系数 F 应为(　　)。

4. (　　)负反馈能使放大电路的输入电阻减小，输出电阻变大；(　　)负反馈能使放大电路的输入电阻增大，输出电阻减小。

5. 若要求某电流串联负反馈放大电路由开环增益的相对变化量$\frac{dA_{iv}}{A_{iv}}=10\%$下降为闭环增益相对变化量$\frac{dA_{ivf}}{A_{ivf}}=1\%$，又要求其闭环增益$A_{ivf}=9ms$，则开环增益$A_{iv}=$(　　)，此时的反馈系数$F_{vi}=$(　　)。

6. 已知某负反馈放大电路的反馈深度为20dB，又已知开环时的输出电阻为1kΩ，若引入的是电压负反馈，则闭环时环内的输出电阻将变为(　　)；若引入的是电流负反馈，则闭环时环内的输出电阻将变为(　　)。

7. 已知某负反馈放大电路的反馈深度为20dB，又已知开环时的输入电阻为10kΩ，若引入的是串联负反馈，则闭环时环内的输入电阻将变为(　　)；若引入的是并联负反馈，则闭环时环内的输入电阻将变为(　　)。

8. 已知某放大电路在输入信号电压为1mV时，输出电压为1V；当引入负反馈后达到同样的输出电压时需外加输入信号电压为10mV，由此可知所加的反馈深度为(　　)dB，反馈系数约为(　　)dB。

9. 若要求负反馈放大电路的闭环电压增益A_{vf}为40dB，而且当开环电压增益A_u变化10%时A_{vf}的变化为1%，则其反馈深度为(　　)dB，开环电压增益A_v应为(　　)dB。

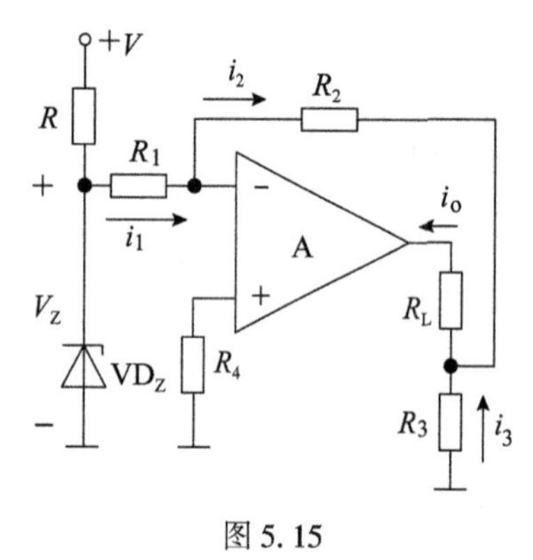

图5.15

10. 由理想运放A组成的反馈放大电路如图5.15所示，若将电路中的电阻元件(　　)短路或将电路中的电阻元件(　　)开路，电路的A_{ivf}均为$A_{ivf}=\frac{i_o}{v_z}=\frac{1}{R_1}$。

11. 在三极管共发射极电路中引入了直流负反馈的目的是(　　)。

12. 交流负反馈改善电路性能的程度均与(　　)有关。

13. 负反馈电路实现提高增益的稳定性、拓宽通频带及减小非线性失真等功能但牺牲了电路的(　　)。

14. 为了设计一个受电流控制的恒压源，应采用(　　)负反馈。

15. 欲得到电流—电压转换电路，应在放大电路中引入(　　)。

A. 电压串联负反馈　　B. 电流并联负反馈
C. 电流串联负反馈　　D. 电压并联负反馈

16. 某负反馈放大电路，其开环增益$\dot{A}_{iv}=9.9ms$，反馈系数$\dot{F}_{vi}=10k\Omega$，开环输入电阻$R_i'=5.0k\Omega$，可推算出其闭环输入电阻$R_{if}'=$(　　)。

A. 500kΩ　　B. 50kΩ　　C. 50Ω　　D. 5Ω

17. 要提高放大电路的带负载能力，同时减少对信号源索取的电流，应引入(　　)。

A. 电压串联负反馈　　B. 电压并联负反馈
C. 电流并联负反馈　　D. 电流串联负反馈

18. 直流负反馈是指(　　)。

A. 只存在于阻容耦合电路中的负反馈

B. 放大直流信号时才有的负反馈

C. 直流通路中的负反馈

D. 直流耦合电路中才存在的负反馈

19. 交流负反馈是指(　　)。

A. 只存在于阻容耦合电路中的负反馈

B. 交流通路中的负反馈

C. 放大正弦波信号时才有的负反馈

D. 变压器耦合电路中的负反馈

20. 在集成运放的应用电路中引入了深度负反馈的目的之一是(　　)。

A. 使其工作在非线性区　　B. 增大电路的电压增益

C. 降低运放的功耗　　D. 提高电路闭环增益的稳定性

◎ 参考答案

1. 电流　电压　越小越好　增大　增大　导纳

2. 直流负反馈　串联负反馈　电流负反馈

3. 0.009　4. 电流并联　电压串联

5. 90ms　100Ω　6. 100Ω　10kΩ　7. 100kΩ　1kΩ

8. 20dB　−41dB(=20lg9/1000)　9. 20dB　60dB　10. R_2　R_3

11. 稳定静态工作点　12. 反馈深度($1+AF$)　13. 增益　14. 电压并联

15. D　16. A(开环增益得输出为 i 输入为 v，$1+AF=100$，输入 v 只能是串联)

17. A(R_o↗，R_i↘)　18. C　19. B　20. D

第六章　振荡与波形变换电路

一、知识脉络

本章知识脉络：正弦信号产生(*RC*、*LC*、晶振和滤波)及变换(比较、积分)。

1. *RC* 文氏低频振荡电路，如图 6.1(a)所示。

(1)同相放大电路$\left(\text{负反馈，} A_V=\dfrac{R_1+R_f}{R_1}\right)$。

(2)正反馈与选频网络($F\leqslant 1/3$)。

RC 串联网络将输出 v_o 反馈到运放的同相端，这是正反馈。*RC* 串联与 *RC* 并联组成的网络构成选频网络。如图 6.1(b)所示。

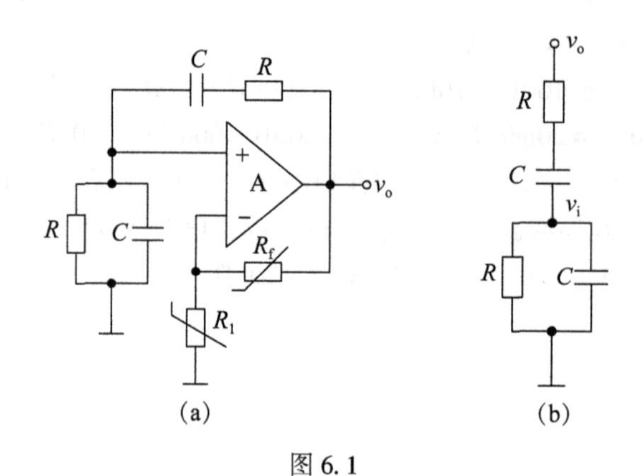

图 6.1

$$\frac{v_i}{v_o}=\frac{R/\!/\dfrac{1}{j\omega C}}{R+\dfrac{1}{j\omega C}+R/\!/\dfrac{1}{j\omega C}}=\frac{1}{3+\dfrac{1-\omega^2R^2C^2}{j\omega C}}$$

当 $\omega=\dfrac{1}{RC}$时，反馈系数 $F=\dfrac{v_i}{v_o}$最大，$F=\dfrac{1}{3}$。

(3)$A\cdot F\geqslant 1(R_f\geqslant 2R_1)$。

(4)稳幅器件，R_f可以为负温度系数的热敏电阻，或 R_1 为正温度系数的热敏电阻，也可以用两个二极管并联在 R_f上。

(5) $f=\dfrac{1}{2\pi RC}$。

(6)构成振荡的两个条件：(1) $A\cdot F=1$；(2) $\Phi_A+\Phi_F=2n\pi(n=0,\ 1,\ 2,\ \cdots)$。

利用瞬时极性法检查相位平衡条件和放大与反馈之积检查幅值平衡条件。

(7)3个 RC 移相(滞后)振荡电路，如图6.2(a)所示。

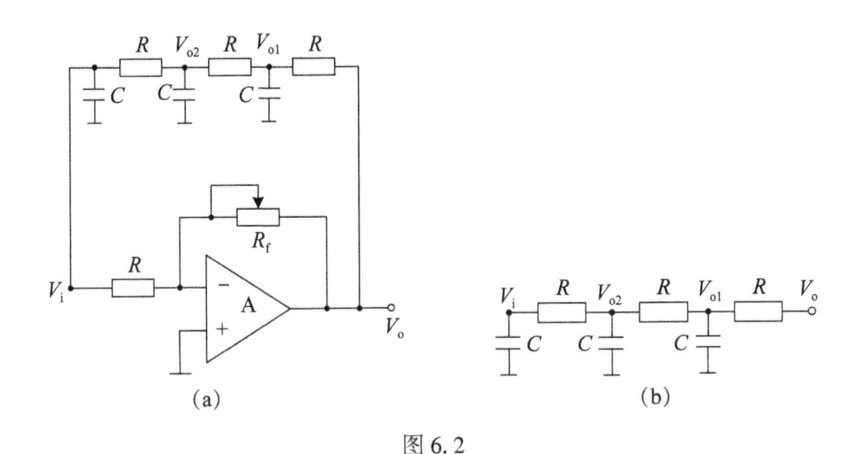

图6.2

形成振荡也要满足两个条件，幅值平衡条件通过改变 R_f 改变反相放大增益；由于反相放大电路倒相，为满足相位平衡，RC 移相电路产生-180°移相(正反馈)，同时还用选频作用。

如图6.2(b)所示，反馈系数 $F=\dfrac{v_i}{v_o}=\dfrac{v_i}{v_{o2}}\dfrac{v_{o2}}{v_{o1}}\dfrac{v_{o1}}{v_o}$，

其中：$\dfrac{v_i}{v_{o2}}=\dfrac{\dfrac{1}{j\omega C}}{\mathrm{R}+\dfrac{1}{j\omega C}}$，$\dfrac{v_{o2}}{v_{o1}}=\dfrac{\dfrac{1}{j\omega C}/\!/\left(R+\dfrac{1}{j\omega C}\right)}{R+\dfrac{1}{j\omega C}/\!/\left(R+\dfrac{1}{j\omega C}\right)}$，$\dfrac{v_{o1}}{v_o}=\dfrac{\dfrac{1}{j\omega C}/\!/\left[R+\dfrac{1}{j\omega C}/\!/\left(R+\dfrac{1}{j\omega C}\right)\right]}{R+\dfrac{1}{j\omega C}/\!/\left[R+\dfrac{1}{j\omega C}/\!/\left(R+\dfrac{1}{j\omega C}\right)\right]}$。

代入 $F=\dfrac{v_i}{v_o}=\dfrac{v_i}{v_{o2}}\dfrac{v_{o2}}{v_{o1}}\dfrac{v_{o1}}{v_o}=\dfrac{1}{1-5\omega^2R^2C^2+j\omega RC(6-\omega^2R^2C^2)}$，

可得：$\omega^2R^2C^2=6$，$\omega=\dfrac{\sqrt{6}}{RC}$。

(8)3个 RC 移相(超前)振荡电路，如图6.3(a)所示

同样幅值平衡条件通过改变 R_f 改变反相放大增益来实现；由于反相放大电路倒相，为满足相位平衡，RC 移相电路产生+180°移相(正反馈)，同时还用选频作用。

如图6.3(b)所示，反馈系数 $F=\dfrac{v_i}{v_o}=\dfrac{v_i}{v_{o2}}\dfrac{v_{o2}}{v_{o1}}\dfrac{v_{o1}}{v_o}$，

其中：$\dfrac{v_i}{v_{o2}}=\dfrac{R}{R+\dfrac{1}{j\omega C}}$，

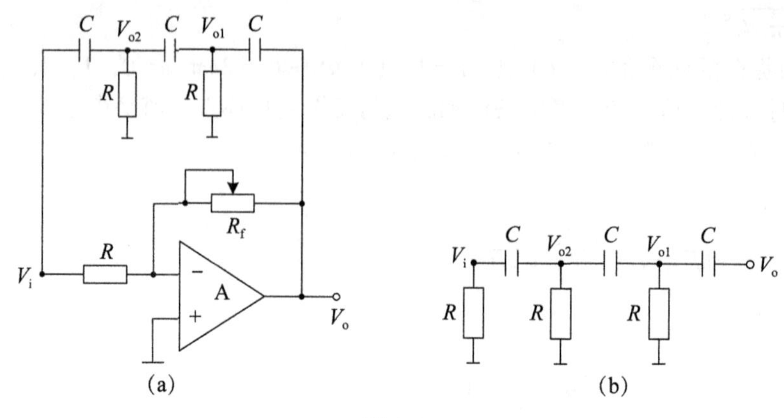

图 6.3

$$\frac{v_{o2}}{v_{o1}}=\frac{R/\!/\left(R+\frac{1}{j\omega C}\right)}{\frac{1}{j\omega C}+R/\!/\left(R+\frac{1}{j\omega C}\right)},\quad \frac{v_{o1}}{v_o}=\frac{R/\!/\left[\frac{1}{j\omega C}+R/\!/\left(R+\frac{1}{j\omega C}\right)\right]}{\frac{1}{j\omega C}+R/\!/\left[\frac{1}{j\omega C}+R/\!/\left(R+\frac{1}{j\omega C}\right)\right]},$$

代入 $F=\frac{v_i}{v_o}=\frac{v_i}{v_{o2}}\frac{v_{o2}}{v_{o1}}\frac{v_{o1}}{v_o}=\frac{-\omega^2R^2C^2}{5-\omega^2R^2C^2+\frac{1-6\omega^2R^2C^2}{j\omega RC}}$，

可得：$1-6\omega^2R^2C^2=0$，$\omega=\frac{1}{\sqrt{6}RC}$。

2. LC 和晶体振荡电路，图 6.4(a)所示为电容三点式振荡，图 6.4(b)所示为电感三点式振荡，振荡频率分别为 $f=\frac{1}{2\pi\sqrt{L\frac{C_1\cdot C_2}{C_1+C_2}}}$ 和 $f=\frac{1}{2\pi\sqrt{(L_1+L_2)C}}$。

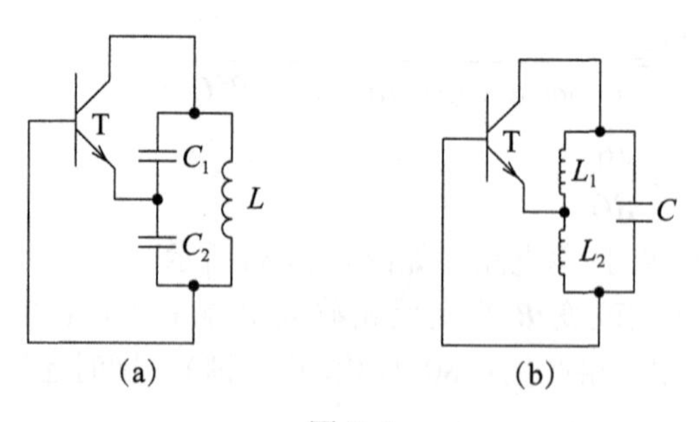

图 6.4

图 6.5(a)所示为石英晶振，图 6.5(b)所示为晶振等效电路图，晶振有两个振荡频

率，如图 6.5(c)所示，串联谐振(L、R、C 串联)频率，$f_S=\dfrac{1}{2\pi\sqrt{LC}}$；并联谐振($C_0$ 和 LRC 并联)频率，$f_P=\dfrac{1}{2\pi\sqrt{L\dfrac{C\cdot C_0}{C+C_0}}}$。晶振工作在串联谐振频率上相当短路线，而晶振工作在并联谐振频率上相当高 Q 值的电感。

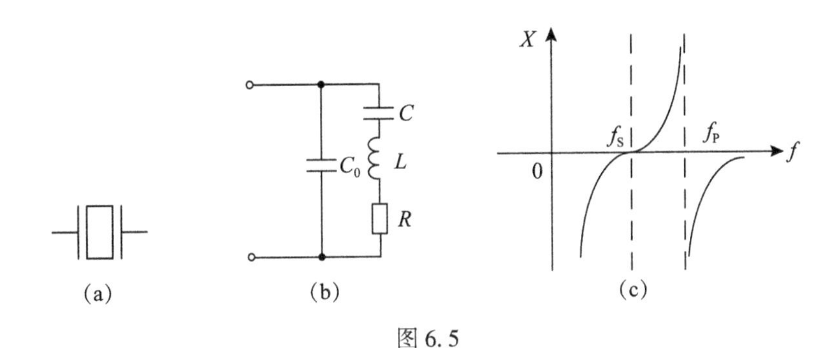

图 6.5

3. 电压比较器，有单门限比较和迟滞比较两种，单门限比较器中过零比较器使用较多，还有门限可调的比较器。比较器满足"虚短"，$v_p>v_n$时输出为 V_{OH}，$v_p<v_n$时输出为 V_{OL}。

运放构成迟滞比较器，如图 6.6 所示。

(1)反/正相输入；

(2)正反馈；

(3)有上、下触发电平。

$V_{TH}=V_{REF}\dfrac{R_2}{R_1+R_2}+V_{OH}\dfrac{R_1}{R_1+R_2}$，$V_{TL}=V_{REF}\dfrac{R_2}{R_1+R_2}+V_{OL}\dfrac{R_1}{R_1+R_2}$。

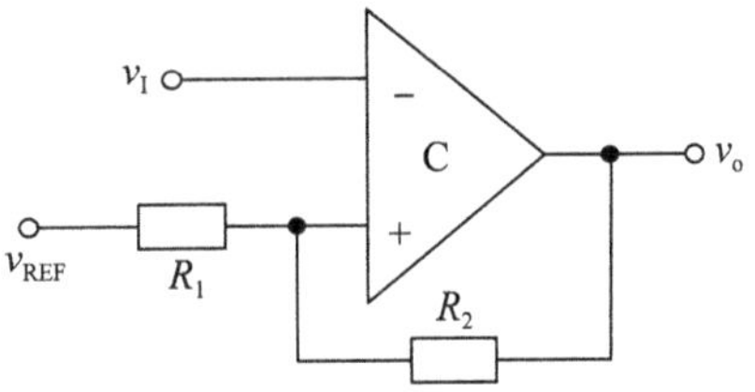

图 6.6

传输特性：输入信号只有达到上触发电平时电路输出(由高向低)翻转，达到下触发电平时电路输出(由低向高)翻转。

对于同相输入的迟滞比较器，翻转方向不同，输入信号达到上触发电平时电路输出由低向高翻转，达到下触发电平时电路输出由高向低翻转。

迟滞比较器的三要素：输出的高低电平、上下触发电平及输出翻转方向。

4. 有源滤波器，是由电阻、电容、电感等无源器件和运放等有源器件组成，根据滤波特性分低通滤波器(LPF)、高通滤波器(HPF)、带通滤波器(BPF)和带阻滤波器(BEF)。根据阶数又分一阶、二阶、四阶等。

判断滤波器的类型可以将电路的反馈去掉，将相应的无源滤波器画出来，然后令 $\omega\to 0$ 或 $\omega\to\infty$ 来观察输出信号的变化。若 $\omega\to 0$ 时，信号容易通过，而 $\omega\to\infty$ 时，信号被衰减，则为低通滤波器，反之高通滤波器。若 $\omega\to 0$、$\omega\to\infty$，信号都被衰减，只有中间某些信号通过，则为带通滤波器。若 $\omega\to0$、$\omega\to\infty$，信号都能通过，只有中间某些信号衰减，则为带阻滤波器，如图 6.7 所示。

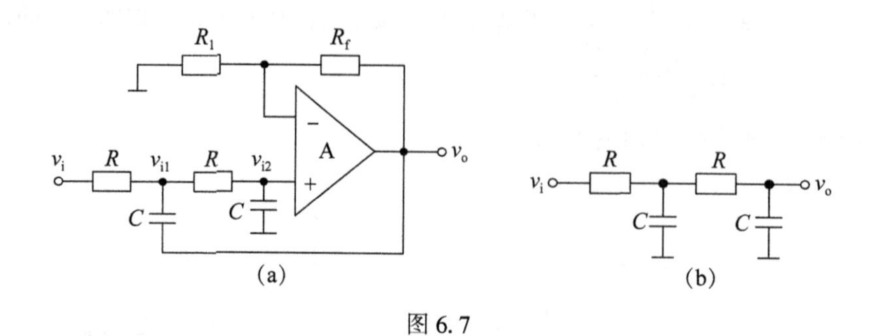

图 6.7

电路中只有一个独立的电容为一阶电路，有两个独立的电容为二阶电路，以此类推，有 n 个独立的电容为 n 阶电路。

去掉反馈，将接到输出支路的反馈断开并接地，可以得到相应的无源 RC 电路。若 $\omega\to0$，输出信号基本等于输入信号，若 $\omega\to\infty$，输出信号基本等于 0，说明是低通滤波器，另外两个电容也是独立的，故为二阶电路。

二阶 RC 低通有源滤波器(正反馈)如图 6.7(a)所示。

$$\frac{v_i-v_{i1}}{R}=\frac{v_{i1}-v_{i2}}{R}+\frac{v_{i1}-v_o}{\frac{1}{j\omega C}},\quad \frac{v_{i2}}{v_{i1}}=\frac{\frac{1}{j\omega C}}{\frac{1}{j\omega C}+R},\quad v_o=\frac{R_f+R_1}{R_1}v_{i2}。$$

整理可得：$A_{Vf}=\dfrac{v_o}{v_i}=\dfrac{R_1+R_f}{R_1}\dfrac{1}{1-\omega^2R^2C^2+j\left(2-\dfrac{R_f}{R_1}\right)\omega RC}$。

对于二阶滤波电路来说，分母都是 $A(j\omega)^2+B(j\omega)+C$ 这种形式，但不同类型的滤波器，分子就完全不一样，低通滤波器分子为常数 C_0(不含 $j\omega$)，高通滤波器分子为 $A_0(j\omega)^2$，带通滤波器分子为 $B_0(j\omega)$，带阻滤波器分子为 $A_0(j\omega)^2+C_0$。

5. 方波、三角波和锯齿波产生电路，如图 6.8 所示，由迟滞比较电路、RC 充放电或 RC 积分电路组成，输出为方波、方波与三角波、方波和锯齿波。

由于电容充放电 $T=RC\ln\dfrac{V_\infty-V_0}{V_\infty-V_t}$，$V_\infty$ 为电容充满的电压值，V_0 为电容初始时电压值，V_t 为电容终止时电压值。

在方波产生电路中，V_∞ 为 V_z，V_0 为$-\dfrac{R_1}{R_1+R_3}V_z$，V_t 为$+\dfrac{R_1}{R_1+R_3}V_z$。所以，方波的振荡周期为 $T=2RC\ln\left(1+2\dfrac{R_1}{R_3}\right)$。

在方波与三角波产生电路中，A_2 构成积分器，C 为积分电容，积分电阻为 R_6，每个

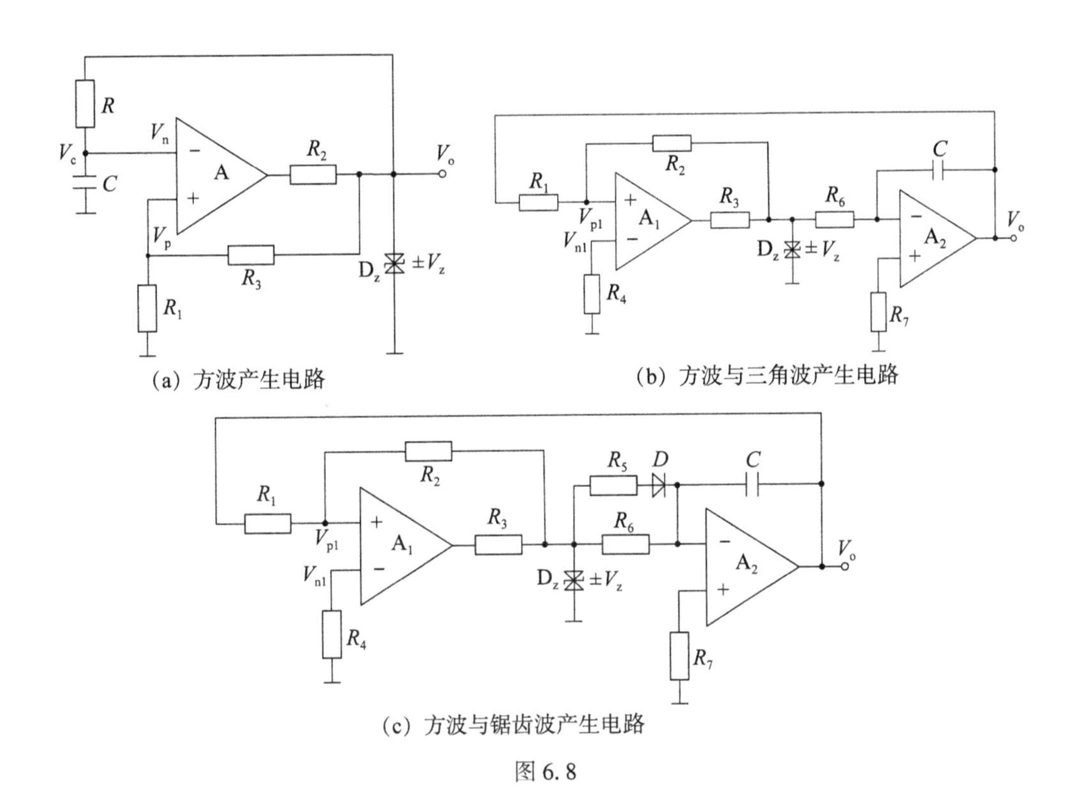

(a) 方波产生电路

(b) 方波与三角波产生电路

(c) 方波与锯齿波产生电路

图 6.8

周期的半个周期积分值都是从$-\dfrac{R_1}{R_2}V_z$线性变化到$+\dfrac{R_1}{R_2}V_z$，半周期积分$\dfrac{1}{R_6C}\times\int V_Z\mathrm{d}t_2=2\dfrac{R_1}{R_2}V_Z$，所以三角波的振荡周期为$T=4R_6C\dfrac{R_1}{R_2}$。

在方波与锯齿波产生电路中，A_2构成积分器，C为积分电容，正向积分电阻为$R_6/\!/R_5$，反向积分电阻为R_6，正向半个周期积分值从$-\dfrac{R_1}{R_2}V_z$线性变化到$+\dfrac{R_1}{R_2}V_z$，反向半个周期积分值从$+\dfrac{R_1}{R_2}V_z$线性变化到$-\dfrac{R_1}{R_2}V_z$，正向半周期积分$\dfrac{1}{(R_6/\!/R_5)C}\times\int V_Z\mathrm{d}t_1=2\dfrac{R_1}{R_2}V_Z$，反向半周期积分$\dfrac{1}{R_6C}\times\int V_Z\mathrm{d}t_2=2\dfrac{R_1}{R_2}V_Z$，所以锯齿波的振荡周期为$T=t_1+t_2=2\dfrac{R_1R_6\mathrm{C}}{R_2}\dfrac{2R_5+R_6}{R_5+R_6}$。

二、习题详解

本章习题都是波形的产生、变换及滤波电路。

1. 电路如图 6.9(a)所示。

(1)为使电路产生正弦波振荡，在图中标出集成运放的“+”和“-”端。

(2)为使电路产生正弦波振荡，接入电路部分R'_W下限值应为多少？

(3)已知 R_2 在 0~100kΩ 可调，试求电路振荡频率的调节范围。

解：这是 RC 低频振荡电路。

(1)因为 RC 串、并联网络构成正反馈，所以运放接电容 C 的端口为"+"，接 R_f的端口为"-"。

(2)为使电路产生正弦波振荡，$A_{Vf} \geqslant 3$，即

$R_f + R'_W \geqslant 2R = 24\text{k}\Omega$，$R'_W \geqslant 4\text{k}\Omega$。

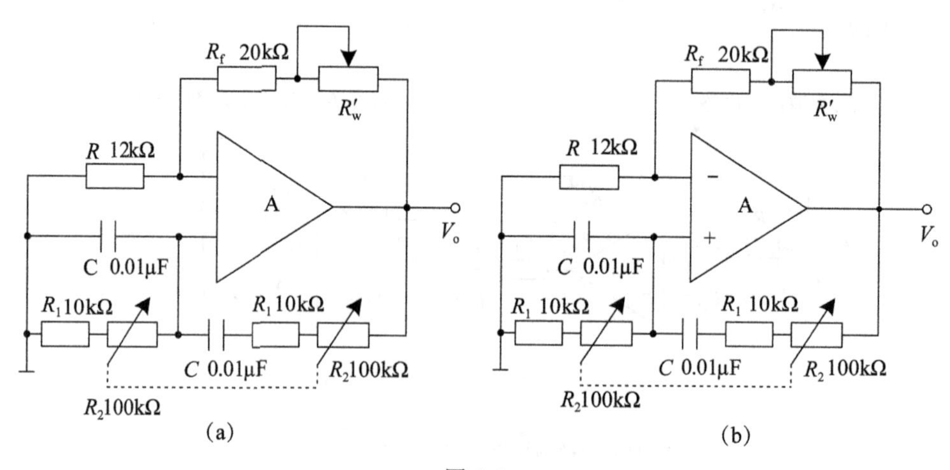

图 6.9

(3)由于$f=\dfrac{1}{2\pi(R_1+R_2)C}$，$R_2$ 的变化范围为 0~100kΩ。

所以可以达到$f_{max}=\dfrac{1}{2\pi R_1 C}=1.6\text{kHz}$，$f_{min}=\dfrac{1}{2\pi(R_1+R_2)C}=145\text{Hz}$。

2. 电路如图 6.10 所示，稳压管 D_Z起稳幅作用，其稳定电压$\pm V_Z=\pm 6\text{V}$。试估算：

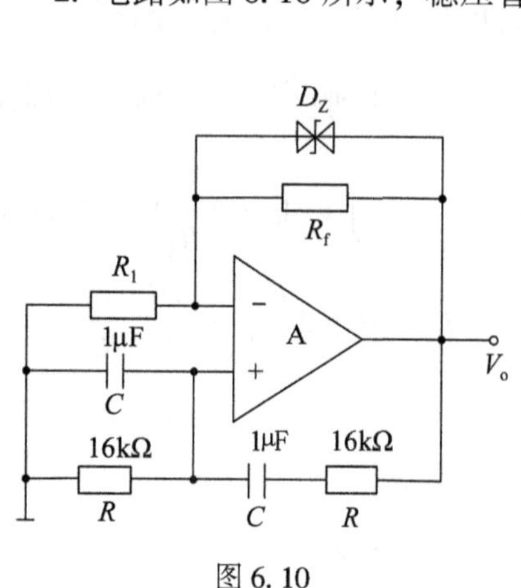

图 6.10

(1)输出电压不失真情况下的有效值；

(2)电路的振荡频率。

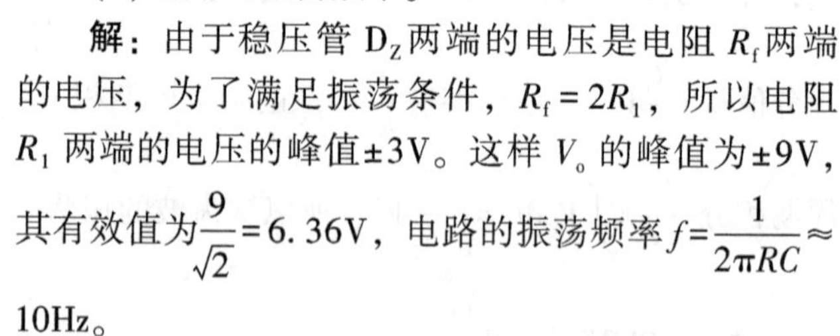

解：由于稳压管 D_Z两端的电压是电阻 R_f两端的电压，为了满足振荡条件，$R_f=2R_1$，所以电阻 R_1 两端的电压的峰值±3V。这样 V_o 的峰值为±9V，其有效值为$\dfrac{9}{\sqrt{2}}=6.36\text{V}$，电路的振荡频率$f=\dfrac{1}{2\pi RC}\approx$

10Hz。

3. 电路如图 6.11(a)所示。

(1)为使电路产生正弦信号，标出集成运放的"+"和"-"，说明该电路是何种正弦波振荡电路。

(2)说明电阻 R_1 短路、断路电路产生何种现象。

(3)说明电阻 R_f短路、断路电路产生何种现象。

(4)若 R_1 作为稳幅器件，应采用正/负温度系数的热敏电阻。

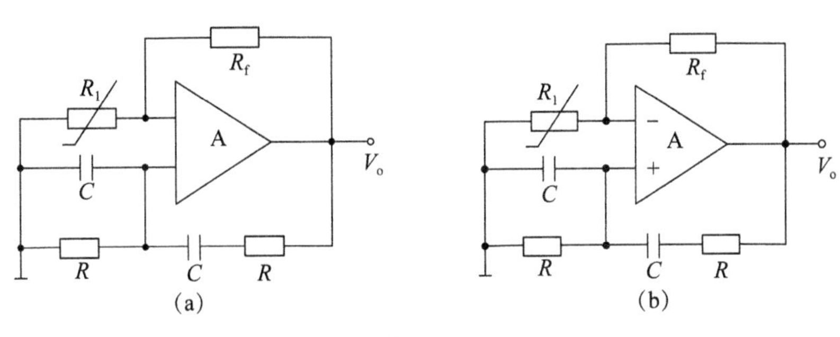

图 6.11

解：这是典型 *RC* 桥式振荡电路，*RC* 串并联作为选频正反馈电路，所以运放的上为“−”，下为“+”，如图 6.11(b)所示。若电阻 R_1 短路，差模增益很大，输出失真严重，输出几乎为方波。

若电阻 R_1 断路，电压增益为 1，电路不起振，输出为 0。若电阻 R_f短路，电压增益为 1，电路不起振，输出为 0。若电阻 R_f断路，差模增益很大，输出失真严重，输出几乎为方波。

若 R_1 作为稳幅器件，应采用正温度系数的热敏电阻，刚开始起振时，$A_{vf}>3$，振荡之后，$A_{vf}=3=1+\dfrac{R_f}{R_1}$，$R_f$不变，$A_{vf}$减小，$R_1$ 增大，所以 R_1 为正温度系数的热敏电阻。

4. 试分析图 6.12(a)所示电路中的选频网络、正负反馈网络，并说明电路是否满足振荡的相位条件。

解：该电路图是共发-共集的级联电路，这里的选频网络只有 *LC* 串联网络。

电路中有两个反馈，一路通过 *LC* 反馈到 T_1 的发射极，另一路通过 R_8反馈到 T_1 的基极，可以看出反馈到 T_1 的发射极及基极的信号的瞬时极性都相同，如图 6.12(b)所示。但对输入来说，反馈到 T_1 的发射极的信号是正反馈信号，反馈到 T_1 的基极的信号是负反馈信号。所以正反馈网络为 *L*、*C*、R_4。负反馈网络为 R_8。当 *LC* 谐振时，满足相位条件 $\phi_A+\phi_F=2n\pi(n=0,\ \pm1,\ \pm2,\ \cdots)$。

5. 如图 6.13(a)所示电路，已知 V_{o1} 和 V_{o2} 的峰-峰值均为 12V，二极管均为理想二极管。

试求：(1)稳压管稳压值 V_Z和 R_4的阻值；

(2)定性画出 V_{o1}和 V_{o2}的波形图；

(3)求解振荡波形 V_{o2}的周期 *T*。

解：(1)因为 V_{o2}的峰-峰值等于 $2V_Z=12\text{V}$，所以 $V_Z=6\text{V}$。

又因为 V_{o1}和 V_{o2}的峰-峰值均为 12V，所以 R_3 与 R_4的值相等为 10kΩ。

(2)当 V_{o2}为正值时，$V_{o1}=-\dfrac{V_Z}{R_1C}\times t_1$，$V_{o1}$的值线性增大，随着 V_{o1}的增长，当 V_{o1}与 V_{o2}的

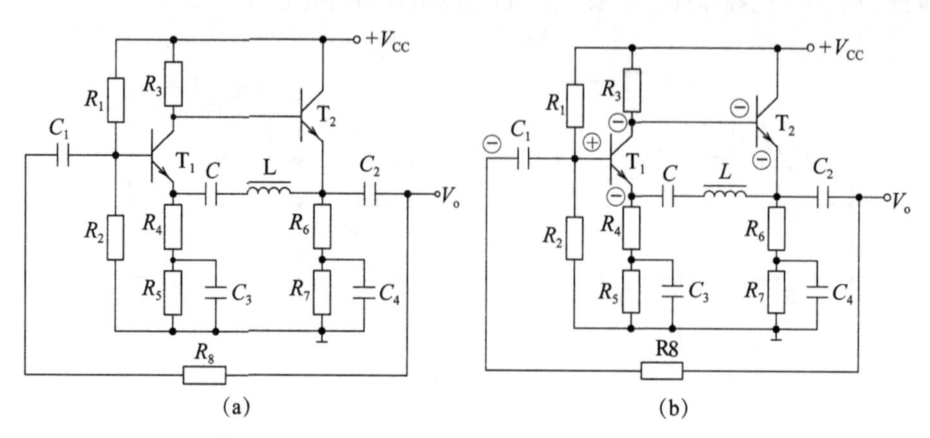

图 6.12

值大小相等时，V_{o2}输出为负值，这时 $V_{o1}=\frac{V_Z}{R_2C}\times t_2$，随着 V_{o1}的增长，当 V_{o1}与 V_{o2}的值大小相等时，V_{o2}输出为正值，重复前面的过程。

(3)当 V_{o2}为正值 V_Z时，$V_{o1}=-\frac{V_Z}{R_1C}\times t_1$，当 V_{o1}与 V_{o2}的值大小相等时，V_{o2}输出为负值，此时 $t_1=2R_1C$。当 V_{o2}为负值$-V_Z$时，这时 $V_{o1}=\frac{V_Z}{R_2C}\times t_2$，当 V_{o1}与 V_{o2}的值大小相等时，V_{o2}输出为正值，此时 $t_2=2R_2C$。如图 6. 13(b)所示。

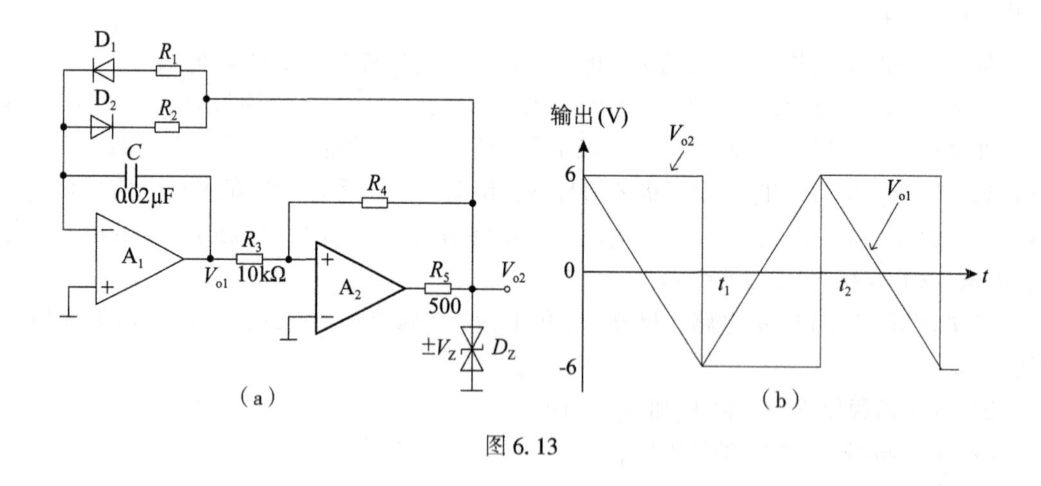

图 6.13

所以 V_{o2}的周期 $T=t_1+t_2=2(R_1+R_2)C$。

6. 电路如图 6. 14 所示，电路中的电阻大小均为 R，电容大小均为 C，稳压管的稳定电压为±6V，

(1)求 v_{o1}的频率和 v_{o2}的峰值；

(2)分析 v_{o1} 和 v_{o2} 的幅值和相位关系。

解： 这里主要是根据运放的特点，求出 v_{o1} 和 v_{o2} 的表达式。

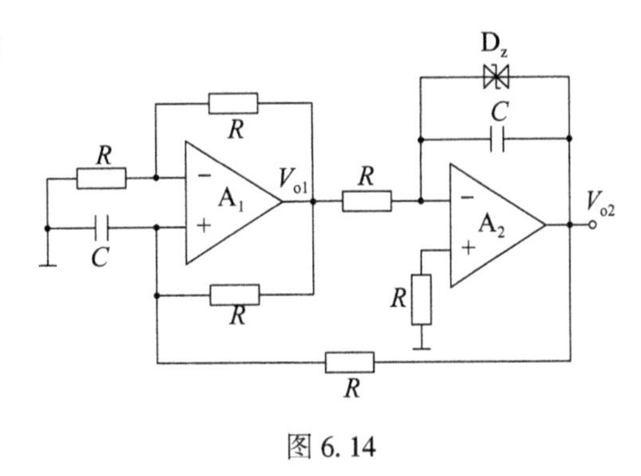

图 6.14

$$v_{p1}=v_{n1}=\frac{1}{2}v_{o1},$$

$$\frac{v_{p1}-v_{o1}}{R}+\frac{v_{p1}-v_{o2}}{R}=\frac{0-v_{p1}}{\dfrac{1}{j\omega C}},$$

$$\frac{v_{o1}}{R}=-\frac{v_{o2}}{\dfrac{1}{j\omega C}}。$$

整理 v_{o1} 可得，$v_{o1}=-\frac{1}{2}v_{o1}j\omega RC\cdot j\omega RC$，所以 $\omega=\frac{\sqrt{2}}{RC}$，$f=\frac{1}{\sqrt{2}\pi RC}$。这个频率既是 v_{o1} 的频率，又是 v_{o2} 的频率，这是一个正弦波振荡电路。v_{o2} 的峰值就是稳压管的稳定电压值，为6V。

对 $\frac{v_{o1}}{R}=-\frac{v_{o2}}{\dfrac{1}{j\omega C}}$ 进行整理，得 $|v_{o1}|=|v_{o2}||j\omega RC|=\sqrt{2}|V_{o2}|$，所以 v_{o1} 的幅值为 $\sqrt{2}\times 6\approx 8.5(\mathrm{V})$。

由于 A_2 的输出 v_{o2} 是 v_{o1} 经 RC 积分得到，v_{o2} 在某特定频率下超前 v_{o1} 90°相位，若 v_{o1} 为正弦波，则 v_{o2} 为余弦波，两者相位相差90°。

7. 电路如图 6.15(a)所示，已知 $R_1=10\mathrm{k\Omega}$，$R_2=20\mathrm{k\Omega}$，$C=0.01\mu\mathrm{F}$，双向稳压管 D_Z 幅值为±12V，二极管的动态电阻忽略不计。

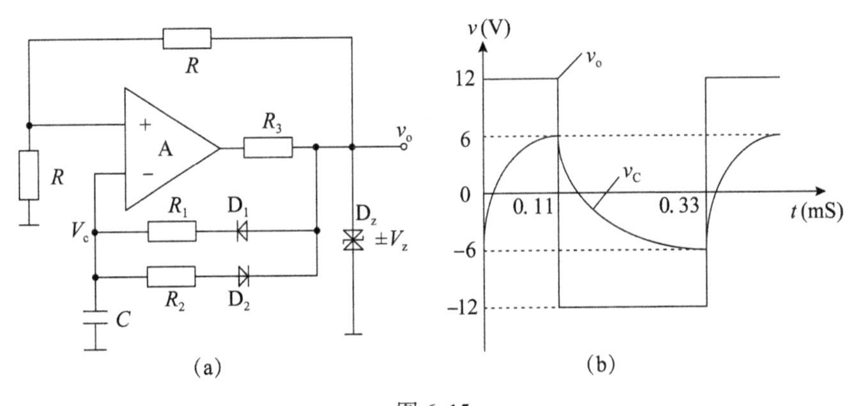

图 6.15

(1)求电路的振荡周期；

(2)画出 v_o 和 v_c 的波形。

解： 这是一个典型的方波产生电路。

当 v_o 输出为+12V 时，输出通过 D_1 与 R_1 对 C 进行充电，$V_0=-6V$，$V_t=6V$，充电 $t_1=R_1C\ln\dfrac{V_Z-V_o}{V_Z-V_t}$，放电时，$v_o$ 输出为-12V 时，C 通过 D_2 与 R_2 进行，此时 $V_0=6V$，$V_t=-6V$，放电时间 $t_2=R_2C\ln\dfrac{-V_Z-V_o}{-V_Z-V_t}$，电路的振荡周期 $T=t_1+t_2=(R_1+R_2)C\ln3$。代入计算得：$T=0.33ms$，$t_1=0.11ms$，$t_2=0.22ms$。

要画出 v_o 和 v_c 的波形图，只要根据前面分析就可以，v_o 输出为+12V，C 从-6V 到6V 充电，时间为 0.11ms，v_o 输出为-12V，C 从 6V 到-6V 充电，时间为 0.22ms，如图6.15(b)所示。

8. 电路如图 6.16(a)所示。

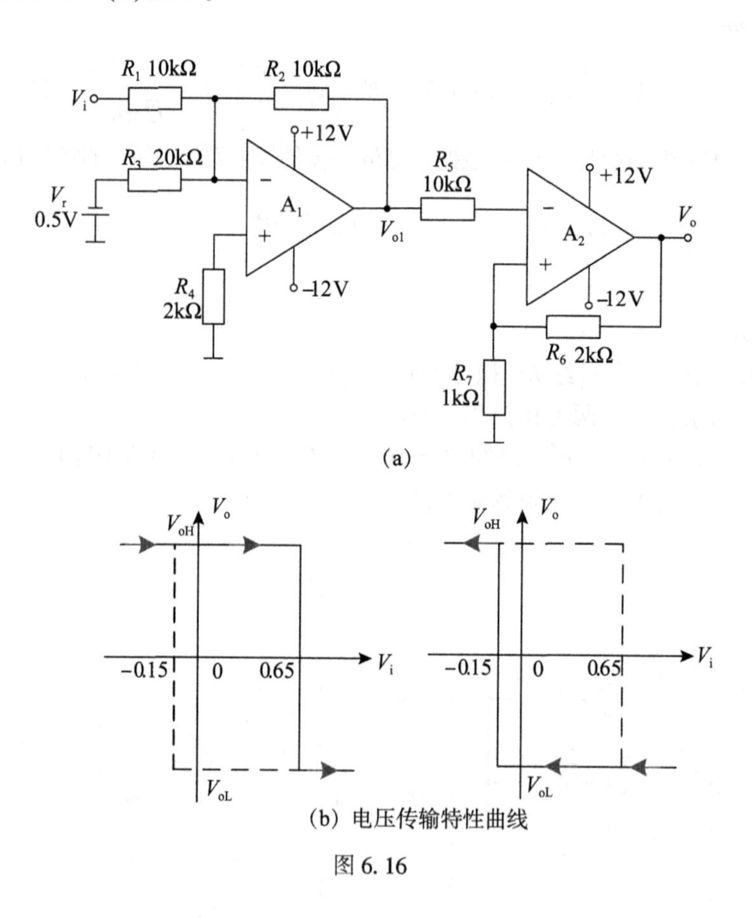

(b) 电压传输特性曲线

图 6.16

(1)说明 A_1、A_2 所组成电路的功能；

(2)求 v_{o1}的表达式；

(3)试画出输入-输出的电压传输特性。

解：(1)这是两个功能电路的组合，A_1 组成反相加法器，A_2 是反相输入的迟滞比较器。

(2)$v_{o1}=-\dfrac{R_2}{R_1}v_i-\dfrac{R_2}{R_3}V_r=-10v_i+5\times0.5=2.5-10v_i$。

(3)对于 A_2 由于输出 v_o 可能是高电平 V_{OH}，也可能是低电平 V_{OL}，所以上、下触发电平分别为 $V_{TH}=V_{OH}/3=4V$，$V_{TL}=V_{OL}/3=-4V$。当 v_{o1} 大于上触发电平 4V 时，输出 v_o 为低电平；当 v_{o1} 小于下触发电平-4V 时，输出 v_o 为高电平。由于 $v_{o1}=2.5-10v_i$，当 $v_{o1}=4V$，对应 $v_i=-0.15V$；当 $v_{o1}=-4V$，对应 $v_i=0.65V$。

当 $v_i<-0.15V$，$v_{o1}>4V$，$v_o=V_{OL}$；当 $v_i>0.65V$，$v_{o1}<-4V$，$v_o=V_{OH}$。

由于是迟滞比较电路，当 v_i 从小到大增长时，$v_i<-0.15V$，$v_o=V_{OL}$；$-0.15V<v_i<0.65V$，$v_o=V_{OL}$；$v_i>0.65V$，$v_o=V_{OH}$。当 v_i 从大到小减小时，$v_i>0.65V$，$v_o=V_{OH}$；$-0.15V<v_i<0.65V$，$v_o=V_{OH}$；$v_i<-0.15V$，$v_o=V_{OL}$，所以输入-输出的电压传输特性如图 6.16(b)所示。

9. 电路如图 6.17 所示，说明输出波形求振荡频率。

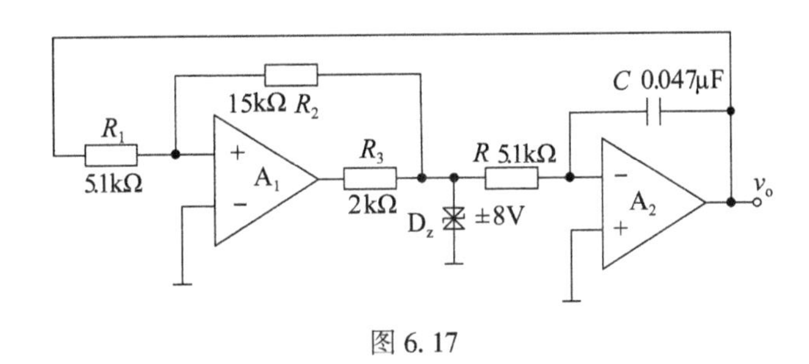

图 6.17

解：这是一个典型方波-三角波产生电路，A_1 是迟滞比较器，A_2 是 RC 积分电路。A_1 的输出为 $V_{o1}=\pm8V$，A_2 的输出为 $v_o=-\frac{1}{RC}\int V_{o1}dt$。由于 A_1 的 $v_n=0$，A_1 的 $v_p=\frac{R_2}{R_1+R_2}v_o+\frac{R_1}{R_1+R_2}v_{o1}$，所以 $v_o=-\frac{R_1v_{o1}}{R_2}$。半个周期积分值都是从 $-\frac{R_1}{R_2}V_Z$ 线性变化到 $+\frac{R_1}{R_2}V_Z$，半周期积分 $\frac{1}{RC}\times\int V_Z dt_2=2\frac{R_1}{R_2}V_Z$，所以三角波的振荡周期为 $T=4RC\frac{R_1}{R_2}$，输出振荡频率为 $f=\frac{R_2}{R_1}\frac{1}{4RC}\approx3kHz$。

10. 求出图 6.18 所示电路电压增益表达式，并写出它的幅频和相频响应表达式，当 ω 由 $0\to\infty$ 时，求相角的变化范围。

解：求电压增益表达式时，可以把 v_i 看成分别作用于同相和反向的两路信号，结果是两路信号作用结果的叠加。

当 v_i 作用于反相端时，$v_{o1}=-v_i$；

当 v_i 作用于同相端时，$v_{o2}=2\times\frac{R}{R+\frac{1}{j\omega C}}v_i=\frac{2j\omega RC}{1+j\omega RC}v_i$；

所以 $v_o=v_{o1}+v_{o2}=\frac{2j\omega RC-1-j\omega RC}{1+j\omega RC}v_i=-\frac{1-j\omega RC}{1+j\omega RC}v_i$。

$A_v(j\omega)=-\frac{1-j\omega RC}{1+j\omega RC}$，$|A_v(j\omega)|=\frac{\sqrt{1+(\omega RC)^2}}{\sqrt{1+(\omega RC)^2}}=1$，

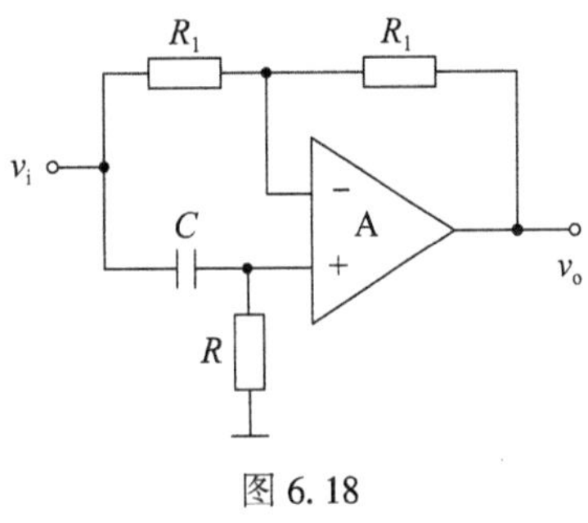

图 6.18

$\varphi=\pi-2\arctan(\omega RC)$ 或 $\varphi=-\pi-2\arctan(\omega RC)$。

当 ω 由 $0\to\infty$ 时，相角 φ 的变化范围 $\pi\to0$ 或 $-\pi\to-2\pi$。

11. 设 A 为理想运放，试写出图 6.19 所示电路的传递函数，并指出这是一个什么类型的电路？

解：把电容写成容抗的形式，可以得出电路增益的表达式。

$$A_{\rm v}(\mathrm{j}\omega)=\frac{v_{\rm o}}{v_{\rm i}}=-\frac{R_{\rm f}/\!/\dfrac{1}{\mathrm{j}\omega C_{\rm f}}}{R_1+\dfrac{1}{\mathrm{j}\omega C_1}}$$

$$=-\frac{\mathrm{j}\omega R_{\rm f}C_1}{1-\omega^2R_1C_1R_{\rm f}C_{\rm f}+\mathrm{j}\omega(R_1C_1+R_{\rm f}C_{\rm f})}。$$

也可以把 $\mathrm{j}\omega$ 用 s 代替，得到拉氏传递函数。

由于分子只含 $\mathrm{j}\omega$，这是一个二阶带通滤波电路。

12. 已知电路如图 6.20 所示，试分析这是何种类型电路，并求 $A_{\rm v}$、f_0 和 BW。

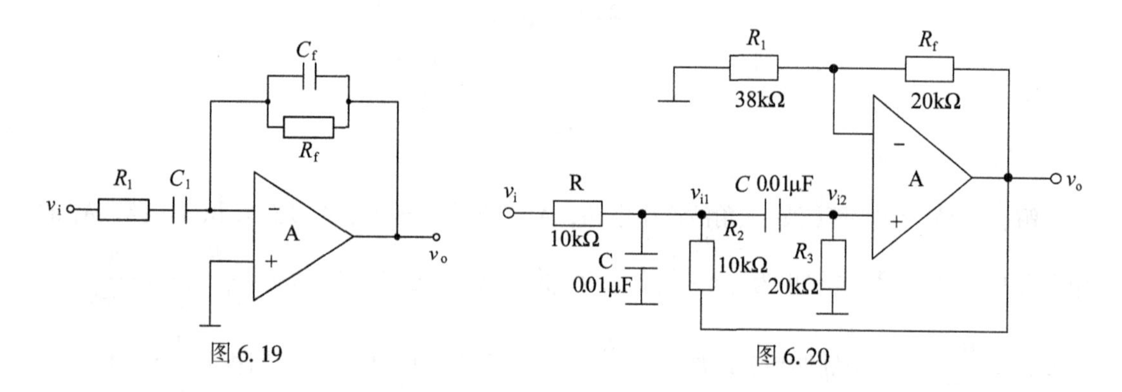

图 6.19　　图 6.20

解：这是一个典型的 RC-CR 二阶带通滤波器。要求 $A_{\rm v}$、f_0 和 BW，先要求出 $A_{\rm v}$ 的表达式。

$$v_{\rm o}=A_{\rm vf}v_{\rm i2},\ A_{\rm vf}=\frac{R_1+R_{\rm f}}{R_1},$$

$$v_{\rm i2}=\frac{R_3}{R_3+\dfrac{1}{\mathrm{j}\omega C}}v_{\rm i1}=\frac{2R}{2R+\dfrac{1}{\mathrm{j}\omega C}}v_{\rm i1}\text{（全部用 }R\text{、}C\text{ 来表示）},$$

$$\frac{v_{\rm i}-v_{\rm i1}}{R}=\frac{v_{\rm i1}}{\dfrac{1}{\mathrm{j}\omega C}}+\frac{v_{\rm i1}-v_{\rm o}}{\rm R}+\frac{v_{\rm i1}-v_{\rm i2}}{\dfrac{1}{\mathrm{j}\omega C}}。$$

联解上面三个方程可得：

$$A_{\rm v}=\frac{v_{\rm o}}{v_{\rm i}}=\frac{A_{\rm vf}\mathrm{j}\omega RC}{1+(3-A_{\rm vf})\mathrm{j}\omega RC+(\mathrm{j}\omega RC)^2},$$

$$\omega_0=\frac{1}{RC}=10000\mathrm{rad/s},\ f_0=\frac{\omega_0}{2\pi}\approx1600\mathrm{Hz},$$

$A_{vf}=\dfrac{R_1+R_f}{R_1}=\dfrac{58}{38}\approx1.5$,

$Q=\dfrac{1}{3-A_{vf}}=\dfrac{1}{1.5}\approx0.68$（可直接作为公式用），

$BW=\dfrac{\omega_0}{2\pi Q}\approx2350\text{Hz}$（可直接作为公式用）。

13. 已知电路如图 6.21 所示，分析这是何种类型电路，并求 A_v 和 f_0。

解：这是一个二阶 RC 低通电路。列出各节点电压、电流关系式：

$$v_o=A_{vf}v_{i2},\ A_{vf}=\frac{R_1+R_f}{R_1},$$

$$v_{i2}=\frac{\frac{1}{j\omega C}}{R+\frac{1}{j\omega C}}v_{i1}=\frac{1}{1+j\omega RC}v_{i1},$$

$$\frac{v_i-v_{i1}}{R}=\frac{v_{i1}-v_o}{\frac{1}{j\omega C}}+\frac{v_{i1}-v_{i2}}{R}。$$

联解三个方程可得：

$$A_v=\frac{v_o}{v_i}=\frac{A_{vf}}{1+(3-A_{vf})j\omega RC+(j\omega RC)^2},\ f_0=\frac{1}{2\pi RC}。$$

14. 已知电路如图 6.22 所示，分析这是何种类型电路，并求 A_v 和 f_0。

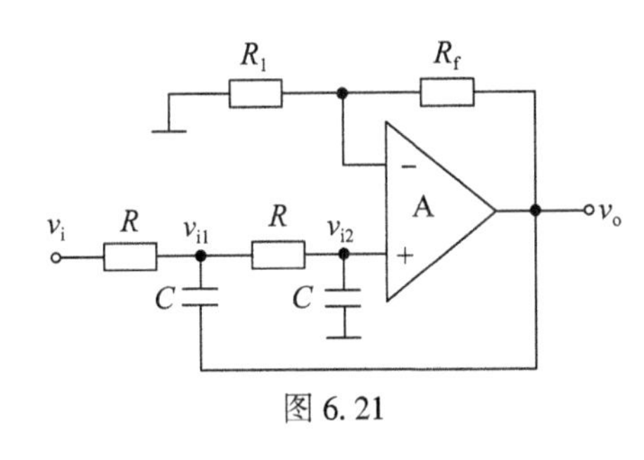

图 6.21

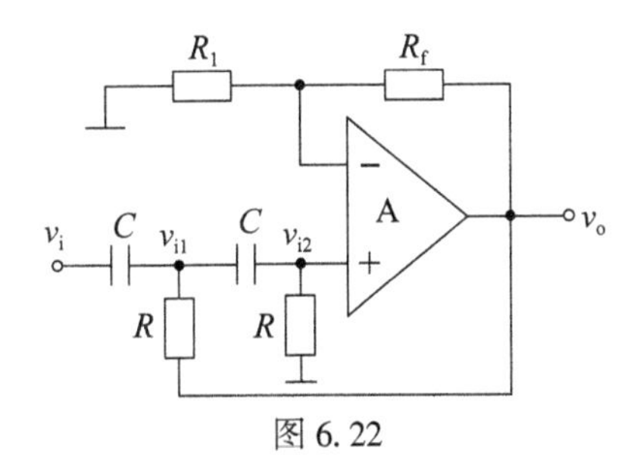

图 6.22

解：这是一个二阶 CR 高通电路。

列出各节点电压、电流关系式：

$$v_o=A_{vf}v_{i2},\ A_{vf}=\frac{R_1+R_f}{R_1},$$

$$v_{i2}=\frac{R}{R+\frac{1}{j\omega C}}v_{i1}=\frac{j\omega RC}{1+j\omega RC}v_{i1},$$

$$\frac{v_{\mathrm{i}}-v_{\mathrm{i1}}}{\frac{1}{\mathrm{j}\omega RC}}=\frac{v_{\mathrm{i1}}-v_{\mathrm{o}}}{R}+\frac{v_{\mathrm{i1}}-v_{\mathrm{i2}}}{\frac{1}{\mathrm{j}\omega RC}}。$$

联解三个方程可得：

$$A_{\mathrm{v}}=\frac{v_{\mathrm{o}}}{v_{\mathrm{i}}}=\frac{A_{\mathrm{vf}}(\mathrm{j}\omega RC)^2}{1+(3-A_{\mathrm{vf}})\mathrm{j}\omega RC+(\mathrm{j}\omega RC)^2},\ f_0=\frac{1}{2\pi RC}。$$

15. 已知电路如图 6.23 所示，分析这是何种类型电路，并求 A_{v} 和 f_0。

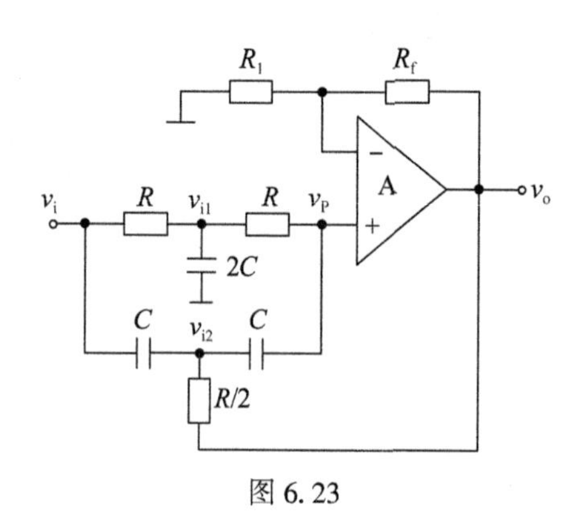

图 6.23

解：这是一个二阶 T 型带阻滤波电路。

列出各节点电压、电流关系式：

$$v_{\mathrm{o}}=A_{\mathrm{vf}}v_{\mathrm{P}},\ A_{\mathrm{vf}}=\frac{R_1+R_{\mathrm{f}}}{R_1},$$

$$\frac{v_{\mathrm{i}}-v_{\mathrm{i1}}}{R}=\frac{v_{\mathrm{i1}}-0}{\frac{1}{\mathrm{j}\omega 2C}}+\frac{v_{\mathrm{i1}}-v_{\mathrm{P}}}{R},$$

$$\frac{v_{\mathrm{i}}-v_{\mathrm{i2}}}{\frac{1}{\mathrm{j}\omega C}}=\frac{v_{\mathrm{i2}}-v_{\mathrm{o}}}{\frac{R}{2}}+\frac{v_{\mathrm{i2}}-v_{\mathrm{P}}}{\frac{1}{\mathrm{j}\omega C}},$$

$$\frac{v_{\mathrm{i1}}-v_{\mathrm{P}}}{R}=\frac{v_{\mathrm{P}}-v_{\mathrm{i2}}}{\frac{1}{\mathrm{j}\omega C}}。$$

联解四个方程可得：

$$A_{\mathrm{v}}=\frac{v_{\mathrm{o}}}{v_{\mathrm{i}}}=\frac{A_{\mathrm{vf}}[1+(\mathrm{j}\omega RC)^2]}{1+(4-2A_{\mathrm{vf}})\mathrm{j}\omega RC+(\mathrm{j}\omega RC)^2},$$

$$f_0=\frac{1}{2\pi RC}。$$

三、填空选择题

本章填空选择题都是一些基本概念与对概念的理解题，以强化对基础知识的学习。

1. 正弦波振荡电路必须由(　　)、(　　)、(　　)、(　　)四部分组成。

2. RC 正弦波振荡器频率不可能太(　　)，其原因是(　　)。

3. 若需要 1MHz 以下的正弦波信号，一般可用(　　)振荡电路；若需要更高频率的正弦波，就要用(　　)振荡电路；若要求频率稳定度很高，则可用(　　)振荡电路。

4. 要求使频率为高于 20MHz 的有效信号通过，应选用(　　)滤波器。

5. 为了将正弦波变成矩形波，可采用(　　)电路。

6. 正弦波振荡电路能够自行起振，必须满足的条件是(　　)和(　　)。振荡电路起振后，振荡电路能够达到稳态平衡的条件是(　　)。

7. 在一阶 *RC* 低通有源滤波器中，若要降低截止频率，应将电容的值(　　)。

8. 设 A 为理想运放，若取 $R=10\text{k}\Omega$，图 6.24 所示电路的传递函数为(　　)，-3dB 截止频率 ω_H 为(　　)，电路可实现(　　)功能。

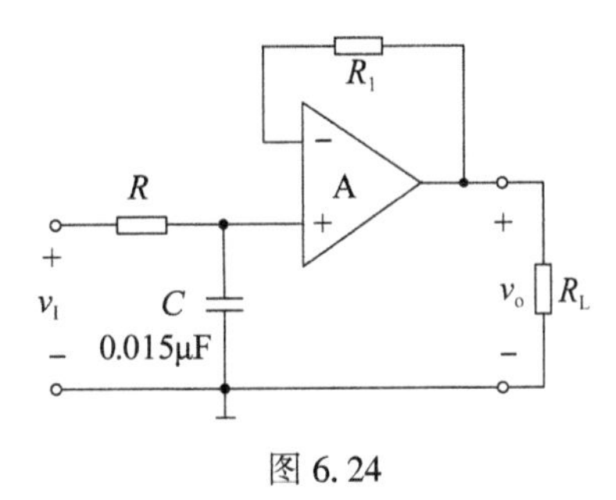

图 6.24

9. 当有用信号频率为 20 ~ 20kHz 时，宜选用(　　)滤波器；当有用信号频率低于 500Hz 时，宜选用(　　)滤波器；当希望抑制 50Hz 交流电源的干扰时，宜选用(　　)滤波器；当希望抑制 1kHz 以下的信号时，宜选用(　　)滤波器。

10、正弦波振荡电路的振荡频率由(　　)决定。

11. 理想情况下，串联谐振回路谐振时，其阻抗最(　　)，相当于(　　)路。

12. RC 串并联振荡器在振荡频率处，反馈系数为(　　)。

13. 在串联型晶体振荡器中，晶体相当于(　　)；在并联型晶体振荡器中，晶体相当于(　　)。

14. 与 *LC* 振荡器相比，*RC* 串并联振荡器产生的正弦波信号振荡频率较(　　)；晶体振荡器产生的正弦波信号振荡频率的(　　)较高。

15. 如图 6.25 所示电路中，已知 A 为理想运算放大器，其输出电压的两个极限值为 ±12V；发光二极管正向导通时发光。该集成运放同相输入端的电位 v_+ 为(　　)；若 $v_{I1}=6\text{V}$，$v_{I2}=-3\text{V}$，则 $v_{I3}\geqslant$(　　)V 时发光二极管发光；若 $v_{I2}=2\text{V}$，$v_{I3}=-10\text{V}$，则 $v_{I1}\geqslant$(　　)V 时发光二极管发光。

16. 如图 6.26 所示电路中，已知 A 为理想运算放大电路，其输出电压的两个极限值为±12V。该电路为(　　)电压比较器，该电路的输出电压的绝对值 $|v_o|=$(　　)V，阈值电压的绝对值 $|V_T|=$(　　)V。当 A 点断开时，$|v_o|=$(　　)V，$|V_T|=$(　　)V；当 B 点断开时，$|v_o|=$(　　)V，$|V_T|=$(　　)V；当 C 点断开时，$|v_o|=$(　　)V，$|V_T|=$(　　)V。

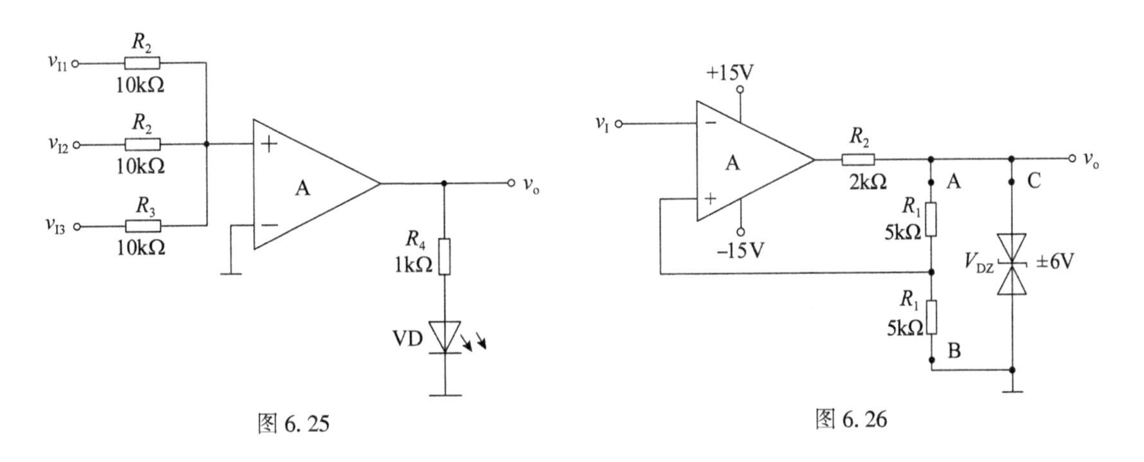

图 6.25　　图 6.26

17. 在如图 6.27 所示三角波-方波发生器电路中，已知 A_1、A_2 为理想运算放大器，其输出电压的两个极限值为±12V，设 R_W 的滑动端在中点，输出电压为三角波为(　　)，输出电压为方波为(　　)，v_{o1}峰-峰值为(　　)V，v_o峰-峰值为(　　)V。当R_W的滑动端向上移动时v_{o1}的幅值将(　　)，v_o的幅值将(　　)，振荡周期T将(　　)。

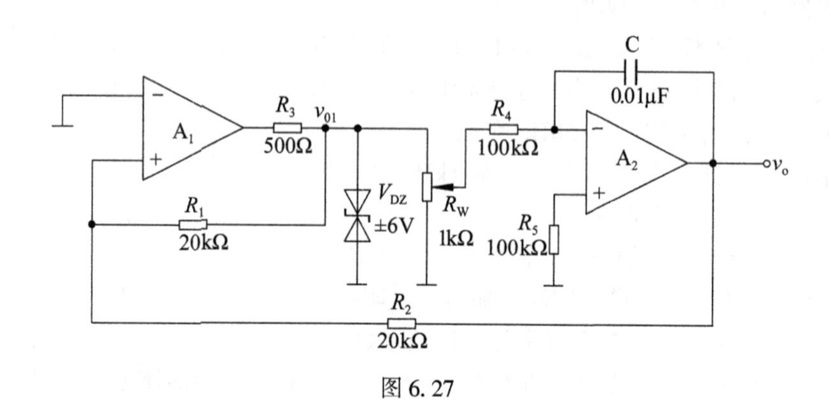

图 6.27

18. 下列集成运放电路中，需要工作于非线性区的电路是(　　)。
    A. 电压比较器　B. 积分电路　C. 有源滤波器　D. 比例运算电路
19. 已知输入信号的频率为 10kHz～12kHz，为了防止干扰信号的混入，应选用(　　)。
    A. 低通滤波器　B. 高通滤波器　C. 带通滤波器　D. 带阻滤波器
20. 二阶低通滤波器通带外幅频相应曲线的斜率为(　　)。
    A. 20dB 每 10 倍频程　B. −20dB 每 10 倍频程
    C. 40dB 每 10 倍频程　D. −40dB 每 10 倍频程

◎ 参考答案

1. 放大电路　反馈电路　选频电路　稳压电路　2. 高　电阻存在分布参数
3. RC　LC　晶体　4. 高通　5. 电压比较
6. 幅度 $A \cdot F>1$　相位 $\Phi_A+\Phi_F=2n\pi(n=0, 1, 2, \cdots)$　$A \cdot F=1$　$\Phi_A+\Phi_F=2n\pi$
7. 增大　8. $\frac{1}{1+j\omega RC}$　1.06kHz　低通滤波　9. 带通　低通　带阻　高通
10. 选频网络　11. 小　短　12. $\frac{1}{3}$　13. 短路线　电感　14. 低　频率稳定度
15. $\frac{1}{3}(v_{I1}+v_{I2}+v_{I3})$　−3　8　16. 迟滞　6　3　6　0　6　6　10　5
17. v_o　v_{o1}　12　12　不变　不变　变小　18. A　19. C　20. D

第七章　直流稳压电源

一、知识脉络

本章知识脉络：直流稳压电路中的整流电路及稳压电路的实现与扩展。

1. 直流稳压电路，一般由电源变压器、整流电路、滤波电路及稳压电路组成，其中整流电路将交流变成脉动直流，滤波电路滤去高频成分将脉动直流变成平滑直流。整流电路有半波、全波和单相桥式整流电路，滤波电路有电容滤波(并联)、电感滤波(串联)和混合滤波电路。通常采用单相桥式整流电路和电容滤波电路，如图 7.1 所示。

如果采用单相桥式整流电路后直接接负载，而不使用电容滤波电路，输出的电压为平均值 $v_o=0.9V_2$，V_2 为变压器次级输出电压的有效值。如果单相桥式整流电路后只接电容，不接负载，输出的电压为峰值 $v_o=\sqrt{2}V_2$。如果单相桥式整流电路后既接电容又接负载，输出的电压为$(1.1\sim1.2)V_2$。如果整流桥的一个二极管短路，则电源变压器的副边会烧毁，如果要增大整流电压值，可以采用倍压整流电路，将 4 个二极管和电容反接，得到负电压。

全波整流情况和单相桥式整流相同，桥式整流的交流地在变压器副边的中心触头，直流地在电容 C 的负极。

2. 串联型线性稳压电路，由基准电压 V_{REF}、误差比较放大器 EA、调整管和取样电路 4 个环节组成，如图 7.2 所示。调整管 T 工作在放大状态，组成一个电压并联负反馈电路，$v_o=V_{REF}\left(1+\frac{R_1'}{R_2'}\right)$。

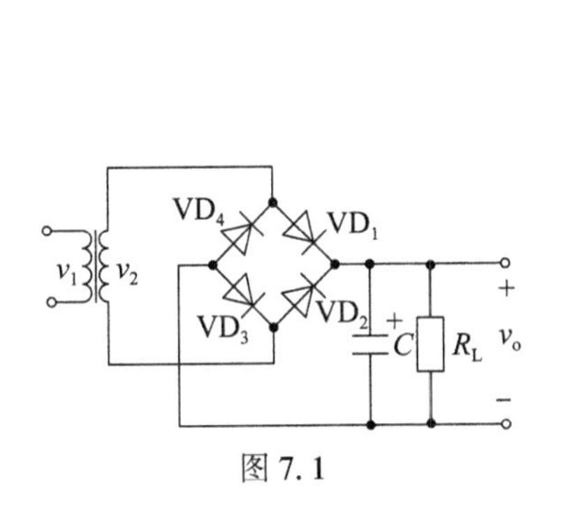

图 7.1

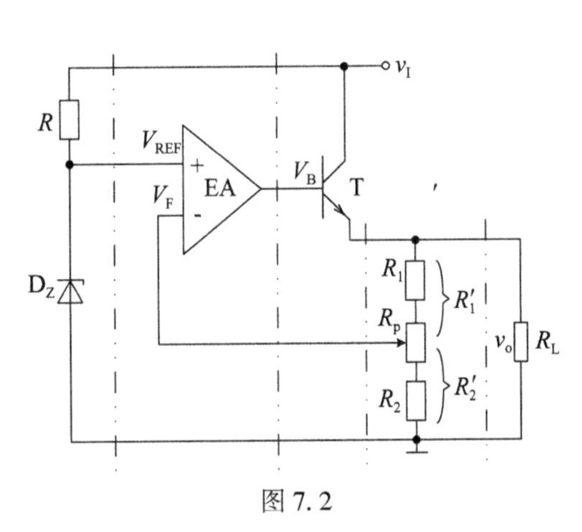

图 7.2

3. 三端线性稳压器件，分固定式稳压和可调式稳压，如 LM7812(固定)和 LM317(可调)；输出有正和负电压，如 LM7805(+5V)和 LM7905(−5V)；通常有输入、输出和公共端(或称调整端)3 个端子。

4. 开关稳压电路，由调整管 T、LC 滤波器、续流二极管 D、基准电压源、三角波产生器、取样电路、误差放大和比较电路组成，如图 7.3 所示。调整管 T 工作在开关状态，不是在放大状态。$v_o = V_I \frac{t_{on}}{T} = qV_I$($q$ 是 V_B的占空比)。

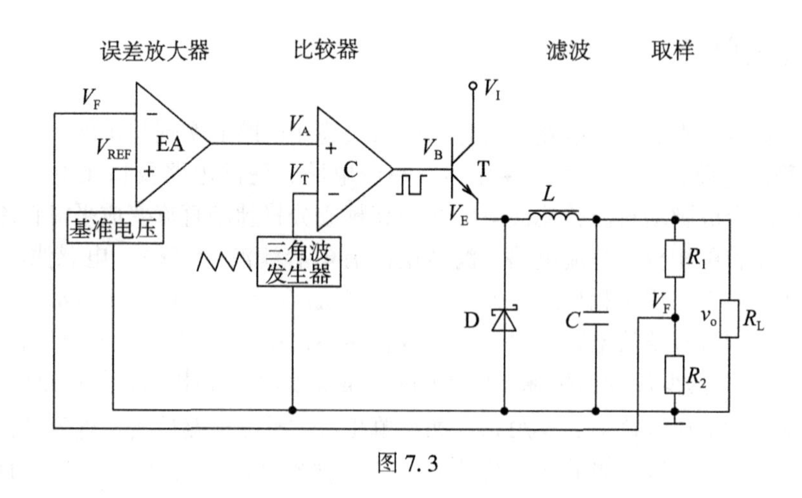

图 7.3

二、习题详解

本章习题主要是围绕整流实现及稳压实现与扩展两方面的问题。

1. 稳压电路如图 7.4 所示，试回答：

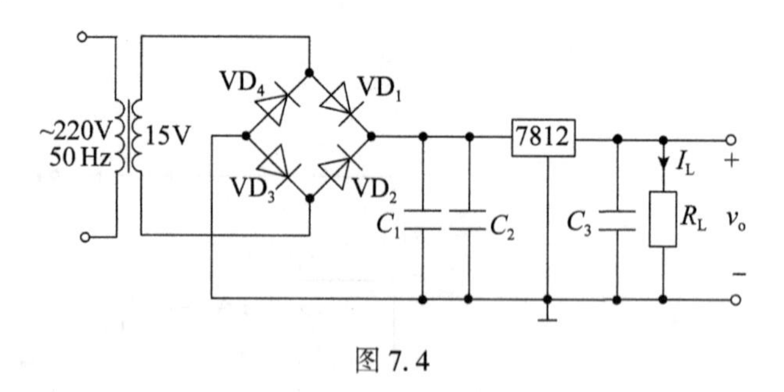

图 7.4

(1)整流器输出的电压为多少伏?

(2)要求整流二极管击穿电压为多大?

(3)7812 中的调整管承受多大电压?

(4)若 $R_L = 1.2\text{k}\Omega$，7812 的功率损耗为多大?

解：(1)已知变压器的副边电压 V_2 有效值为 15V，7812、C_3 及 R_L 相当滤波电路的负载，所以整流电路的输出电压为 $1.2V_2=1.2\times15=18(\text{V})$。

(2)整流二极管击穿电压 V_{BR} 为 $\sqrt{2}V_2=21.2\text{V}$。

(3)由于 7812 的输出电压为 12V，整流电路的输出为 18V，所以 7812 中的调整管承受的电压为 $18-12=6(\text{V})$。

(4)7812 的功率损耗为调整管承受的电压与负载电流之积，负载电流 $I_L=\dfrac{v_o}{R_L}$，$P_C=12\times I_L=0.12\text{W}$。

2. 桥式整流滤波电路如图 7.5 所示，图中 V_2 的有效值为 20V，$R_L=50\Omega$，$C=2000\mu\text{F}$。

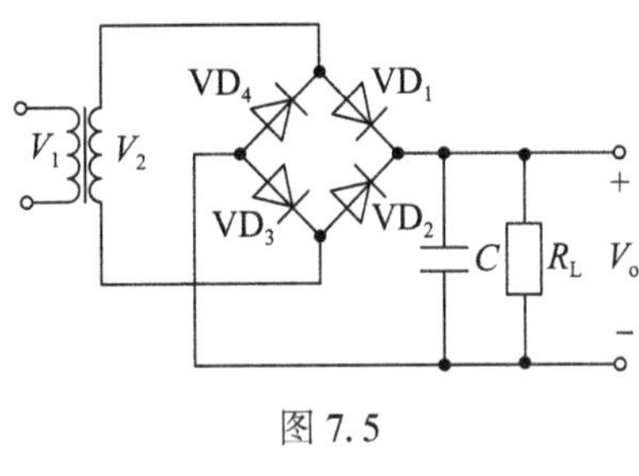

图 7.5

(1)现用直流电压表测量 R_L 两端的电压 V_o，如出现下列情况，试分析原因所在：①$V_o=28\text{V}$；②$V_o=18\text{V}$；③$V_o=24\text{V}$；④$V_o=9\text{V}$。

(2)电路正常时，如用直流万用表去测 VD_1 两端电压，其电压值为多少？电压表的正负极如何接？

解：(1)根据桥式整流滤波电路的三个数据：$\sqrt{2}V_2$、$0.9V_2$、$1.2V_2$。①显然 $\sqrt{2}V_2=28\text{V}$，说明此电压是 V_2 的峰值，R_L 开路或未接出现这种情况。②$0.9V_2=18\text{V}$，说明此电压是 V_2 的均值，C 开路或未接出现这种情况。③$1.2V_2=24\text{V}$，R_L 和 C 正常时就是这种情况。④$0.45V_2=9\text{V}$，等于半波整流的均值，C 正常，任何一个二极管开路或(VD_1、VD_3)(VD_2、VD_4)两组任何一组同时开路。

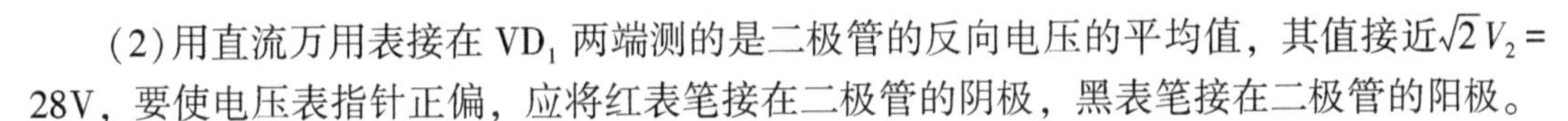

(2)用直流万用表接在 VD_1 两端测的是二极管的反向电压的平均值，其值接近 $\sqrt{2}V_2=28\text{V}$，要使电压表指针正偏，应将红表笔接在二极管的阴极，黑表笔接在二极管的阳极。

3. 桥式整流滤波电路如图 7.6 所示，已知 V_2 的有效值为 20V，$f=50\text{Hz}$，$R_L=1\text{k}\Omega$，$C=2000\mu\text{F}$，试计算：

(1)输出电压的平均值 $V_{o(AV)}$；

(2)二极管承受的最大反向电压 V_{Rmax}；

(3)输出电压的脉动系数 S；

(4)若电容发生虚焊，$V_{o(AV)}$、V_{Rmax}、S 的值为多大？

图 7.6

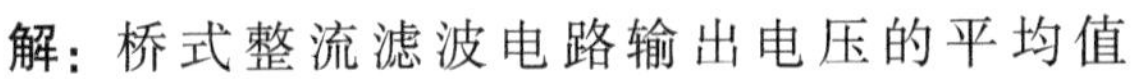

解：桥式整流滤波电路输出电压的平均值

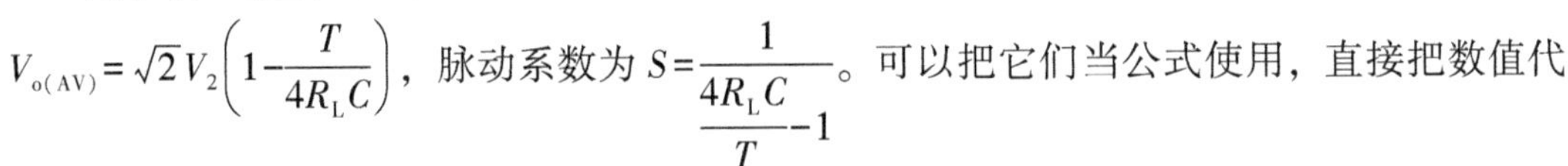

$V_{o(AV)}=\sqrt{2}V_2\left(1-\dfrac{T}{4R_LC}\right)$，脉动系数为 $S=\dfrac{1}{\dfrac{4R_LC}{T}-1}$。可以把它们当公式使用，直接把数值代入计算，这里 $T=\dfrac{1}{f}$。

(1) $V_{o(AV)}=\sqrt{2}V_2\left(1-\frac{T}{4R_LC}\right)\approx28.2\text{V}$。

(2)二极管承受的最大反向电压 $V_{Rmax}=\sqrt{2}V_2=28.2\text{V}$。

(3)输出电压的脉动系数为 $S=\frac{1}{4R_LCf-1}\approx0.0025$。

(4)若电容发生虚焊，输出没有滤波，是整流之后的输出。整流后输出电压的平均值 $V_{o(AV)}\approx0.9V_2=18\text{V}$。二极管承受的最大反向电压仍为 $V_{Rmax}=\sqrt{2}V_2=28.2\text{V}$。根据谐波分析，桥式整流电路(未滤波)的基波的频率是 V_2 的频率 2 倍，即为 100Hz，则有 $V_{o1M}=\frac{2}{3}\times2\sqrt{2}V_2/\pi\approx12\text{V}$，所以脉动系数 $S=\frac{V_{o1M}}{V_{o(AV)}}=\frac{2}{3}$。脉动系数 S 也可以根据整流后的波形的傅里叶变换表达式求出，$S=\frac{\frac{4}{3\pi}\sqrt{2}V_2}{\frac{2}{\pi}\sqrt{2}V_2}=\frac{2}{3}$。

4. 电路如图 7.7 所示，已知 $R_L=80\Omega$，直流电压表的读数(V_o)为 110V。试求：

(1)直流电流表 A 的读数；

(2)交流电流表 V_1 的读数(V_1)；

(3)整流电流的最大值；

(4)变压器副边电流的有效值(忽略二极管正向电压)。

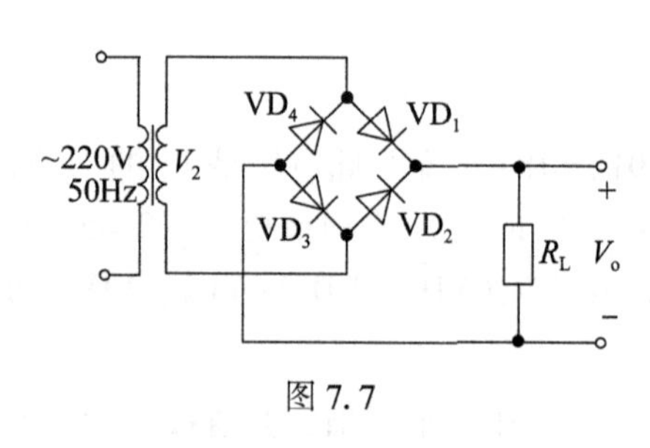

图 7.7

解：(1)直流电流表 A 的读数只需要将直流电压除以 R_L 就可以。

$I_o=\frac{V_o}{R_L}=\frac{110}{80}=1.375(\text{A})$。

(2)交流电流表 V_1 的读数即为变压器副边电压的有效值 V_2，由于 $0.9V_2=110$，即 $V_2=121\text{V}$。

(3)整流电流的最大值就是副边交流电压的峰值除以 R_L。

$I_{1max}=\frac{V_{1max}}{R_L}=\frac{121\sqrt{2}}{80}=2.14(\text{A})$。

(4)变压器副边电流的有效值需要根据定义进行计算，

$$I_1=\sqrt{\frac{1}{2\pi}\int_0^{\pi}(I_{1max}\sin\omega t)^2\text{d}t}=I_{1max}\sqrt{\frac{1}{2\pi}\int_0^{\pi}\sin^2\omega t\text{d}t}=\frac{1}{2}I_{1max}=1.07\text{A}。$$

5. 分析图 7.8 输出 V_o 与 V_{32} 之间的关系。

分析：联系 V_o 与 V_{32} 关系的纽带是 $V_P=V_N$，在这里 V_P 与 V_o 有关，V_N 与 V_{32} 有关。但需要注意 CW78XX 的 2 端不是接地的。

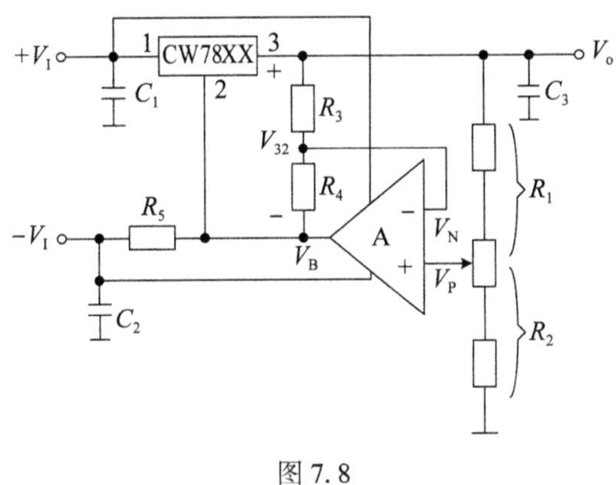

图 7.8

解：由于 $V_P=\frac{R_2}{R_1+R_2}V_o$，$V_N=\frac{R_4}{R_3+R_4}V_{32}+V_B$，$V_B+V_{32}=V_o$。

最后可得：$V_o=\frac{R_1+R_2}{R_1}\frac{R_3}{R_3+R_4}V_{32}$。

6. 由 LM317 组成的电路如图 7.9 所示，当 $V_{31}=1.2V$ 时，流过 R_1 的最小电流 I_{Rmin} 为 5~10mA，调整端 1 输出的电流 I_{adj} 远小于 I_{Rmin}，$V_i-V_o=2V$。

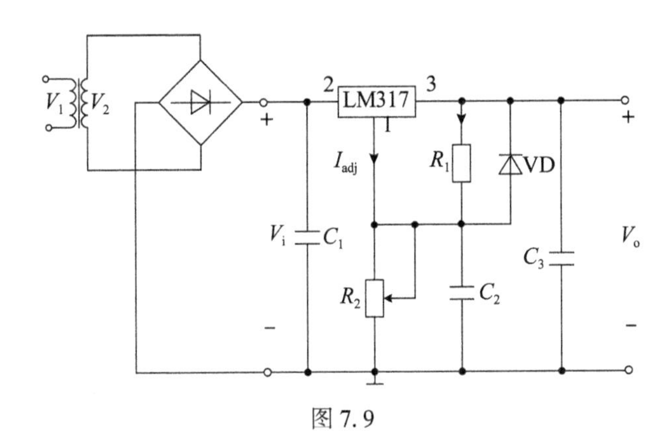

图 7.9

(1) 试求 R_1 的值；

(2) 当 $R_1=210\Omega$，$R_2=3k\Omega$ 时，求输出 V_o；

(3) 当 $V_o=37V$，$R_1=210\Omega$，求 R_2 及电路的最小输入电压 V_{imin}；

(4) 调节 R_2 从 0~6.2kΩ 变化时，求输出电压的调节范围。

解：(1) 由于 I_{adj} 远小于 I_{Rmin}，所以 $I_{R_1}=\frac{V_{31}}{R_1}$。当 $V_{31}=1.2V$ 时，流过 R_1 的最小电流 I_{Rmin} 为 5~10mA，

$R_1=\frac{1.2}{10\times10^{-3}}\sim\frac{1.2}{5\times10^{-3}}=120\sim240\Omega$。

(2)由于$\frac{V_{31}}{R_1}=\frac{V_o}{R_1+R_2}$，所以 $V_o=\frac{R_1+R_2}{R_1}\times V_{31}$代入数值计算得 $V_o=18.34\text{V}$。

(3)由于 $V_o=\frac{R_1+R_2}{R_1}\times V_{31}$，将 $V_o=37\text{V}$，$R_1=210\Omega$ 代入计算，$R_2=6.265\text{k}\Omega$。又由于 $V_i-V_o=2\text{V}$，$V_i=V_o+2=37+2=39(\text{V})$。

(4)由于 $V_o=\frac{R_1+R_2}{R_1}\times V_{31}$，$R_2$ 从 $0\sim6.2\text{k}\Omega$ 变化，$R_2=0$，$V_{omin}=1.2\text{V}$，$R_2=6.2\text{k}\Omega$，$V_{omax}=36.6\text{V}$。

7. 稳压电路如图 7.10 所示，稳压管的稳定电压为 4.3V，三极管的 $V_{BEQ}=0.7\text{V}$，$R_1=R_2=R_3=300\Omega$，$R_0=5\Omega$。试估算：

(1)输出电压的可调范围；

(2)调整管发射极允许的最大电流；

(3)若 $V_I=25\text{V}$，变化范围为 10%，则调整管的最大功耗为多少？

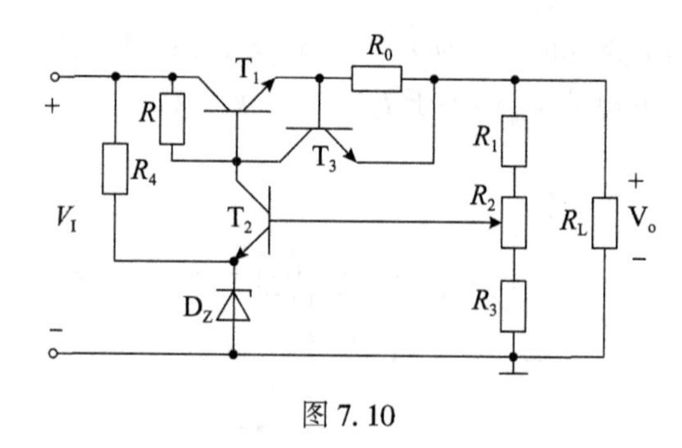

图 7.10

解：(1)电位器 R_2 的左边为基准电压，大小为 $V_{REF}=4.3+0.7=5(\text{V})$。

$V_o=\frac{R_1+R_2+R_3}{R_2+R_3}\times V_{REF}$。

当 R_2 最大时，V_o 最小为 7.5V，当 R_2 最小时，V_o 最大为 15V。

(2)电路中的 R_0 是个限流电阻，当 R_0 两端的电压大于 0.7V 时，T_3 导通，调整管 T_1 的发射结短路了，所以 T_1 发射极允许的最大电流为$\frac{0.7}{R_0}=0.14\text{A}$。

(3)V_I为 25V 且变化范围为 10%，则 V_I最大值为 27.5V，V_o 输出最小时调整管管压最大，为 $27.5-7.5=20(\text{V})$。调整管发射极允许的最大电流为 0.14A，可以计算出调整管最大管耗为 2.8W。

8. 某三端稳压扩展电路如图 7.11 所示，设运放为理想运放，$R_1=3\text{k}\Omega$，$R_W=1\text{k}\Omega$，$R_2=1\text{k}\Omega$。稳压器最大的功耗 $P_{CM}=3\text{W}$，$I_{CQ}\ll I_Q$，且输入端与输出端的电压差大于 3V。

求：(1)输出电压 V_o 的输出范围；(2)负载 R_L 的最小值。

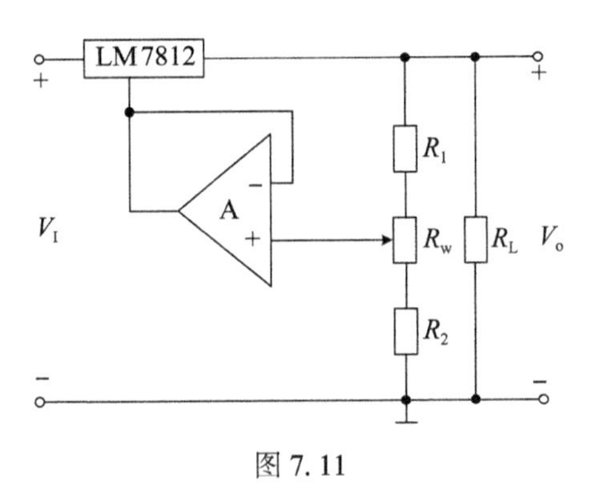

图 7.11

解：(1)由于 LM7812 正常输出为 12V，改变 R_W 时，V_o 的输出发生变化，R_W 动端在最上端时输出最大，为$\frac{12}{R_1}\times(R_1+R_W+R_3)=20\text{V}$。

R_W 动端在最下端时输出最小，为$\frac{12}{R_1+R_W}\times(R_1+R_W+R_3)=15\text{V}$。

故输出电压 V_o 的输出范围为 15~20V。

(2)由于稳压器输入端与输出端的电压差大于 3V，所以当输出最大时输入也要求最大，为 20+3=23(V)。此时稳压器的功耗为 $P_C=(V_I-V_o)I_o=(V_I-V_o)\frac{V_o}{R_L}$。

当 V_o 为$\frac{V_I}{2}=11.5\text{V}$ 时，P_C 最大。但 V_o 的最小值为 15V，此时的管耗应最大，为 $P_C=(V_I-V_o)\frac{V_o}{R_L}=(23-15)\frac{15}{R_L}\leqslant P_{CM}=3\text{W}$，因此 $R_L\geqslant 40\Omega$。

9. 电路如图 7.12 所示，已知变压器的副边电压 V_2 有效值为 24V，$R_1=0.6\text{k}\Omega$，$R_W=1\text{k}\Omega$，$R_2=0.6\text{k}\Omega$。

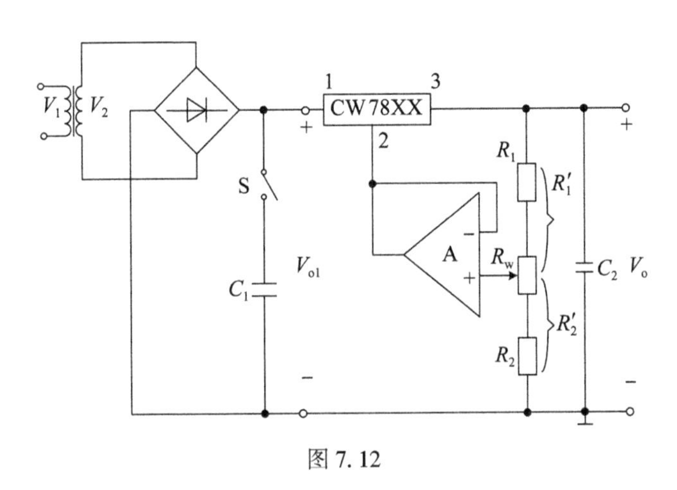

图 7.12

(1)求开关S打开时输出电压V_{o1}的值；

(2)求V_o的表达式(设R_W滑线头以上部分为R_1'，R_W滑线头以下部分为R_2'，开关S闭合)；

(3)若要使V_o升高，R_W滑线头应上移还是下移？(4)求V_o的可调范围。

解：(1)开关S打开前是闭合的，有滤波电容和负载，输出是正常的，$V_{o1}=1.2V_2=28.8V$。所以开关S打开时输出电压值为28.8V。

(2)由于三端稳压器3、2端电压V_{32}就是电阻R_1'两端的电压，V_o两端的电压就是$R_1'+R_2'$两端的电压，所以$\frac{V_{32}}{R_1'}=\frac{V_o}{R_1'+R_2'}$，这样$V_o=\frac{R_1'+R_2'}{R_1'}V_{32}$。

(3)要使V_o升高，R_1'应减小，R_W的滑线头上移。

(4)当R_1'最小($=R_1$)时V_o为最大$V_{omax}=\frac{R_1+R_2+R_W}{R_1}V_{32}=\frac{11}{3}V_{32}$，当$R_1'$最大($=R_1+R_W$)时$V_o$为最小，$V_{omin}=\frac{R_1+R_2+R_W}{R_1+R_W}V_{32}=\frac{11}{8}V_{32}$。

10. 串联型开关稳压电源原理框图如图7.13所示，已知输入电压V_I为直流电压，开关调整管T的饱和压降和穿透电流不计，电感L的直流压降不计，设V_B在开关转换每个周期内为高电平的时间为T_K。

(1)开关调整管T的发射极V_E的波形是什么？

(2)若取样电压V_F升高，则V_B的脉宽T_K如何变化？

(3)在同样输出电压条件下，若三角波发生器输出V_T的周期减小，则开关调整管T的管耗如何变化？

(4)求输出电压V_o。

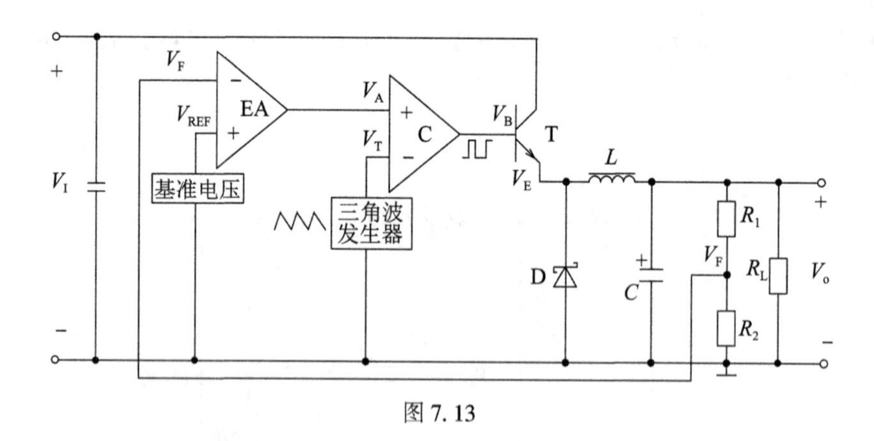

图7.13

解：(1)由于V_B是方波，所以V_E也是方波。

(2)若V_F升高，则T_K减小。

(3)若V_T减小，管耗减小。

(4) $V_o=\frac{T_K}{T}V_I$。

三、扩展题

本章扩展题是对整流电路及稳压电路的延伸。

1. 图 7.14 所示是一个高阻交流电压表电路，设 A 是理想运放，被测量的是正弦电压，其有效值为 v_i。

(1) 请在图中标出流过表头 M 的电流方向；

(2) 写出表头电流平均值 $I_{M(AV)}$ 的表达式；

(3) 已知直流表头的满偏电流为 100μA，现要求当 $v_i=1V$ 时，表头的指示为满刻度，试求出能满足此要求的电阻 R；

(4) 若将正弦电压 v_i 改为直流电压 V，表针能否偏转？若将上面的 1V 交流电压表改为 1V 直流电压产生满偏的电压表，电路参数要如何改变？

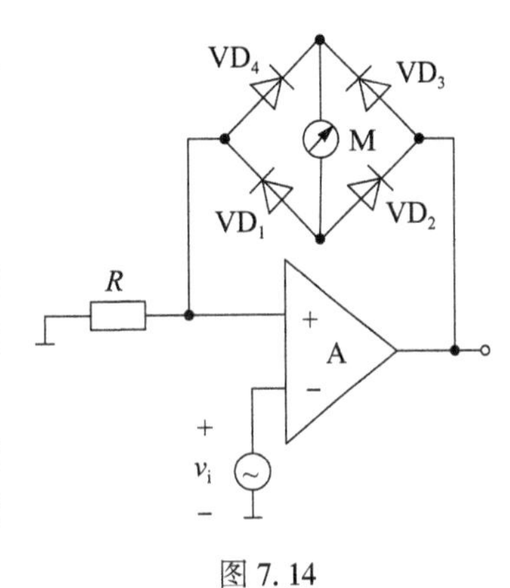

图 7.14

解：这是桥式整流和同相放大结合起来的问题。

(1) 不管 v_i 为正负极性，电流都是从上往下流，流过表头 M 的电流方向从上至下。

(2) $I_{M(AV)}\approx 0.9\frac{v_i}{R}$。

(3) $R=\frac{0.9v_i}{I_{M(AV)}}=9000\Omega$。

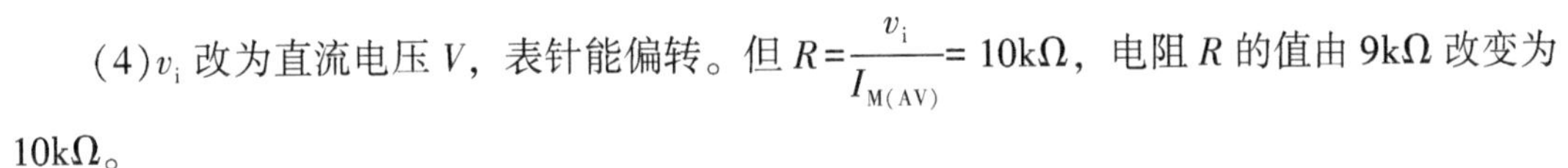

(4) v_i 改为直流电压 V，表针能偏转。但 $R=\frac{v_i}{I_{M(AV)}}=10k\Omega$，电阻 R 的值由 9kΩ 改变为 10kΩ。

2. 直流稳压电路如图 7.15 所示，已知 7805 的静态电流 $I_3=8mA$，晶体管为硅管且其 β 值为 50，$R_1=5k\Omega$，$R_2=1k\Omega$，$V_I=16V$，求 V_o 的值。

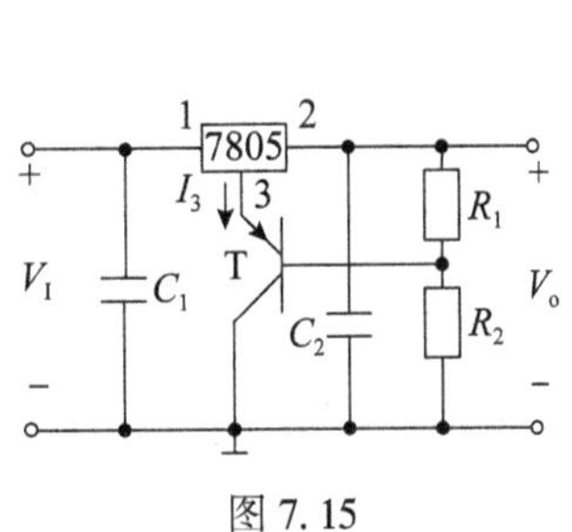

图 7.15

解：通常情况下不考虑 7805 的 3 脚输出电流，但这里已经明确 $I_3=8mA$。另外 V_{23} 也不是 5V，而是 5+0.7=5.7(V)。

$$V_o=V_{R_1}+V_{R_2}=5.7+\left(\frac{5.7}{R_1}+\frac{I_3}{\beta+1}\right)R_2\approx 7(V)。$$

3. 线性串联稳压电路图如图 7.16(a)所示。

(1) 请指出电路存在的两处错误；

(2) 电路中 R_0、R_3 的作用；

(3) 若 $V_I=24V$，$V_Z=5.3V$，$V_{CES1}=2V$，$V_{BE2}=0.7V$，$R_1=600\Omega$，$R_2=R_W=300\Omega$，试求 V_o 的输出范围。

解：(1)电路存在两处错误是：①稳压二极管 D_Z 接反；②电容 C_2 极性接反。修改后如图 7.16(b)所示。

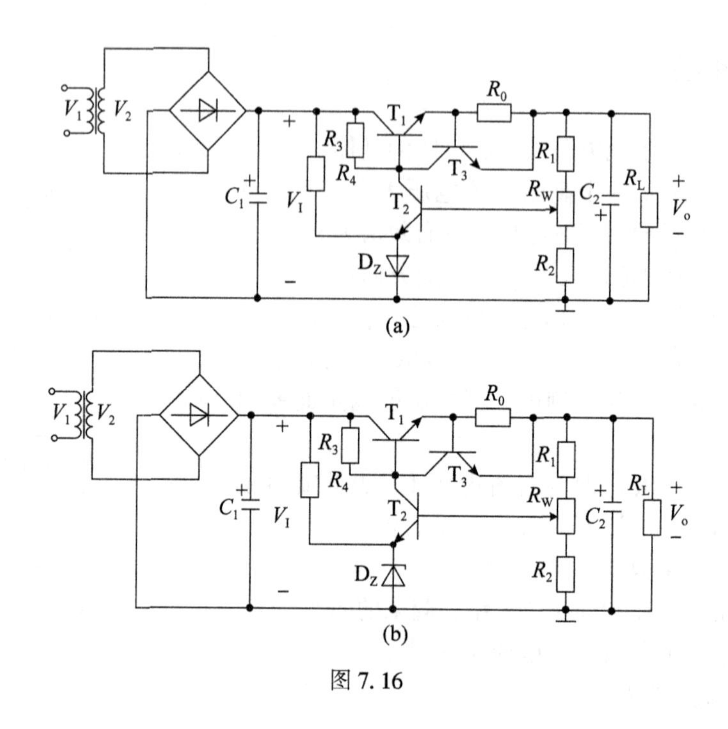

图 7.16

(2)电路中 R_0 是给 T_1 限流的，T_1 的发射极电流超过一定值，R_0 两端的电压大于 V_{BE3}，T_3 导通，T_1 截止。R_3 的作用是基极电流和给 T_2 提供集电极电阻。

(3) $V_{REF}=V_Z+V_{BE2}=5.3+0.7=6(V)$，$\dfrac{V_o}{V_{REF}}=\dfrac{R_1+R_W+R_2}{R_2+R'_W}$，其中 R'_W 为电位器触头下部分电阻。当 R'_W 为最大时(触头在最上端)，V_o 最小为 $V_{omin}=6\times\dfrac{600+300+300}{300+300}=12(V)$。

当 R'_W 为最小时(触头在最下端)，V_o 最大为 $V_{omax}=6\times\dfrac{600+300+300}{300}=24(V)$。但实际输出最大值为 $V_{omax}=V_I-V_{CES1}=24-2=22(V)$。所以 V_o 的输出范围为 12~22V。

4. 两个电路图如图 7.17 所示。

(1)试求各电路负载电流的表达式；

(2)设 $V_I=20V$，$V_{CES}=3V$，$|V_{BE}|=0.7V$，W7805 输入端和输出端间的最小电压为 3V，$V_Z=5V$，$R_1=R=50\Omega$。求两电路负载电阻的最大值。

解：(1)图 7.17(a)中 $I_ER_1+|V_{BE}|=V_Z$，所以 $I_E=\dfrac{V_Z-|V_{BE}|}{R_1}$，$I_o=I_C\approx I_E=\dfrac{V_Z-|V_{BE}|}{R_1}$。

图 7.17(b)中 $I_o=\dfrac{5V}{R}$。

(2)图 7.17(a)中 $I_o=\dfrac{V_Z-|V_{BE}|}{R_1}=86mA$，输出电压的最大值 V_{omax}，$V_{omax}=V_I-(V_Z-$

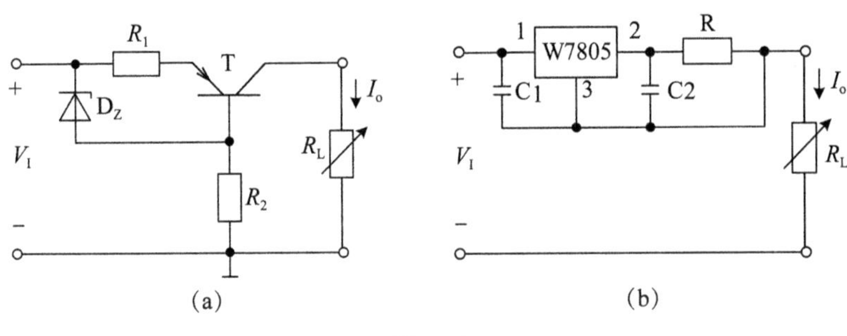

图 7.17

V_{EB})$-V_{CES}=20-4.3-3=12.7$(V)。

负载最大值 $R_{Lmax}=\dfrac{V_{omax}}{I_o}=\dfrac{12.7}{0.086}=148(\Omega)$。

图 7.17(b)中 $I_o=\dfrac{5V}{R}=100mA$，输出电压最大值 V_{omax}。

$V_{omax}=V_I-V_{12}-V_R=20-3-5=12$(V)。

负载最大值 $R_{Lmax}=\dfrac{V_{omax}}{I_o}=\dfrac{12}{0.1}=120(\Omega)$。

5. 串联型稳压电源电路图如图 7.18 所示，已知 $V_2=20V$，各晶体管 $V_{BEQ}=0.7V$，$\beta_1=20$，$\beta_2=40$，$V_Z=6V$，$I_{Zmin}=10mA$，$R_W=100\Omega$，$R_L=60\Omega$。

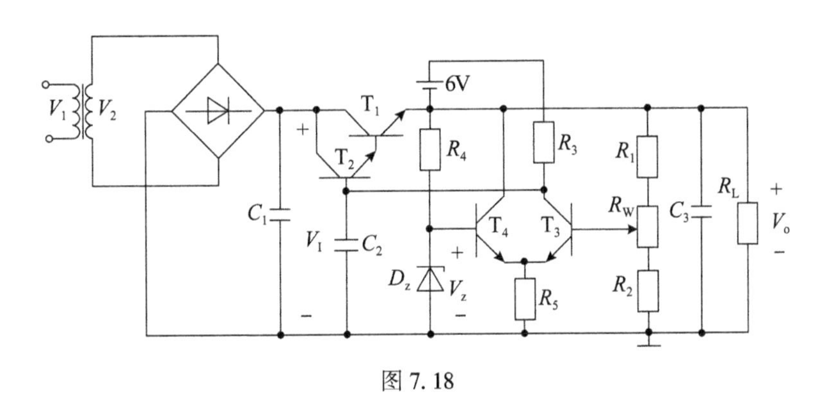

图 7.18

(1)试选择 R_1 和 R_2 的值，使 V_o 由 9~18V 连续可调；

(2)确定调整管 T_1 的集电极最大允许耗散功率 P_{CM}；

(3)选择 R_3 的值；

(4)选择 R_4的值。

解：(1)由于 $V_{REF}=V_Z=6V$，$\dfrac{V_{REF}}{V_o}=\dfrac{R_2+R'_W}{R_1+R_W+R_2}$，$R'_W$ 为电位器触头下部分电阻。

当 $R'_W=100$ 时，$V_{omin}=9V$；当 $R'_W=0$ 时，$V_{omax}=18V$。代入计算得：$R_1=R_2=100\Omega$。

(2) $P_C=(V_I-V_o)\dfrac{V_o}{(R_1+R_W+R_2)/\!/R_L}$。

由于 $V_2=20V$，所以 $V_I=24V$，$(R_1+R_W+R_2)/\!/R_L=300/\!/60=50(\Omega)$。

所以 $P_C=(24-V_o)\dfrac{V_o}{50}$。当 $V_o=12V$ 时，P_C 最大为 $P_{Cmax}=2.88W$。

(3) 当 $V_{omax}=18V$ 时，输出电流最大 $I_{omax}=18/50=360(mA)$。忽略 T_4 集电极电流和流过 R_3、R_4 的电流，$I_{e1max}\approx 360mA$。假设 T_3 截止，则 $I_{R3}\approx\dfrac{I_{e1max}}{\beta_1\beta_2}=0.45mA$。

于是可得 $R_3=\dfrac{6-V_{BE1}-V_{BE2}}{I_{R_3}}\approx 10.2k\Omega$。

(4) $R_4\leqslant\dfrac{V_{omin}-V_Z}{I_{Zmin}}=300\Omega$。

四、填空选择题

本章填空选题都是基本概念及引申的内容，目的是加强对基本概念的掌握和理解。

1. 稳压的作用是在(　　)波动或(　　)变动的情况下，保持(　　)不变。

2. 线性电源的调整管工作在(　　)区，所以称为线性电源，线性电源因(　　)，工作效率(　　)。

3. 直流稳压电源是将(　　)电变换成(　　)电。

4. 单相桥式整流、电容滤波电路变压器次级电压的有效值为 20V，正常工作时负载上的直流电压为(　　)，若不慎将负载开路，则电容上的直流电压变为(　　)。

5. 若电源变压器次级电压的有效值为 V_2，单相桥式整流电路的输出电压平均值为(　　)。在负载电阻两端并联电容 C 或在整流电路输出端与负载间串联电感 L 的作用是(　　)。

6. 在图 7.19 电路中，当电路某一参数变化时其余参数不变。正常工作时，$V_I\approx$(　　)；R 开路时，$V_I\approx$(　　)；电网电压降低时，I_Z 将(　　)；负载电阻 R_L 增大时，I_Z 将(　　)。

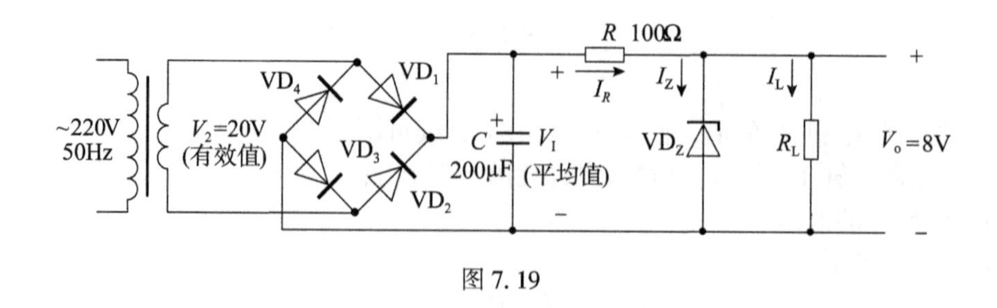

图 7.19

7. 电路如图 7.20 所示，W117 为可调式三端集成稳压器，当 R_2 增大时，输出电压

(　　)；如果 $V_{REF}=1.25V$，$R_1=500\Omega$，$R_2=1.5k\Omega$，则输出电压为(　　)。

8. 在如图 7.21 所示的基本串联型稳压电源中，如果输出电压 V_o 的变化范围是 9～18V，$R_1=R_2=R_3=1k\Omega$，则 $V_Z=$(　　)V；如果考虑电网的电压波动为±10%，$V_{CES}=3V$，V_I至少选取(　　)V。

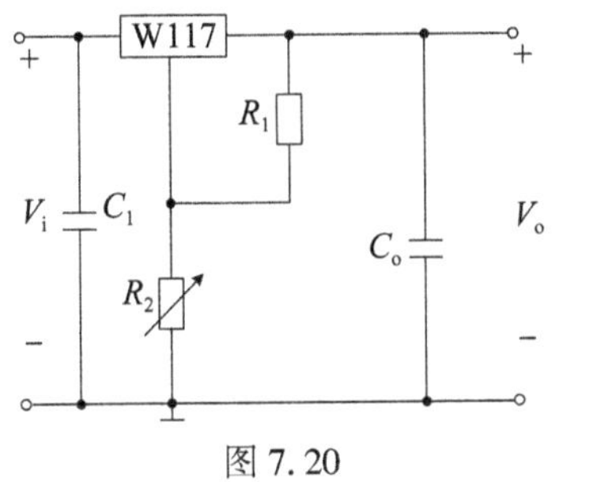

图 7.20

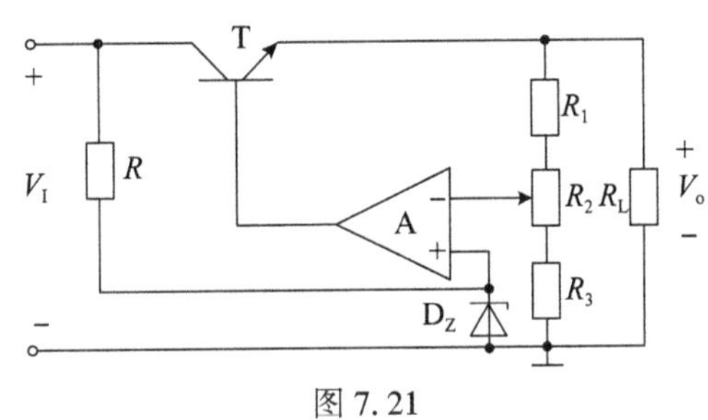

图 7.21

9. 串联稳压电源由取样电路、(　　)、(　　)和调整管构成。

10. 如图 7.22 所示串联型稳压电源，该电路的整流滤波部分由(　　)组成，调整管部分由(　　)组成，基准电压部分由(　　)组成，比较放大部分由(　　)组成，输出电压采样部分由(　　)组成。输出电压范围为(　　)V≤V_o≤(　　)V。

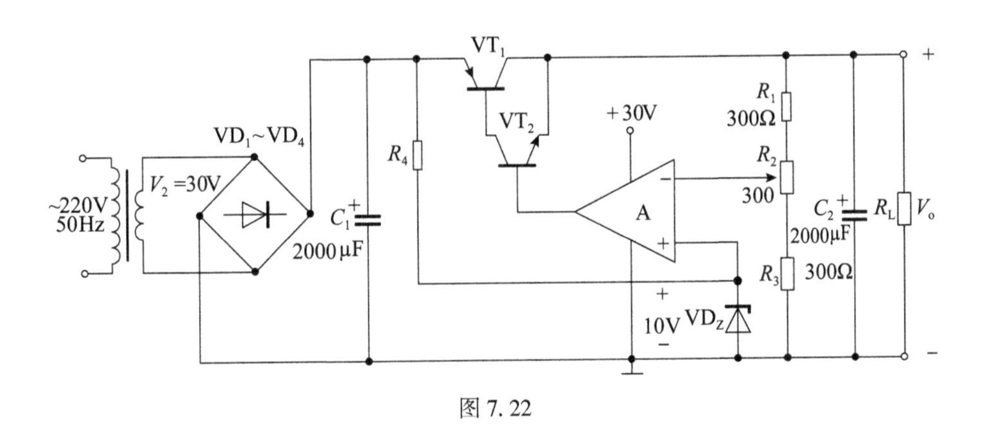

图 7.22

11. 如图 7.23 所示全波整流电路中，已知变压器次级电压有效值 $V_{21}=V_{22}=20V$，变压器的内阻和二极管的正向电压均可忽略不计，负载电阻 $R_L=300\ \Omega$，则输出电压的平均值 $V_{o(AV)}\approx$(　　)V，负载电阻上的电流平均值 $I_{L(AV)}\approx$(　　)mA；若考虑到电网电压波动范围为±10%，在选择二极管时，其最大整流平均电流 I_F应大于(　　)mA，最高反向工作电压 V_{RM}应大于(　　)V。

12. 如图 7.24 所示半波整流电路中，已知变压器次级电压 $v_2=20\sqrt{2}\sin\omega t$ V，变压器内阻及二极管正向电阻均可忽略不计，负载电阻 $R_L=300\ \Omega$。该输出电压平均值 $V_{o(AV)}\approx$(　　)V，负载电阻上的电流平均值 $I_{L(AV)}\approx$(　　)mA；若考虑到电网电压允许波动

±10%，在选择二极管时，其最大整流平均电流 I_F 应大于(　　)mA，最大反向工作电压 U_{RM} 应大于(　　)V。

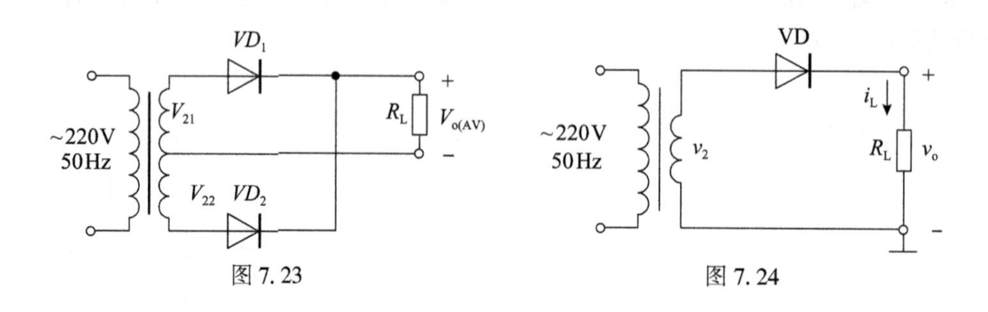

图 7.23　　图 7.24

13. 已知变压器内阻及二极管导通电压均可忽略不计，图 7.25(a)所示电路中桥式整流电路输出电压波形 u_D 如图所示，$R<<R_L$（R 为电感线圈电阻）；图 7.25(b)所示电路中 $R_LC=(3\sim5)T/2$（T 为电网电压的周期）。输出电压平均值 $V_{o1}\approx$(　　)，$V_{o2}\approx$(　　)；当空载时，$V_{o1}\approx$(　　)，$V_{o2}\approx$(　　)。

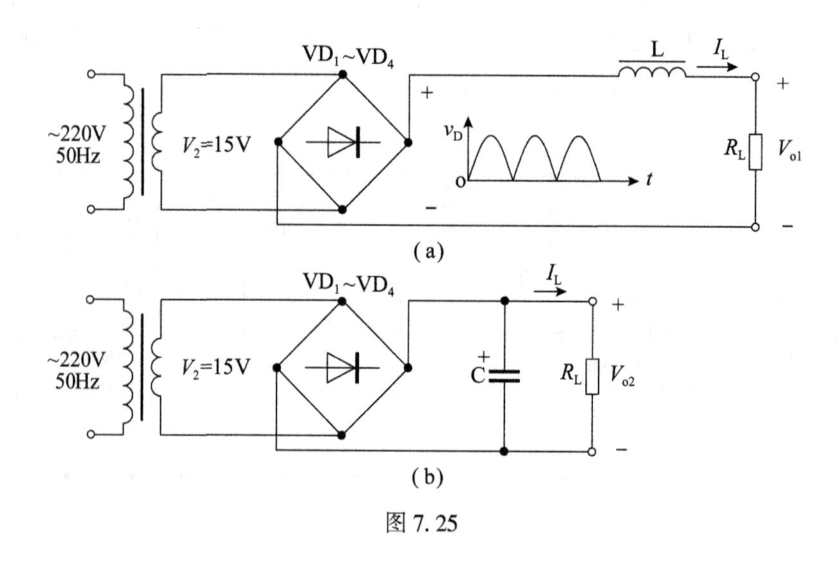

图 7.25

14. 如图 7.26 所示桥式整流电路中，已知变压器次级电压的有效值 $V_2=20\text{V}$，变压器内阻和二极管的正向电压均可忽略不计，负载电阻 $R_L=300\ \Omega$。该输出电压的平均值 $V_{o(AV)}\approx$(　　)V，负载电阻上电流的平均值 $I_{L(AV)}\approx$(　　)mA；若考虑到电网电压允许波动±10%，在选择二极管时，其最大整流平均电流 I_F 应大于(　　)mA，最高反向工作电压 V_{RM} 应大于(　　)V。

15. 直流稳压电源中滤波电路的目的是(　　)。

A. 将交流变为直流　　B. 将高频变为低频

C. 将交、直流混合量中的交流成分滤掉　　D. 保护电源

16. 如图 7.27 所示单相桥式整流、电容滤波电路，电容量足够大时，已知副边电压

有效值为 $V_2=10V$，测得输出电压的平均值 $V_{o(AV)}=4.5V$，则可能是(　　)。

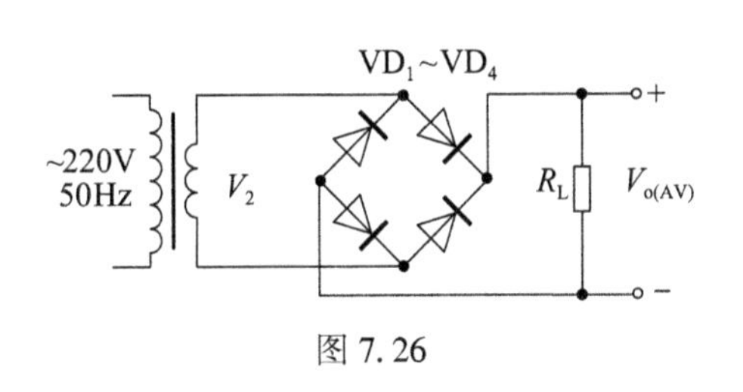

图 7.26

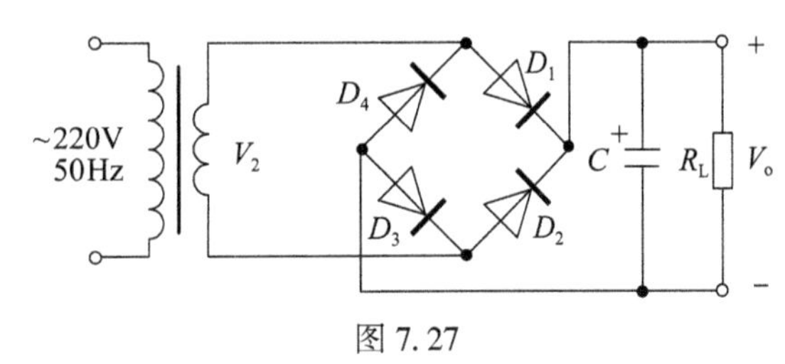

图 7.27

A. 电路正常工作　　B. 电容 C 开路

C. 负载 R_L 开路　　D. 电容 C 和二极管 D_1 同时开路

◎ 参考答案

1. 输入电压　负载　输出直流电压　　2. 放大　调整管有损耗　较低

3. 交流　　直流　　4. 24V　28V　　5. $0.9V_2$　滤波　　6. 18V　28V　减小　增大

7. 增大　5V　　8. 6V　23.1V　　9. 比较放大　基准电压

10. $VD_1 \sim VD_4$ 及 C_1　VT_1 和 VT_2　R_4 和 VD_Z　A　R_1、R_2 和 R_3　15　30

11. 18　60　33　$62=1.1\times2\times20\sqrt{2}$　　12. 9　30　33　31

13. 13.5V　18V　13.5V　21.2V　　14. 18　60　33　31　　15. C　　16. D

第二部分

数字电子技术部分

第八章　数字逻辑基础

一、知识脉络

本章知识脉络：数制与代码(数制及转换、二进制代码)、逻辑门及运算(基本逻辑运算、逻辑门)、逻辑代数(规则与定律、表达式及化简)。

1. 十进制数转换成二进制数分整数和小数两部分，整数部分可根据权值试系数，小数部分采用乘 2 顺序取整，取的位数与精度有关，取 4 位的精度为 0.1，取 7 位的精度为 0.01，取 10 位的精度为 0.001。二进制转换成八和十六进制是简单取位的问题，位数不足整数高位补零，小数低位补零。

2. BCD 码 (Binary Coded Decimal)即为二-十进制码，用 4 位二进制数来表示一位十进制数的数码，如 8421 码、2421 码、5421 码、余 3 码、余 3 循环码。格雷码也是一种常见二进制代码，是无权码，具有相邻性。用横加的方法把二进制码转换成格雷码，用斜加的方法格雷码转换成二进制码。

3. 基本的逻辑门包括与、或、非三种，可以组成与非、或非、与或非、同或、异或等复合门，有特异形和矩形两种不同画法，如图 8.1 所示。

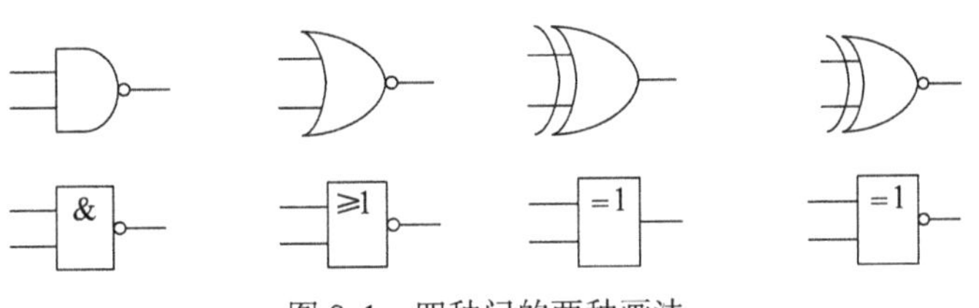

图 8.1　四种门的两种画法

异或的表达式为 $A\oplus B=\overline{A}B+A\overline{B}$。同或的表达式为 $A\odot B=\overline{A}\,\overline{B}+AB$。

构成逻辑电路还有传输门、OD/OC 门、三态门(TSL)等，其画法如图 8.2 所示。传输门受信号的控制实现通与断；OD/OC 门是漏极/集电极开路的与非门，可以直接实现线与，但需要接漏极/集电极电阻和电源；三态门(TSL)也是受信号的控制，输出除了 1、0 外还有高阻态。

4. 逻辑代数的定律和恒等式：

(1)分配律：$A+BC=(A+B)(A+C)$；

(2)摩根定理：$\overline{A+B}=\overline{A}\cdot\overline{B}$　$\overline{A\cdot B}=\overline{A}+\overline{B}$；

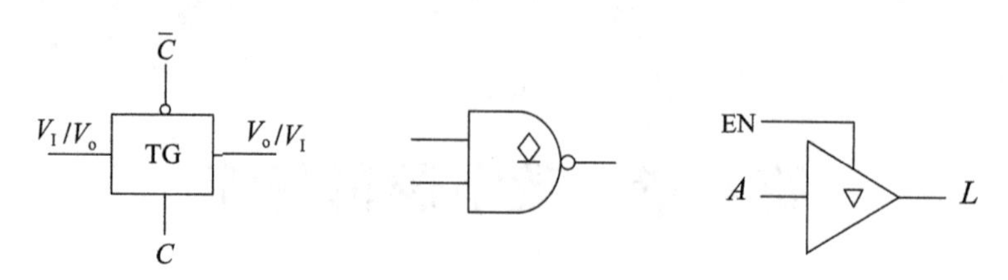

图 8.2 传输门、OD/OC 门、三态门的画法

(3)多余项定理：$AB+\bar{A}C+BC=AB+\bar{A}C$，　　$(A+B)(\bar{A}+C)(B+C)=(A+B)(\bar{A}+C)$；

(4)反演规则：不改变运算优先顺序及反变量以外的非号情况下，与、或互换，原变量、反变量互换，0、1 互换，这样就可以得到原函数的反函数；

(5)对偶规则 不改变运算优先顺序及反变量以外的非号情况下，与、或互换，0、1 互换，这样就可以得到原函数的对偶式。

5. 逻辑函数的基本形式：

(1)与-或表达式：$L=AB+\bar{A}C$

(2)或-与表达式：$L=(A+B)(\bar{A}+C)$(两者可以通过取非化简得到)

最小项：乘积项，每个变量以原变量或反变量的形式在乘积项中出现，且仅出现一次，用 m_i 来表示。

最大项：或项，每个变量以原变量或反变量的形式在或项中出现，且仅出现一次，用 M_i 来表示。(最小项与最大项为互补关系)

6. 逻辑函数的化简：

(1)代数化简：并项法、吸收法、消去法、多余项法。

(2)卡诺图法：合并逻辑相邻项。

(原则)卡诺圈大而少，2^n 个，任意项使用，含不同项可重复圈。

二、习题详解

1. $[0010\ 0011]_{8421BCD}+[0010\ 0000\ 0011]_{8421BCD}=[0010\ 0010\ 0110]_{8421BCD}=[1110\ 0010]_B$

(8421BCD 码是用 4 位权值为 8421 的二进制数来表示一位十进制数的数码)

2. $[8]_D=[1110]_{余3循环码}$

(余 3 码是十进制数加 3 的 8421 码，余 3 循环码是余 3 码的格雷码，用横加完成)

3. $[112.34]_D=[111\ 0000.0101\ 0111\ 00]_B=[70.570]_H$(精确到 0.1%)

(精确到 0.1%时小数点后面需取 10 位，十六进制的低位要补零)

4. 用公式法将下列两式化简成最简与-或式，并用标准最小项表示。

(1)$F(A,B,C)=\overline{A\bar{B}+B\bar{C}+\bar{A}C}$

$F(A,B,C)=\overline{A\bar{B}+B\bar{C}+\bar{A}C}=\overline{A\bar{B}}\cdot\overline{B\bar{C}}\cdot\overline{\bar{A}C}=(\bar{A}+B)(\bar{B}+C)(A+\bar{C})$

$$=(\bar{A}\,\bar{B}+\bar{A}C+BC)(A+\bar{C})=ABC+\bar{A}\,\bar{B}\,\bar{C}$$

$$=\sum m(0,\ 7)$$

(两次用摩根定理去掉非号，再相乘合并)

(2) $F(A,\ B,\ C)=(A\oplus B)(B\oplus C)+(A+C)(\bar{A}+B)$

$F(A,\ B,\ C)=(A\oplus B)(B\oplus C)+(A+C)(\bar{A}+B)=(\bar{A}B+A\,\bar{B})(\bar{B}C+B\,\bar{C})+AB+\bar{A}C+BC$

$$=\bar{A}\,B\,\bar{C}+A\,\bar{B}C+AB+\bar{A}C+BC=B+C$$

$$=\sum m(2,\ 3,\ 4,\ 5,\ 6,\ 7,\ 10,\ 11,\ 12,\ 13,\ 14,\ 15)$$

(先把异或式展开，后用多余项公式)

5. 试用公式法证明下列两式。

(1) $AB+\bar{A}C+(\bar{B}+\bar{C})D=AB+\bar{A}C+D$

证明：左边 $=AB+\bar{A}C+BC+\overline{BC}D$ (多余项定理和摩根定理)

$=AB+\bar{A}C+BC+D$ (吸收法)

$=AB+\bar{A}C+D$ (多余项定理)

(2) $\bar{A}\,\bar{C}+\bar{A}\,\bar{B}+\bar{A}\,\bar{C}\,\bar{D}+BC=\bar{A}+BC$

证明：左边 $=\bar{A}(\bar{B}+\bar{C})+\bar{A}\,\bar{C}\,\bar{D}+BC$ (合并)

$=\bar{A}\,\overline{BC}+\bar{A}\,\bar{C}\,\bar{D}+BC$ (摩根定理)

$=\bar{A}+BC+\bar{A}\,\bar{C}\,\bar{D}$ (吸收法)

$=\bar{A}+BC$ (吸收法)

6. 求下列两式的最小项表达式。

(1) $F(A,\ B,\ C,\ D)=\overline{\overline{\overline{\overline{AB}+C}+BD}+\overline{AD}}+\overline{\bar{B}+\bar{C}}$

原式 $=(\overline{AB+C}+BD)AD+BC$ (去非号)

$=(\overline{AB}\cdot\bar{C}+BD)AD+BC$ (去非号)

$=(\bar{A}+\bar{B})\bar{C}AD+ABD+BC$ (去非号展开)

$=A\,\bar{B}\,\bar{C}D+ABD+BC$ (吸收法)

$=ABD+A\,\bar{C}D+BC$

$=\sum m(6,\ 7,\ 9,\ 13,\ 14,\ 15)$

(2) $F(A,\ B,\ C,\ D)=(A+B)(A+B+C)(\bar{A}+C)(B+C+D)$

原式 $=(A+B)(\bar{A}+C)(B+C+D)$ (多余项定理)

$=(A+B)(\bar{A}+C)$ (多余项定理)

$=AC+\bar{A}B$

$$=\sum m(4-7,\ 10,\ 11,\ 14,\ 15)$$

7. 用卡诺图化简下列各式。

(1) $F(A, B, C, D)=\sum m(4, 5, 6, 8, 9, 10, 13, 14, 15)$

(画卡诺图如图 8.3 所示，标出最小项，合并相邻项)

这里最多的相邻项只有 2 个

原式 $=\bar{A}B\bar{C}+ABD+A\bar{B}\bar{C}+BC\bar{D}+AC\bar{D}$

(2) $F(A, B, C, D)=\sum m(0, 1, 4, 7, 9, 10, 15)+\sum d(2, 5, 8, 12)$

(要充分利用好任意项画最大卡诺图，如图 8.4 所示)

原式 $=\bar{C}\bar{D}+\bar{B}\bar{D}+\bar{B}\bar{C}+BCD$

(3) $F(A, B, C, D)=\Pi M(5, 7, 9, 11)$

(可以直接根据最大项，也可以利用互补关系得最小项，如图 8.5 所示)

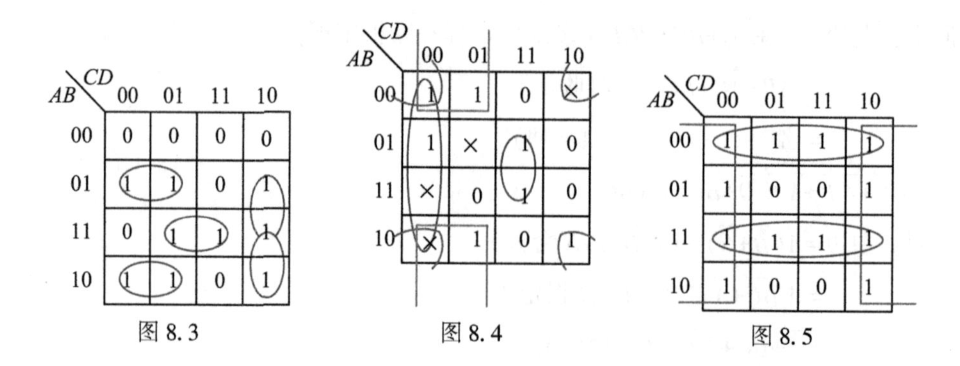

图 8.3　　图 8.4　　图 8.5

原式 $=AB+\bar{A}\bar{B}+\bar{D}$

8. 将 $L=AB+\bar{A}C$ 表达式变换成与或式，与非式，或与式，或非式，与或非式。

答：$L=AB+\bar{A}C$　…………与-或式

$=\overline{\overline{AB+\bar{A}C}}$　(取非)

$=\overline{\overline{AB}\cdot\overline{\bar{A}C}}$　…………与非-与非式

$=\overline{(\bar{A}+\bar{B})\cdot(A+\bar{C})}$ (去括号展开)

$=\overline{A\bar{B}+\bar{A}\bar{C}}$　…………与或非式

$L=AB+\bar{A}C=(A+C)(\bar{A}+B)$　(分配律)　…………或-与式

$=\overline{\overline{(A+C)(\bar{A}+B)}}$　(取非)

$=\overline{\overline{A+C}+\overline{\bar{A}+B}}$　…………或非-或非式

三、扩展题

1. CMOS 两输入端的同或门、或非门要成为反相器，各应如何处理？

答：CMOS 两输入端的同或门要成为反相器应将一输入端接地。

（根据公式 $A\odot B=\overline{A}\,\overline{B}+AB$ 可得另一输入端接地）

CMOS 两输入端的或非门要成为反相器应将一输入端接地。

（根据公式$\overline{A+B}=\overline{A}\cdot\overline{B}$ 可得另一输入端接地）

2. 分别求出图 8.6 和图 8.7 的逻辑表达式？

答：$L_1=\overline{A\cdot B}+\overline{C\cdot D}$　　　$L_2=\overline{A+B}\cdot\overline{C+D}$

（图 8.6 的两二极管和电阻构成分立器件的或门，或门的输入端为与非门；图 8.7 的两二极管和电阻构成分立器件的与门，与门的输入端为或非门）

3. 用基本的与、或、非三种逻辑门实现图 8.8 的逻辑关系？

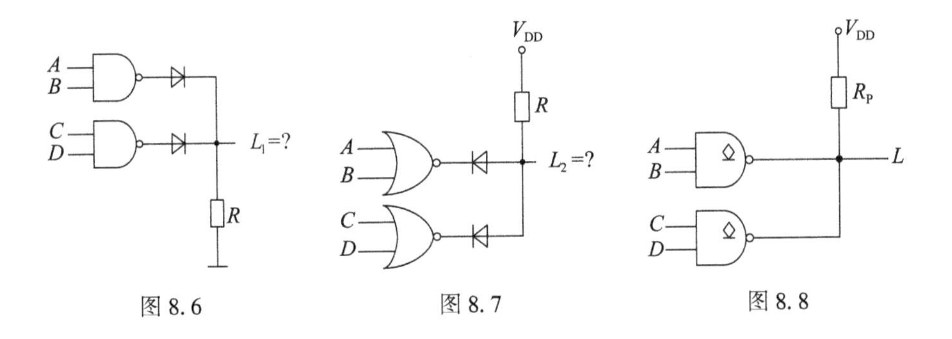

图 8.6　　　图 8.7　　　图 8.8

答：$L=\overline{AB}\cdot\overline{CD}=(\overline{A}+\overline{B})(\overline{C}+\overline{D})=\overline{A}\,\overline{C}+\overline{A}\,\overline{D}+\overline{B}\,\overline{C}+\overline{B}\,\overline{D}$

（OD 门实现线与功能，去非展开用基本的与或非门来实现）

4. 实际的 CMOS 与非门的输入和输出都有反相器缓冲电路，请画出带缓冲的 CMOS 二输入与非门的逻辑图？

答：$L=\overline{AB}=\overline{A}+\overline{B}=\overline{\overline{\overline{A}+\overline{B}}}$，如图 8.9 所示。

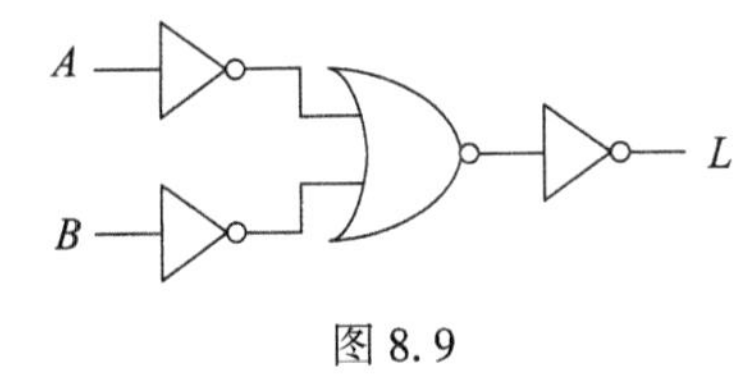

图 8.9

（由于要求输入和输出都要有反相器，只能通过取非非来实现）

四、填空选择题

1. 十进制数3.625的二进制数和8421BCD码分别为(　　)。

A. 11.11 和 11.001　　B. 11.101 和 0011.011000100101

C. 11.01 和 11.011000100101　　D. 11.101 和 11.101

2. 下列几种说法中错误的是(　　)。

A. 任何逻辑函数都可以用卡诺图表示

B. 逻辑函数的卡诺图是唯一的

C. 同一个卡诺图化简结果可能不是唯一的

D. 卡诺图中1的个数和0的个数相同

3. 和TTL电路相比，CMOS电路最突出的优点在于(　　)。

A. 可靠性高　　B. 抗干扰能力强

C. 速度快　　D. 功耗低

4. 用卡诺图法化简函数 $F(A, B, C, D)=\sum m(0, 2, 3, 4, 6, 11, 12)+\sum d(8, 9, 10, 13, 14, 15)$ 得最简与-或式(　　)。

A. $F=\overline{B}+BC$　　B. $F=A+\overline{D}+\overline{B}C$　　C. $F=\overline{D}+\overline{B}C$　　D. $F=CD+\overline{B}+A$

5. 逻辑函数 F_1、F_2、F_3 的卡诺图如图8.10所示，它们之间的逻辑关系是(　　)。

A. $F_3=F_1 \cdot F_2$　　B. $F_3=F_1+F_2$　　C. $F_2=F_1 \cdot F_3$　　D. $F_2=F_1+F_3$

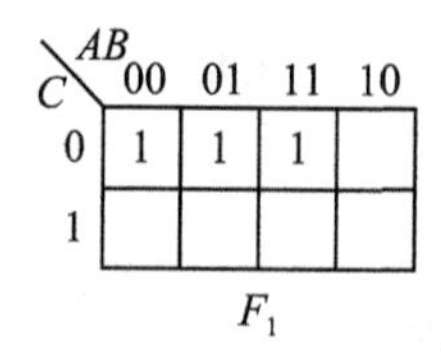

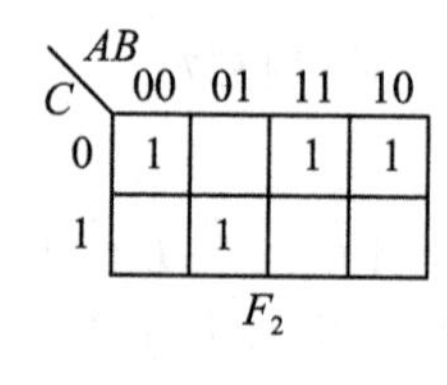

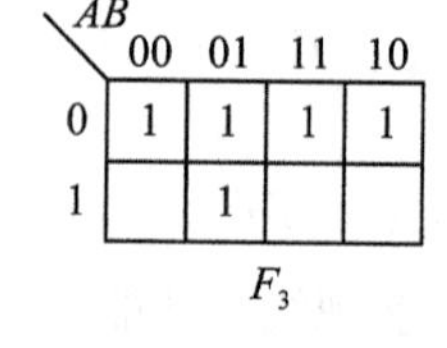

图8.10

6. 某逻辑门的输入端 A、B 和输出端 F 的波形图8.11所示，F 与 A、B 的逻辑关系是(　　)。

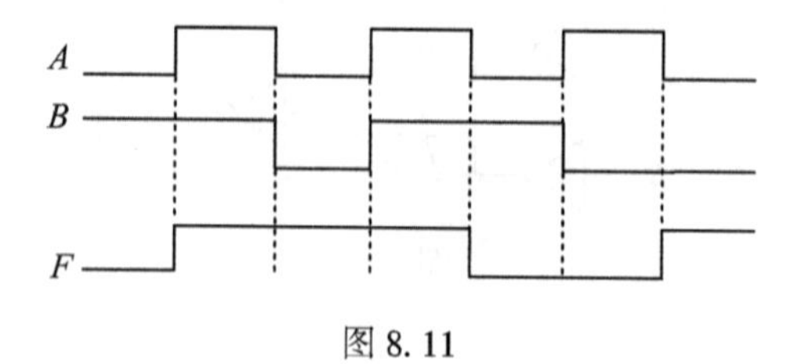

图8.11

A. 与非　　B. 同或　　C. 异或　　D. 或

7. 异或门可以实现(　　)功能。

①二进制数相乘　　②奇偶校验

③格雷码转换成二进制码　　④二进制数相加与相减

A. ①④　　B. ②③　　C. ②④　　D. ②③④

8. 逻辑函数表达式 $L=AC+\bar{C}D$ 又可以写成(　　)。

①$(A+\bar{C})(C+D)$　　② $\overline{\bar{A}C+\bar{C}\,\bar{D}}$

③$\overline{\overline{A\cdot C}\cdot\overline{\bar{C}\cdot D}}$　　④ $\overline{\overline{(A+C)}+\overline{(\bar{C}+D)}}$

A. ①②　　B. ②③　　C. ①②③　　D. ①②③④

9. 下列说法错误的是(　　)。

① 卡诺图的相邻项在几何位置一定相邻

② 逻辑函数的最小项与最大项是互补关系

③ 卡诺图中圈“0”化简时原变量为 0 反变量为 1

④ 卡诺图中圈“1”化简得到的是或-与关系

A. ①②　　B. ②③　　C. ①④　　D. ③④

10. $\overline{A\oplus B\oplus C}=$(　　)。

①$A\oplus B\odot C$　　②$A\oplus C\odot B$　　③$B\oplus C\odot A$　　④$C\odot B\odot A$

A. ①②③④　　B. ①②③　　C. ①②　　D. ①

11. 在下列四种表示方式中，表示的数值最大的是(　　)。

A. $(AF)_H$　　B. $(10\ 1100\ 0111)_B$

C. $(1001\ 0101\ 0001)_{8421BCD}$　　D. $(198)_D$

12. 下面逻辑式中，正确的是(　　)。

A. $\overline{A\oplus B}=A\odot B$　　B. $A+A=1$　　C. $A\cdot A=0$　　D. $A+\bar{A}=0$

13. 如果将 TTL 与非门做非门使用，则多余输入端的处理为(　　)。

A. 全部接高电平　　B. 部分接高电平部分接地

C. 全部接地　　D. 部分接地部分悬空

14. 逻辑函数 $F=A\oplus(A\oplus B)=$(　　)。

A. B　　B. A　　C. $A\oplus B$　　D. $A\odot B$

15. $[8]_{10}$的余三码是(　　)。

A. 1100　　B. 1010　　C. 1011　　D. 1001

16. 下列函数无竞争冒险现象的是(　　)。

A. $F=AC+B\bar{C}+CD+BD+AB$　　B. $F=AC+B\bar{C}+CD$

C. $F=B\bar{C}+CD+AC\bar{D}$　　D. $F=AC+B\bar{C}\,\bar{D}+CD+BD$

17. 下列逻辑表达式中，错误的是(　　)。

A. $\overline{A\oplus B}=A\odot B$　　B. $AB+AC=(A+B)(A+C)$

C. $\overline{ABC}=\overline{A}+\overline{B}+\overline{C}$　　D. $\overline{A+B+C}=\overline{A}\,\overline{B}\,\overline{C}$

18. 函数 $F=AB+\overline{C}\,\overline{D}$ 的对偶式为(　　)。

A. $F'=(A+B)(\overline{C}+\overline{D})$　　B. $F'=(\overline{A}+\overline{B})(C+D)$

C. $F'=A+B+\overline{C}+\overline{D}$　　D. $F'=(\overline{A}\,\overline{B})+(CD)$

19. 下列关于卡诺图说法错误的是(　　)。

A. 卡诺图中任何两项都是相邻项　　B. 任意项在卡诺图中既可以是 1 也可以是 0

C. 卡诺图中的 1 可以圈 2 次　　D. 卡诺图中的 1 必须被圈 1 次以上

20. 下列关于最小项的说法错误的是(　　)。

A. 最小项是乘积项

B. 每个最小项在卡诺图中的位置是唯一的

C. 两个最小项可以合并

D. 最小项于最大项是互补的。

◎ 参考答案

1. B　2. D　3. D　4. C　5. B　6. B　7. D　8. C　9. C　10. B　11. C　12. A　13. A　14. B　15. C　16. A　17. B　18. A　19. A　20. C

第九章　组合逻辑电路

一、知识脉络

本章知识脉络：从小规模组合逻辑电路的分析到设计，再到对中规模组合逻辑电路，包括常用的编码器、译码器、数据选择器、数值比较器和加法器等五种集成电路的应用分析与设计。

1. 由于小规模组合逻辑电路的输出只与当前时刻的输入有关，而与电路原来的状态无关，通过逻辑表达式和真值表分析电路的功能，通过列真值表，写出逻辑表达式，最后画逻辑图进行设计。由于受器件限制等电路需要从整体进行考虑。

由于两个互补信号通过不同的门电路产生的时间差会存在竞争，产生冒险现象，当函数表达式在一定条件下可以化简成 $L=A+\overline{A}$ 或 $L=A\cdot\overline{A}$ 的形式，可能产生冒险现象，通常采用增加多余项或在输出端并联电容来消除。

2. 编码器 CD4532，框图如图 9.1 所示。

8 个输入端 $I_7\sim I_0$(高电平有效)，3 个输出端 $Y_2\sim Y_0$。

还有高电平输入使能端 EI，输出使能端 EO，GS 是高电平输入标志位，也是输出扩展端。编码器还存在优先级的问题，这里是 I_7最高，I_0 最低。

3. 译码器 74138，框图如图 9.2 所示。

3 个输入端 $A_2\sim A_0$，3 个输入使能端 $E_2\sim E_0$，8 个输出端 $Y_7\sim Y_0$(低电平有效)。

$\overline{Y_i}=\overline{m_i}(A_2, A_1, A_0)$，使能端可用来扩展。

4. 数据选择器 74151，框图如图 9.3 所示。

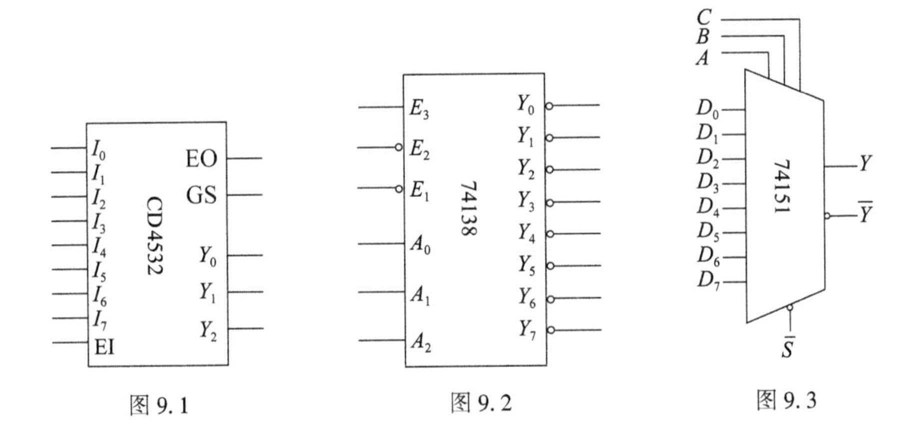

图 9.1　　图 9.2　　图 9.3

3 个选择输入端 A、B、C，8 个数据输入端 $D_7 \sim D_0$，还有低电平输入使能端 $\overline{S}$，两个输出端 Y 和 $\overline{Y}$。$Y = \sum_{i=0}^{7} D_i m_i$，使能端可用来扩展。

5. 数值比较器，框图如图 9.4 所示，四位二进制数进行比较，可以扩展。

6. 加法器框图，如图 9.5 所示，四位二进制数进行相加，可以扩展。半加器可构成全加器。

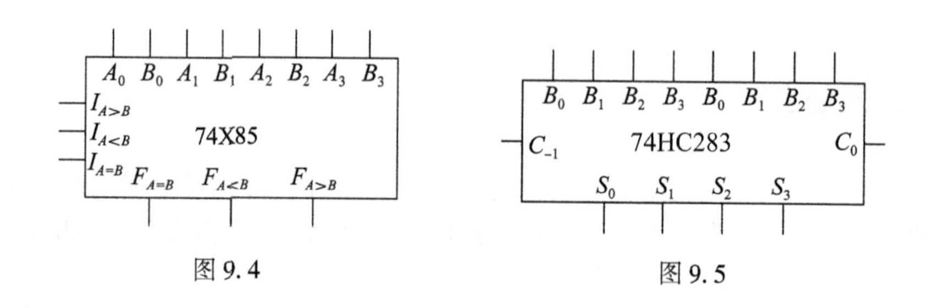

图 9.4　　　　图 9.5

二、习题详解

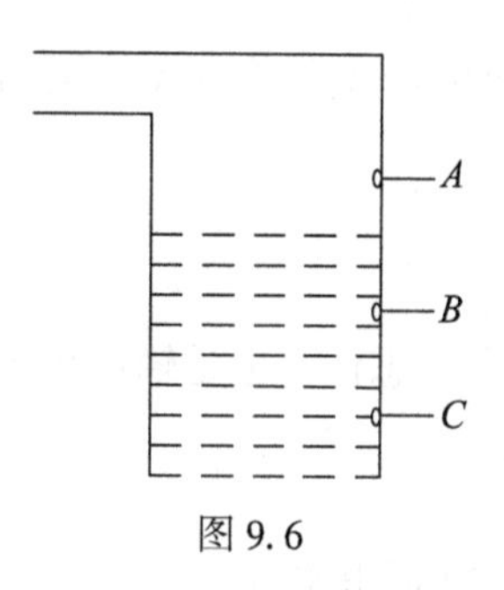

图 9.6

1. 图 9.6 所示为检测水箱的水位，在 A、B、C 三个地方安装了三个水位检测元件，当水面低于检测元件时，检测元件输出低电平，而当水面高于检测元件时，检测元件输出高电平，试用与非门设计水位状态显示电路，要求水位在 A、B 之间是正常状态，仅绿灯 G 亮；水位在 B、C 之间或 A 以上是紧急状态，黄灯 Y 亮；水位在 C 以下是危险状态，红灯 R 亮。设计检测水箱的水位的逻辑电路。

分析：先列出真值表，后写出逻辑表达式，最后用小规模电路来实现。

解：(1)列真值表，设 A、B、C 三个输入量，水位在 C 以下时 C 为 0，水位在 C 以上时 C 为 1，水位在 B 以下时 B 为 0，水位在 A 以下时 A 为 0，水位在 B 以上时 B 为 1，水位在 A 以上时 A 为 1。输出为绿灯 G、黄灯 Y 和红灯 R。这样根据题意得真值表如下：

A	B	C	R	Y	G
0	0	0	1	0	0
0	0	1	0	1	0
0	1	0	×	×	×
0	1	1	0	0	1
1	0	0	×	×	×
1	0	1	×	×	×
1	1	0	×	×	×
1	1	1	0	1	0

(2)化简，如图 9.7 所示。

(3)画逻辑图，如图 9.8 所示。

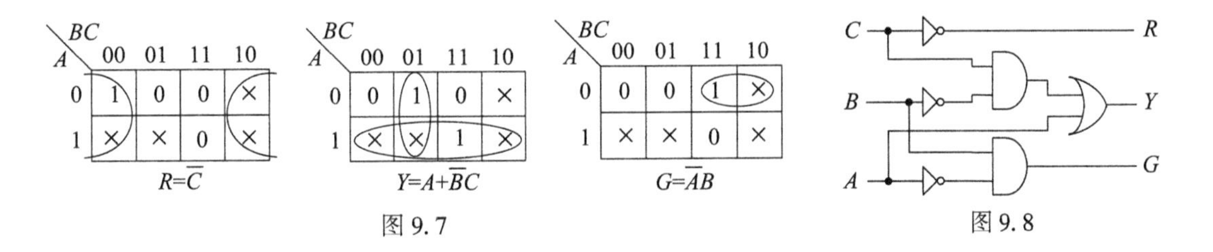

图 9.7　　　　　图 9.8

2. 设计一个三开关 A、B、C 能同时控制一盏灯 L 开关的电路，每个开关动作一次，灯的状态改变一次。

分析：首先列出真值表，然后写出逻辑表达式，同时写出最小项表达式，最后用不同规模电路实现。

解：设开关 A、B、C 断开为 0，闭合为 1，灯 L 熄灭为 0，灯点亮为 1。

(1)按题意列真值表如下：

A	B	C	L
0	0	0	0
0	0	1	1
0	1	0	1
0	1	1	0
1	0	0	1
1	0	1	0
1	1	0	0
1	1	1	1

(2)根据真值表得到逻辑表达式为：

$$L(A, B, C)=\overline{A}\,\overline{B}C+\overline{A}B\overline{C}+A\overline{B}\,\overline{C}+ABC$$

$$=\overline{A}(B\oplus C)+A(B\odot C)$$

$$=A\oplus B\oplus C$$

$$=\sum m(1, 2, 4, 7)$$

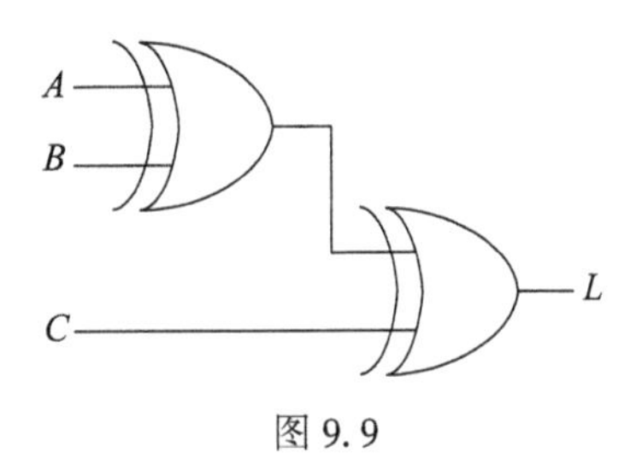

图 9.9

(3)用异或门来实现逻辑电路图，如图 9.9 所示。

用 74138 来实现逻辑电路图，如图 9.10 所示。

用 74151 来实现逻辑电路图，如图 9.11 所示。

3. 设计一个监视交通信号灯工作状态的逻辑电路。每一组信号由红、黄、绿三盏灯组成。正常工作情况下，任何时刻必有一盏灯点亮，而且只允许有一盏灯点亮。当出现其他状态时电路发生故障，这时要求发出故障信号，以提醒维护人员前去维修。试分别 8 选 1 数据选择器 74151，3/8 线译码器 74138 实现上述电路功能。

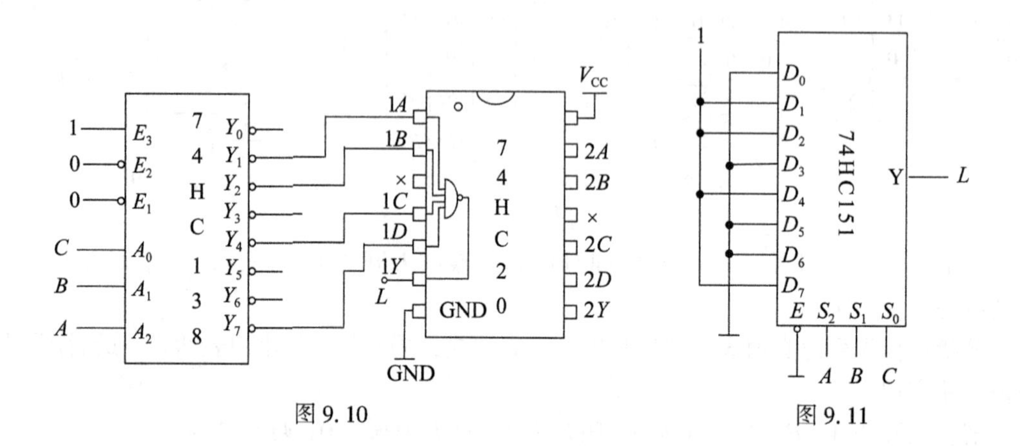

图 9.10　　　　图 9.11

分析：熟悉列真值表的逻辑抽象，定义输入输出的高低电平。8 输入与非门芯片是 7430。

解：设红、黄、绿三盏交通信号灯分别 R、Y、G，灯灭为 0，灯亮为 1。交通灯工作状态用 L 表示，1 为发出故障，0 为正常状态。

(1)按题意列真值表如下：

R	Y	G	L
0	0	0	1
0	0	1	0
0	1	0	0
0	1	1	1
1	0	0	0
1	0	1	1
1	1	0	1
1	1	1	1

(2)根据真值表得到最小项为：

$$L(R,\ Y,\ G)=\sum m(0,\ 3,\ 5,\ 6,\ 7)$$

(3)用 74151 来实现，$D_0=D_3=D_5=D_6=D_7=1$，$D_1=D_1=D_4=0$。

逻辑电路图如图 9.12 所示。

(4)用 74138 来实现逻辑电路图如图 9.13 所示。

4. 用与非门设计完成下列功能电路，当 $X_1X_0=00$ 时，$Y=\overline{A\cdot B}$；当 $X_1X_0=01$ 时，$Y=A+B$；$X_1X_0=10$ 时 $Y=A\oplus B$；当 $X_1X_0=11$ 时，输出为任意项。

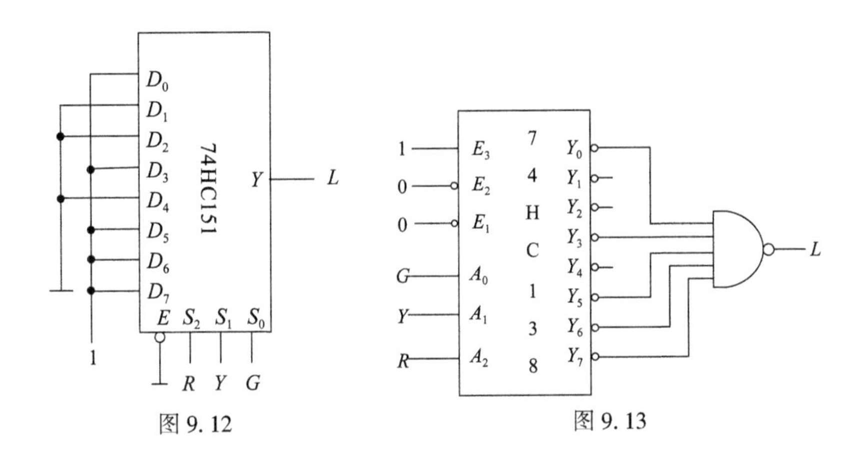

图 9.12　　　　　　　　　　图 9.13

分析：这是多变量化简问题，X_1X_0 两个变量时很明显，但 Y 还包含 AB 两个变量，这样 Y 实际包含 4 个变量(X_1，X_0，A，B)。另外，还要根据 X_1X_0 变化得出 AB 的值。这样才能画卡诺图进行化简。

解：根据题意可得，Y 实际包含 4 个变量(X_1，X_0，A，B)。

$X_1X_0=00$ 时，$Y=\overline{A}+\overline{B}=\overline{A}\,\overline{B}+\overline{A}B+A\overline{B}$

$X_1X_0=01$ 时，$Y=A+B=\overline{A}B+A\overline{B}+AB$

$X_1X_0=10$ 时，$Y=A\oplus B=\overline{A}B+A\overline{B}$

$X_1X_0=11$ 时，Y 为任意项。

画卡诺图如图 9.14 所示，合并相邻项得 $Y=\overline{A}B+A\overline{B}+X_0A+\overline{X_1}\,\overline{X_0}\,\overline{A}$，用与非门实现，$Y=\overline{\overline{\overline{A}B}\cdot\overline{A\overline{B}}\cdot\overline{X_0A}\cdot\overline{\overline{X_1}\,\overline{X_0}\,\overline{A}}}$。

X_1X_0 \ AB	00	01	11	10
00	1	1	0	1
01	0	1	1	1
11	×	×	×	×
10	0	1	0	1

图 9.14

5. 用 74HC138 和与非门设计一个全减器。

分析：全减器是 $A-B-C$，若 $A<(B+C)$，则向 E 借，这样就变成二进制数$(EA)-B-C=D$。

解：设 A 为被减数，B 为减数，C 为低位的借位，D 为差，E 为高位的借位。相当于 $EA-B-C=D$。

(1)先列出真值表如下：

A	B	C	D	E
0	0	0	0	0
0	0	1	1	1
0	1	0	1	1
0	1	1	0	1
1	0	0	1	0
1	0	1	0	0
1	1	0	0	0
1	1	1	1	1

(2)再写出逻辑函数表达式并转换成与非式

$$D=\sum m(1,\ 2,\ 4,\ 7)=\overline{\overline{Y}_1\cdot\overline{Y}_2\cdot\overline{Y}_4\cdot\overline{Y}_7}$$

$$E=\sum m(1,\ 2,\ 3,\ 7)=\overline{\overline{Y}_1\cdot\overline{Y}_2\cdot\overline{Y}_3\cdot\overline{Y}_7}$$

(3)画出逻辑图，如图 9.15 所示。

6. 分析由 74HC151 组成的电路，如图 9.16 所示，M_1、M_0 为功能选择信号，A、B 为输入逻辑变量，L 为输出逻辑变量，当 M_1、M_0 为不同值时，输出 L 实现的逻辑功能及表达式。

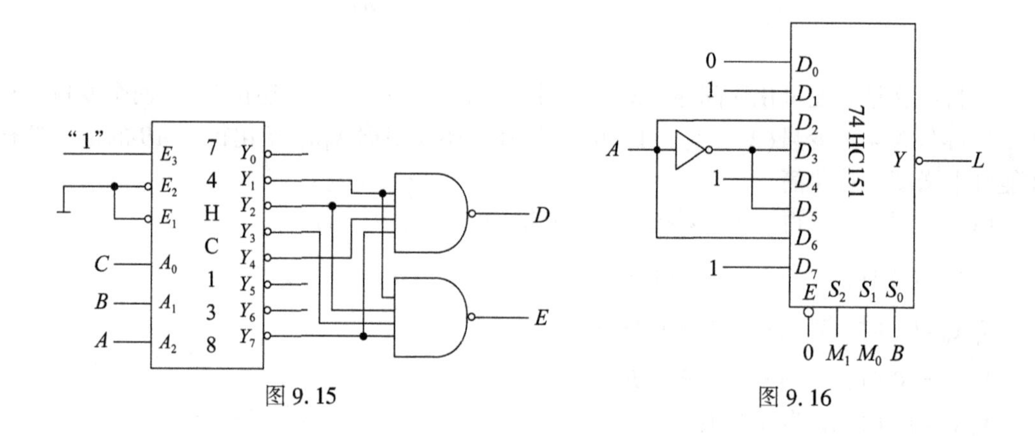

图 9.15

图 9.16

分析：由于选择输入端 $S_2S_1S_0=M_1M_0B$，M_1M_0 四种组合(00，01，10，11)的每种组合 B 都有两个值，这样就与数据输入端 D_0-D_7对应起来了。

解：(1)$M_1M_0=00$，当 $B=0$，$Y=0$；当 $B=1$，$Y=1$。即 $L=\overline{Y}=\overline{B}\cdot 0+B\cdot 1=\overline{B}$，实现求反功能。

(2)$M_1M_0=01$，$L=\overline{A\cdot\overline{B}+\overline{A}\cdot B}=\overline{A\oplus B}$，实现同或功能。

(3)$M_1M_0=10$，$L=AB$，实现与的功能。

(4)$M_1M_0=11$，$L=\overline{A}\cdot\overline{B}=\overline{A+B}$，实现或非功能。

7. 试用 74HC283 设计一个实现六位二进制数的 5 倍运算电路，如图 9.17 所示。

分析：由于六位二进制数乘 2 就变成七位二进制数，六位二进制数乘 4 就变成八位二进制数。5 倍可以看成 4 倍加 1 倍之和。

解：设六位二进制数为 $S=D_5D_4D_3D_2D_1D_0$，$4S=D_5D_4D_3D_2D_1D_0 00$ 就成了八位二进制数，$5S=S+4S$，需要用两片 74HC283 级联才能实现，为了都变成八位，$S=00D_5D_4D_3D_2D_1D_0$，这样就可以实现。

8. 由全加器 AD、74HC139 等组成的电路如图 9.18 所示，试画出 L 的卡诺图。

解：$L=\overline{\overline{S_i\cdot\overline{Y_2}}\cdot\overline{C_i\cdot\overline{Y_3}}}=S_i\cdot\overline{Y_2}+C_i\cdot\overline{Y_3}$

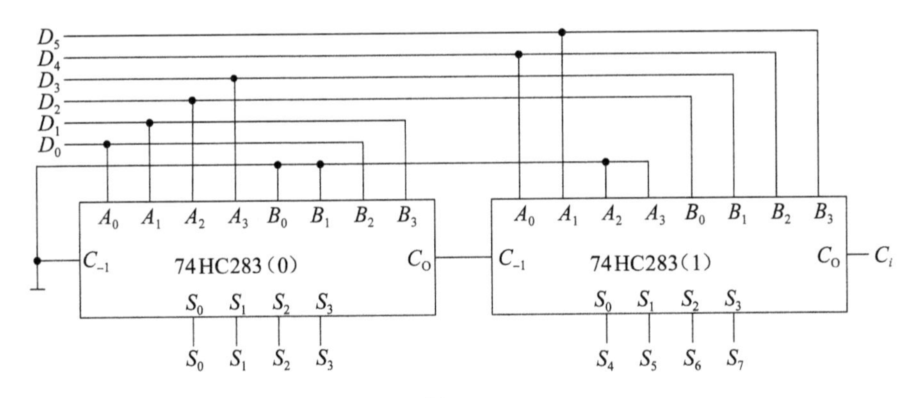

图 9.17

$S_i = a\oplus b\oplus 1$，$C_i = a\oplus b\cdot 1+ab$，$Y_2 = c\bar{d}$，$Y_3 = cd$。

$L = S_i\cdot\overline{Y_2}+C_i\cdot\overline{Y_3} = (a\oplus b\oplus 1)\cdot\overline{c\bar{d}}+[(a\oplus b)\cdot 1+ab]\cdot\overline{cd}$

$= (ab+\bar{a}\bar{b})(\bar{c}+d)(a+b)(\bar{c}+\bar{d})$

$= \bar{c}+ab+a\bar{d}+b\bar{d}+\bar{a}\bar{b}d$

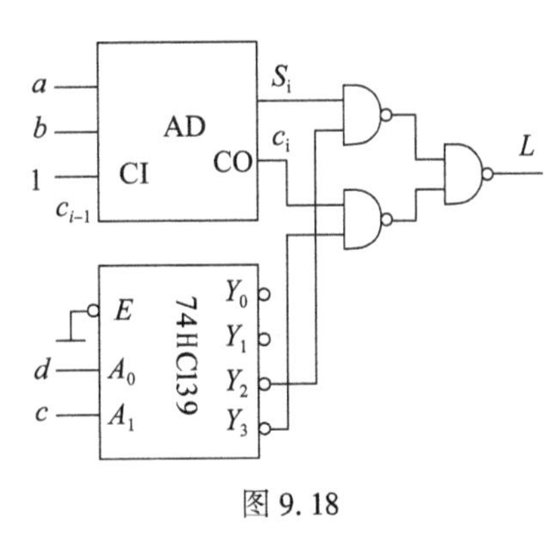

图 9.18

卡诺图如图 9.19 所示。

9. 根据波形(图 9.20)写出此组合逻辑电路的逻辑表达式，用卡诺图化简及用 74HC151 实现该函数。

分析：逻辑表达式就是输出高电平对应的最小项。

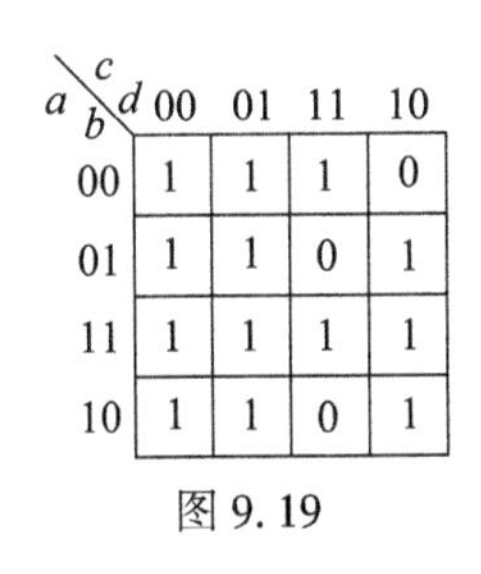

$ab \backslash cd$	00	01	11	10
00	1	1	1	0
01	1	1	0	1
11	1	1	1	1
10	1	1	0	1

图 9.19

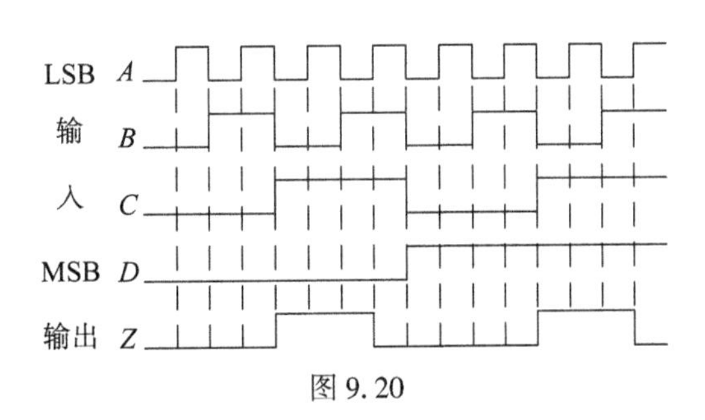

图 9.20

解：逻辑函数表达式为 Z 输出高电平对应的最小项，

$Z(D, C, B, A) = \sum m(4, 5, 6, 12, 13, 14)$

$= \bar{D}C\bar{B}\bar{A}+\bar{D}C\bar{B}A+\bar{D}CB\bar{A}+DC\bar{B}\bar{A}+DC\bar{B}A+DCB\bar{A}$

用卡诺图(图 9.21)化简得：

$Z(D, C, B, A)=C\overline{B}+C\overline{A}$。

用 74HC151 实现该函数时可以把 $Z(D, C, B, A)=C\overline{B}+C\overline{A}$。看作 $Z(C, B, A)=C\overline{B}+C\overline{A}$，这样就不需要扩展。而 $Z(C, B, A)=C\overline{B}+C\overline{A}=\sum m(4, 5, 6)$，可以用一片 74HC151 来实现，如图 9.22 所示。

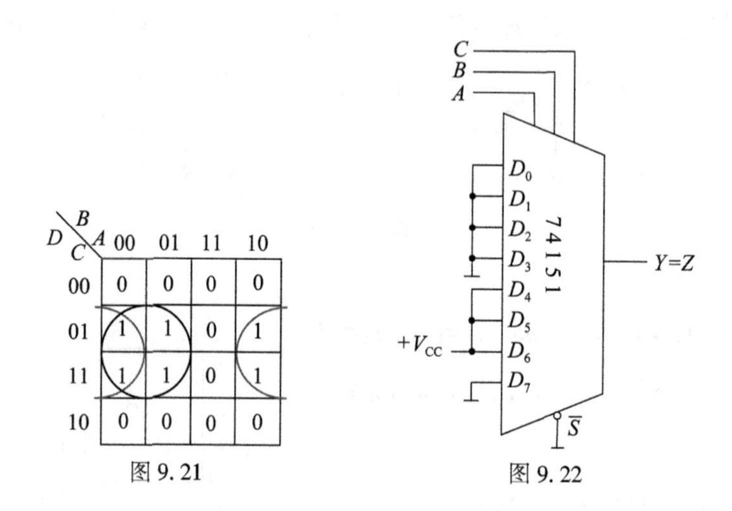

图 9.21　　图 9.22

10. 用一片 74HC138 实现函数 $L(A, B, C, D)=AB\overline{C}+ACD$。

分析：用其使能端扩展，74138 可以实现 3 个以上变量函数，但不能超过 8 个最小项且最小项也有要求，最好的办法是扩展成四–十六译码器。

解：用 3 输入变量的 74HC138 译码器实现 4 变量的逻辑函数，将 3 个变量接在输入端，另外 1 个变量接在使能端。

$L=A(B\overline{C}+CD)=A\cdot(m_3+m_4+m_5+m_7)=A\cdot\overline{\overline{m_3}\cdot\overline{m_4}\cdot\overline{m_5}\cdot\overline{m_7}}$

将 B，C，D 接在 A_2，A_1，A_0 端，A 接在 E_3 使能端。如图 9.23 所示。

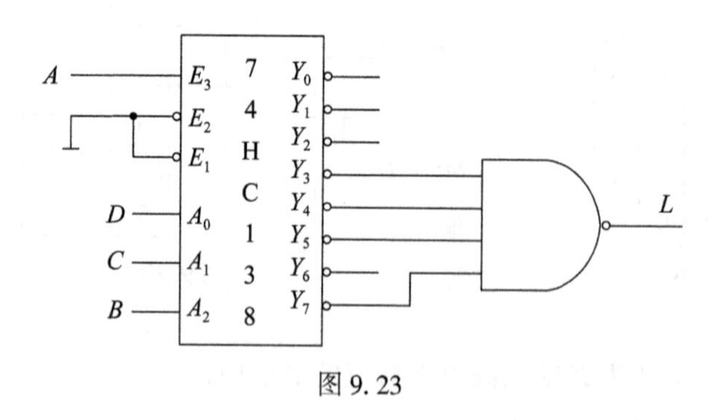

图 9.23

11. 分别用 8 选 1，4 选 1 和 2 选 1 三种数据选择器实现函数 $L=AB+AC+BC$。

分析：8 选 1 数据选择器实现三变量函数数据输入端全为“0”“1”，4 选 1 数据选择器实现三变量函数数据输入端有一个变量，2 选 1 数据选择器实现三变量函数数据输入端有 2 个变量。

解：(1)8 选 1 数据选择器有 3 个选择输入变量，将 A、B、C 接在选择输入端，与 L 最小项对应的数据输入端接“1”，其余端接“0”。如图 9.24 所示。

$$L(A,\ B,\ C)=AB+AC+BC=\sum m(3,\ 5,\ 6,\ 7)$$

(2)4 选 1 数据选择器有 2 个选择输入变量，将 A、B 接在选择输入端，C 分配到数据输入端。如图 9.25 所示。

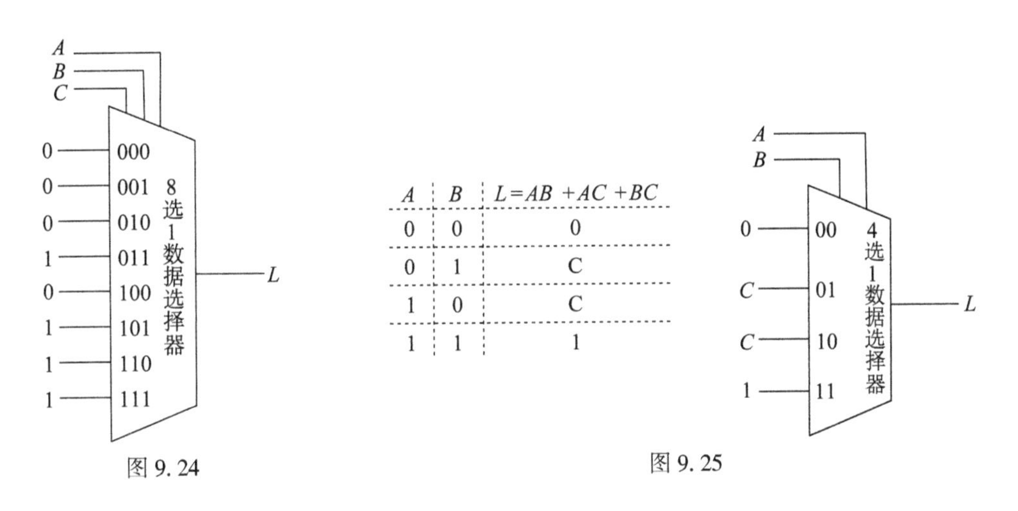

A	B	$L=AB+AC+BC$
0	0	0
0	1	C
1	0	C
1	1	1

图 9.24　　　　图 9.25

(3)2 选 1 数据选择器有 1 个选择输入变量，将 A 接在选择输入端，B、C 分配到数据输入端。如图 9.26 所示。

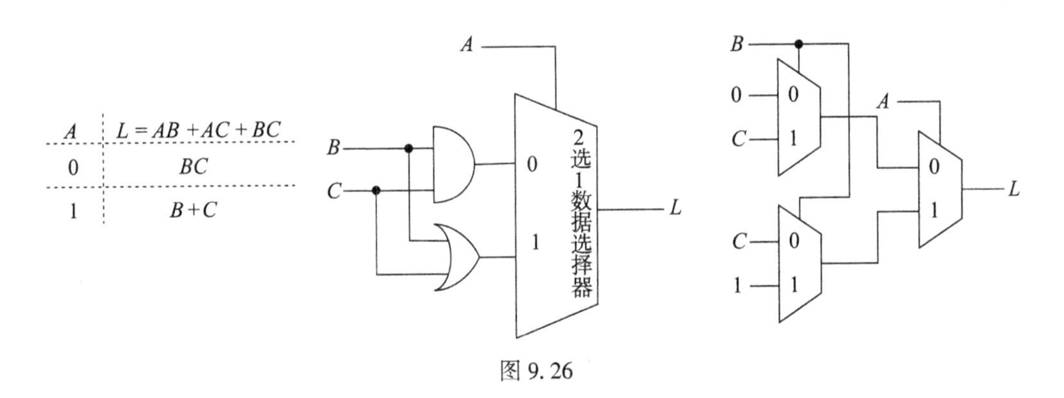

A	$L=AB+AC+BC$
0	BC
1	$B+C$

图 9.26

B，C 数据输入端也可以用 2 选 1 数据选择器实现。

12. 用 74HC4511 七段显示译码器与数码管连接译码，电路和器件均正常，在 74HC4511 的 $D_3D_2D_1D_0$ 输入 0011 时，数码管显示为，请分析原因及处理的方法。

分析：要分析点亮与没点亮的数码管的情况。

解：可能的原因为数码管为共阳数码管，译码器输入 0011 时译码输出的 e 和 f 段为低电平，数码管为共阳数码管则 e 和 f 段点亮，显示出左侧 1。

处理的方法为在 74HC4511 输出端接反相器或将数码管换成共阴数码管。

三、扩展题

1. 若由 74HC151(图 9.27)构成 A、B、C 三输入异或门电路，74HC151 的 E、$S_2 \sim S_0$、$D_7 \sim D_0$ 该如何连接？

解：先求出三输入异或门的真值表：

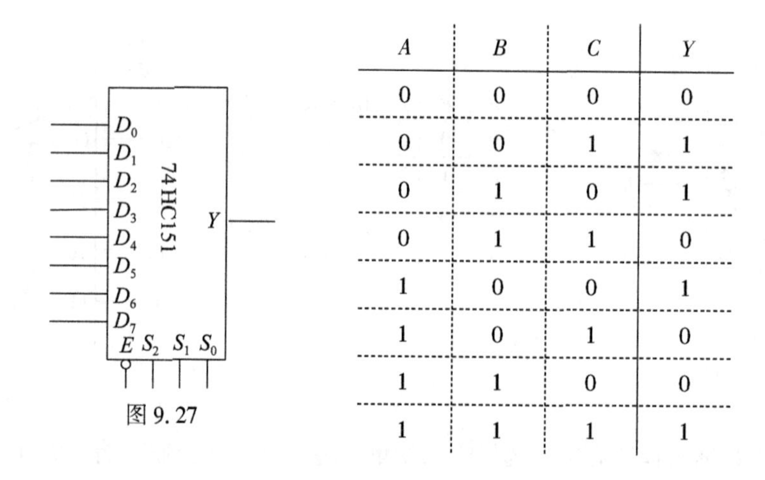

图 9.27

A	B	C	Y
0	0	0	0
0	0	1	1
0	1	0	1
0	1	1	0
1	0	0	1
1	0	1	0
1	1	0	0
1	1	1	1

再确定 E、$S_2 \sim S_0$、$D_7 \sim D_0$ 的连接关系。

E 接“0”，$S_2 \sim S_0$ 分别接 A、B、C，$D_7D_6D_5D_4D_3D_2D_1D_0$ 分别接 10010110。如图 9.28 所示。

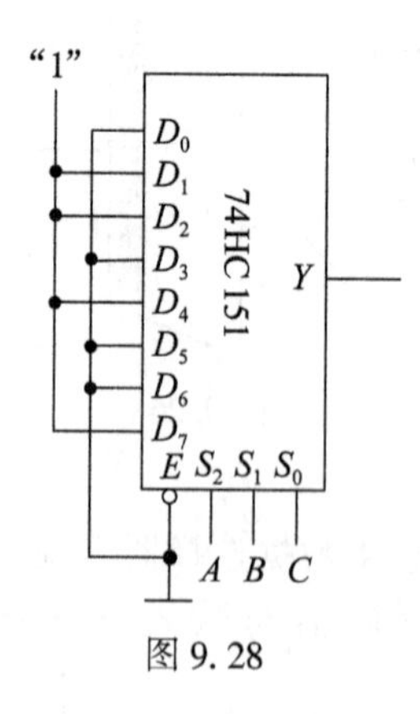

图 9.28

2. 用 74HC138、74HC20 及两片 74HC151(图 9.29)设计一个带进位的全加电路，其

中 A 为被加数，B 为加数，C 为低位的进位，S 为和，E 为向高位的进位。

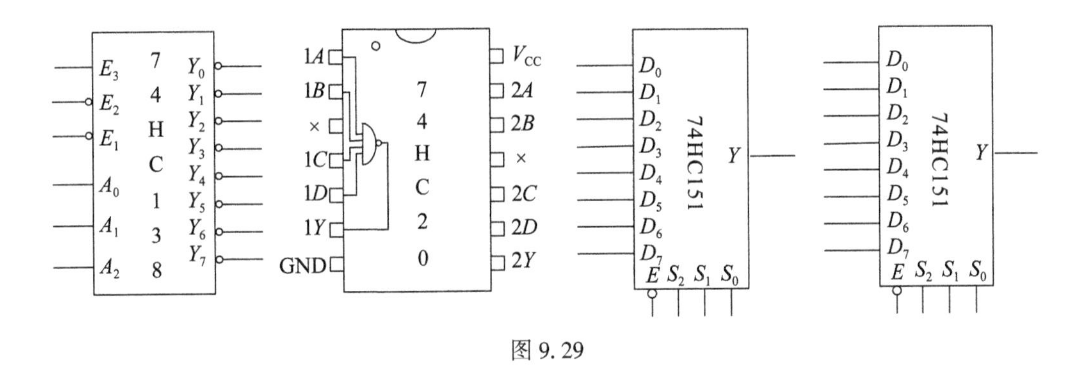

图 9.29

答：(1)先列出真值表：

A	B	C	E	S
0	0	0	0	0
0	0	1	0	1
0	1	0	0	1
0	1	1	1	0
1	0	0	0	1
1	0	1	1	0
1	1	0	1	0
1	1	1	1	1

(2)得逻辑表达式和最小项：

$S(A, B, C)=\bar{A}\bar{B}C+\bar{A}B\bar{C}+A\bar{B}\bar{C}+ABC=\sum m(1, 2, 4, 7)$，

$E(A, B, C)=\bar{A}BC+A\bar{B}C+AB\bar{C}+ABC=\sum m(3, 5, 6, 7)$。

(3)用 74HC138 来实现时，首先将 E_3、E_2 和 E_1 分别连接上高电平、低电平和低电平；然后将 C、B、A 分别与 A_0、A_1、A_2 相连接；最后将 $\overline{Y_1}$、$\overline{Y_2}$、$\overline{Y_4}$、$\overline{Y_7}$ 分别与 74HC20 的 $1A$、$1B$、$1C$、$1D$ 相连，输出 S 与 $1Y$ 相连。而将 $\overline{Y_3}$、$\overline{Y_5}$、$\overline{Y_6}$、$\overline{Y_7}$ 分别与 74HC20 的 $2A$、$2B$、$2C$、$2D$ 相连，输出 E 与 $2Y$ 相连。如图 9.30 所示。

(4)用 74HC151 来实现时，将 E 接低电平，$S_2S_1S_0$ 分别连接 ABC，E 和 S 的输出分别用两块 74HC151 来实现，E 的输出芯片的 $D_7D_6D_5D_3$ 接高电平，$D_4D_2D_1D_0$ 接低电平；S 的输出芯片的 $D_7D_4D_2D_1$ 接高电平，$D_6D_5D_3D_0$ 接低电平。如图 9.31 所示。

3. 分析如图 9.32 所示电路实现的逻辑功能。

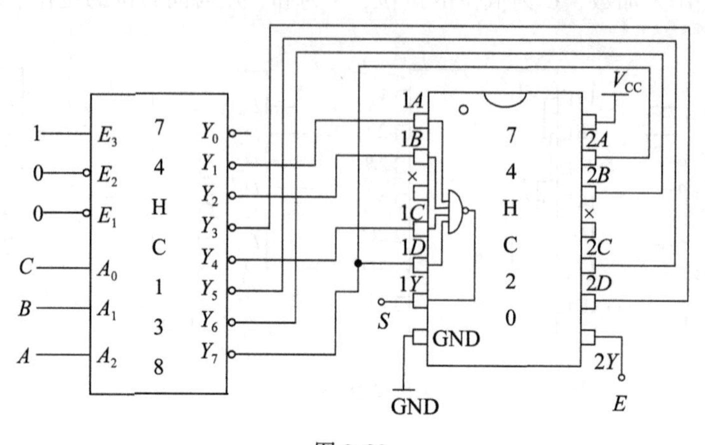

图 9. 30

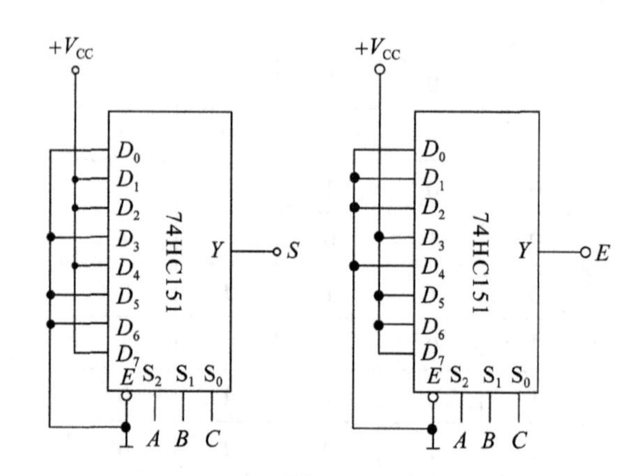

图 9. 31

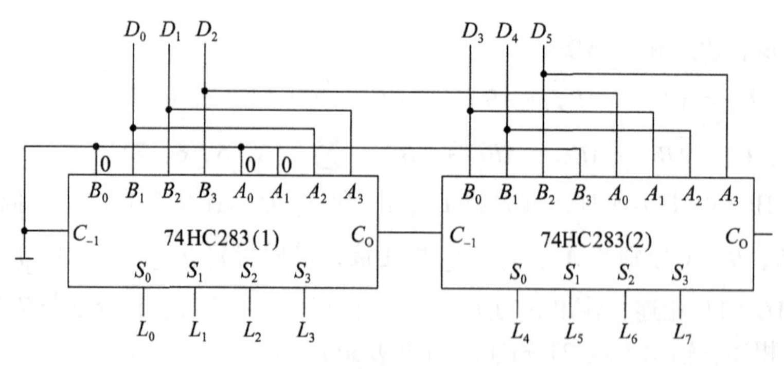

图 9. 32

答：(1)74HC283(1)和74HC283(2)串联，可以实现两位八位数相加运算，即 $A_7A_6A_5A_4A_3A_2A_1A_0+B_7B_6B_5B_4B_3B_2B_1B_0=L_7L_6L_5L_4L_3L_2L_1L_0$，74HC283(2)是高位。

(2) $D=D_5D_4D_3D_2D_1D_0$，$B_7B_6B_5B_4B_3B_2B_1B_0=0D_5D_4D_3D_2D_1D_00=2D$，$A_7A_6A_5A_4$

$A_3A_2A_1A_0 = D_5D_4D_3D_2D_1D_0 00 = 4D$。

(3) $L = L_7L_6L_5L_4L_3L_2L_1L_0 = 2D+4D = 6D$。

(4) 电路实现功能为输出是输入 $D(D_5D_4D_3D_2D_1D_0)$ 的 6 倍之积。

4. 由 74151 数据选择器构成的电路如图 9.33 所示，分析电路写出 L 的最简逻辑表达式。

解：由于 $D_2 = D_7 = 0$，$D_1 = D_3 = D_5 = 1$，$D_0 = D_4 = D$，$D_6 = \overline{D}$，

$$L = \sum_{i=0}^{7} D_i m_i$$

$$= \overline{A}\,\overline{B}\,\overline{C} \cdot D + \overline{A}\,\overline{B}C \cdot 1 + \overline{A}B\overline{C} \cdot 0 + \overline{A}BC \cdot 1 + A\overline{B}\,\overline{C} \cdot D + A\overline{B}C \cdot 1 + AB\overline{C} \cdot \overline{D} + ABC \cdot 0$$

$$= \overline{A}\,\overline{B}\,\overline{C}D + \overline{A}\,\overline{B}C + \overline{A}BC + A\overline{B}\,\overline{C}D + A\overline{B}C + AB\overline{C}\,\overline{D}$$。

用卡诺图(图 9.34)化简得到逻辑表达式：

$L = \overline{A}C + \overline{B}C + \overline{B}D + AB\overline{C}\,\overline{D}$。

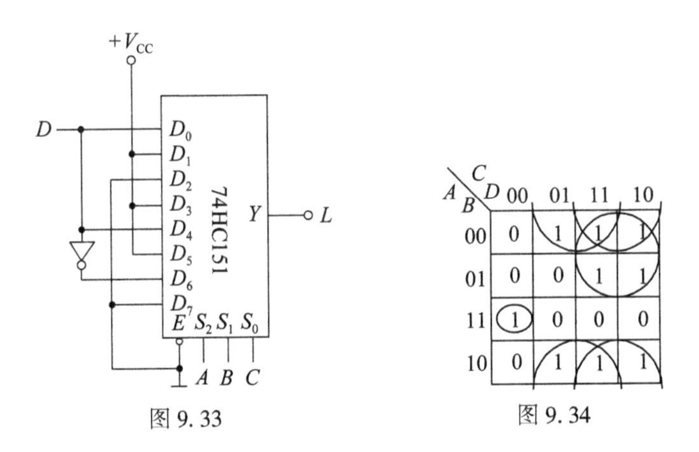

图 9.33　　　　图 9.34

5. 用一片 74151 数据选择器实现 2 位二进制数的比较电路，当 $A>B$ 时，输出为 1，否则为 0。

解：设 2 位二进制数分别为 A_1A_0 和 B_1B_0，根据题意得真值表如下：

A_1	A_0	B_1	B_0	L	A_1	A_0	B_1	B_0	L
0	0	0	0	0	1	0	0	0	1
0	0	0	1	0	1	0	0	1	1
0	0	1	0	0	1	0	1	0	0
0	0	1	1	0	1	0	1	1	0
0	1	0	0	1	1	1	0	0	1
0	1	0	1	0	1	1	0	1	1
0	1	1	0	0	1	1	1	0	1
0	1	1	1	0	1	1	1	1	0

将数据选择器的选择输入端接成 $S_2S_1S_0 = A_0B_1B_0$。从真值表可知，当 $A_0B_1B_0 = 000$ 时，

$L=A_1$。而 $L=\overline{A_0}\ \overline{B_1}\ \overline{B_0}\cdot D_0$，所以 $D_0=A_1$。类似可得 $D_1=D_5=D_6=A_1$，$D_2=D_3=D_7=0$，$D_4=1$。如图 9.35 所示。

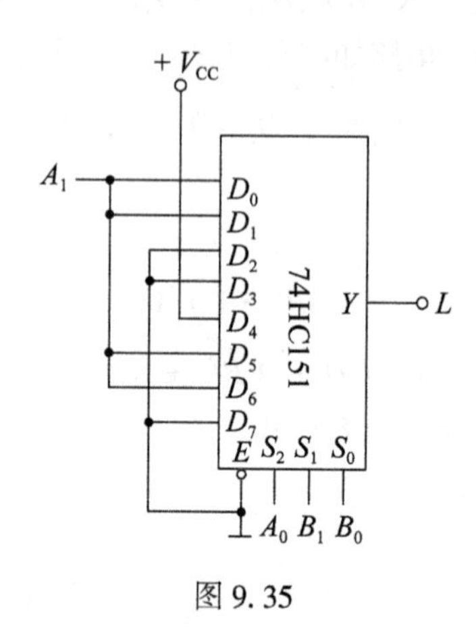

图 9.35

6. 分析图 9.36 所示的电路功能，该电路是由优先编码器 74147、七段译码器 CD4511 和七段数字显示器等组成。

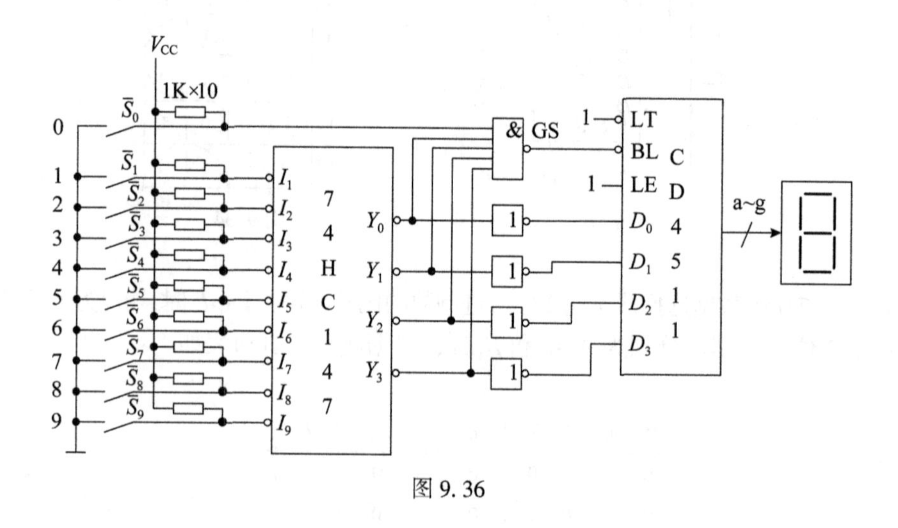

图 9.36

解：由于优先编码器 74147 输出是 8421BCD 码，CD4511 将 BCD 码转换为七段码以驱动七段数码显示器。10 只开关对应 0～9 十个数字，当某一个闭合时，74147 对其进行编码，输出低电平有效的 8421BCD 码。

而译码器 CD4511 输入是高电平有效，因此在 74147 的输出端加反相器。GS 是编码器的状态标志输出，以区别没有按下按键和按下按键的情况。当没有按下按键时 GS=0，否则为 1。CD4511 的控制端$\overline{\mathrm{BL}}$=0，并且$\overline{\mathrm{LT}}$=1 时，字形熄灭。将 GS 接于$\overline{\mathrm{BL}}$，当没有按键按下时，$\overline{\mathrm{BL}}$=GS=0，显示器熄灭。该电路是 1 位十进制数显示电路，并且没有按键按下时，显示器熄灭。

7. 试用一片 74138 和一片 74151 实现两个 3 位二进制数 A、B 的比较，要求 $A=B$ 时输出 F 为 1，否则为 0，画出电路连线，并标出各输入端的有效电平。

解：设两个 3 位二进制数 A、B 分别为 $A_2A_1A_0$ 及 $B_2B_1B_0$，根据题意可得 $A_2A_1A_0=B_2B_1B_0$ 时，$F=1$。也就是当 $A_2A_1A_0=B_2B_1B_0=(000, 001, \cdots, 110, 111)$时，$F=1$。将 $A_2A_1A_0$ 分别接 74138 输入端 ABC，将 $B_2B_1B_0$ 分别接 74151 选择输入端，74138 的输出端 $\overline{Y_0}\sim\overline{Y_7}$分别连接 74151 数据输入端 $D_0\sim D_7$，输出 F 连接 74151 的 $\overline{Y}$ 端。74138 各输入端的有效电平为 $E_3=1$、$E_2=E_1=0$，74151 输入端的有效电平为 $E=0$。如图 9.37 所示。

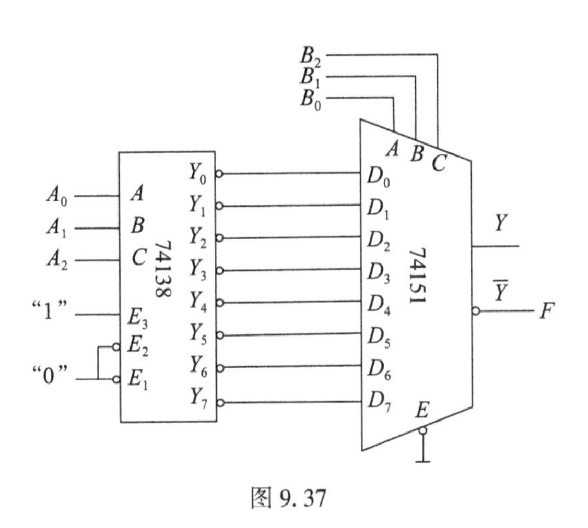

图 9.37

四、填空选择题

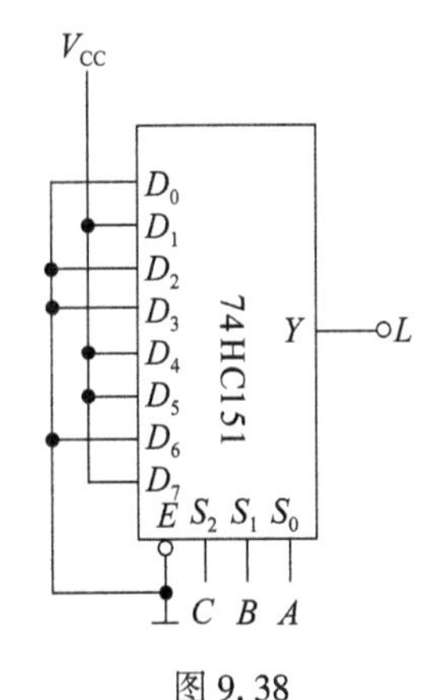

图 9.38

1. 八选一数据选择器 74151 组成的电路如图 9.38 所示，则输出函数为(　　)。

A. $L=BA+CA+C\overline{B}$　　B. $L=\overline{B}A+C\overline{A}+C\overline{B}$

C. $L=\overline{B}A+CA+C\overline{B}$　　D. $L=\overline{B}A+CA+CB$

2. 下列说法不正确的是(　　)。

① 集成块多余的输入端可以并接在一起

② CMOS 电路多余的输入端不可以悬空

③ TTL 电路或门或者或非门多余输入端可以悬空

④ 以 74 开头的集成块都是 TTL 系列

⑤ TTL 集成块的多余输入端通过电阻接地输入端也可能是高电平

A. ①②　　B. ②③　　C. ③④　　D. ④⑤

3. 下列说法正确的是(　　)。

① D 触发器有不同的结构但功能都相同

② 锁存器与寄存器功能没有区别

③ CD4532 编码器的 EI 和 EO 都可用来扩展的

④ 74HC283 通过异或门可以实现两个四位二进制数的减法运算

A. ①②③　　B. ①③④　　C. ①②　　D. ③④

4. 下列说法正确的有(　　)。

① 部分芯片的输入电压可以超过芯片的电源电压

② 编码 N 个状态需要 2^N 位

③ 逻辑符号框内部逻辑关系全部为高电平有效

④ 计数器的异步清零比同步清零更慢

A. ①②　　B. ③④　　C. ①③　　D. ②④

5. 下列说法正确的有(　　)。

① 芯片连接时驱动门的高电平应大于负载门的高电平

② 三态门的三种状态为“1”“0”和“高阻”

③ 电路中的模拟地与数字地应先分开最后用短线连接

④ 数字电路的“竞争”是由两个互补信号通过不同的门电路产生的时间差引起的

A. ①　　B. ①②　　C. ①②③　　D. ①②③④

6. 下列说法正确的是(　　)。

① OD(或 OC)门输出可以直接进行“线与”功能

② 74HC283 可以实现一个六位二进制数的 6 倍运算电路

③ CD4532 的 GS 是用来判别输入端有无符合要求的编码信号

④ 触发器是对时钟脉冲的边沿敏感的器件

A. ①②　　B. ③④　　C. ①③　　D. ①②③④

7. 为实现数据传输的总线结构，要选用(　　)门电路。

A. 或非　　B. OD　　C. 三态　　D. 与非

8. 下列集成电路中，属于组合逻辑电路的是(　　)。

A. 555 定时器　　B. 编码器　　C. 计数器　　D. 寄存器

9. 一个 16 选 1 的数据选择器，其地址输入端有(　　)个。

A. 1　　B. 3　　C. 8　　D. 4

10. 下列选项中不能描述触发器逻辑功能的有(　　)。

A. 状态转换真值表　　B. 特征方程

C. 状态转换图　　D. 方框图

11. 要使 3-8 线译码器(74LS138)能正常工作，使能控制端 G_1，$\overline{G_{2A}}$，$\overline{G_{2B}}$的电平信号应是(　　)。

A. 100　　B. 111　　C. 011　　D. 001

12. 八选一数据选择器的地址输入端(选择控制段)有(　　)个。

A. 8　　B. 2　　C. 3　　D. 4

13. 欲对全班 30 个学生以二进制代码编码表示，最少需要二进制码的位数是(　　)。

A. 5　　B. 6　　C. 8　　D. 30

14. 比较两个一位二进制数 A 和 B，当 $A=B$ 时输出 $F=1$，则 F 的表达式是(　　)。

A. AB　　B. $\overline{A}B$　　C. $A\overline{B}$　　D. $A\odot B$

15. 设某函数的表达式 $F=A+B$，若用四选一数据选择器来设计，则数据端 $D_0D_1D_2D_3$ 的状态是(　　)。(设 A 为高位)

A. 0111　　B. 1000　　C. 1010　　D. 0101

16. 组合逻辑电路是指由(　　)组合而成的电路。

17. 具有编码功能的逻辑电路称(　　)，异或门电路当输入值为奇数个“1”时，其输出为(　　)。

18. 三态门的使能端信号无效时，三态门的输出呈现(　　)状态。

19. 74LS138 是 3-8 译码器，译码为输出低电平有效，若输入为 $A_2A_1A_0=110$ 时，输出 $\overline{Y_7}\,\overline{Y_6}\,\overline{Y_5}\,\overline{Y_4}\,\overline{Y_3}\,\overline{Y_2}\,\overline{Y_1}\,\overline{Y_0}$应为(　　)。

20. 编码器 CD4532 的输入使能端 EI 是高电平有效，输入端 I_7的优先级最高，当 EI=0 时，输出使能端 EO=(　　)，当 EI=1，$I_7I_6I_5I_4I_3I_2I_1I_0=11000011$ 时，优先编码工作状态标志 GS=(　　)，输出端 $Y_2Y_1Y_0=$(　　)。

◎ 参考答案

1. C　2. C　3. B　4. C　5. D　6. D　7. C　8. B　9. D　10. D　11. A　12. C　13. C
14. D　15. A　16. 逻辑门电路　17. 编码器　1　18. 高阻　19. 10111111
20. 0　1　111

第十章　时序逻辑电路

一、知识脉络

本章知识脉络：先分析由触发器和锁存器构成的时序逻辑电路，再对典型时序逻辑电路包括计数器、寄存器、移位寄存器等进行分析和设计。

1. 锁存器是对脉冲电平比较敏感的双稳态电路，有 SR 和 D 锁存器。SR 锁存器包括基本 SR 或非式锁存器、基本 SR 非或式锁存器和门控 SR 锁存器；D 锁存器包括传输门控和逻辑门控 D 锁存器。

2. 触发器是对时钟的上升沿或下降沿敏感的双稳态电路，结构上有主从、维持阻塞、传输延迟三种类型，有 D、JK、T 和 SR 触发器。每种触发器都可以用逻辑符号、特性方程、特性表和状态图来描述，D 和 JK 触发器的描述如下，T 触发器是 $J=K=T$ 的 JK 触发器，SR 触发器的特性方程有约束条件 $Q^{n+1}=S+\overline{R}Q^{n}$，$S\cdot R=0$。如图 10.1 所示。

3. 时序逻辑电路由组合电路和存储电路组成，常用逻辑方程组(包括输出方程，激励方程，状态方程)、状态表、状态图和时序图来描述。分异步与同步时序电路，分米利(与输入直接有关)和穆尔型电路。

4. 同步时序逻辑电路分析一般是先根据给定的电路图，列出逻辑方程组(输出方程，各触发器的激励方程，状态方程)，再列出状态转换表或画出状态图和波形图，后确定电路的逻辑功能。异步时序逻辑电路分析还要考虑时钟方程。

5. 寄存器和移位寄存器。

8 位 CMOS 寄存器 74HC374，寄存器对脉冲边沿敏感，区别锁存器。

4 位双向移位寄存器 74HC194，框图和引脚如图 10.2 所示。

$S_1S_0=00$，$Q_0^{n+1}Q_1^{n+1}Q_2^{n+1}Q_3^{n+1}=Q_0^{n}Q_1^{n}Q_2^{n}Q_3^{n}$　　保持

$S_1S_0=01$，$Q_0^{n+1}Q_1^{n+1}Q_2^{n+1}Q_3^{n+1}=D_{SR}Q_0^{n}Q_1^{n}Q_2^{n}$　　右移

$S_1S_0=10$，$Q_0^{n+1}Q_1^{n+1}Q_2^{n+1}Q_3^{n+1}=Q_1^{n}Q_2^{n}Q_3^{n}D_{SL}$　　左移

$S_1S_0=11$，$Q_0^{n+1}Q_1^{n+1}Q_2^{n+1}Q_3^{n+1}=D_0D_1D_2D_3$　　置数

6. 计数器。74161 是四位二进制计数器，异步清零(低电平有效)，同步置数(低电平有效)，时钟为上升沿，$TC=Q_3Q_2Q_1Q_0\cdot CET$。框图和引脚如图 10.3 所示。

反馈清零和反馈置数可以构成任意进制。

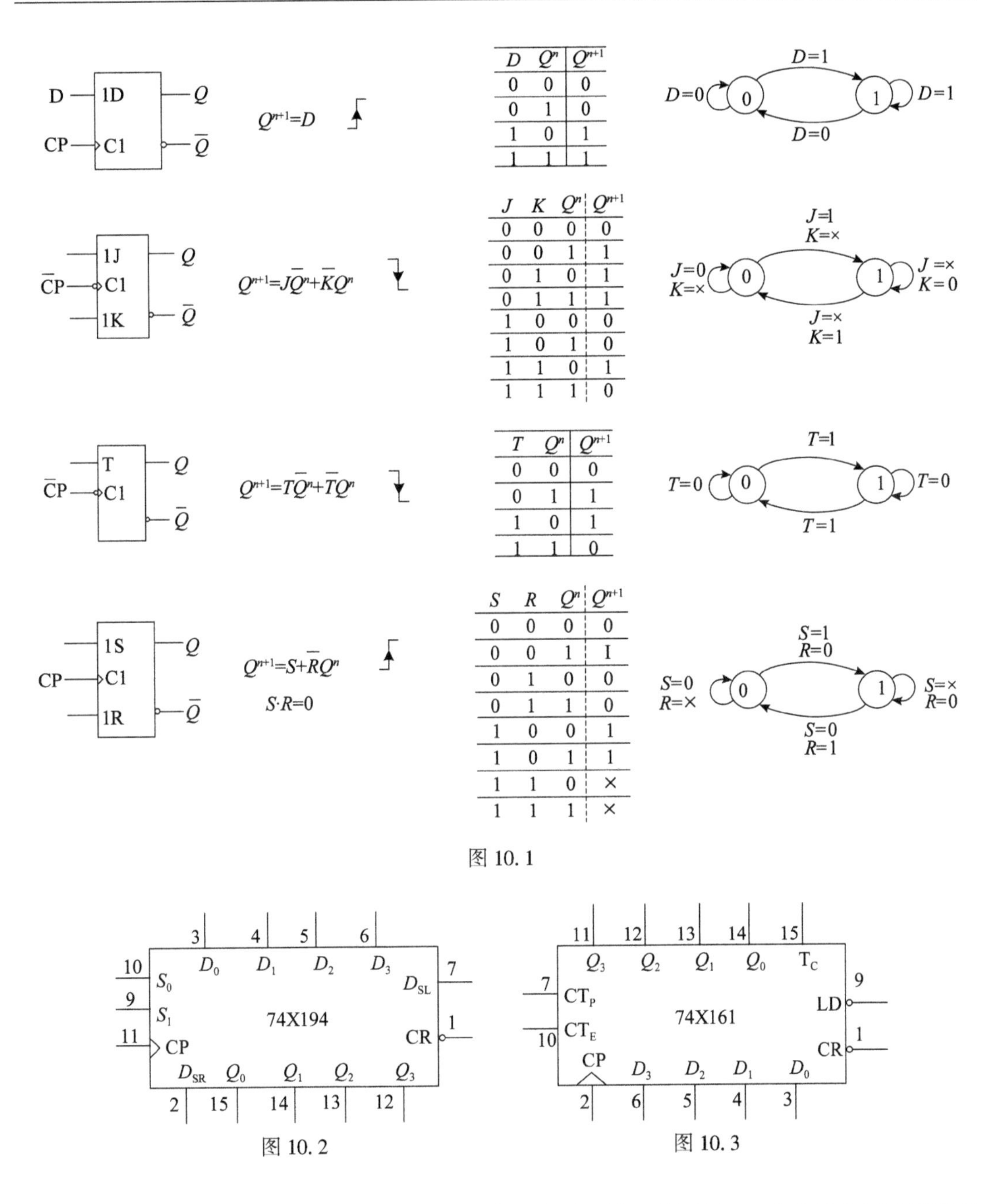

D	Q^n	Q^{n+1}
0	0	0
0	1	0
1	0	1
1	1	1

J	K	Q^n	Q^{n+1}
0	0	0	0
0	0	1	1
0	1	0	1
0	1	1	1
1	0	0	0
1	0	1	0
1	1	0	1
1	1	1	0

T	Q^n	Q^{n+1}
0	0	0
0	1	1
1	0	1
1	1	0

S	R	Q^n	Q^{n+1}
0	0	0	0
0	0	1	I
0	1	0	0
0	1	1	0
1	0	0	1
1	0	1	1
1	1	0	×
1	1	1	×

图 10.1

图 10.2

图 10.3

在使用集成芯片过程中，除了对熟悉的集成芯片引脚要熟悉外，更需要掌握能读懂芯片的功能表，不同芯片对移位、清零、置数、计数、同步、异步等功能设置不一样，其功能表对其进行准确描述。

二、习题详解

1. 分析用基本 $\bar{S}\bar{R}$ 锁存器实现机械开关去抖动电路原理及用 74HC00 芯片连接。

分析：单刀双掷开关 S 由 B 拨向 A 和由 A 拨向 B 过程中机械开关的触点会在短时间内多次接通和断开，这就是"抖动"现象，如图 10.4 所示。

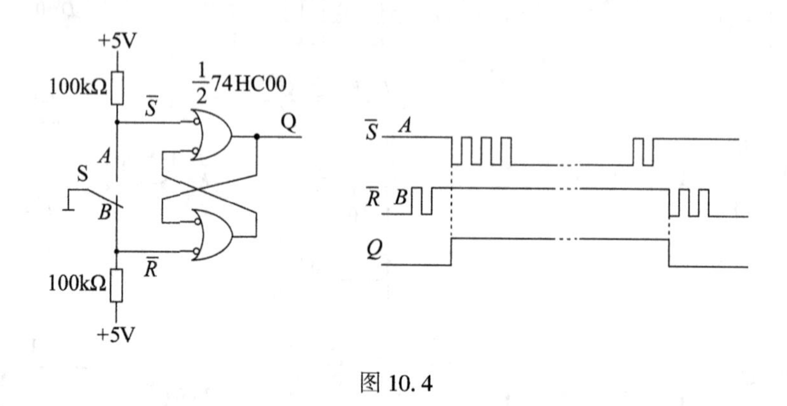

图 10.4

解：单刀双掷开关 S 由 B 拨向 A 之前，$\overline{R}=0$，$\overline{S}=1$，$Q=0$。开关 S 脱离 B 时，$\overline{S}$ 仍为 1，$\overline{R}$ 为 1 或 0，这时的输出都为 0。开关 S 接上 A，$\overline{S}$ 为 0 后，输出为 1，后面不管 $\overline{S}$ 为 1 还是 0，输出都为 1。这样开关 S 每变化一次，锁存器只翻转一次，不存在抖动波形。

用 74HC00 实际连接图如图 10.5 所示。

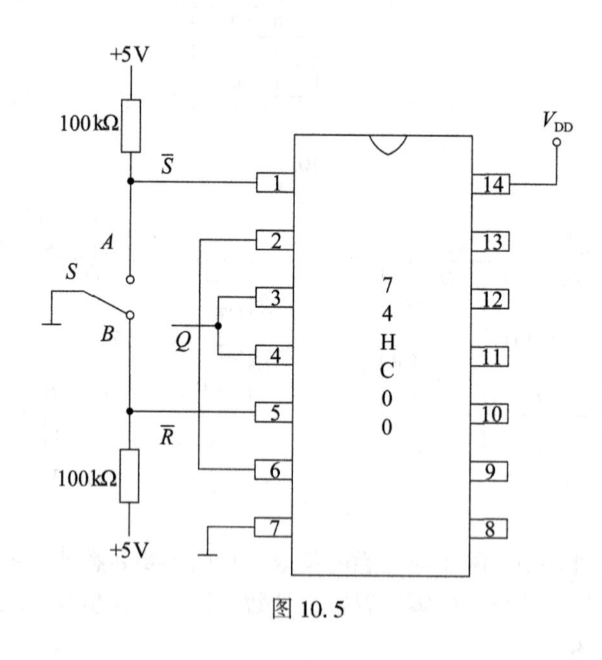

图 10.5

2. 由 D 触发器构成的电路如图 10.6 所示，已知 CP 和 A 的波形，试画出 Y_1 和 Y_2 的输出波形，设 Q_1、Q_2 的初态均为 0。

分析：由于 Y_1 和 Y_2 的输出波形取决于两个 D 触发器的输出状态，所以先要画出 Q_1、Q_2 的波形，再根据 Y_1、Y_2 的逻辑表达式画出其波形。

解：由于 D 触发器的特性方程为 $Q^{n+1}=D$，$\uparrow$，这里的 $D_1=A$，$D_2=Q_1$，所以 $Q_1^{n+1}=D_1=A$，$Q_2^{n+1}=D_2=Q_1^n$。$Y_1=\overline{Q_1^n\cdot Q_2^n}$，$Y_2=\overline{\overline{Q_1^n}\cdot\overline{Q_2^n}}$。这样就可以画出触发器和 Y_1、Y_2 的输出波形。如图 10.7 所示。

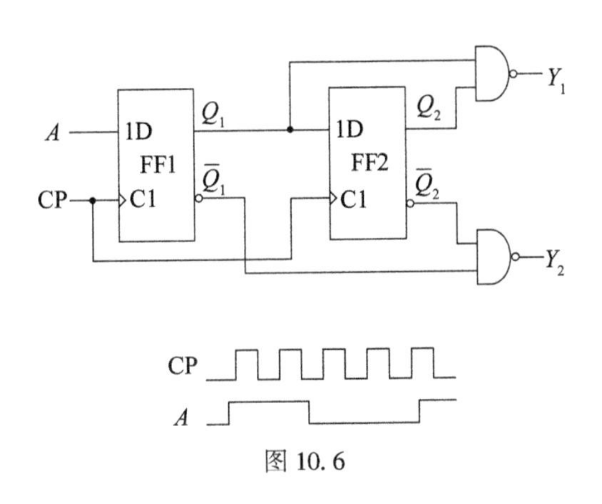

图 10.6

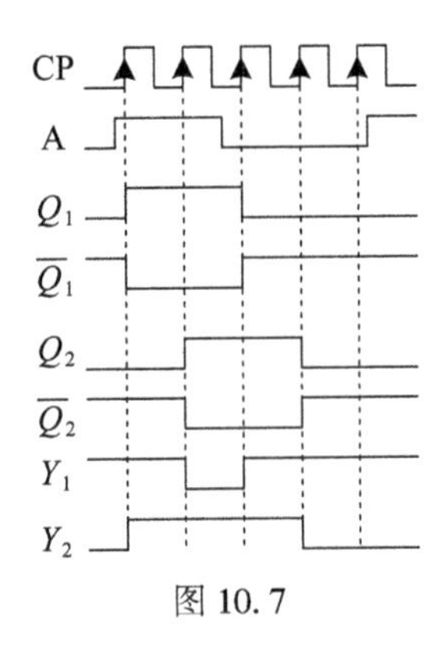

图 10.7

3. 试分析如图 10.8 所示时序电路的功能。

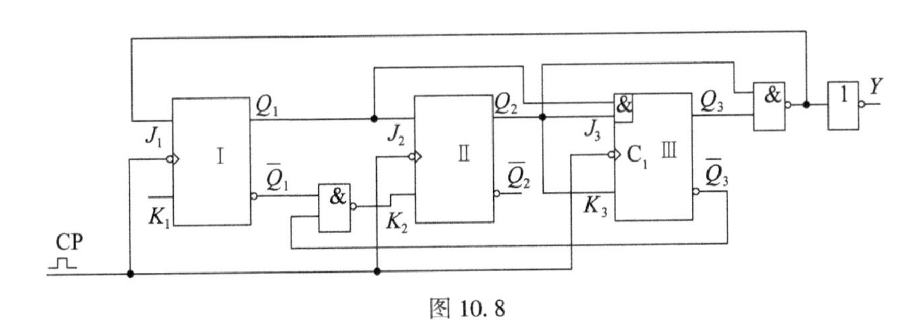

图 10.8

(1)写出电路的激励方程、状态方程和输出方程；

(2)画出电路的状态图。

分析：写电路方程时，由激励方程和特性方程可得到状态方程，这里 K_1 未接信号，实际相当于是接高电平。输入是 $Q_3Q_2Q_1$ 的现态，输出不仅是 Y，也包括 $Q_3Q_2Q_1$ 的次态。

解：(1) $J_1=\overline{Q_2\cdot Q_3}$，$K_1=1$，$Q_1^{n+1}=\overline{Q_2^n\cdot Q_3^n}\cdot\overline{Q_1^n}$；

$J_2=Q_1$，$K_2=\overline{\overline{Q_1}\,\overline{Q_3}}$，$Q_2^{n+1}=Q_1^n\overline{Q_2^n}+\overline{Q_1^n}\,\overline{Q_3^n}Q_2^n$；

$J_3=Q_1\cdot Q_2$，$K_3=Q_2$，$Q_3^{n+1}=Q_1^nQ_2^n\overline{Q_3^n}+\overline{Q_2^n}Q_3^n$；

$Y=\overline{\overline{Q_2^nQ_3^n}}=Q_2^nQ_3^n$

(2)电路的状态图如图 10.9 所示。

4. 试分析如图 10.10 所示时序电路的功能。

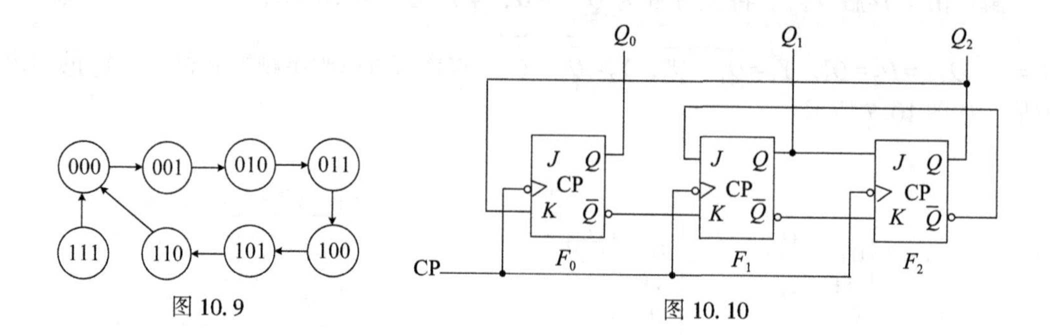

图 10.9　　图 10.10

(1)写出电路的激励方程、状态方程；

(2)画出电路的状态图；

(3)说明电路能否自启动。

分析：电路能否自启动要分析电路的无效状态经过循环后都能否进入有效状态。这里的输入是 $Q_3Q_2Q_1$ 的现态，输出是 $Q_3Q_2Q_1$ 的次态。

解：(1)$J_0=1$，$K_0=Q_2^n$，$Q_0^{n+1}=J_0\overline{Q_0^n}+\overline{K_0}Q_0^n=\overline{Q_0^n}+\overline{Q_2^n}Q_0^n=\overline{Q_2^n}+\overline{Q_0^n}$；

$J_1=\overline{Q_2^n}$，$K_1=\overline{Q_0^n}$，$Q_1^{n+1}=J_1\overline{Q_1^n}+\overline{K_1}Q_1^n=\overline{Q_2^n}\,\overline{Q_1^n}+Q_1^nQ_0^n$；

$J_2=Q_1^n$，$K_2=\overline{Q_1^n}$，$Q_2^{n+1}=J_2\overline{Q_2^n}+\overline{K_2}Q_2^n=\overline{Q_2^n}Q_1^n+Q_1^nQ_2^n=Q_1^n$。

(2) 列表如下：

Q_2^n	Q_1^n	Q_0^n	Q_2^{n+1}	Q_1^{n+1}	Q_0^{n+1}
0	0	0	0	1	1
0	0	1	0	1	1
0	1	0	1	0	1
0	1	1	1	1	1
1	0	0	0	0	1
1	0	1	0	0	0
1	1	0	1	0	1
1	1	1	1	1	0

状态图如图 10.11 所示。

(3)电路能够自启动，因为 3 个无效状态经过 2 个时钟周期后都能进入有效状态。

5. 用逻辑函数相等和特性表两种方法将 JK 触发器构成 SR 触发器。

分析：用特性表转换 SR 触发器要充分利用 SR=0 这个约束条件。

解：(1)逻辑函数相等法将 JK 触发器构成 SR 触发器。

$$Q^{n+1}=J\overline{Q^n}+\overline{K}Q^n=S+\overline{R}Q^n=S(Q^n+\overline{Q^n})+\overline{R}Q^n=S\overline{Q^n}+(S+\overline{R})Q^n$$

$J=S$，$\overline{K}=S+\overline{R}$，$K=\overline{S}R=\overline{S}R+SR=R$。(约束条件 $SR=0$)

(2)特性表法将 JK 触发器构成 SR 触发器。

用卡诺图(图 10.12)化简可得：

$J=S$，$K=R$。

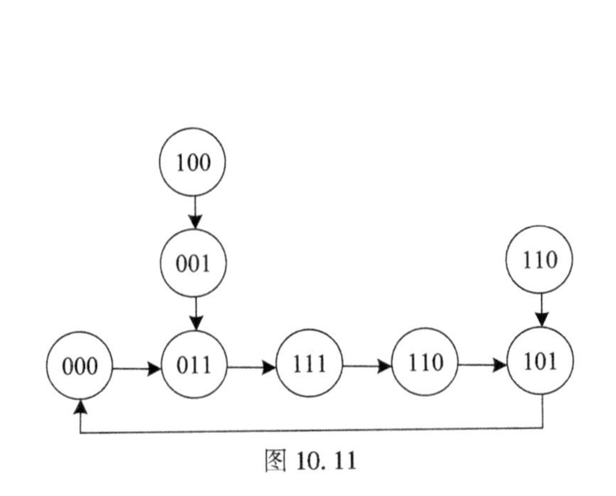

图 10.11

S	R	Q^n	Q^{n+1}	J	K
0	0	0	0	0	×
0	0	1	1	×	0
0	1	0	0	0	×
0	1	1	0	×	1
1	0	0	1	1	×
1	0	0	1	×	0
1	1	0	×	×	×
1	1	1	×	×	×

图 10.12

6. 分析图 10.13 所示的逻辑功能，S_1S_0 对 Q 的输出的控制作用，FF0 的特性方程。

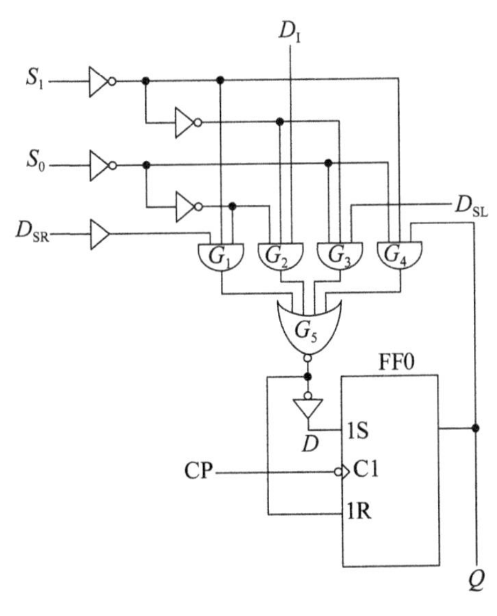

图 10.13

分析：这是分析移位寄存器如何实现移位的。

解：$S_1S_0=00$ 时，G_1、G_2、G_3 的输出均为 0，G_4的输出为 Q^n，Q 的输出就为 Q^n，即输出保持不变。$S_1S_0=01$ 时，G_2、G_3、G_4的输出均为 0，G_1 的输出为 D_{SR}，Q 的输出就为

D_{SR}，即输出为要右移的数据。$S_1S_0=10$ 时，G_1、G_2、G_4的输出均为 0，G_3 的输出为 D_{SL}，Q 的输出就为 D_{SL}，即输出为要左移的数据。$S_1S_0=11$ 时，G_1、G_3、G_4的输出均为 0，G_2 的输出为 D_I，Q 的输出就为 D_I，即输出为要置入的数据。

FF0 的特性方程 $Q^{n+1}=S+\overline{R}Q^n=D+\overline{\overline{D}}Q^n=D$。

7. 由 74HC161 计数器组成的电路图如图 10.14 所示，试分析：

(1) 74HC161 构成何种电路？

(2)若 CP 为秒脉冲，V_o 的频率及占空比各多大？

(3) 如果将 74HC161 改为同步置数法实现计数，应如何调整？

分析：分析 74161 构成任意进制计数器时，要分清是异步清零还是同步置数。

答：(1)74HC161 构成异步清零十进制计数器，从 0000~1001 计数。

(2)V_o 是 Q_3 输出的信号，是秒脉冲经过 74HC161 分频(十分频)后得到，所以 V_o 的频率为 10Hz。由于 Q_3 的输出在 0~9 中有 2 个高电平，故占空比为 20%。

(3)同步置数法实现十进制计数，计数从 0000~1001，将 Q_3 与 Q_1 与非后连接至$\overline{\text{PE}}$，$\overline{\text{CR}}$接高电平，如图 10.15 所示。

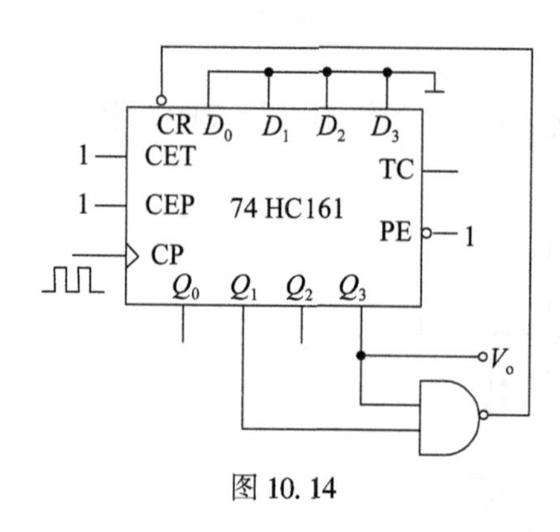

图 10.14

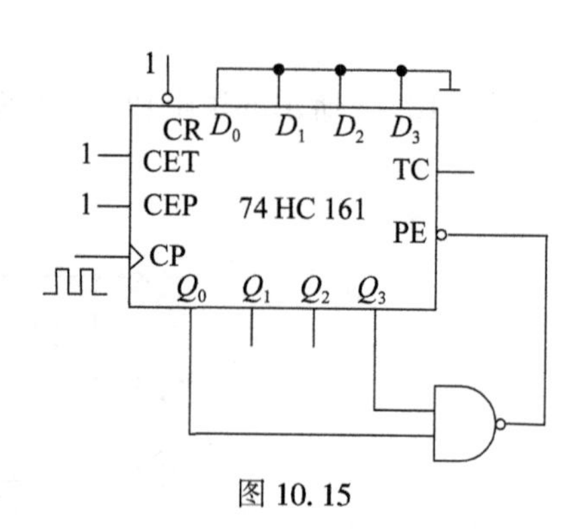

图 10.15

8. 用异步清零的 BCD 计数器 74X90 和二输入与非门 74X00 构成模为 24 的计数器。

分析：74X90 是高电平有效异步清零二-五-十进制计数器，构成 24 进制时先要构成 100 进制，100 进制是由两个 10 进制级联而成。

解：先将每片 74X90 连接成十进制计数器(CP_1 和 Q_0 相连，时钟从 CP_0 输入)；后将两片 74X90 构成模为 100 的计数器(第一片 74X90 的 Q_3 与第二片 74X90 的 CP_0 相连)；再构成模为 24 的计数器(第一片 74X90 的 Q_2 与第二片 74X90 的 Q_1 相与，这里采用与非的非来实现相与)，连接图如图 10.16 所示。

9. 分析如图 10.17 所示得 4 位二进制计数器 74161 电路，列出状态表。

分析：要分析置数和计数的状态变化。

解：由于$\overline{Q_3}=D_3$，$\overline{Q_2}=\text{PE}$(同步置数端)，所以当$\overline{Q_2}=\text{PE}=0$ 时，$\overline{Q_3}000$ 置入 $Q_3Q_2Q_1Q_0$ 中。

假如 $Q_3Q_2Q_1Q_0$ 的初始状态为 0000，在 CP 作用下，计数器从 0000→0001→0010→

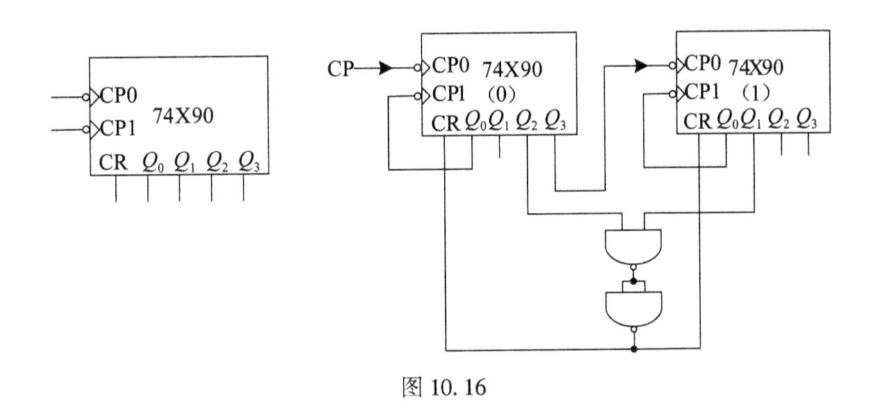

图 10.16

0011→0100。而在 0100 状态下，$\overline{Q_2}=PE=0$，将$\overline{Q_3}$000 置入 $Q_3Q_2Q_1Q_0$ 中，即 $Q_3Q_2Q_1Q_0=1000$，在 CP 作用下，计数器又从 1000→1001→1010→1011→1100。在 1100 状态下，$\overline{Q_2}=PE=0$，将$\overline{Q_3}$000 置入 $Q_3Q_2Q_1Q_0$ 中，即 $Q_3Q_2Q_1Q_0=0000$，在 CP 作用下，又从 0000 开始计数，重复前面的过程。

状态图如图 10.18 所示。

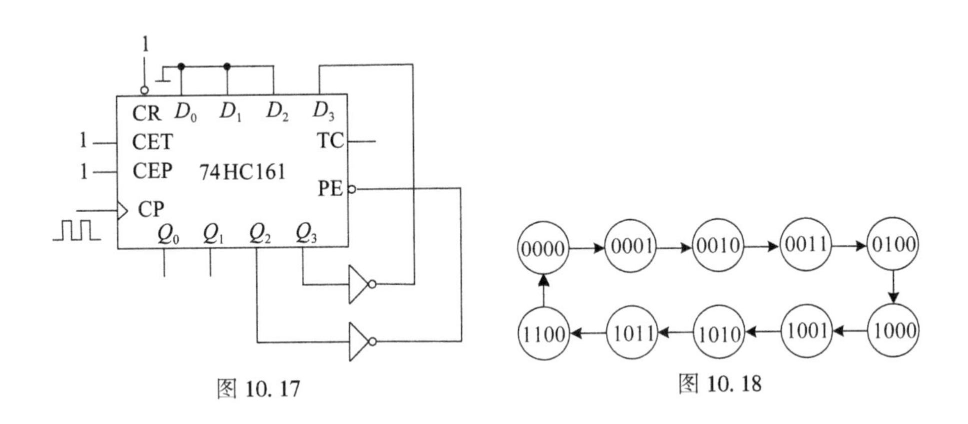

图 10.17　　图 10.18

10. 试用 4 位同步二进制计数器 74161 和门电路设计一个模可变的计数器，当输入控制变量 $M=0$ 时，工作在五进制计数器，$M=1$ 时工作在十五进制。

分析：假设 74161 采用同步置数方式构成五进制和十五进制计数器，置数初始值为 0000，当 $M=0$ 时，五进制计数器为 0000–0001–0010–0011–0100–0000 循环；当 $M=1$ 时，十五进制计数器为 0000–0001–0010–0011–0100–0101–0110–0111–1000–1001–1010–1011–1100–1101–1110–0000 循环。由于同步置数端$\overline{\mathrm{PE}}$是低电平有效，五进制时 $M=0$ 且 $Q_2=1$，写成逻辑表达式为$\overline{\mathrm{PE}}=\overline{\overline{M}\cdot Q_2}$；十五进制时，$M=1$ 且 $Q_3Q_2Q_1=111$，写成逻辑表达式为$\overline{\mathrm{PE}}=\overline{M\cdot Q_3Q_2Q_1}$。综合起来就可以得到$\overline{\mathrm{PE}}=\overline{\overline{M}\cdot Q_2+M\cdot Q_3Q_2Q_1}$。

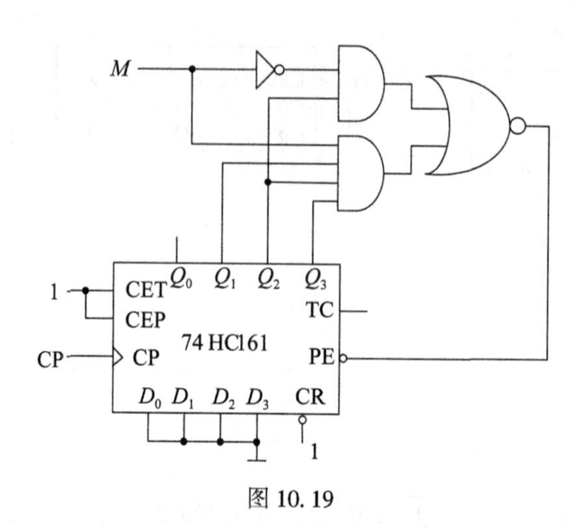

图 10.19

解：这里采用同步置数方式构成五进制和十五进制计数器，置数初始值为 0000，$M=0$时，五进制计数器计数从 0000 到 0100，$Q_2=1$；$M=1$ 时，十五进制计数器计数从 0000 到 1110，$Q_3Q_2Q_1=111$。由于同步置数端$\overline{\mathrm{PE}}$是低电平有效，$\overline{\mathrm{PE}}=\overline{\overline{M}\cdot Q_2+M\cdot Q_3Q_2Q_1}$。连接图如图 10.19 所示。也可以采用异步清零法构成计数器，清零用 0101 和 1111。

还可以用不同的置数来得到不同的进制，将 TC 取非后接$\overline{\mathrm{PE}}$，这时要构成五进制计数器($M=0$)$D_3D_2D_1D_0$ 的置数值为 1011，构成十五进制计数器($M=1$)$D_3D_2D_1D_0$ 的置数值为 0001。取 $D_2=0$，$D_0=1$，$D_3=D_1=\overline{M}$。

11. 电路如图 10.20 所示，74HC153 是四选一数据选择器，问：MN 取不同值时电路分别为几进制计数器？

分析：这里最关键的是 74138 要工作 E_3 必须等于 1。当 M 和 N 取不同的值时，74HC153 才能输出低电平，74161 才能进行异步清零，74161 清零后 E_3 不等于 1，接着进行计数，这样就构成了一个循环。

解：计数器 74161 采用异步清零，当 $MN=00$ 时，$\overline{\mathrm{CR}}=L=D_0=\overline{Y_0}$，由于 74138 的 $E_3A_2A_1A_0$ 分别与 74161 的 $Q_3Q_2Q_1Q_0$ 相连，只有当 $E_3=1$ 时 74138 才工作，$Q_2Q_1Q_0=000$ 时，$\overline{Y_0}=0$，所以 74161 的计数从 0000~1000，异步清零，1000 不显示，真正计数范围为 0000~0111，是八进制计数器。

当 $MN=01$ 时，$\overline{\mathrm{CR}}=L=D_1=\overline{Y_2}$，真正计数范围从 0000~1001，是十进制计数器。

当 $MN=10$ 时，$\overline{\mathrm{CR}}=L=D_2=\overline{Y_4}$，真正计数范围从 0000~1011，是十二进制计数器。

当 $MN=11$ 时，$\overline{\mathrm{CR}}=L=D_3=\overline{Y_6}$，真正计数范围从 0000~1101，是十四进制计数器。

12. 波形产生电路如图 10.21 所示。

(1)分析 555 定时器组成的是什么功能的电路？写出 555 定时器输出信号 v_{O1}的周期 T 和占空比 q 的表达式；

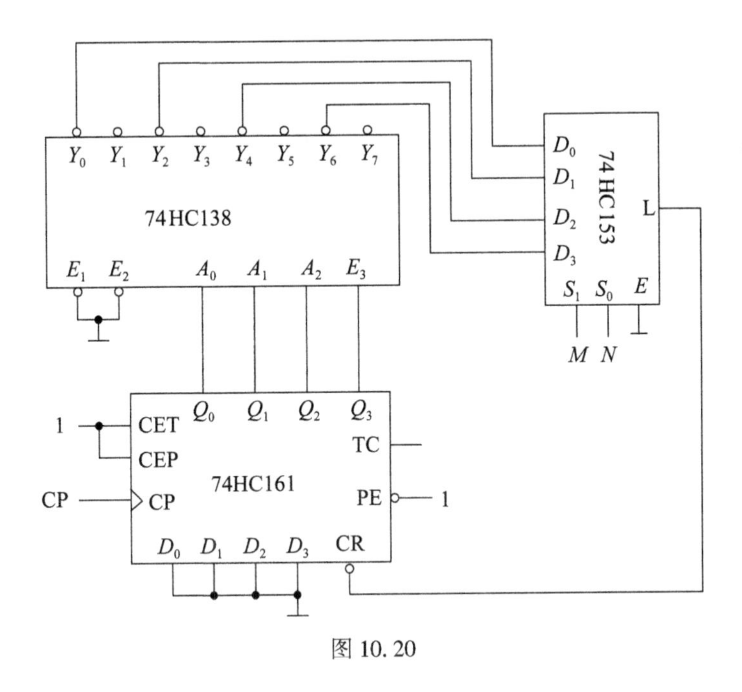

图 10.20

(2)分析同步计数器 74HC161 组成的是什么功能的电路？画出其状态转移图；

(3)74HC138 为集成 3-8 译码器，写出输出信号 L 的表达式。

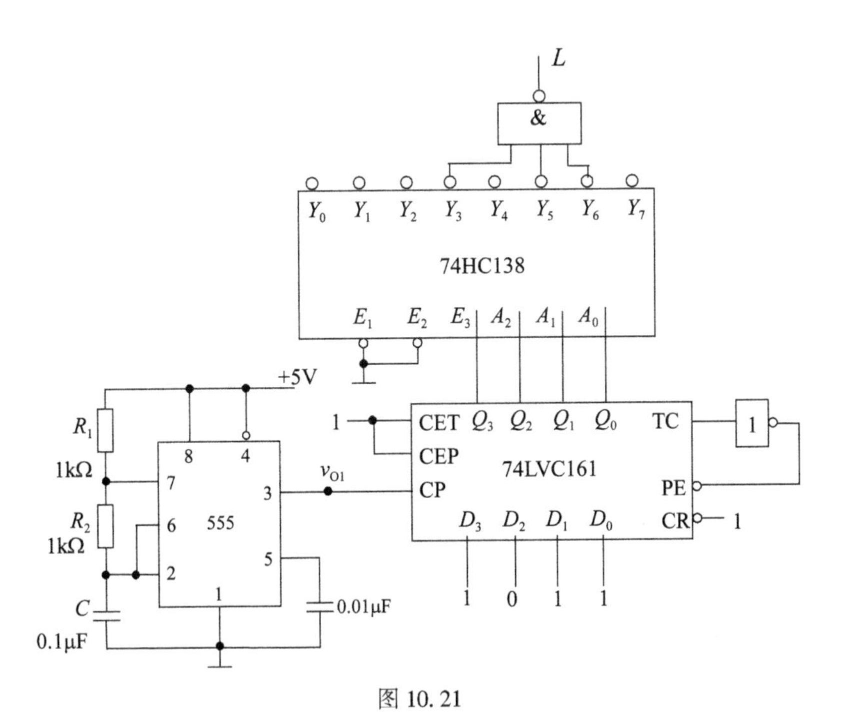

图 10.21

分析：这里 555 构成振荡电路，产生脉冲信号，74161 构成计数电路，Q_3 为 1 时

74138 才工作，74138 工作后 L 才有输出。

解：(1)555 定时器组成的电路为多谐振荡电路，输出信号的周期为

$T=0.7(R_1+2R_2)C=2.1\times10^{-4}\text{s}$，占空比为 $q=\dfrac{R_1+R_2}{R_1+2R_2}=\dfrac{2}{3}$。

(2)由于 74HC161 的 $\text{PE}=\overline{\text{TC}}=\overline{Q_3Q_2Q_1Q_0\cdot\text{CET}}$，$Q_3Q_2Q_1Q_0=1111$ 时，将 1011 置 $Q_3Q_2Q_1Q_0$，这样就构成五进制计数器，状态转移图如图 10.22 所示。

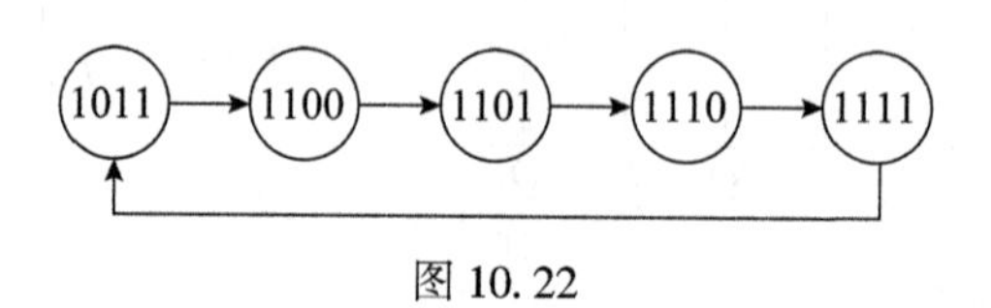

图 10.22

(3) $L=\overline{\overline{Y3}\cdot\overline{Y5}\cdot\overline{Y6}}=Y3+Y5+Y6=\overline{A_2}A_1A_0+A_2\overline{A_1}A_0+A_2A_1\overline{A_0}$。

13. 用移位寄存器 74194 和逻辑门组成的电路如图 10.23 所示。设 74194 的初始状态为 $Q_3Q_2Q_1Q_0=0001$，试画出各输出端 Q_3、Q_2、Q_1、Q_0 和 L 的波形。

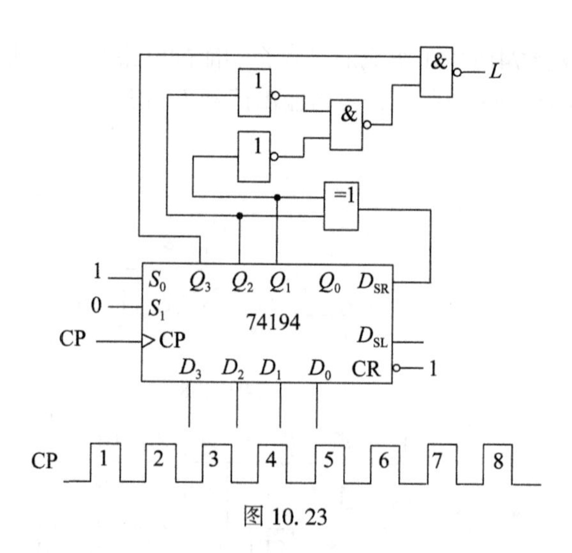

图 10.23

分析：74194 要分清是左移还是右移，移位的信号怎么来。

解：由于 74194 的 $S_1S_0=01$，所以移位是右移位且 $D_{SR}=Q_2\oplus Q_1$。这样可以得到移位排列为 $D_{SR}(=Q_2\oplus Q_1)\to Q_0\to Q_1\to Q_2\to Q_3$，由于 74194 的初始状态为 $Q_3Q_2Q_1Q_0=0001$，第一个脉冲到来时 $D_{SR}(=Q_2\oplus Q_1)=0$，$Q_0Q_1Q_2Q_3=1000$，移位后 $Q_0Q_1Q_2Q_3=0100$；第二个脉冲到来时 $D_{SR}(=Q_2\oplus Q_1)=1$，$Q_0Q_1Q_2Q_3=0100$，移位后 $Q_0Q_1Q_2Q_3=1010$；第三个脉冲到来时 $D_{SR}(=Q_2\oplus Q_1)=1$，$Q_0Q_1Q_2Q_3=1010$，移位后 $Q_0Q_1Q_2Q_3=1101$；第四个脉冲到来时 $D_{SR}(=Q_2\oplus Q_1)=1$，$Q_0Q_1Q_2Q_3=1101$，移位后 $Q_0Q_1Q_2Q_3=1110$；第五个脉冲到来时 $D_{SR}(=Q_2\oplus Q_1)=0$，$Q_0Q_1Q_2Q_3=1110$，移位后 $Q_0Q_1Q_2Q_3=0111$；第六个脉冲到来时 D_{SR}

$(=Q_2 \oplus Q_1)=0$，$Q_0Q_1Q_2Q_3=0111$，移位后 $Q_0Q_1Q_2Q_3=0011$；第七个脉冲到来时 $D_{SR}(=Q_2 \oplus Q_1)=1$，$Q_0Q_1Q_2Q_3=0011$，移位后 $Q_0Q_1Q_2Q_3=1001$；第八个脉冲到来时 $D_{SR}(=Q_2 \oplus Q_1)=0$，$Q_0Q_1Q_2Q_3=1001$，移位后 $Q_0Q_1Q_2Q_3=0100$，和第一个脉冲重复。$L=\overline{Q_3 \cdot \overline{\overline{Q_2Q_1}}}=\overline{Q_3}+\overline{Q_2Q_1}$。如图 10.24 所示。

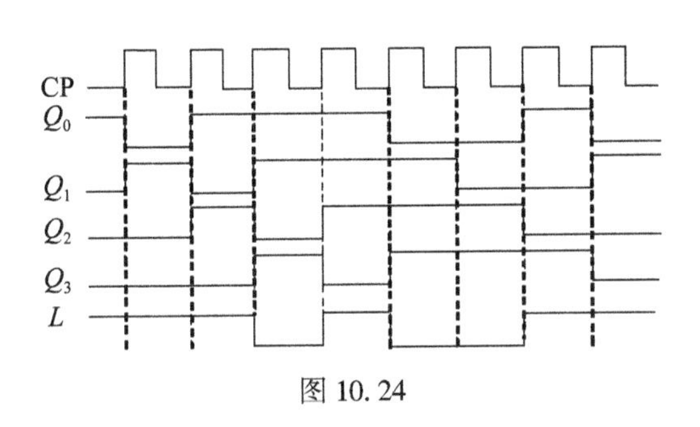

图 10.24

三、扩展题

1. 由 74138 和 JK 触发器构成电路图如图 10.25 所示。

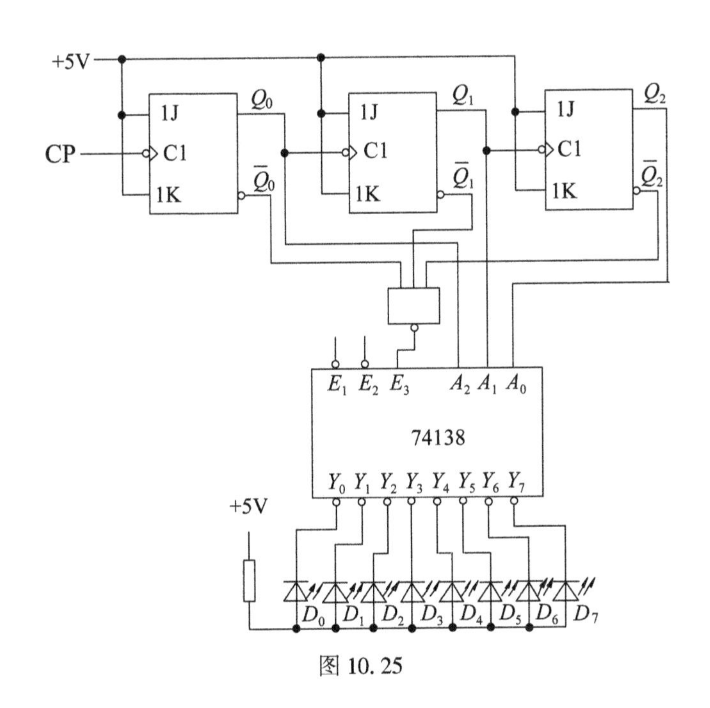

图 10.25

(1)要使电路正常工作，请连接电路未完成部分；

(2)当 CP 时钟端加时钟信号，JK 触发器组成的电路具有什么功能；

(3)设初始状态 $Q_2=Q_1=Q_0=0$，电路中的LED能否发光？$D_0\sim D_7$闪亮次序如何？

解：(1)要使74138正常工作，将使能端$\overline{E_1}$、$\overline{E_2}$接低电平；三输入非门应改为三输入与非门，在与门上画“&”符号。

(2)由于JK触发器的 $J=K=1$，$Q^{n+1}=\overline{Q^n}$，$CP_0=CP$，$CP_1=Q_0$，$CP_2=Q_1$，所以JK触发器组成异步八进制加计数器。

(3)由于 $Q_0=Q_1=Q_2=0$ 时，$\overline{Q_0}=\overline{Q_1}=\overline{Q_2}=1$，与非门的输出为0，这时74138不工作，其输出$\overline{Y_7}\sim\overline{Y_0}$全为1，$D_0$ 不发光。除此之外，无论$\overline{Q_2}$、$\overline{Q_1}$、$\overline{Q_0}$为何值，与非门的输出为1，74138可以工作，其输出有低电平，对应的*LED*可发光。由于 Q_2、Q_1、Q_0 与译码器输入 A_0、A_1、A_2 相连，$Q_2Q_1Q_0$ 的001对应 $A_0A_1A_2$ 的001，写成 $A_2A_1A_0$ 为100，即$\overline{Y_4}=0$，D_4灯闪亮。所以可得 $D_1\sim D_7$的闪亮次序为：D_4、D_2、D_6、D_1、D_5、D_3、D_7，并循环。

2. 电路如图10.26所示。

(1)555定时器组成的是什么功能电路？计算 v_{o1}输出信号的周期和占空比；

(2)74LVC161组成的是什么功能电路？列出其状态表；

(3)画出输出电压 v_o 的波形，并标出波形图上各点的电压值；

(4)计算 v_o 周期。

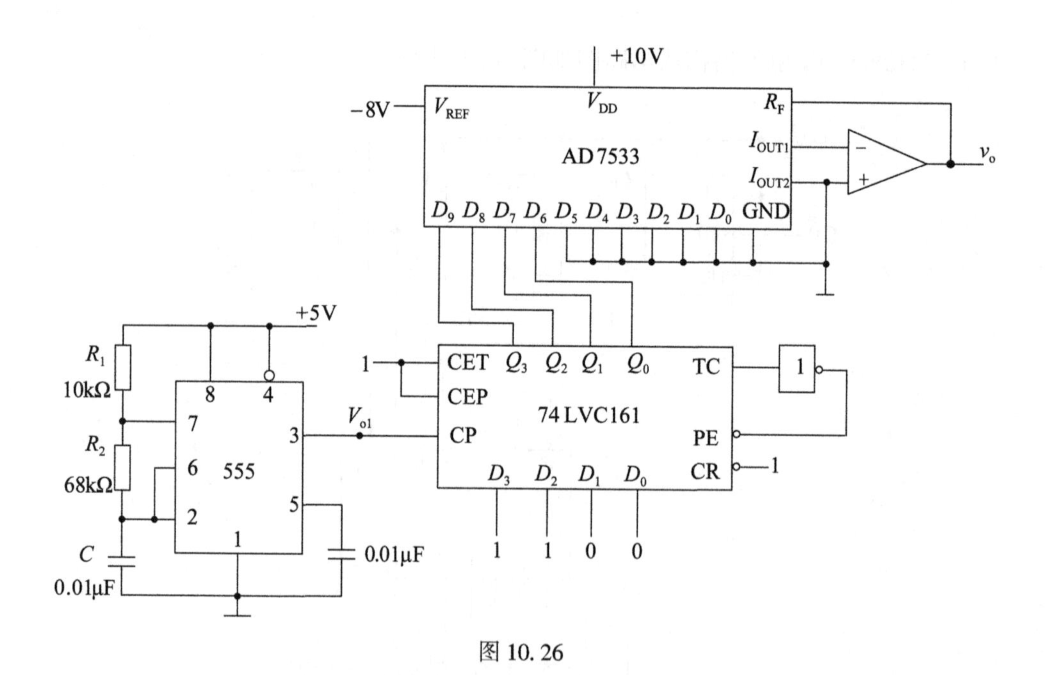

图10.26

解：(1)555定时器组成多谐振荡器

v_{o1}的周期为：$T=0.7(R_1+2R_2)\approx 1\text{ms}$。

占空比为：$q=\dfrac{R_1+R_2}{R_1+2R_2}=53\%$。

(2)74LVC161 组成四进制计数器，其状态表如下：

Q_3^n	Q_2^n	Q_1^n	Q_0^n	$Q_3^{(n+1)}$	$Q_2^{(n+1)}$	$Q_1^{(n+1)}$	$Q_0^{(n+1)}$
1	1	0	0	1	1	0	1
1	1	0	1	1	1	1	0
1	1	1	0	1	1	1	1
1	1	1	1	1	1	0	0

(3)v_{o1}、v_o 的波形如图 10. 27 所示。

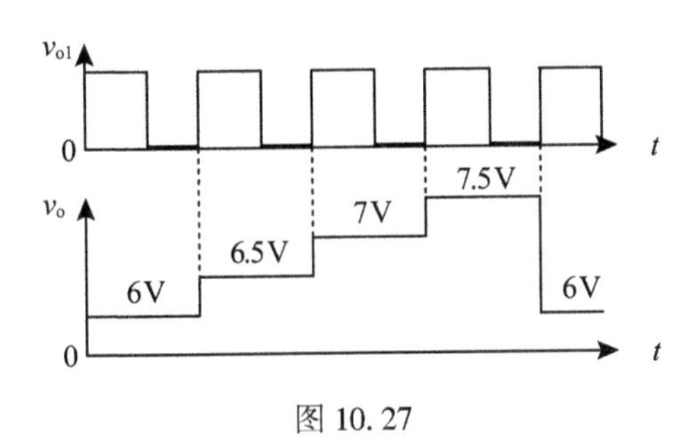

图 10. 27

(4)v_o 的周期 $T=4T_1=4\text{ms}$。

3. 由 74161 和边沿 JK 触发器组成的可编程计数器如图 10. 28 所示，该电路改变预置数 ABCDE 即可改变可编计数器的模。

(1)试说明模的变化范围；

(2)已知时钟信号 CP 的频率为 f_o，当 $ABCDE=10100$ 时，推导输出信号 Q_4的频率表达式。

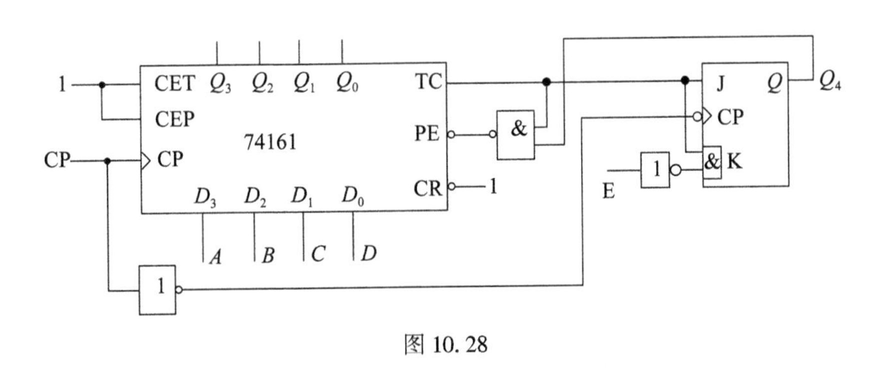

图 10. 28

解：(1)由于 74161 的$\overline{PE}=\overline{TC\cdot Q_4}=\overline{Q_3Q_2Q_1Q_0Q_4}$，只有 $Q_4=Q_3=Q_2=Q_1=Q_0=1$ 时，

$\overline{PE}=0$，所以该计数器的计数范围为00000~11111，模为32，模的变化范围$0\leqslant M\leqslant 32$。

（2）当$ABCDE=10100$时，对应$Q_4Q_3Q_2Q_1Q_0$的初值为01010，这时计数的模为32−10=22，所以输出信号Q_4的频率为时钟信号CP的频率为f_o的$\frac{1}{22}$，即$f_{Q_4}=\frac{f_o}{22}$。

4. 集成4位二进制加法计数器74161和8选1数据选择器74151组成的电路如图10.29所示，试分析电路的功能，画出电路的状态图。

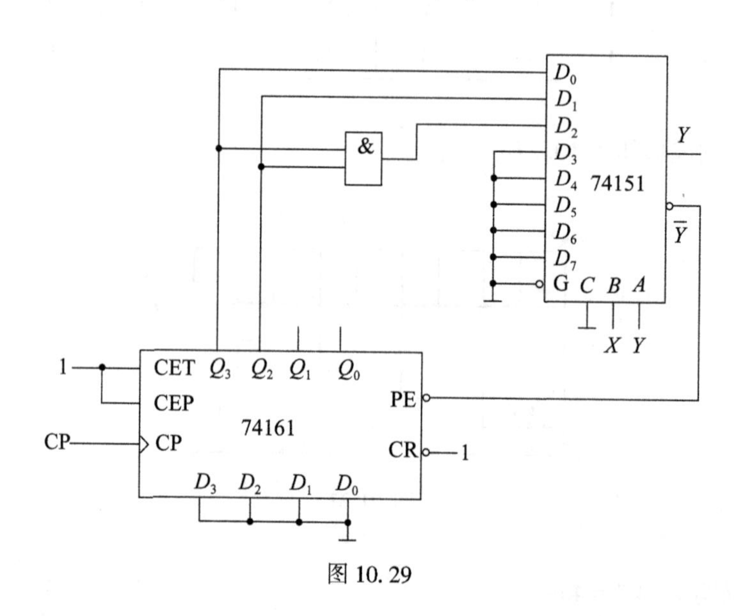

图10.29

解：由于74151的输出端$\overline{Y}$与74161的同步置数端$\overline{PE}$相连，$\overline{Y}=0$时74161同步置数，$Q_3Q_2Q_1Q_0=0000$。而$\overline{Y}$的取值又与CBA的取值有关（这里$C=0$）。

当$CBA=0XY=000$时，$\overline{Y}=\overline{D_0}=\overline{Q_3}=0$，即$Q_3=1$，同步置数端$\overline{PE}=0$，输出端置数为0000。计数器从0000计数到1000，即为九进制计数器。状态图如图10.30所示。

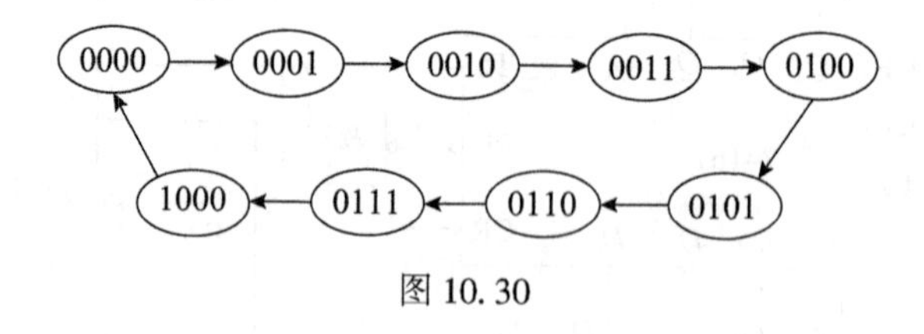

图10.30

当$CBA=0XY=001$时，$\overline{Y}=\overline{D_1}=\overline{Q_2}=0$，即$Q_2=1$，同步置数端$\overline{PE}=0$，输出端置数为0000。计数器从0000计数到0100，即为五进制计数器。状态图如图10.31所示。

当$CBA=0XY=010$时，$\overline{Y}=\overline{D_2}=\overline{Q_3Q_2}=0$，即$Q_3Q_2=1$，同步置数端$\overline{PE}=0$，输出端置数为0000。计数器从0000计数到1100，即为十三进制计数器。状态图如图10.32所示。

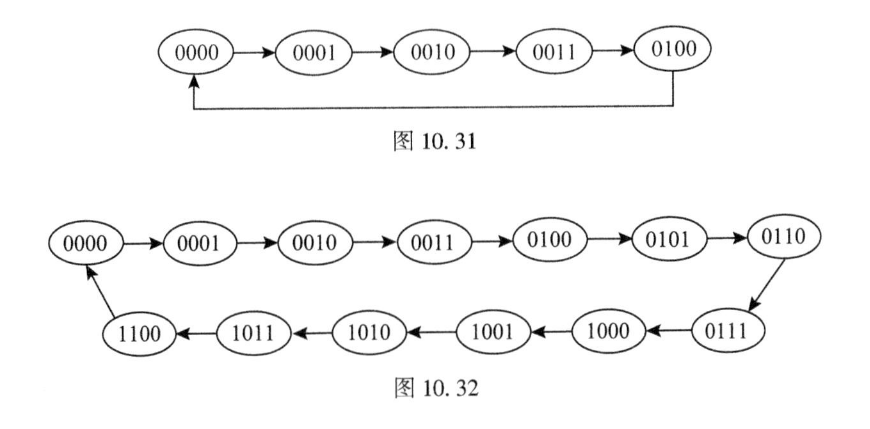

图 10. 31

图 10. 32

当 $CBA=0XY=011$ 时，$\overline{Y}=\overline{D_3}$，由于 $D_3=0$，同步置数端$\overline{\mathrm{PE}}=1$。计数器从 0000 计数到 1111，即为十六进制计数器。状态图如图 10. 33 所示。

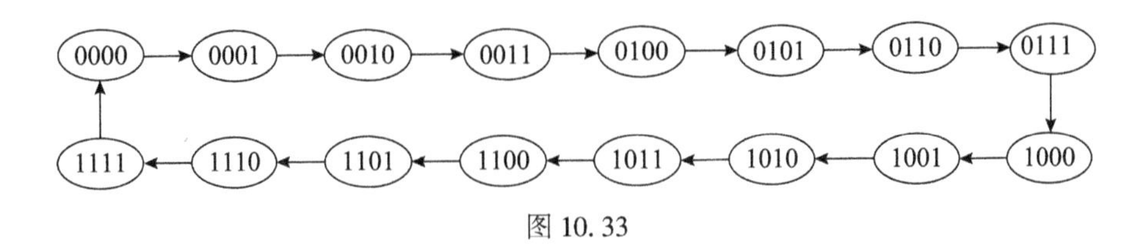

图 10. 33

5. 集成块 74194 组成的电路如图 10. 34 所示，若 TTL 与非门的 $I_{OH}=800\mu A$，$I_{OL}=16mA$。发光二极管 D 的正向压降为 1. 5V，发光时工作电流为 10mA。

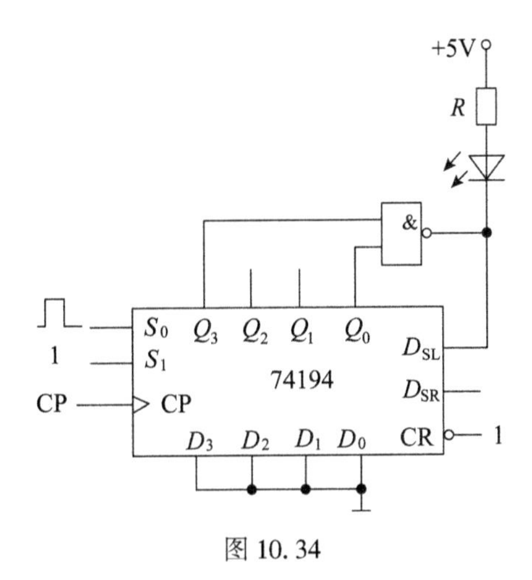

图 10. 34

(1) 设 74194 的初态为 0000，试画出其工作的状态转换图；

(2) 正常工作时，$Q_3Q_2Q_1Q_0$ 为何值时发光管才发光？

(3)求出该电路中限流电阻 R 的取值范围。

解:(1)由于 S_1S_0 刚开始时为 11,74194 处于置数状态,$Q_3Q_2Q_1Q_0=0000$。S_0 高电平之后为低电平,S_1S_0 为 10,74194 处于左移状态,$D_{SL}=\overline{Q_3 \cdot Q_0}$。这样可得状态转换图如图 10.35 所示。

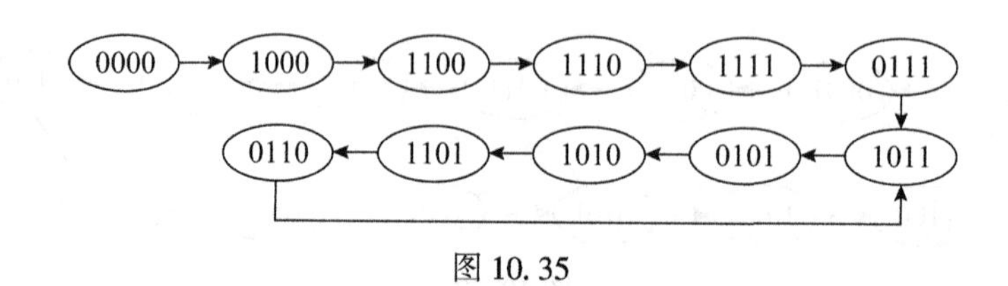

图 10.35

(2)发光管要发光,与非门输出为低电平,$Q_3Q_2Q_1Q_0$ 为 $1XX1$。

(3)由于与非门的 $I_{OL}=16\text{mA}$,二极管发光时工作电流为 10mA。只有在与非门输出为低电平时二极管才发光,与非门输出低电平的典型值为 0.3V,所以 $I \cdot R=5-0.3-1.5=3.2(\text{V})$,即 $R=\dfrac{3.2}{I}$。若发光管正常工作,则其电流为 10mA,$R=320\Omega$。与非门要正常工作,其 $I_{oL}=16\text{mA}$,则 $R=200\Omega$。所以 $200 \leqslant R \leqslant 320\Omega$。

四、填空选择题

1. 为了把串行输入的数据转换为并行输出的数据,可以使用(　　)。
   A. 寄存器　　B. 移位寄存器　　C. 计数器　　D. 存储器
2. 已知时钟脉冲频率为 f_{cp},欲得到频率为 $0.2f_{cp}$ 的矩形波应采用(　　)。
   A. 五进制计数器　　B. 五位二进制计数器
   C. 单稳态触发器　　C. 多谐振荡器
3. 下列 4 个触发器电路中,能完成二分频功能的电路是(　　)。

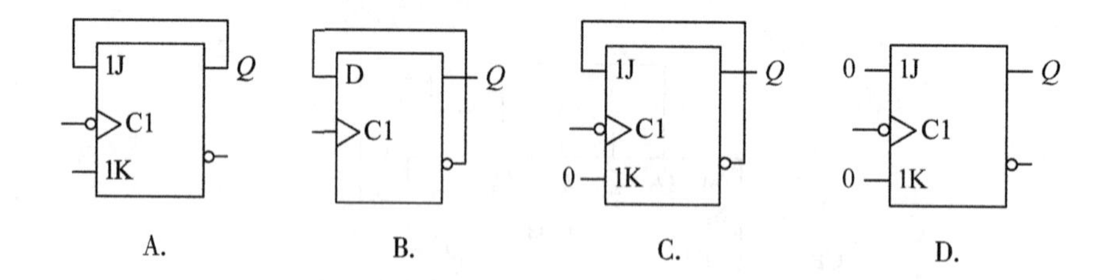

4. 下图能够实现计数的电路是(　　)。

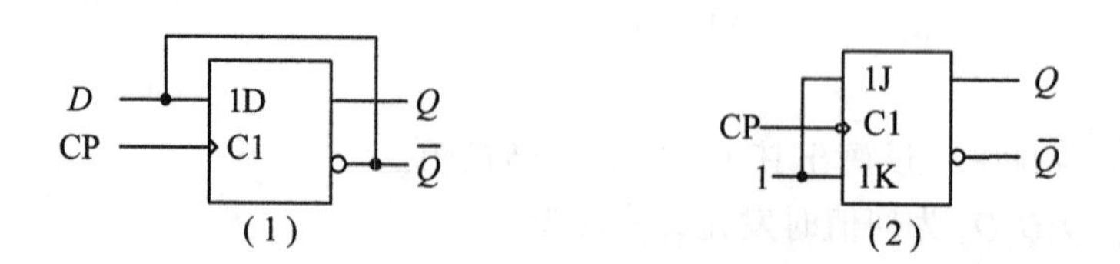

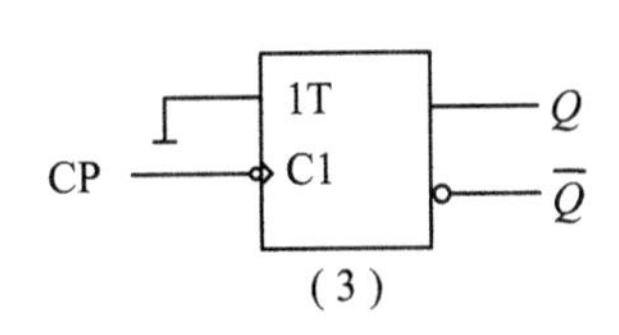

(3)

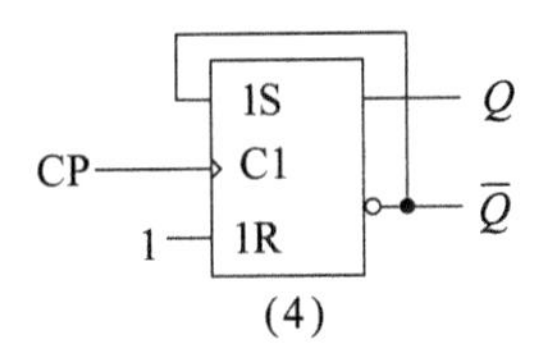

(4)

A. (1)和(2)　　B. (1)、(2)和(4)

C. (3)和(4)　　D. (3)

5. 下列各器件不属于时序逻辑电路的是(　　)。

A. 译码器　　B. 4位二进制移位寄存器

C. 4位二进制异步计数器　　D. 4位二进制同步计数器

6. 如图10.36所示电路中，设两触发器的初始状态均为0，经过3个下降沿时钟脉冲CP作用后，Q_1和Q_2的状态为(　　)。

A. 00　　B. 01　　C. 10　　D. 11

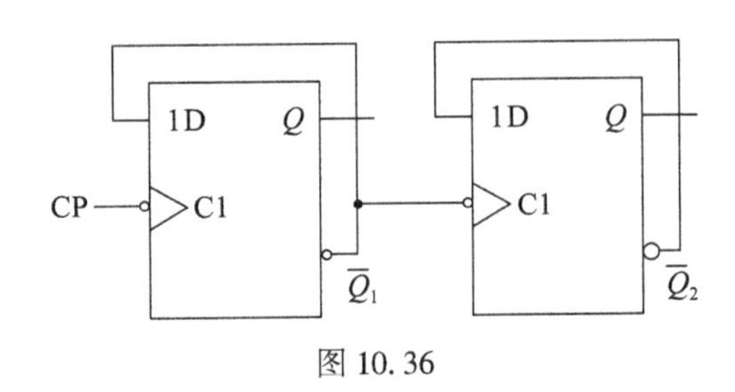

图10.36

7. JK触发器在CP脉冲作用下，欲使$Q^{n+1}=Q^n$，则输入信号应为(　　)。

A. $J=1$，$K=1$　　B. $J=\overline{Q}$，$K=\overline{Q}$　　C. $J=\overline{Q}$，$K=Q$　　D. $J=Q$，$K=\overline{Q}$

8. 同步时序逻辑电路与异步时序逻辑电路的差别在于后者(　　)。

A. 没有触发器　　B. 各触发器没有统一的时钟脉冲

C. 没有稳定状态　　D. 输出只与内部状态有关

9. 在如图10.37所示电路中，若$x=1$，$Q^n=0$，则电路的次态Q^{n+1}和输出Z分别为(　　)。

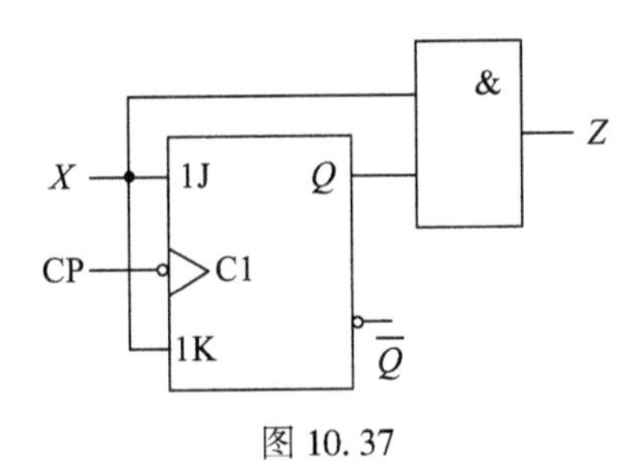

图10.37

A. $Q^{n+1}=1 \quad Z=0$　　B. $Q^{n+1}=1 \quad Z=1$

C. $Q^{n+1}=0 \quad Z=0$　　D. $Q^{n+1}=0 \quad Z=1$

10. 一个四位二进制码减法计数器的起始值为1001，经过100个时钟脉冲作用之后的值是(　　)。

A. 1100　　B. 0100　　C. 1101　　D. 0101

11. 某计数器的状态转换图如图10.38所示，其计数的容量为(　　)。

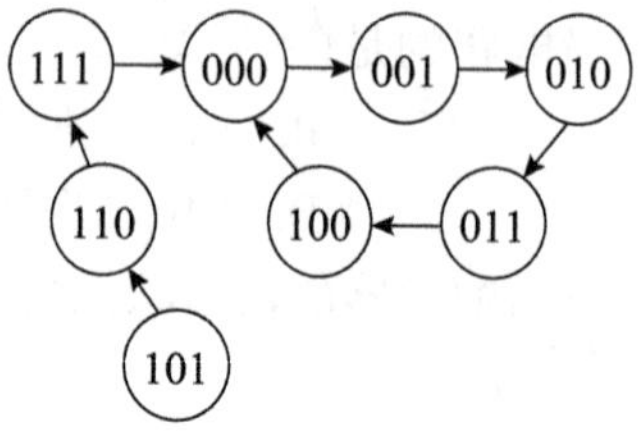

图 10.38

A. 八　　B. 五　　C. 四　　D. 三

12. 完全确定原始状态表中的5个状态 A、B、C、D、E，若有等效对 A 和 B，B 和 E，则最简状态表中只含(　　)个状态。

A. 2　　B. 3　　C. 4　　D. 5

13. 5个D触发器构成环形计数跳计数器的模为(　　)。

A. 5　　B. 10　　C. 25　　D. 32

14. 用 n 个触发器构成计数器，可得到的最大计数模为(　　)。

A. n　　B. $2n$　　C. 2^n　　D. 2^{n-1}

15. 一位十进制计数器至少需要(　　)个触发器。

A. 3　　B. 4　　C. 5　　D. 10

16. 把100个并行输入的数据转换为串行输出，需要的电路是(　　)。

A. 计数器　　B. 移位寄存器　　C. 奇偶校验器　　D. 比较器

17. 一个 T 触发器，在 $T=1$ 时，加上时钟脉冲，则触发器(　　)。

A. 保持原态　　B. 置0　　C. 置1　　D. 翻转

18. 在移位寄存器中采用并行输出比串行输出(　　)。

A. 快　　B. 慢　　C. 一样快　　D. 不确定

19. 已知时钟脉冲频率为 f，欲得到频率为 $f/16$ 的脉冲信号应采用(　　)。

A. 五进制计数器　　B. 十进制计数器

C. 五位二进制计数器　　D. 四位二进制计数器

20. 设计一个十一进制计数器，最少需要(　　)个JK触发器。

A. 3　　B. 2　　C. 4　　D. 5

21. 若用触发器构成一个13进制加法器，至少需要(　　)个触发器，该计数器有(　　)个无效状态。

22. 由两个与非门构成的基本 RS 触发器的特征方程是 $Q^{n+1}=$(　　)，约束方程是(　　)。

23. 集成 JK 触发器 74X112 中有三种不同的非号，其中$\overline{CP}$的非号表示(　　)，$\overline{R_D}$的非号表示(　　)，$\overline{Q}$ 的非号表示(　　)。

24. 74HC194 移位寄存器的控制信号 $S_1S_0=$(　　)时实现向左移位功能，是将 D_{SL} 的数据移入(　　)中。

25. 基本 $\overline{S}\,\overline{R}$ 锁存器能作为机械开关的去抖动电路是因为开关每变化一次，锁存器只翻转(　　)次，当 $\overline{S}\,\overline{R}=11$ 时，输出 Q 状态为(　　)，这种锁存器不存在 $S=R=0$ 的情况。

26. 同步时序逻辑电路不同于异步时序逻辑电路在于同步时序逻辑电路采用(　　)的时钟，计数器中的同步清零和异步清零不同在于异步清零是清零信号有效时就(　　)进行清零，而同步清零是要到下一个时钟周期才进行清零。

27. 将 SR 触发器构成 D 触发器时 $S=$(　　)，$R=$(　　)。

28. TTL 集成 D 触发器正常工作时，其$\overline{R_d}$应接(　　)电平，$\overline{S_d}$端应接(　　)电平。

29. JK 触发器若要完成 T 触发器的逻辑功能，则需满足(　　)；若要完成 D 触发器的逻辑功能，则需满足(　　)。

30. 时序逻辑电路在结构上由(　　)和(　　)两部分所组成。

◎ 参考答案

1. B　2. A　3. B　4. A　5. A　6. C　7. D　8. B　9. B　10. D　11. B　12. B　13. D　14. C　15. B　16. B　17. D　18. A　19. D　20. C　21. 4　3

22. $Q^{n+1}=S+\overline{R}Q^n$　$R\cdot S=0$　23. 时钟的下降沿　低电平有效　Q 的取反

24. 10　Q_3　25. 一　保持不变　26. 统一　立即　27. D　$\overline{D}$　28. 高　高

29. $J=K=T$　$J=D$，$K=\overline{D}$　30. 组合逻辑电路　存储电路

第十一章　555 与 ADDA 转换电路

一、知识脉络

本章知识脉络：555 定时器组成多谐振荡器、施密特触发器和单稳态触发器及其应用；D/A 和 A/D 转换器及应用；可编程器件。

1. 555 定时器是由分压器、比较器、$\overline{R}\,\overline{S}$ 锁存器、放电管和缓冲器等部分组成，如图 11.1 所示。2 脚为触发输入，6 脚为阈值输入，3 脚为输出端，7 脚为放电端，5 为控制电压端，4 脚为复位端，8 脚为电源端，1 脚为接地端。(两低出高，两高出低，中间保持)

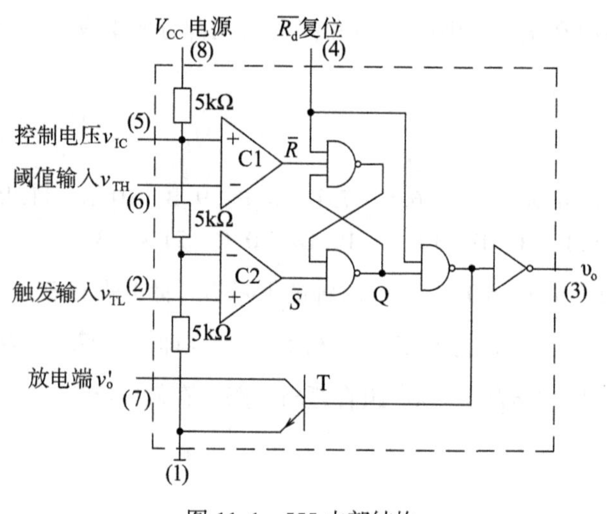

图 11.1　555 内部结构

555 定时器可以构成多谐振荡器，如图 11.2 所示。555 定时器可以构成施密特触发器，如图 11.3 所示。555 定时器可以构成单稳态触发器，如图 11.4 所示。

多谐振荡器的周期 $T=(R_1+2R_2)C\ln2=0.7(R_1+2R_2)C$，占空比 $q=\dfrac{R_1+R_2}{R_1+2R_2}$。

单稳态触发器输出的脉冲宽度为 $t_w=RC\ln3=1.1RC$。

2. D/A 转换器——将数字量转换为与之成正比模拟量。D/A 转换器由数码寄存器、模拟开关、解码网络、基准电压及求和电路等组成。D/A 转换器有倒“T”形、“T”形电阻

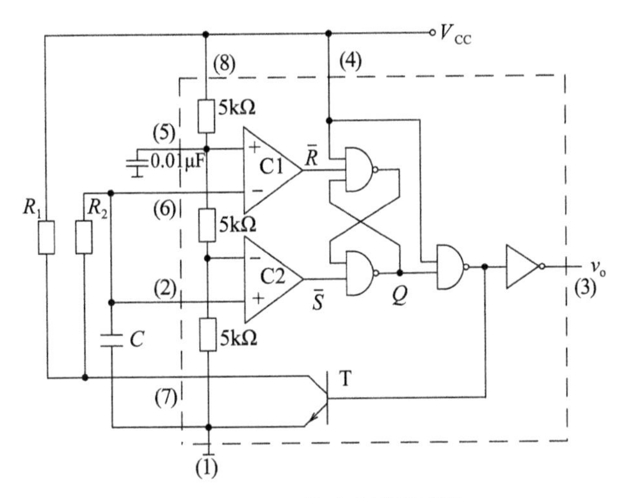

图 11.2　555 构成多谐振荡器

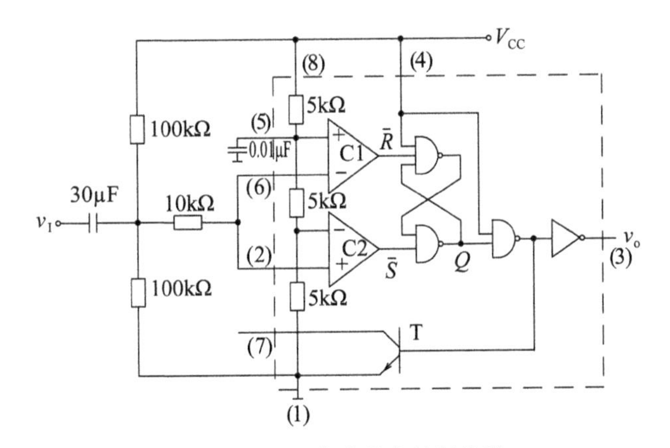

图 11.3　555 构成施密特触发器

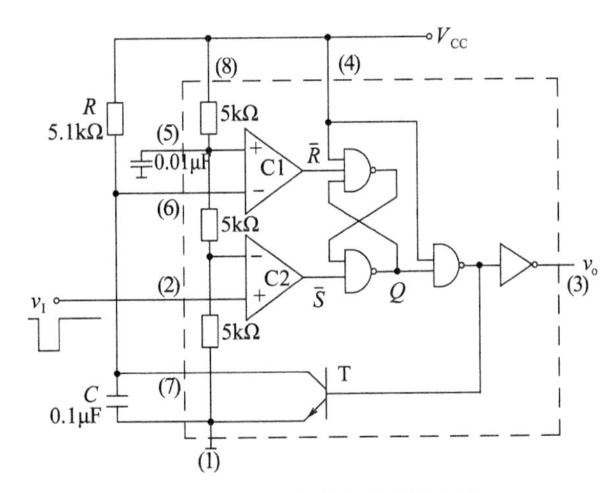

图 11.4　555 构成单稳态触发器

网络 D/A 转换器和权电流 D/A 转换器等。AD7533 是十位 CMOS 电流开关型 D/A 转换器，$v_o = -\frac{V_{REF}}{2^{10}} \cdot \frac{R_f}{R}\left[\sum_{i=0}^{9}(D_i \cdot 2^i)\right]$。

D/A 转换器主要的技术指标有转换精度、转换速度及温度系数。转换精度常用分辨率和转换误差来描述，n 位 D/A 转换器的分辨率为$\frac{1}{2^n-1}$。

3. A/D 转换器——将模拟电压成正比转换成对应的数字量。

A/D 转换器一般包括取样，保持，量化及编码 4 个过程。有并行比较型、逐次比较型、双积分型 A/D 转换器。

A/D 转换器主要的技术指标有转换精度、转换时间。n 位 A/D 转换器的分辨率为$\frac{1}{2^n}$。

二、习题详解

1. 由 555 定时器构成的电路如图 11.5 所示，根据 v_1 的波形画出 v_2、v_C、v_o 的波形，计算 v_o 的脉宽，并说明 R_d、C_d 及 R_1 的作用。

解：这是 555 定时器构成单稳态触发电路。当负脉冲宽度大于电路输出脉冲宽度时，电路输入端接入微分电路 R_d、C_d；当触发脉冲幅度不足以使电路翻转，用 R_d、R_1 组成分压电路使 v_2 的静态值为$\frac{V_{CC}}{2}$，以使 v_1 能够触发电路翻转。v_o 的脉宽 $t_w = RC\ln 3 = 1.1RC = 0.561\text{ms}$。波形如图 11.6 所示。

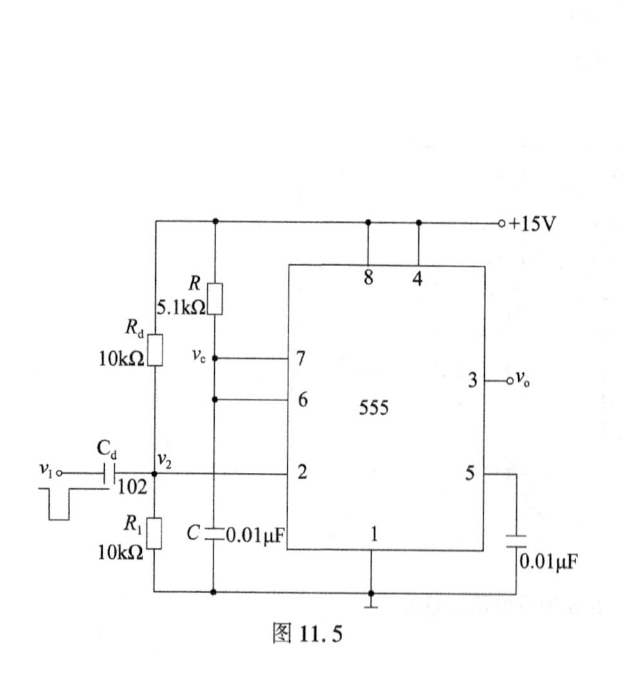

图 11.5

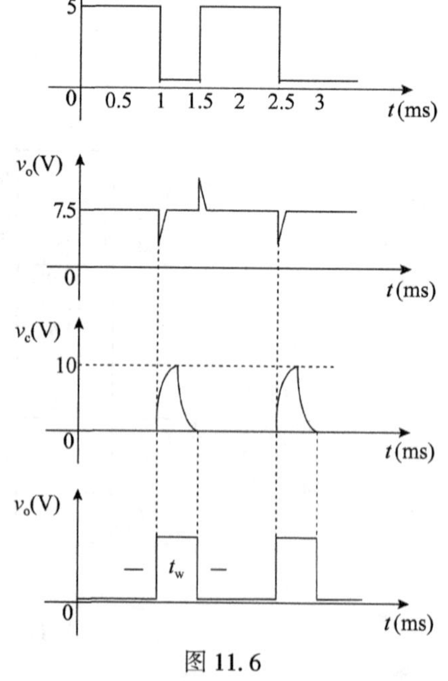

图 11.6

2. 用555定时器构成一多谐振荡器，要求输出信号频率为4kHz，占空比为60%，试画出电路，确定元件参数值。

解：用555定时器构成的多谐振荡器如图11.7所示，电路有两个电阻 R_1、R_2 和一个电容 C 参与振荡，振荡频率 $f=\frac{1.43}{(R_1+2R_2)C}=4\text{kHz}$，占空比 $q=\frac{R_1+R_2}{R_1+2R_2}=60\%$。

取 $C=0.01\mu\text{F}$，$R_1\approx7.2\text{k}\Omega$，$R_2\approx14.4\text{k}\Omega$。

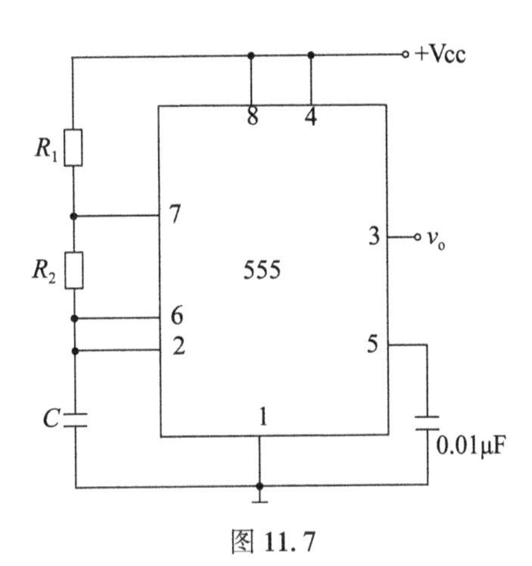

图11.7

3. 由555定时器组成的电路如图11.8所示，其中 $R_1=R_2=5\text{k}\Omega$，C=0.01μF，D为理想二极管，运放供电电压分别为±15V。

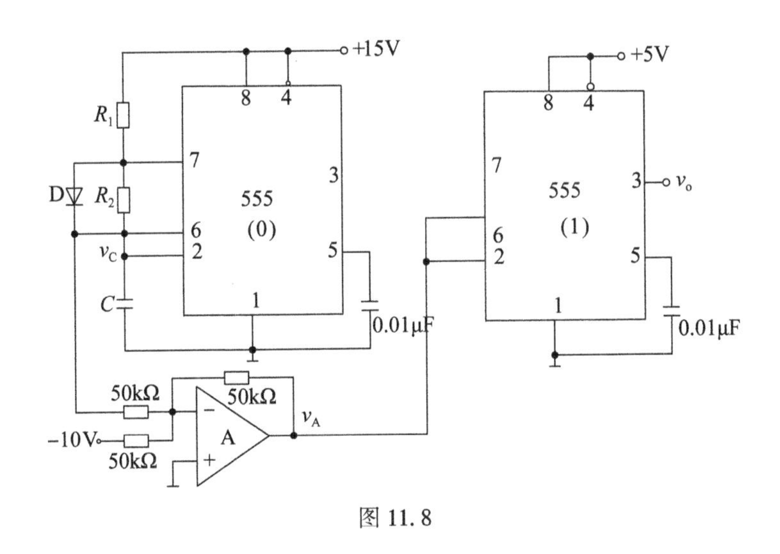

图11.8

(1)指出555(0)和555(1)各组成什么电路；

(2)画出 v_C、v_A、v_o 的波形，计算 v_o 的周期。

分析：整个电路包含多谐振荡器、施密特触发器和由运放组成的反相加法器等三个单元电路，要弄清各个单元的工作原理，才能画出 v_C、v_A、v_o 的波形。

解：(1)555(0)构成多谐振荡器，555(1)构成施密特触发器。

(2)不考虑运放对多谐振荡器的影响，充电至10V$\left(\text{即}\frac{2V_{CC}}{3}\right)$放电至5V$\left(\text{即}\frac{V_{CC}}{3}\right)$电路发生翻转。$v_C$ 上的电压与−10V电压取反叠加，相当于 $v_A=10-v_C$。v_A作为施密特触发器的输入信号，与$\frac{10}{3}$V、$\frac{5}{3}$V的电压进行比较，得出输出结果。

v_o 的T与 v_C、v_A的 T 相同，$T=(R_1+R_2)C\ln2=0.7(R_1+R_2)C=70\mu\text{s}$。

波形图如图 11.9 所示。

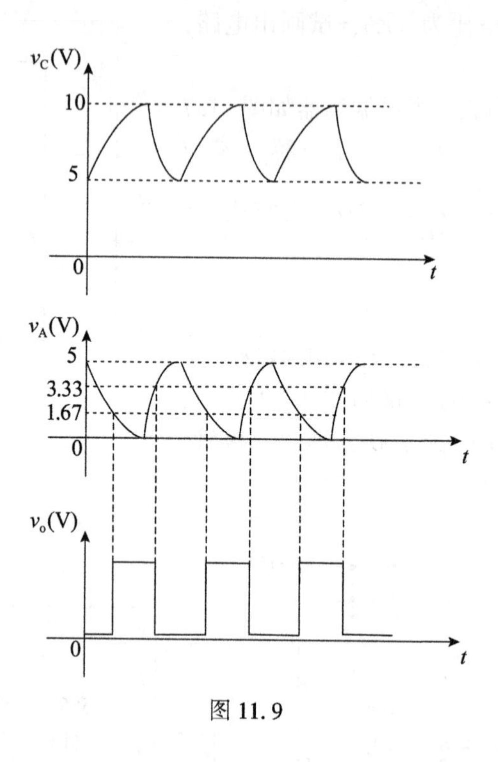

图 11.9

4. 如图 11.10 所示的报警电路图，当有人触及电片 A 时扬声器发出报警声，试求一次报警的时间和报警的频率。

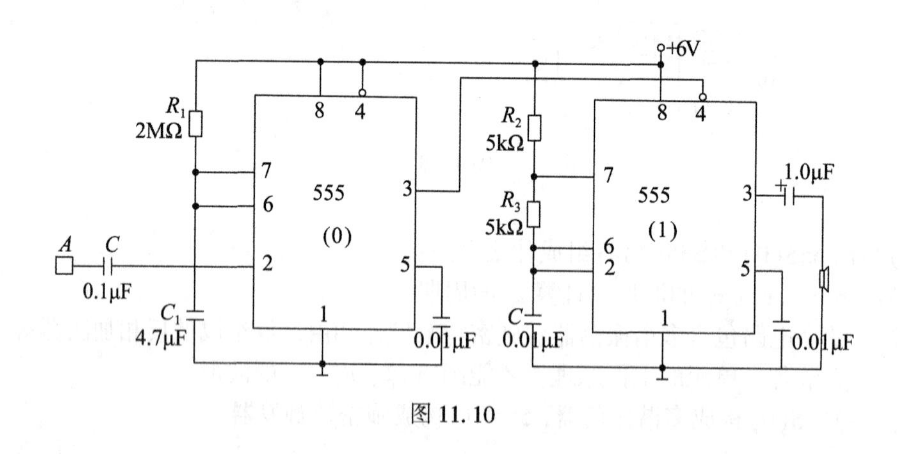

图 11.10

解：定时器 555(0)构成单稳态触发电路，555(1)构成多谐振荡器，单稳态电路的输出作为多谐振荡电路的复位信号，只有输出高电平时多谐振荡器才工作。所以，报警的时间就是单稳态电路输出高电平的时间，就是单稳态电路的脉宽。$t_w = R_1C_1\ln3 = 1.1R_1C_1 = 10.34\text{s}$。多谐振荡器工作后报警的频率就是多谐振荡器的振荡频率

$f=\dfrac{1.43}{(R_2+2R_3)C}=12\text{kHz}$。

5. 由555定时器组成的电路及输入v_1的电压波形如图11.11所示。

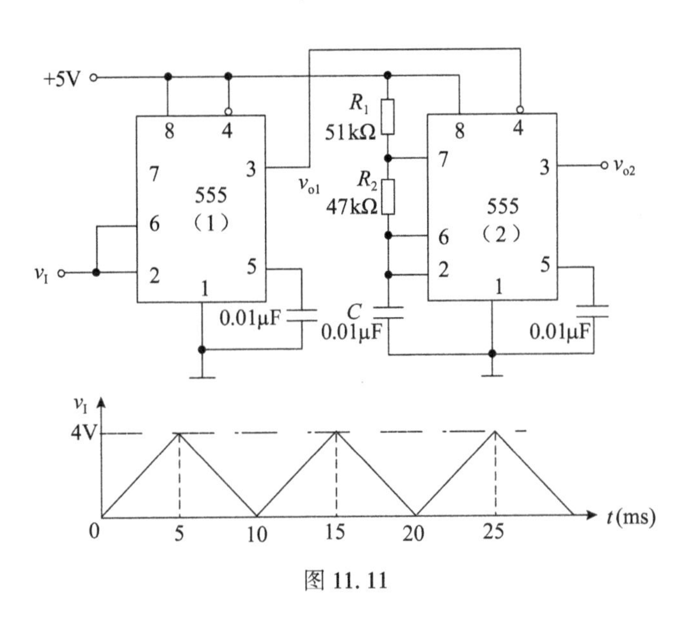

图 11.11

(1)v_{o1}的作用是什么？v_{o2}信号的周期是怎样的？

(2)画出对应v_1图中v_{O1}、v_{O2}的波形。

解：(1)这里的定时器555(1)构成施密特触发器，定时器555(2)构成多谐振荡器，v_{o1}输出的高电平加到555(2)的4端，使555(2)起振，v_{o2}的周期$T=(R_1+R_2)C\ln2\approx1\text{ms}$。

(2)画出与v_1对应v_{o1}、v_{o2}的波形，如图11.12所示。

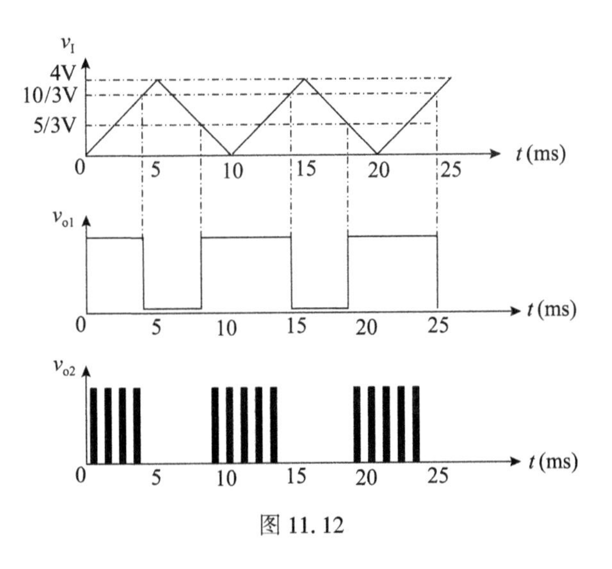

图 11.12

6. 分别求出DAC0801(8位)、AD7520(10位)及DAC725(16位)的分辨率。若满刻度电压为10V，求输入最低位(LSB)D_0所对应的输出电压V_{LSB}。

解：由于DAC的分辨率为$\frac{1}{2^n-1}$(n为位数)可得：

DAC0801：分辨率$=\frac{1}{2^8-1}\approx 4‰$，$V_{LSB}=10\times 4‰=40(mV)$。

AD7520：分辨率$=\frac{1}{2^{10}-1}\approx 1‰$，$V_{LSB}=10\times 1‰=10(mV)$。

DAC725：分辨率$=\frac{1}{2^{16}-1}\approx 0.015‰$，$V_{LSB}=10\times 1‰=0.15(mV)$。

7. 可控增益放大电路如图11.13所示，当$Q_i=1$时S_i与v_I相连，$Q_i=0$时S_i接地。

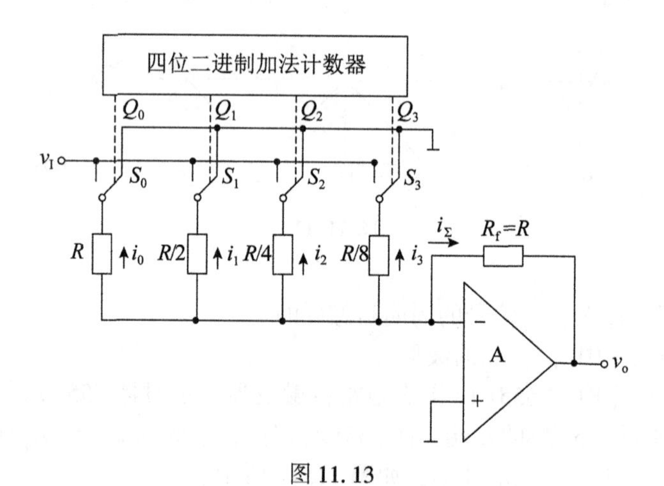

图11.13

(1)写出电压增益表达式；

(2)当$v_I=5mV$，$Q_3Q_2Q_1Q_0=1001$时，计算v_o的值；

(3)求电压增益的最大值。

解：(1)由于$v_o=-i_\Sigma R_f=-R_f(i_3+i_2+i_1+i_0)$，而$R_f=R$，$i_3=\frac{v_IQ_3}{R/8}$，$i_2=\frac{v_IQ_2}{R/4}$，$i_1=\frac{v_IQ_1}{R/2}$，$I_0=\frac{v_IQ_0}{R}$，所以$v_o=v_I(Q_32^3+Q_22^2+Q_12^1+Q_02^0)$。

电压增益表达式为$A_V=v_I\sum_{i=0}^{3}Q^i2^i$。

(2)当$v_I=5mV$，$Q_3Q_2Q_1Q_0=1001$时，$v_o=(2^3+2^0)\times 5=45(mV)$。

(3)当$Q_3Q_2Q_1Q_0=1111$时，电压增益表达式为A_V最大，$A_{Vmax}=15$。

8. 双积分A/D转换器的参考电压为$V_{REF}=-10V$，计数器为12位二进制加法计数器，已知时钟频率为1MHz。

(1)该A/D转换器允许输入的最大模拟电压是多少？一次转换所需的时间为多少？

(2)当输入的模拟电压为 6V 时，求输出的数字量是多少？

(3)已知输出的数字量为(4FF)H，求对应输入的模拟电压为多大。

解：(1)该 A/D 转换器允许输入的最大模拟电压为 $v_{I\max} \approx |V_{\text{REF}}| = 10\text{V}$。

一次转换所需的时间为

$T=T_1+T_2=2^nT_{\text{C}}+(2^n-1)T_{\text{C}}=(2^{n+1}-1)T_{\text{C}}=(2^{13}-1)\times10^{-6}=8.191(\text{ms})$。

(2) $V_{\text{LSB}}=\dfrac{V_{\text{REF}}}{2^n}=\dfrac{10}{2^{12}}=0.002441(\text{V})$，$N=\dfrac{v_{\text{I}}}{V_{\text{LSB}}}=\dfrac{6}{0.002441}=(2458)_{\text{D}}=(100110011010)_{\text{B}}$。

(3) $V_{\text{I}}=NV_{\text{LSB}}=(4\times16^2+15\times16^1+15\times16^0)\times0.002441=3.12(\text{V})$。

三、扩展题

1. 电路图如图 11.14 所示，CP 为 1kHz 的正方波。

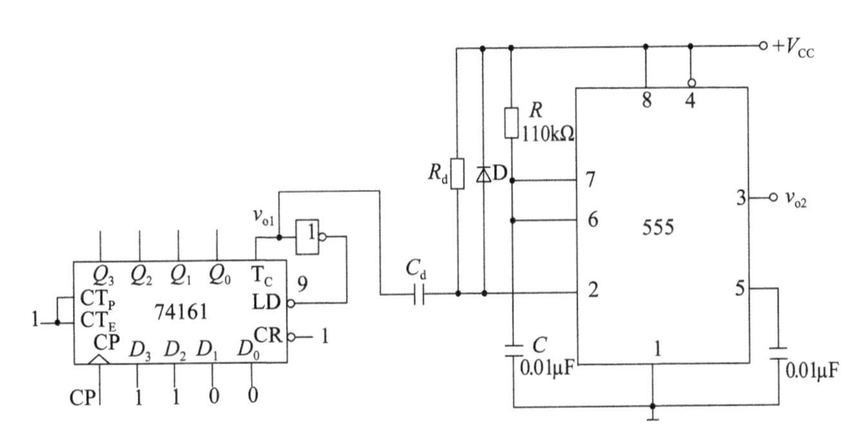

图 11.14

(1)说明 74161 和非门组成的电路逻辑功能；

(2)对应 CP 的输入波形，画出 v_{o1}、v_{o2}的电压波形；

(3)计算 v_{o2}的输出脉宽 t_w；

(4)试问 v_{o2}的频率与 CP 的频率比是多少？

(5)若将 74161 的 $D_3D_2D_1D_0=1000$，问 v_{o2}与 CP 的频率比又是多少？

解：(1)由于 $D_3D_2D_1D_0$ 的初值为 1100，$\text{LD}=\overline{\text{TC}}$，所以 $Q_3Q_2Q_1Q_0$ 在 1100－1101－1110－1111 之间循环，这样 74161 和非门组成四进制计数器。

(2) V_{o1}、V_{o2}电压波形图如图 11.15 所示。

(3) v_{o2}的输出脉宽 $t_w=1.1RC=1.21\text{ms}$。

(4) v_{o2}的频率与 CP 的频率比是 1/4。

(5)将 74161 的 $D_3D_2D_1D_0=1000$，v_{o2}与 CP 的频率比是 1/8。

2. 由 555 定时器构成的电路如图 11.16 所示，二极管 D 为理想二极管，设 555 输出的高电平为 5V，低电平为 0V。

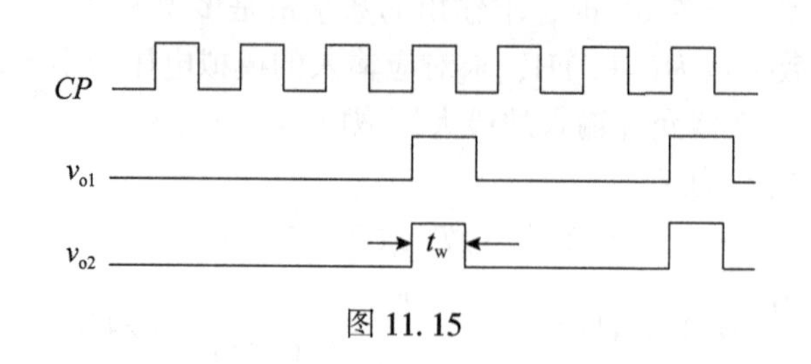

图 11.15

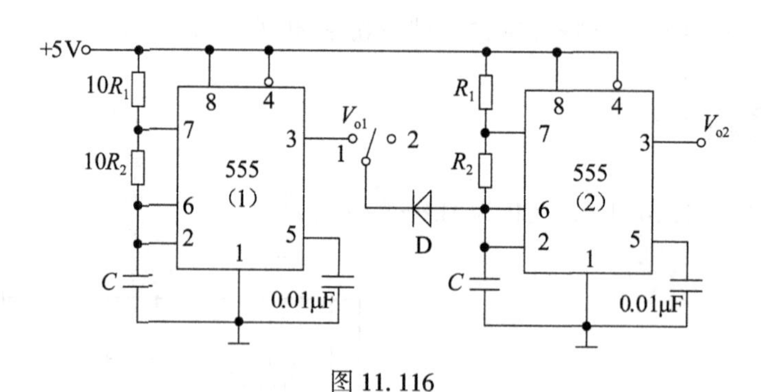

图 11.116

(1)试问：当开关置于 2 时，两个定时器各构成什么电路?

(2)当开关置于 1 时，问 v_{o1} 和 v_{o2} 的输出波形关系?

解：(1)当开关置于"2"时，两个定时器都构成多谐振荡电路，由于 555(1)的电阻是 555(2)的电阻的 10 倍关系，这样 555(1)的振荡周期 T_1 是 555(2)的振荡周期 T_2 的 10 倍。

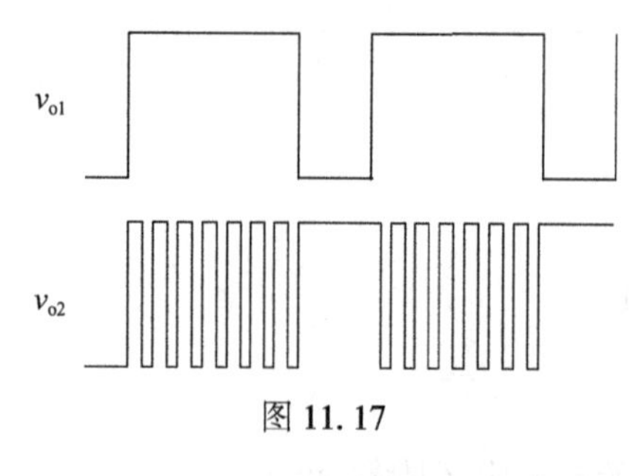

图 11.17

(2)当开关置于"1"时，555(2)的工作状态受控于 555(1)的输出 v_{o1}，即第一个振荡器对第二个振荡器有控制作用，而这种控制作用是通过二极管 D 传递的。当 v_{o1} 为高电平时，二极管 D 截止，555(2)产生振荡；当 v_{o1} 为低电平时，二极管 D 导通，555(2)停振，v_{o2} 输出高电平。v_{o1} 和 v_{o2} 的波形图如图 11.17 所示。

四、填空选择题

1. 单稳态触发器的输出脉冲的宽度取决于(　　)。

   A. 触发脉冲的宽度　　B. 触发脉冲的幅度

   C. 电路本身的电容、电阻的参数　　D. 电源电压的数值

2. 为了提高多谐振荡器频率的稳定性，最有效的方法是(　　)。

   A. 提高电容、电阻的精度　　B. 提高电源的稳定度

   C. 采用石英晶体振荡器　　D. 保持环境温度不变

3. 用555定时器组成的施密特触发电路时，8脚和4脚接+5V电压，5脚接4V电压，它的回差电压等于(　　)。

A. 5V　　B. 2V　　C. 4V　　D. 3V

4. D/A转换电路如图11.18所示，电路的输出电压 v_o 等于(　　)。

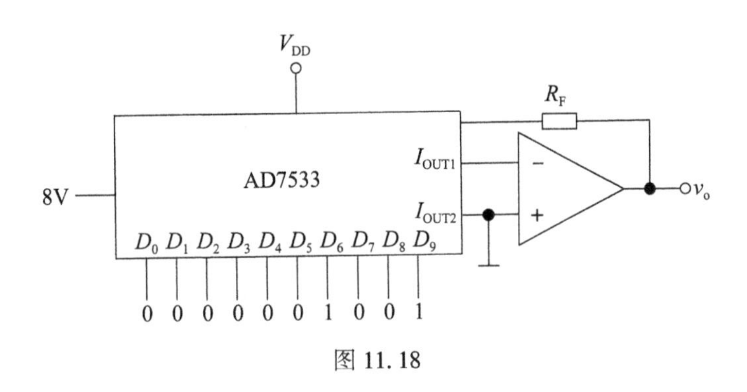

图11.18

A. 4.5V　　B. -4.5V　　C. 4.25V　　D. -8.25V

5. 用1K×4位的DRAM设计4K×8位的存储器的系统需要的芯片数和地址线的根数是(　　)。

A. 16片 10根　　B. 8片 10根　　C. 8片 12根　　D. 16片 12根

6. 在倒T型电阻网络的4位D/A转换器中，参考电压为-8V，若输入为1110，输出为(　　)。

A. 3.6V　　B. 6.4V　　C. 7V　　D. 7.5V

7. 对多谐振荡器，下列描述正确的是(　　)。

A. 有两个稳态　　B. 有两个暂稳态

C. 一个稳态一个暂稳态　　D. 多个稳态

8. 64K×16位 E^2PROM芯片，其地址线(　　)条，数据线(　　)条。

A. 20　1　　B. 16　64　　C. 10　16　　D. 16　16

9. 下列说法是正确的是(　　)。

A. 施密特触发器的回差电压 $\Delta V = V_{T+} - V_{T-}$

B. 施密特触发器的回差电压越大，电路的抗干扰能力越弱

C. 施密特触发器的回差电压越小，电路的抗干扰能力越强

D. 施密特触发器的抗干扰能力与回差电压无关

10. 下列说法正确的是(　　)。

A. 555定时器在工作时清零端应接高电平

B. 555定时器在工作时清零端应接低电平

C. 555定时器没有清零端

D. 555定时器清零端可以接任意电平

11. 8位DA转换器的分辨率百分数为(　　)。

A. 0. 01%　　B. 0. 24%　　C. 0. 39%　　D. 0. 04%

12. 某数/模转换器的输入为 8 位二进制数字信号($D_7 \sim D_0$)，输出为 0~25. 5V 的模拟电压。若数字信号为 10010110，则输出的模拟电压为(　　)。

A. 12. 1V　　B. 10. 01V　　C. 15V　　D. 20. 1V

13. 寻址容量为 8K×8 的 RAM 需要(　　)根地址线。

14. 有个 10 位逐次逼近型 ADC，其最小量化单位为 0. 001V，则其参考电压为(　　)。

15. 当 555 定时器构成多谐振荡器时，其谐振频率为(　　)。

16. 模拟量转换成数字量是由采样、保持、(　　)、(　　)四个过程组成。

17. 施密特触发器的应用主要为(　　)、(　　)。

18. 具有 13 位地址码，可同时存取 8 位数据的 RAM 的集成片，其存取容量是(　　)。

19. 555 定时器构成施密特触发器是将 555 的(　　)脚与(　　)脚相连，输入信号电平高于(　　)或低于(　　)，电路输出发生翻转，要改变回差电压可以通过改变(　　)脚的电压来实现。

20. 555 定时器构成单稳态触发器时电路的第一稳态输出为(　　)，输入触发信号为(　　)，电路输出发生翻转。

21. 555 定时器构成施密特触发器时将 2 脚和 6 脚相连作为信号输入端，5 脚通过小电容接地，输入信号幅度小于$\frac{V_{CC}}{3}$时电路输出为(　　)，输入信号只有达到(　　)以上，电路才发生翻转。

22. 有一集成 DAC，其参考电压为 5V，欲使其 LSB 不大于 20mV，则 DAC 的位数至少应为(　　)位。

◎ 参考答案

1. C　2. C　3. B　4. B　5. C　6. D　7. A　8. D　9. A　10、A　11. C　12. C　13. 13　14. 1. 024V　15. $f=\frac{1}{0.7(R_1+2R_2)C}$　16. 量化　编码　17. 波形变换、脉冲整形　18. 8K×8　19. 2　6　上触发电平 下触发电平 5　20. 0　低电平　21. 1　$\frac{2V_{CC}}{3}$

22. 7

第三部分

测试题

第十二章　模拟电路测试题

模拟电路测试题一

一、选择填空题(共40分，20空，每空2分)

1. N型半导体中的多数载流子是(　　)。

A. 电子　　B. 空穴　　C. 都有　　D. 不能确定

2. 三极管对温度变化很敏感，当温度升高时，其许多参数都将变化，最终将表现为(　　)。

A. v_{BE}减小　　B. i_{CBO}增大　　C. β增大　　D. i_C增大

3. 稳压管实质上是一个二极管，它通常工作在(　　)状态，以实现稳压作用。

A. 正向导通　　B. 反向击穿　　C. 反向截止　　D. 正向击穿

4. 若测得某放大电路中三极管的三个电极X、Y、Z的电位分别为2.75V、2.1V、5.7V，则其基极为(　　)。

A. X　　B. Y　　C. Z　　D. 不能确定

5. 假设用模拟万用表的R×10挡测得某二极管的正向电阻为200Ω，若改用R×100挡测量，测得的结果为(　　)。

A. 大于200Ω　　B. 小于200Ω　　C. 等于200Ω　　D. 不能确定

6. 某放大器空载时输出电压为5V，接上4kΩ负载电阻时输出电压为4V，则其输出电阻为(　　)。

A. 4kΩ　　B. 3kΩ　　C. 2kΩ　　D. 1kΩ

7. 在集成运算放大器中，内部各级之间采用的耦合方式是(　　)。

A. 阻容耦合　　B. 直接耦合　　C. 变压器耦合　　D. 其他耦合

8. 若要使某多级放大器输出电压稳定，并从电压源信号得到的输出增大，可采用的负反馈组态为(　　)。

A. 电压串联　　B. 电流串联　　C. 电压并联　　D. 电流并联

9. 放大电路引入交流负反馈后能够改善电路性能，但对(　　)没有影响。

A. 输入电阻　　B. 输出电阻　　C. 通频带　　D. 增益带宽积

10. 负反馈放大电路产生自激振荡的条件是(　　)。

A. $\dot{A}\dot{F}=-1$　　B. $\dot{A}\dot{F}=1$　　C. $20\lg|\dot{A}\dot{F}|>0$　　D. $\varphi_{\dot{A}\dot{F}}=(2n+1)\pi$

11. 正弦波振荡电路产生自激振荡的条件是(　　)。

A. $\dot{A}\dot{F}=-1$ B. $\dot{A}\dot{F}=1$ C. $20\lg|\dot{A}\dot{F}|>0$ D. $\varphi_{\dot{A}\dot{F}}=(2n+1)\pi$

12. 电压比较器的输出电压由集成运算放大器的两个输入端的电位关系决定。若 $U_+<U_-$，则输出电压 V_o=( )。

A. $+V_{OPP}$ B. $-V_{OPP}$ C. 0 D. 任意值

13. 若希望某频率 f_0 附近的部分信号顺利通过滤波器，而其他信号被滤掉，则可选用的滤波器为( )。

A. LPF B. HPF C. BPF D. BEF

14. 三种基本组态放大器相比较，输出电压与输入电压相位差为180°的是( )。

A. 共基组态 B. 共射组态 C. 共集组态 D. 都是

15. RC 串并联网络振荡电路中，若 $R=10\text{k}\Omega$，$C=1.6\mu\text{F}$，其振荡频率 f=( )。

A. 1Hz B. 10Hz C. 100Hz D. 1kHz

16. 单相桥式整流电路输出电压平均值 $v_{o(AV)}$ 与电源变压器副边电压 V_2 的比值为( )。

A. 0.45 B. 0.9 C. 1.2 D. 1.4

17. 某负反馈放大电路反馈深度为10，若开环放大倍数相对变化率为0.1%，则闭环放大倍数相对变化率为( )。

A. 1% B. 0.1% C. 0.01% D. 0.001%

18. 如图1是某运放的偏置电路示意图，$V_{CC}=V_{EE}=15\text{V}$，$R=1\text{M}\Omega$，各管 β 足够大，则 I_R=( )，I_{C1}=( )，I_{C2}=( )。

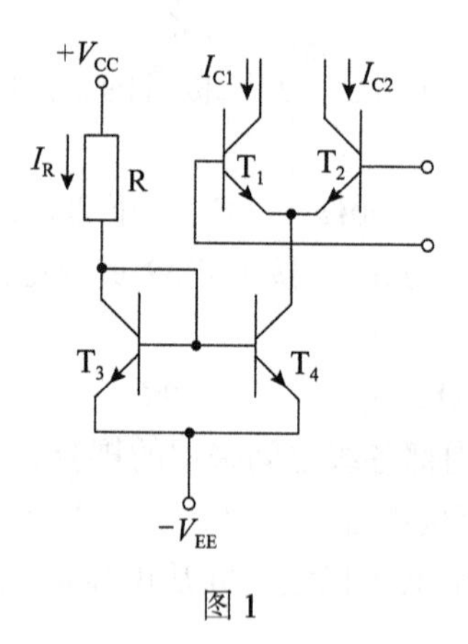

图1

二、分析题(共60分，6题，每题10分)

1. 如图2所示放大器中，设 $R_b=300\text{k}\Omega$，$R_c=2.5\text{k}\Omega$，$V_{BEQ}=0.7\text{V}$，$\beta=100$，$r_{bb}=300\Omega$，$V_{CC}=6.7\text{V}$，$R_L=2.5\text{k}\Omega$。

(1)求出静态工作点。

(2)画出微变等效电路，求电压放大倍数 A_V。

(3)若逐渐增加输入信号 v_i，则在示波器上观察到的波形首先出现何种失真？为了减小失真，可以通过调节哪个电阻来实现？

(4)若 R_b调整合适，求用交流电压表测出的最大不失真输出电压 v_o 的值。

2. 电路如图 3 所示。

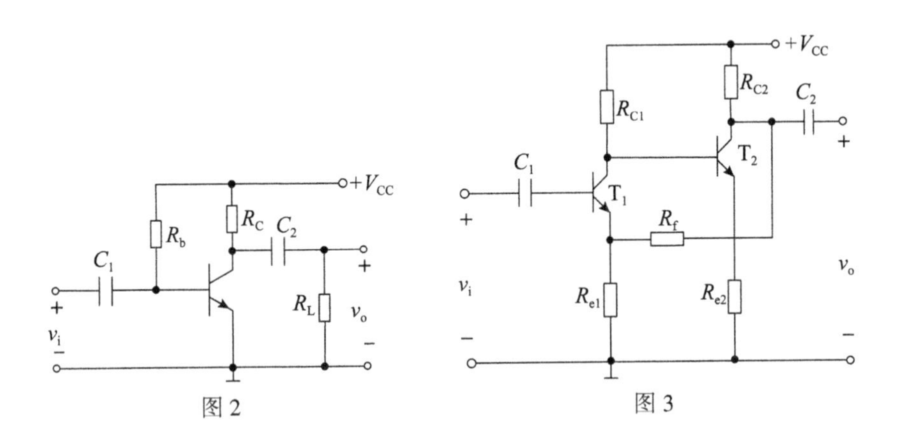

图 2　　　　图 3

(1)判断电路中引入了哪种组态的交流反馈。

(2)求出在深度负反馈条件下的电压增益 A_{vf}。

(3)若要稳定输出电流，并且减小输入电阻，从反馈类型的角度分析电路应如何改动，写出具体的改动方法。

3. 如图 4 所示，设集成运放均为理想运放。

(1)判断电路中的反馈组态；

(2)求出电压放大倍数 A_{vf}；

(3)若 T 型反馈网络换成一个反馈电阻 R_f，并保持同样的 A_{vf}时的 R_f值？

(4)求 R_P的值。

4. 由 LM317 组成的电路如图 5 所示，当 $v_{31}=1.25\text{V}$ 时，流过 R_1 的最小电流 I_{Rmin} 为 10mA，调整端 1 输出的电流 I_{adj}远小于 I_{Rmin}，$v_i-v_o=2\text{V}$。

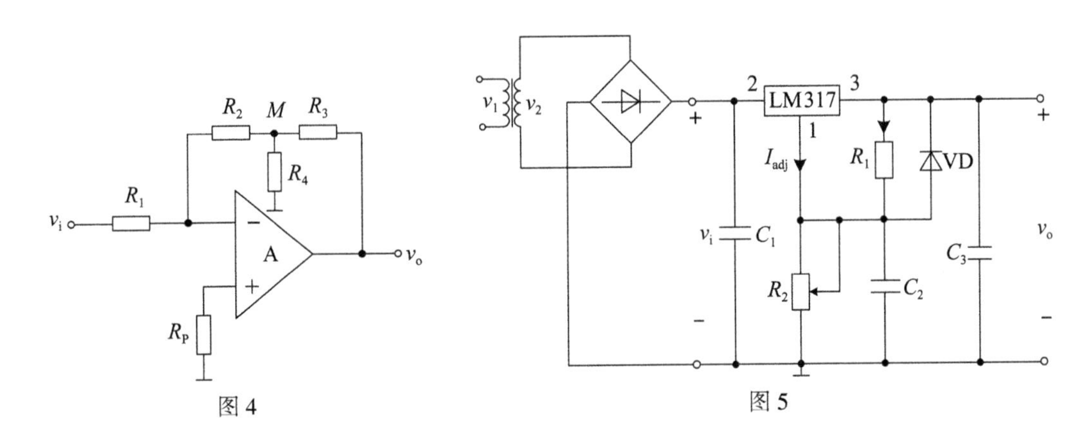

图 4　　　　图 5

(1)求 R_1 的值；

(2)当 $R_1=210\Omega$，$R_2=3k\Omega$ 时，求输出 v_o；

(3)当 $v_o=37V$，$R_1=210\Omega$，求 R_2 及电路的最小输入电压 v_{imin}；

(4)调节 R_2 从 0~6.2kΩ 变化时，求输出电压的调节范围。

5. 如图 6 所示，$R_1=10\ k\Omega$，$R_2=5\ k\Omega$，$R_3=15\ k\Omega$，$R_4=10\ k\Omega$，$R_{f1}=20\ k\Omega$，$R_{f2}=5\ k\Omega$，设集成运放为理想运放。

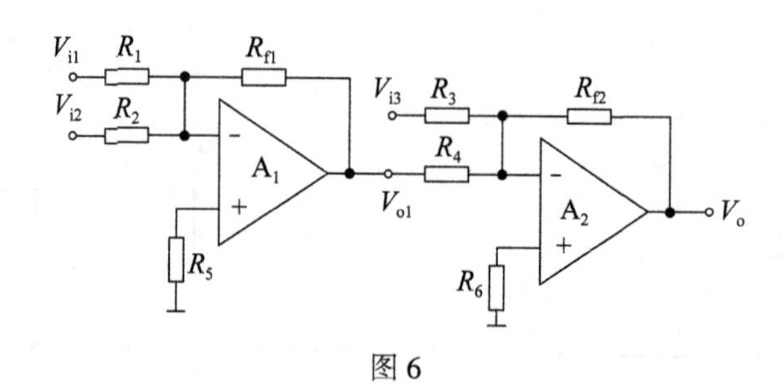

图 6

(1)求出输出 v_o 与输入信号的运算关系式。

(2)为了减小温漂，选择 R_5、R_6的阻值。

6. 如图 7 所示，$v_i=4\sin 314t(V)$，$VD_Z=6V$，试分析对应画出 v_{o1}和 v_{o2}的波形。

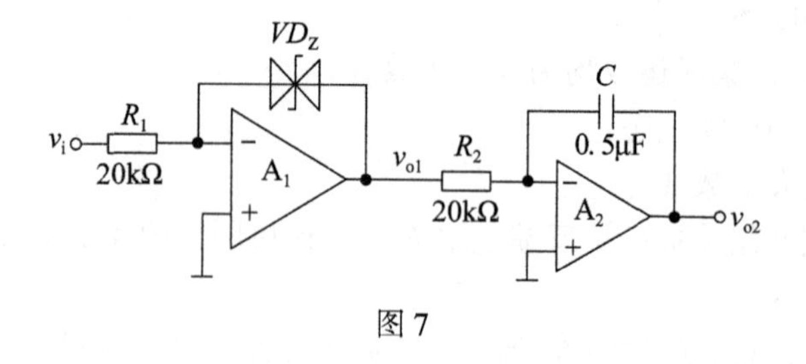

图 7

模拟电路测试题二

一、选择填空题(共30分，30空，每空1分)

1. 本征半导体中自由电子浓度(　　)空穴浓度；N型半导体的自由电子浓度(　　)空穴浓度；P型半导体的自由电子浓度(　　)空穴浓度。

A. 大于　　B. 小于　　C. 等于　　D. 不能确定

2. 场效应管属于(　　)控制型器件，晶体三极管则属于(　　)控制器件。

A. 电压　　B. 电流　　C. 电感　　D. 电容

3. 晶体三极管工作在放大状态时，应使发射结(　　)偏置；集电结(　　)偏置。

A. 正向　　B. 反向　　C. 零向　　D. 随便

4. 二极管的最主要特性是(　　)，它的两个主要参数是反映正向特性的(　　)和反映反向特性的(　　)。

A. 单向导电性　　B. 平均整流电流　　C. 反向工作电压　　D. 频率响应

5. 一晶体管的极限参数：$P_{CM}=150mW$，$I_{CM}=100mA$，$V_{(BR)CEO}=30V$。若它的工作电压 $V_{CE}=10V$，则工作电流 I_C 不得超过(　　)mA；若工作电压 $V_{CE}=1V$，则工作电流 I_c 不得超过(　　)mA；若工作电流 $I_c=1mA$，则工作电压 V_{CE} 不得超过(　　)V。

A. 15　　B. 100　　C. 30　　D. 150

6. 并联反馈的反馈量以(　　)形式馈入输入回路，和输入(　　)相比较而产生净输入量。

A. 电压　　B. 电流　　C. 电压或电流　　D. 都不是

7. 正弦波振荡器的振荡频率由(　　)而定。

A. 基本放大器　　B. 反馈网络　　C. 选频网络　　D. 稳幅电路

8. 杂质半导体中，多数载流子的浓度主要取决于(　　)。

A. 杂质浓度　　B. 温度　　C. 输入　　D. 电压

9. 单相桥式整流电容滤波电路中，若 $V_2=10V$，则 $V_o=$(　　)V，若负载流过电流 I_o，则每只整流管中电流 I_D 为(　　)，承受最高反向电压为(　　)。

A. 9V　　B. 10V　　C. 12V　　D. I_O

E. $I_o/2$　　F. $I_o/4$　　G. V_2　　H. $\sqrt{2}V_2$

I. $2V_2$

10. 电压负反馈可稳定输出(　　)，串联负反馈可使(　　)提高。

A. 电压　　B. 电流　　C. 输入电阻　　D. 输出电阻

11. 稳压管构成的稳压电路，其接法是(　　)。

A. 稳压二极管与负载电阻串联

B. 稳压二极管与负载电阻并联。

C. 限流电阻与稳压二极管串联后，负载电阻再与稳压二极管并联

D. 限流电阻与稳压二极管并联后，负载电阻再与稳压二极管串联

12. 共模抑制比 K_{CMR} 是(　　)之比。

A. 差模输入信号与共模成分　　B. 输出量中差模成分与共模成分

C. 差模放大倍数与共模放大倍数　　D. 差模增益与共模输入

13. 输入失调电压 V_{IO}是(　　)。

A. 两个输入端电压之差

B. 输入端都为零时的输出电压

C. 输出端为零时输入端的等效补偿电压

D. 输出与输入电压差

14. 抑制温漂(零漂)最常用的方法是采用(　　)电路。

A. 差放　　B. 正弦　　C. 数字　　D. 功放

15. 正弦波振荡电路的振荡条件是(　　)。

A. AF=1　　B. AF=−1　　C. AF>1　　D. AF<1

16. 产生低频正弦波一般可用(　　)振荡电路；产生高频正弦波可用(　　)振荡电路；要求频率稳定性很高，则可用(　　)振荡电路。

A. 石英晶体　　B. LC　　C. RC　　D. LR

二、判断题(共12分，2题，每题6分)

1. 请判断以下电路能否发生自激振荡？如能振荡，写出振荡频率。

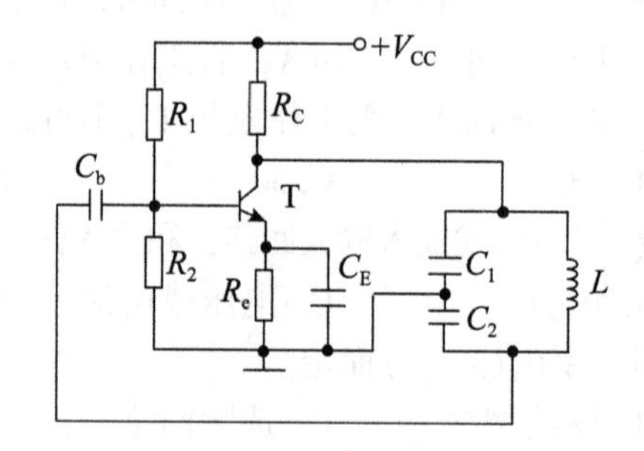

2. 判断以下电路图中的 R_{f1}、R_{f2} 是否存在反馈，若存在，是什么反馈？

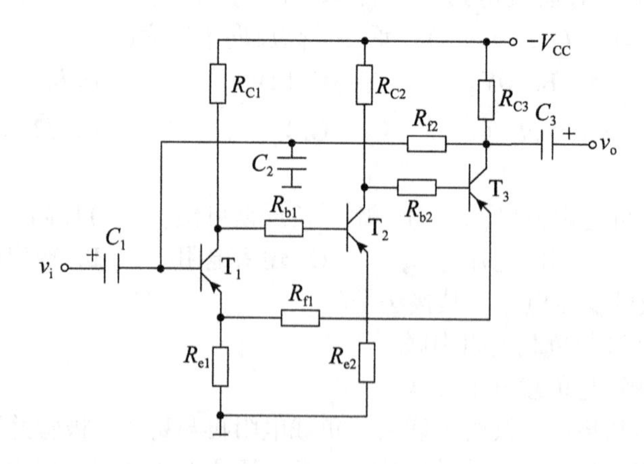

三、分析题(共15分，2题)

1. 已知电路如下图所示，$v_i=10\sin\omega t$V，$V_1=V_2=2$V，二极管的导通电压为0.7V，试画出输出电压 v_o 的波形。(5分)

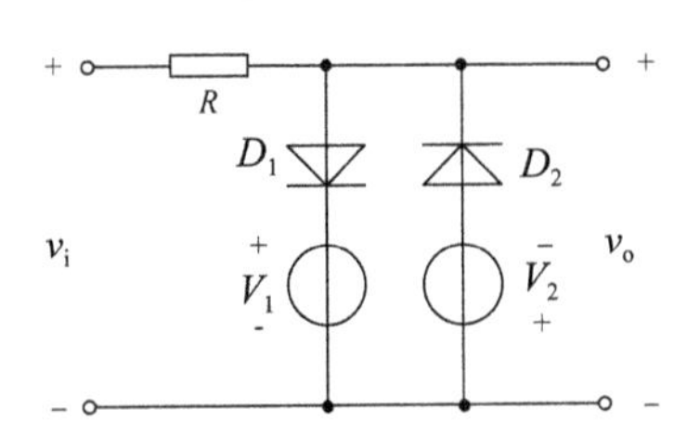

2. 试分析以下电路图的反馈网络是何种反馈(正、负)，并说明该电路是否产生振荡；若能，说明振荡频率大小。(10 分)

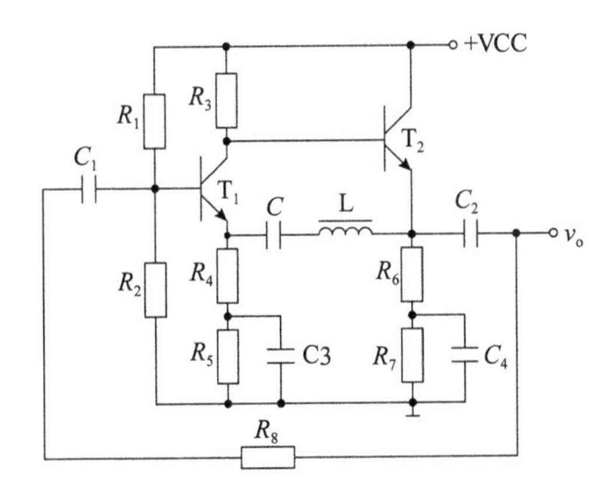

四、计算题(共 43 分，3 题)

1. 以下电路图为分压式偏置放大电路，已知 $V_{CC}=24V$，$R_C=3.3k\Omega$，$R_e=1.5k\Omega$，$R_{b1}=33k\Omega$，$R_{b2}=10\ k\Omega$，$R_L=5.1\ k\Omega$，$\beta=66$。试求：(15 分)

(1)静态值 I_B、I_C 和 V_{CE}；

(2)计算电压放大倍数 A_V；

(3)空载时的电压放大倍数 A_{VO}；

(4)估算放大电路的输入电阻和输出电阻。

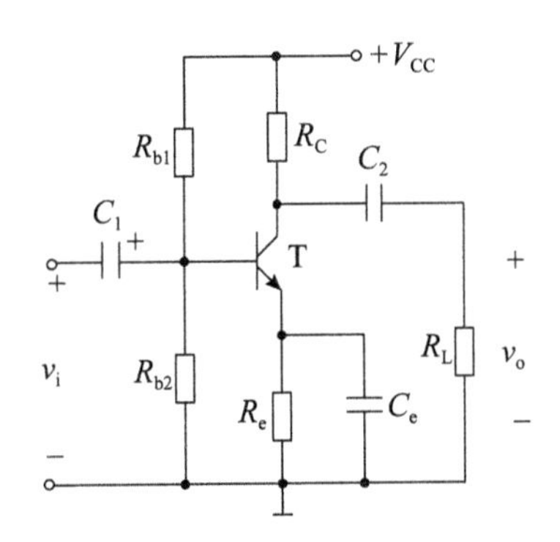

2. 电路如下图所示，$V_{I1}=1V$，$V_{I2}=2V$，$V_{I3}=3V$，$V_{I4}=4V$，求 V_{o1}、V_{o2}、V_o。(15 分)

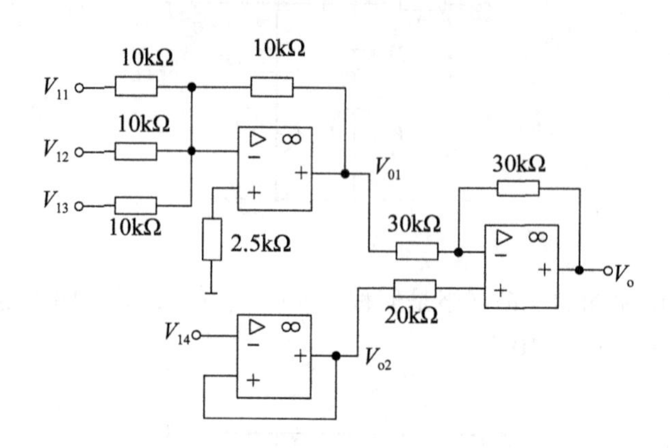

3. 如下图所示电路是将三端集成稳压电源扩大为输出可调的稳压电源，已知 $R_1=2.5k\Omega$，$R_F=0\sim9.5k\Omega$，试求输出电压调压的范围。(13 分)

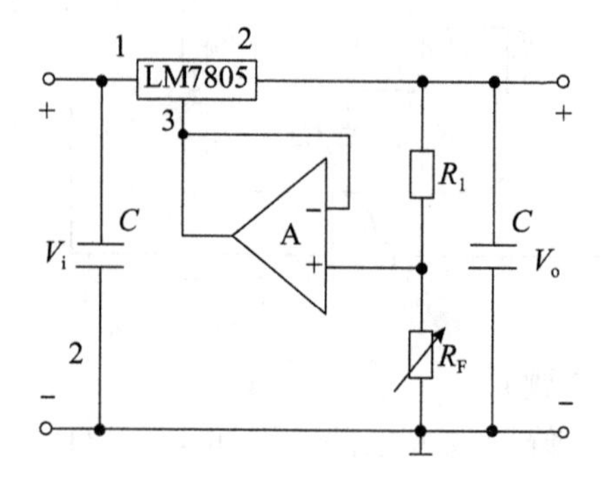

模拟电路测试题三

一、填空题（共20分，20空，每空1分）

1. 场效应管（MOS管）是（　　）控制元件，而双极结型三极管（BJT）是（　　）控制元件。

2. 在杂质半导体中，多数载流子的浓度主要取决于（　　），而少数载流子的浓度则与（　　）有很大关系。

3. 当有用信号频率低于500Hz时，宜选用（　　）滤波器；当希望抑制50Hz交流电源的干扰时，宜选用（　　）滤波器；当希望抑制1kHz以下的信号时，宜选用（　　）滤波器。

4. 正弦波振荡电路能够达到稳态平衡的条件是（　　），振荡频率由（　　）决定。

5. 在图1所示电路中，三极管的$\beta=80$，$V_{BE}=0.6V$。问：当开关与A相接时，三极管处于（　　）状态；当开关与B相接时，三极管处于（　　）状态；当开关与C相接时，三极管处于（　　）状态。

6. 图2所示电路为（　　）。（哪种反馈组态，所填信息必须包含电压或电流、串联或并联、正或负）

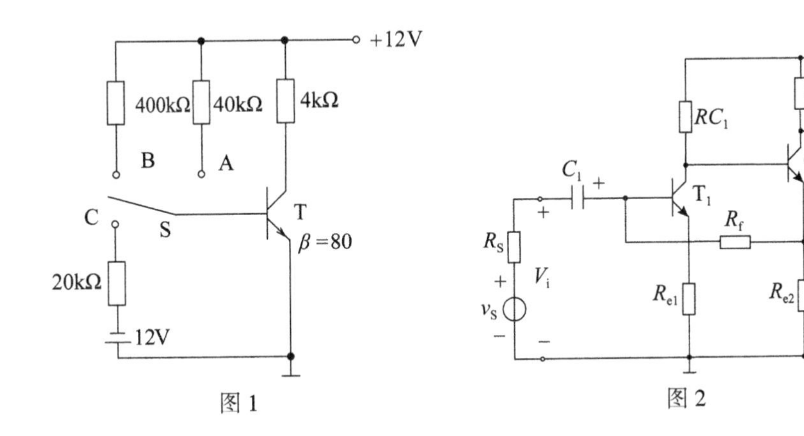

图1　　　　图2

7. 三级放大电路中$A_{V1}=A_{V2}=A_{V3}=20dB$，则该电路将信号放大了（　　）倍；当信号频率恰好为上限频率或下限频率时，此时电压增益为（　　）dB。

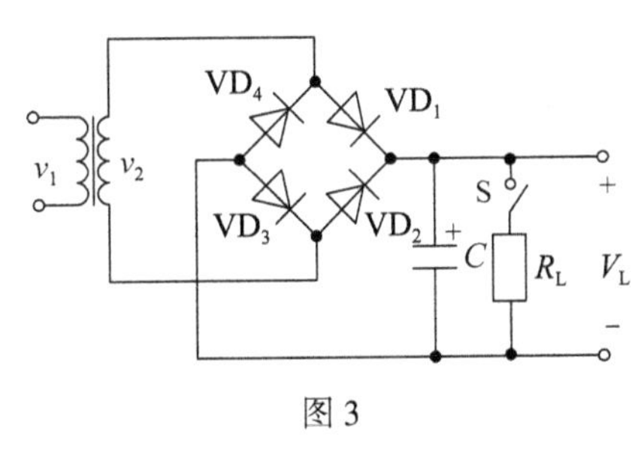

图3

8. 双端输入、双端输出差分放大电路中，差模电压增益$A_{vd}=100$，共模电压增益$A_{vc}=0$，$v_{i1}=10mV$，$v_{i2}=5mV$，则输出电压v_o为（　　）mV。

9. 单相桥式整流电路如图3所示，若电源变压器次级电压的有效值为V_2，则当开关S断开时，电容器C两端的电压V_C为（　　）；若开关S闭合，则负载电压V_L的取值范围为（　　）。

10. 在正负双电源互补对称电路中，电路最大输出功率 P_{omax} 为(　　)；电源的最大供给功率 P_{Vmax} 为(　　)。

二、选择题(共10分，10题，每题1分)

1. 工作在电压比较器中的运放与工作在运算电路中的运放的主要区别是，前者的运放通常工作在(　　)。

A. 开环或正反馈状态　　B. 深度负反馈状态

C. 放大状态　　D. 线性工作状态

2. 与甲类功率放大方式相比，乙类 OCL 互补对称功率放大方式的主要优点是(　　)。

A. 不用输出变压器　　B. 输出端不用大电容

C. 效率高　　D. 无交越失真

3. 下列 MOSFET 的转移特性中，属于 N 沟道增强型的是(　　)。

A. 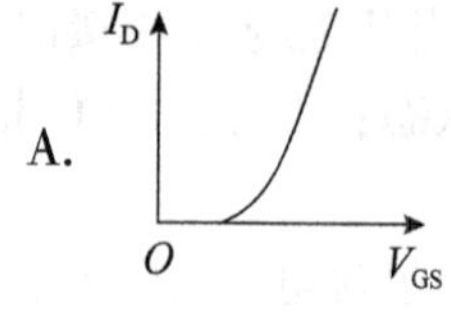

B. 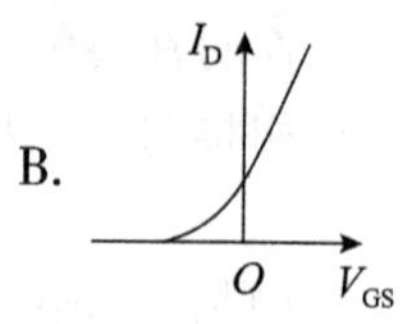

C. 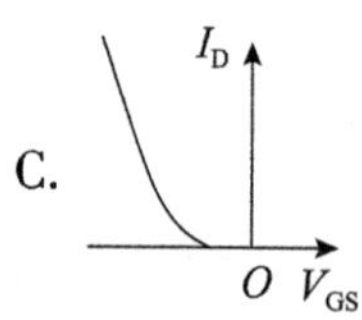

D. 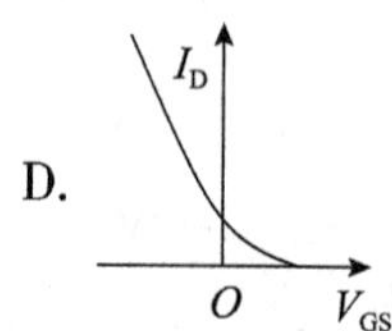

4. 有两个增益相同，输入电阻和输出电阻不同的放大电路 A 和 B，对同一个具有内阻的电压源信号进行放大。在放大电路负载开路的条件下，测得 A 放大器的输出电压小，这说明 A 的(　　)。

A. 输入电阻大　　B. 输入电阻小　　C. 输出电阻大　　D. 输出电阻小

5. 共模抑制比 K_{CMR} 越大，表明电路(　　)。

A. 放大倍数越稳定　　B. 交流放大倍数越大

C. 抑制温漂能力越强　　D. 输入信号中的差模成分越大

6. 反馈放大电路的含义是(　　)。

A. 输出与输入之间有信号通路

B. 电路中存在反向传输的信号通路

C. 除放大电路以外还有信号通路

D. 电路中存在输入信号削弱的反向传输通路

7. 单级共射极放大电路，在环境温度为20℃时正常工作。当环境温度升高到30℃时出现了削波失真，这是因为此时静态工作点 Q 与20℃时相比(　　)。

A. 向上移动　　B. 向下移动　　C. 没有移动　　D. 向上或向下都有可能

8. 在放大电路中，三极管为锗管，其对地电位分别为 $V_A=-9V$，$V_B=-6.2V$，$V_C=-6V$，则该三极管是(　　)型三极管；B 为三极管的(　　)极。

A. NPN 发射极　　B. PNP 发射极　　C. NPN 基极　　D. PNP 基极

9. 二阶高通滤波器通带外幅频相应曲线的斜率为(　　)。

A. 20dB 每 10 倍频程　　B. -20dB 每 10 倍频程

C. 40dB 每 10 倍频程　　D. -40dB 每 10 倍频程

10. 图 4 中的 W117 为可调式三端集成稳压器，当 R_2 增大时，输出电压(　　)；如果 $V_{REF}=1.25V$，$R_1=500\Omega$，$R_2=1.5k\Omega$，则输出电压为(　　)。

A. 增大 3.75V　B. 减小 3.75V　C. 增大 5V　D. 减小 5V

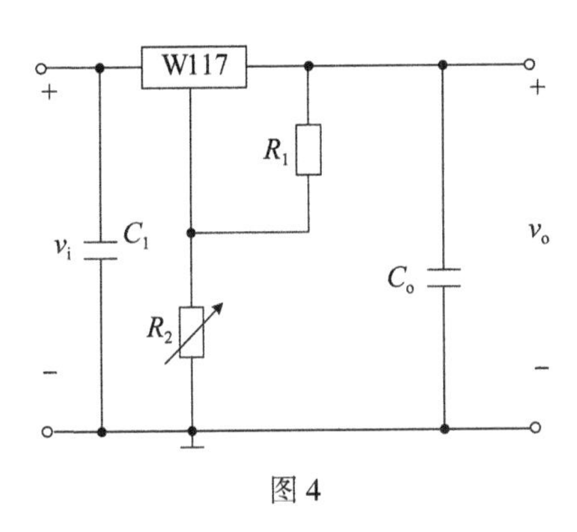

图 4

三、电路如图 5 所示，晶体管的 β = 100，$V_{BE}=0.7V$。(15 分)

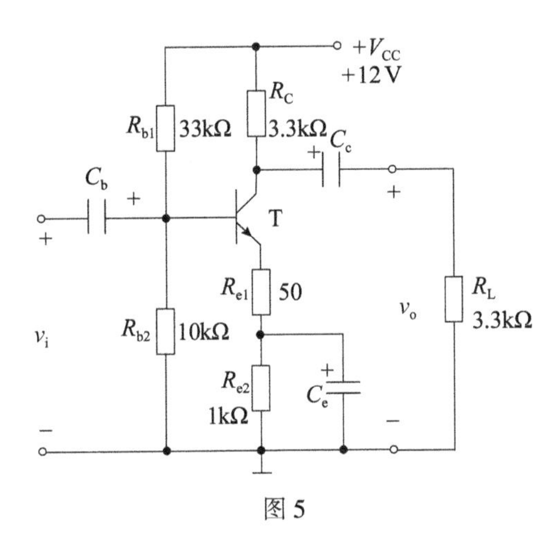

图 5

(1)求电路的 Q 点。

(2)画出电路的小信号等效电路，并求 A_v、R_i 和 R_o。

(3)简述 R_{e1}及 R_{e2}的作用；为什么选择在 R_{e2}两端接旁路电容 C_e？

四、电路如图 6 所示。(12 分)

(1)判断电路中引入了哪种组态的交流反馈。

(2)求出在深度负反馈条件下的电压增益 A_{vf}。

(3)若要稳定输出电流，并且减小输入电阻，从反馈类型的角度分析电路应如何改

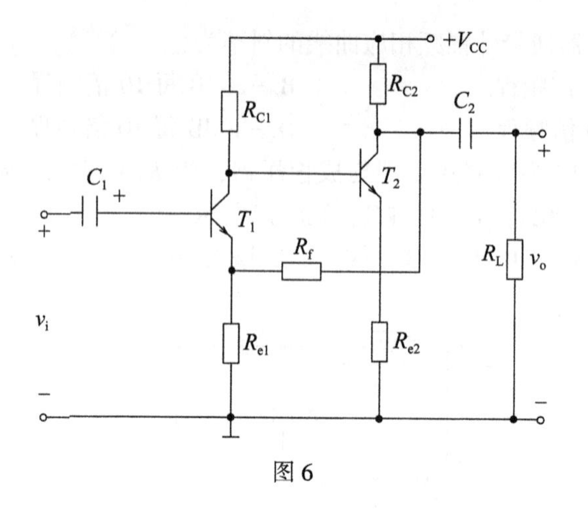

图 6

动，写出具体的改动方法。

五、如图 7 所示的基本共发射极放大电路中，由于电路参数的改变使静态工作点产生如图所示的变化。试问：当静态工作点从 Q_1 移到 Q_2、从 Q_2 移到 Q_3、从 Q_3 移到 Q_4 时，分别是因为电路的哪个参数变化造成的？这些参数是如何变化的？(10 分)

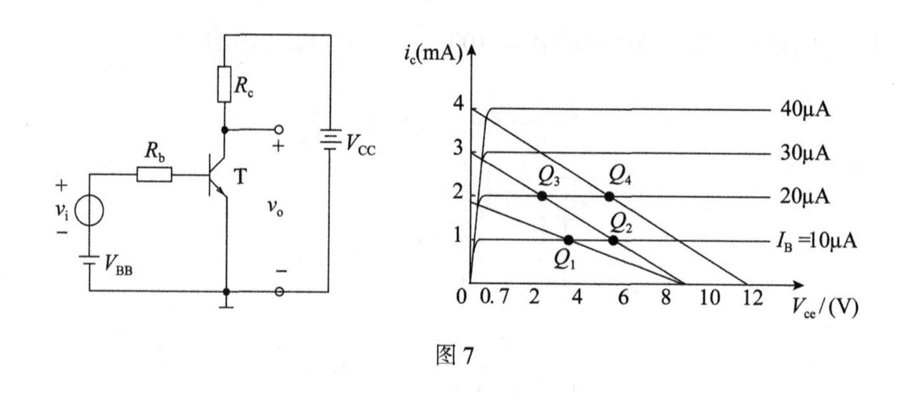

图 7

六、图 8 所示电路中集成运放 A_1、A_2 和 A_3 均为理想运放。分别列出输出电压 v_{o1}、v_{o2} 和 v_o 的表达式。(v_o 的表达式用 v_{i1} 和 v_{i2} 表示)(8 分)

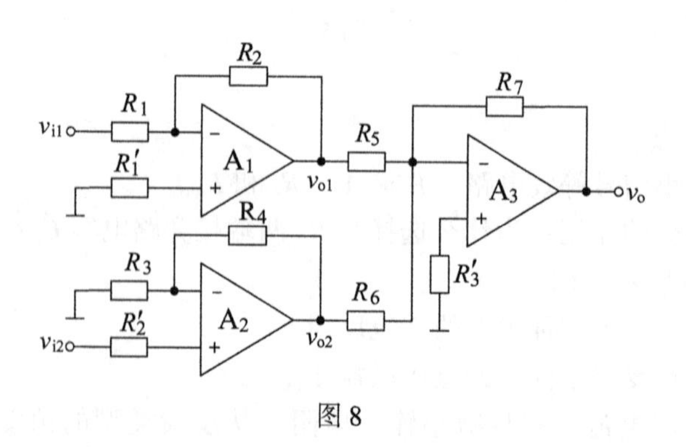

图 8

七、图9所示电路中，A_1 为理想运放，C_2 为比较器，二极管D也是理想器件，$R_b=56.5\text{k}\Omega$，$R_c=5.1\text{k}\Omega$，BJT的 $\beta=50$，$V_{BE}=0.7\text{V}$。(12分)

(1)当 $v_i=3\text{V}$ 时，v_o 为多少？

(2)当 $v_i=7\text{V}$ 时，v_o 为多少？

(3)当 $v_i=10\sin\omega t(\text{V})$ 时，试画出 v_i、v_{o2} 和 v_o 的波形。

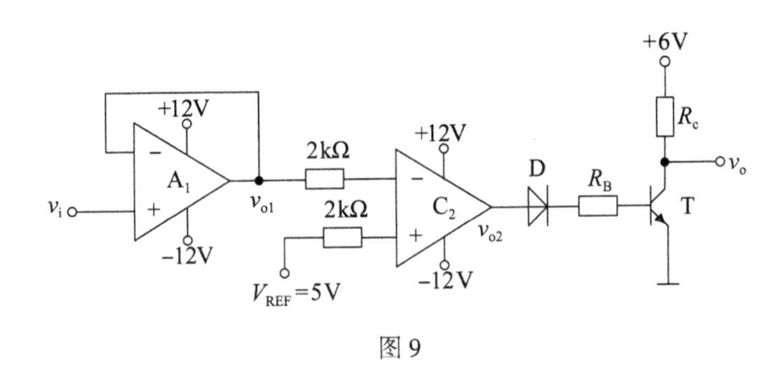

图9

八、在如图10所示放大电路中，已知 $V_{CC}=V_{EE}=15\text{V}$，$R_C=10\text{k}\Omega$，$R_B=1\text{k}\Omega$，恒流源电流 $I=0.2\text{mA}$，假设各三极管的 $\beta=50$，$V_{BEQ}=0.7\text{V}$，$r_{be1}=r_{be2}=13.5\text{k}\Omega$，$r_{be3}=1.1\text{k}\Omega$。求静态电流。(可认为三极管的 I_{CQ} 与 I_{EQ} 近似相等)(13分)

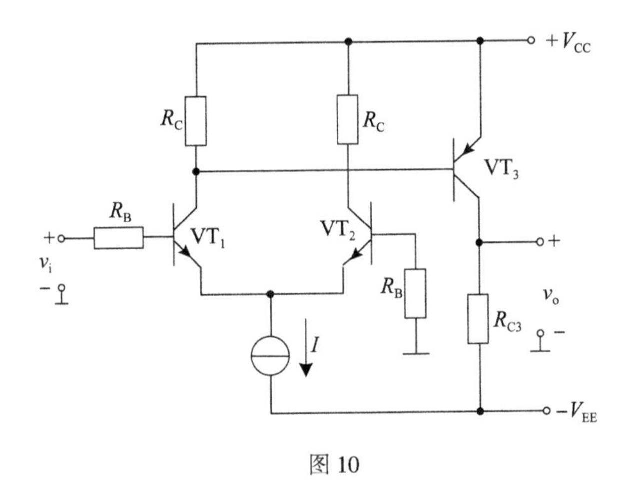

图10

(1)若要求输入电压等于零时，输出电压也等于零，则第二级的集电极负载电阻 R_{c3} 应为多大？

(2)分别计算第一级差模电压放大倍数 A_{vd1} 和第二级电压放大倍数 A_{v3}，并求出总的电压放大倍数 $A_v=A_{vd1}\cdot A_{v3}$。

模拟电路测试题四

一、选择与填空题(共 15 分，15 空，每空 1 分)

1. N 型半导体是在纯净半导体中掺入(　　)；P 型半导体是在纯净半导体中掺入(　　)。

A. 带负电的电子　　B. 带正电的离子

C. 三价元素如硼等　　D. 五价元素如磷等

2. 某放大电路接入一个内阻等于零的信号源电压时，测得输出电压为 5V，在信号源内阻增大到 1kΩ，其他条件不变时，测得输出电压为 4V，说明该放大电路的输入电阻为(　　)。

3. 在阻容耦合放大电路中，耦合电容的大小将影响(　　)，晶体管的极间电容的大小将影响(　　)。

A. 上限截止频率的高低　　B. 下限截止频率的高低

C. 中频的大小　　D. 都影响

4. 在多级放大电路中，后一级的输入电阻可视为前一级的(　　)，而前一级的输出电阻可视为后一级的(　　)。

5. 在长尾式的差分放大电路中，R_e 对(　　)有负反馈作用。

A. 差模信号　　B. 共模信号　　C. 任意信号　　D. 干扰信号

6. 希望抑制 50Hz 交流电源的干扰，应选用(　　)滤波电路；欲从输入信号中取出低于 10kHz 的信号，则应采用(　　)滤波电路；处理具有 100 Hz 固有频率的信号则应采用(　　)滤波电路。(高通、低通、带通、带阻、全通)

7. 已知某 N 沟道增强型 MOS 场效应管四种情况下 V_{GS} 和 V_D 的值，已知开启电压 $V_{GS(th)}=4V$。判断以下各情况管子工作在什么区(恒流区，可变电阻区，截止区)：

① $V_{GS}=5V$，$V_{DS}=3V$ (　　)；　　② $V_{GS}=6V$，$V_{DS}=2V$ (　　)；

③ $V_{GS}=8V$，$V_{DS}=3V$ (　　)；　　④ $V_{GS}=2V$，$V_{DS}=8V$ (　　)。

二、两级阻容耦合放大电路如图 1 所示。设 VT_1 的 $I_{DSS}=1mA$，$g_m=1ms$，VT_2 的 $\beta=30$，$r_{bb'}=300\ \Omega$，$V_{BE}=0.7V$，电容器对交流信号均可视为短路。(20 分)

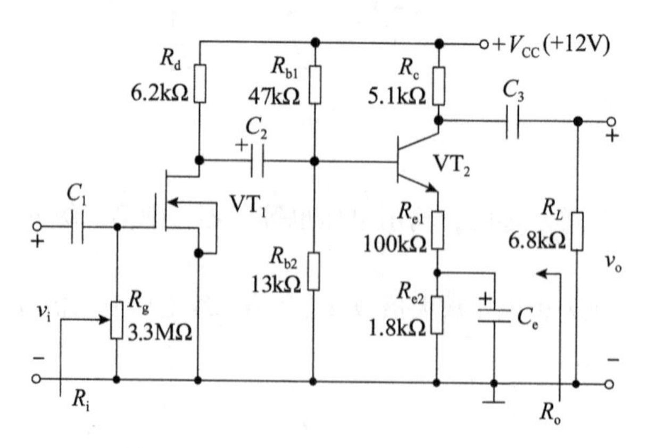

图 1

(1)估算 VT_1、VT_2 的静态工作点：I_{DQ}，V_{DSQ}，I_{BQ}，I_{CQ}，V_{CEQ}；

(2)画出交流微变等效电路图；

(3)估算电压放大倍数 A_u、输入电阻 R_i 和输出电阻 R_o。

三、负载接地的电压-电流变换器如图 2 所示，A_1、A_2 为理想运算放大器。(15 分)

1. 推导出负载电流 i_o 与 v_i 的关系式。若要求 i_o 与负载电阻 R_L 无关，需满足什么条件？

2. 在上述条件下，已知 $R_1=5\text{k}\Omega$，$R_3=10\text{k}\Omega$，欲实现$(0\sim5\text{V})\to(0\sim-10\text{mA})$的变换，求电阻 R_8的值。

四、现有一个理想运算放大器，其输出电压的两个极限值为±12V。试用它和有关器件设计一个电路，使之具有如图 3 所示电压传输特性，要求画出电路，并标出相关参数值。(10 分)

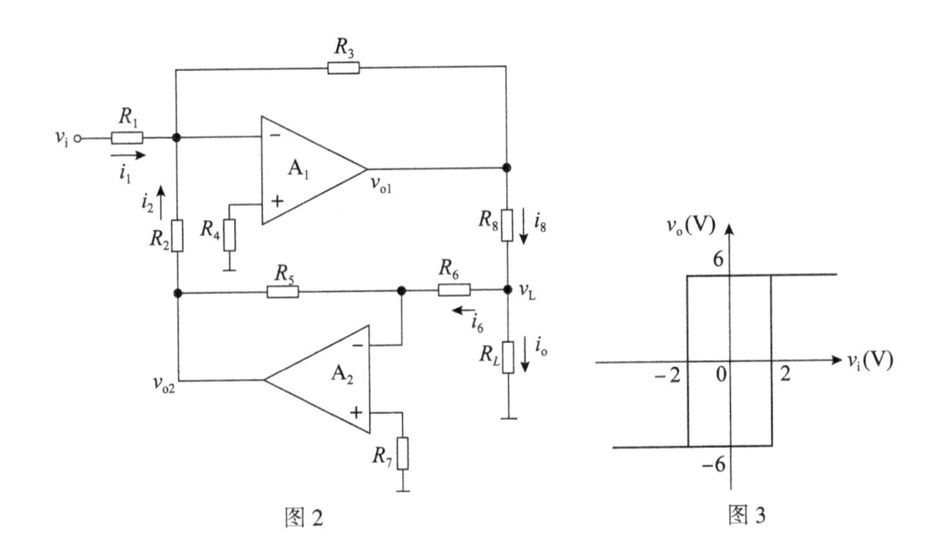

图 2　　　　图 3

五、将图 4 合理连线(用端点号说明即可，不用画图)，组成 RC 正弦振荡电路。假设基本放大电路满足深度负反馈，若要满足振荡条件，电阻 R_f应如何取值？(10 分)

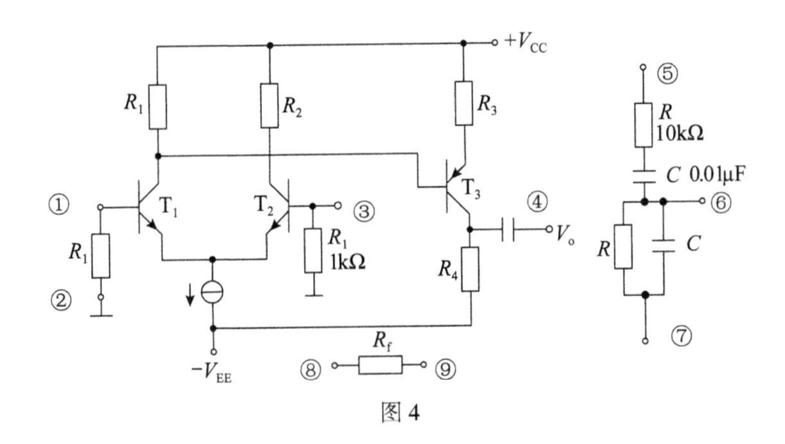

图 4

六、在如图5所示OCL电路中，已知三极管的饱和管压降$|V_{CES}|\approx 1V$，输入电压V_i为正弦波。(10分)

(1)说明VD_1、VD_2、R_1、R_2的作用；

(2)计算负载R_L上可能得到的最大输出功率P_{om}；

(3)计算当负载R_L上得到的最大输出功率时，电路的效率η。

七、如图6所示电路，A为理想运算放大器。(10分)

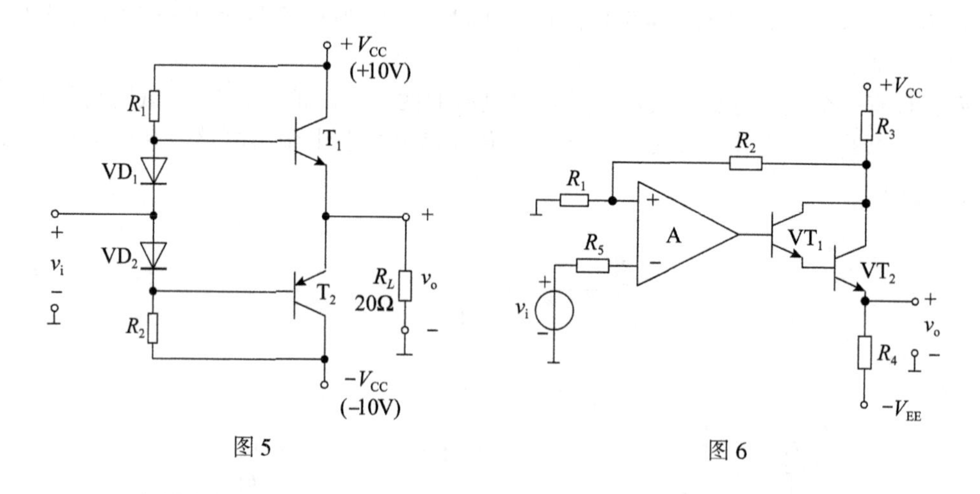

图5　　　　图6

(1)指出电路中存在的反馈网络、反馈极性及反馈组态；

(2)计算电压增益$A_{vf}=\dfrac{v_o}{v_i}$；

(3)计算输入电阻R_{if}和输出电阻R_{of}的近似值。

八、在如图7所示直流稳压电源中，已知W7806的1、2两端电压$v_{12}\geqslant 3V$才能正常工作。A可视为理想运放。要求：(10分)

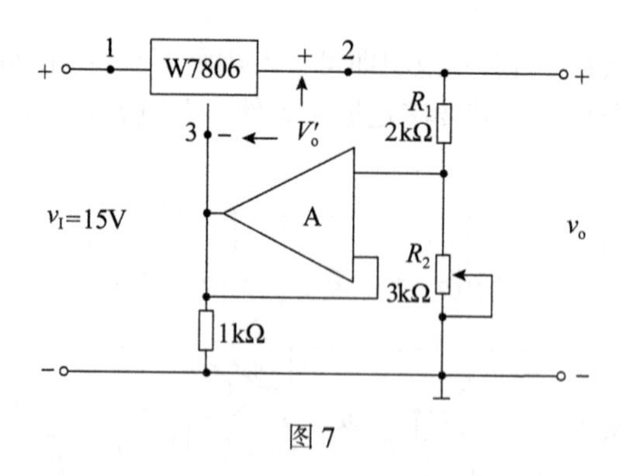

图7

(1)标出运放的同相输入端和反相输入端；

(2)写出输出电压v_o的表达式；

(3)求出v_o的调节范围。

参考答案

模拟电路测试题一参考答案

一、选择填空题

1. A　2. D　3. B　4. A　5. A　6. D　7. B　8. A　9. D　10. A　11. B　12. B　13. C　14. B　15. B　16. B　17. C　18. $I_R=30\mu A$　$I_{C1}=15\mu A$　$I_{C2}=15\mu A$

二、分析题

1. **解**：(1)求静态工作点

$I_{BQ}=\dfrac{V_{CC}-V_{BEQ}}{R_b}=20\mu A$，$I_{CQ}=\beta I_{BQ}=2mA$，$V_{CEQ}=V_{CC}-I_{CQ}R_C=1.7V$

(2)画出微变等效电路如下：

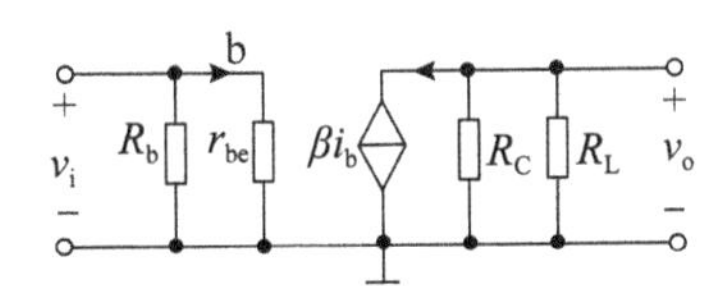

$r_{be}=300+(1+\beta)\dfrac{26mV}{I_{EQ}}=1.6k\Omega$，$A_V=-\beta\dfrac{R_C /\!/ R_L}{r_{be}}=-78$。

(3)逐渐增加输入信号 v_i，首先出现饱和失真。增大电阻 R_b 可以减小失真。

(4)由于直流负载线为 $6.7=I_{CQ}\cdot R_C+V_{CE}$，调节 R_b 要使得动态范围最大，应使交点 Q′ Q′在交流负载线的中点，这里的交流负载线斜率为 $-\dfrac{1}{R_C /\!/ R_L}=-\dfrac{1}{2.5/\!/2.5}=-1/1.25=-0.8(ms)$，所以 V_{CEQ} 和 I_{CQ} 的比值为 1.25 : 1(单位分别为 V 和 mA)，代入直流负载线公式可得：

$V_{CE}=2.2V$。

所以用交流电压表测出的最大不失真输出电压 V_o 约为 2.2V。

2. **解**：(1)电压串联负反馈

(2)在深度负反馈条件下的电压增益 $A_{vf}=\dfrac{v_o}{v_i}=\dfrac{R_f+R_{e1}}{R_{e1}}$

(3)若要稳定输出电流且减小输入电阻，采用的反馈为电流并联负反馈。如下图，R_f 从 T_2 的发射极取电流，接至 T_1 的基极。

3. **解**：(1)判断电路中的反馈组态：电压并联负反馈。

(2)求出电压放大倍数 A_{vf}：设 T 型网络节点为 M，则

$\dfrac{v_i}{R_1}=-\dfrac{v_M}{R_2}$，$\dfrac{0-v_M}{R_2}=\dfrac{v_M}{R_4}+\dfrac{v_M-V_o}{R_3}$

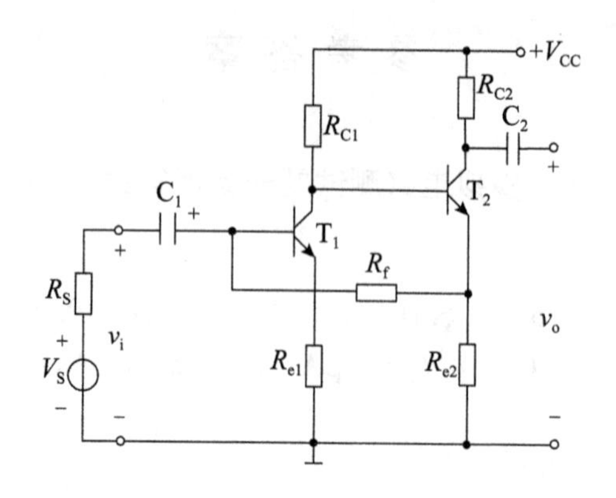

求出 $A_{vf}=\dfrac{v_o}{v_i}=-\dfrac{R_2+R_3+\dfrac{R_2R_3}{R_4}}{R_1}$

(3)若T型反馈网络换成一个反馈电阻 R_f，并保持同样的 A_{Vf}，则 $R_f=R_2+R_3+\dfrac{R_2R_3}{R_4}$。

(4) R_P是同相输入平衡电阻，根据电阻平衡原理，将输入输出端接地，输入输出端对地电阻相等。$R_P=(R_1+R_2)/\!/R_3/\!/R_4$。

4. **解**：(1)由于 I_{adj}远小于 I_{Rmin}，所以 $I_{R_1}=\dfrac{V_{31}}{R_1}$。当 $V_{31}=1.25V$ 时，流过 R_1 的最小电流 I_{Rmin}为 5~10mA，$R_1=\dfrac{1.25}{10\times10^{-3}}\sim\dfrac{1.25}{5\times10^{-3}}=125\sim250\Omega$。

(2)由于$\dfrac{V_{31}}{R_1}=\dfrac{V_o}{R_1+R_2}$，所以 $V_o=\dfrac{R_1+R_2}{R_1}\times V_{31}$，代入得 $V_o=19.1V$。

(3)由于 $V_o=\dfrac{R_1+R_2}{R_1}\times V_{31}$，将 $V_o=37V$，$R_1=210\Omega$ 代入计算，$R_2=6.006k\Omega$。又由于 $V_i-V_o=2V$，$V_i=V_o+2=37+2=39(V)$。

(4)由于 $V_o=\dfrac{R_1+R_2}{R_1}\times V_{31}$，$R_2$ 从 0~6.2kΩ 变化，$R_2=0$，$V_{omin}=1.25V$，$R_2=6.2k\Omega$，$V_{omax}=38.2V$。

5. **解**：(1) $v_{o1}=-(2v_{i1}+4v_{i2})$，

$v_o=-\left(\dfrac{1}{2}v_{o1}+\dfrac{1}{3}v_{i3}\right)=v_{i1}+2v_{i2}-\dfrac{1}{3}v_{i3}$。

(2) $R_5=R_1/\!/R_2/\!/R_{f1}$，$R_6=R_3/\!/R_4/\!/R_{f2}$。

6. **解**：$v_i=4\sin314t(V)$，$V_Z=6V$，$T=20ms$。

v_{o1}和 v_{o2}的波形如下图：

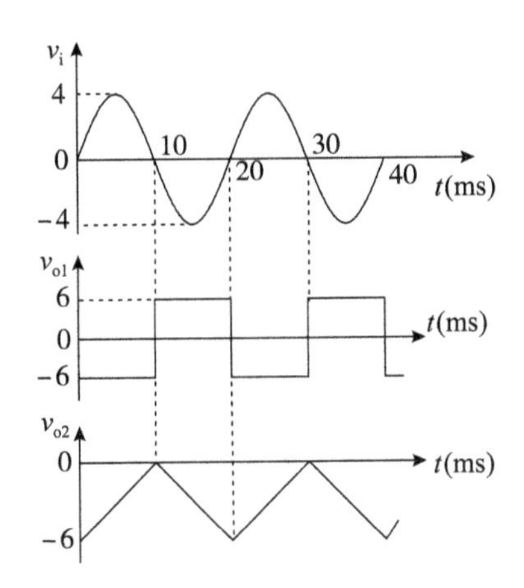

模拟电路测试题二参考答案

一、选择填空题

1. C　A　B　2. A　B　3. A　B　4. A　B　C　5. A　B　C　6. B　B
7. C　8. A　9. C　E　H　10. A　C　11. C　12. C　13. C　14. A
15. A　16. C　B　A

二、判断题

1. 能发生自激振荡，振荡频率为$f_0 \approx \dfrac{1}{2\pi\sqrt{L\dfrac{C_1C_2}{C_1+C_2}}}$。

2. R_{f1}交流电流串联负反馈，R_{f2}直流电压并联负反馈

三、分析题

1.

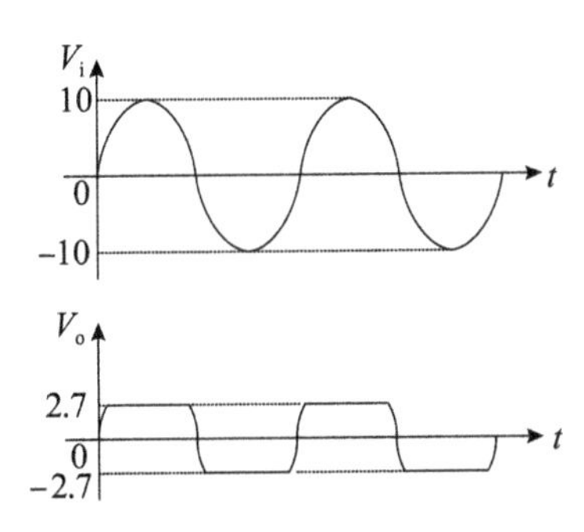

2. 电路中有两个反馈，一路通过 LC 反馈到 T_1 的发射极，是正反馈；另一路通过 R_8 反馈到 T_1 的基极，是负反馈。所以正反馈网络为 L、C、R_4。负反馈网络为 R_8。当 LC 谐振时，满足相位条件 $\phi_A+\phi_F=2n\pi$（$n=0$，±1，±2，…），电路产生振荡，振荡频率为 $f=\dfrac{1}{2\pi\sqrt{LC}}$。

四、计算题

1. (1)基极电位 $V_B=\frac{V_{CC}}{R_{b1}+R_{b2}}R_{b2}=5.58V$(2 分)

集电极电流 $I_C\approx I_E=\frac{V_B-V_{BE}}{R_e}=\frac{5.58-0.7}{1.5}=3.2(mA)$(2 分)

基极电流 $I_B=\frac{I_C}{\beta}=\frac{3.2}{66}=0.048(mA)$(2 分)

$V_{CE}=V_{CC}-(R_C+R_E)I_C=24-(3.3+1.5)\times3.2=8.64(V)$(2 分)

(2)$r_{be}=300+(1+66)\frac{26mV}{3.2mA}=844\Omega=0.844k\Omega$(1 分)

$A_v=-\beta\frac{R'_L}{r_{be}}=-157$(2 分)

(3)$A_v=-\beta\frac{R_C}{r_{be}}=-258$(2 分)

(4)$r_i=r_{be}//R_{b1}//R_{b2}\approx r_{be}=0.844k\Omega$，$r_o\approx R_C=3.3k\Omega$(2 分)

2. $V_{o1}=-(V_{I1}+V_{I2}+V_{I3})=-6V$(5 分)

$V_{o2}=V_{I4}=4V$(5 分)

$V_o=V_{I1}+V_{I2}+V_{I3}+2V_{I4}=14V$(5 分)

3. 运放组成电压跟随器，R_1 和 R_F 可看成串联(4 分)

稳压器输出电压为 5V(4 分)

$V_o=\frac{5}{2.5}(2.5+R_F)=5\sim24V$(5 分)

模拟电路测试题三参考答案

一、填空题

1. 电压　电流　　2. 掺杂浓度　温度　　3. 低通 带阻　高通

4. $\dot{A}\cdot\dot{F}=1$　RC 选频网络　　5. 饱和 放大　截止　　6. 电流并联负反馈

7. 1000　57　　8. 500　　9. $\sqrt{2}V_2$　$1.2V_2$　　10. $P_{omax}=\frac{V_{CC}^2}{2R_L}$ $P_{Vmax}=\frac{2V_{CC}^2}{\pi R_L}$

二、选择题

1. A　2. C　3. A　4. B　5. C　6. B　7. A　8. D　9. C　10. C

三、(1)求电路的 Q 点，$V_B=\frac{R_{b2}}{R_{b1}+R_{b2}}\cdot V_{CC}=V_{BEQ}+I_{EQ}(R_{e1}+R_{e2})=2.8V$

$$I_{EQ}=\frac{\frac{R_{b2}}{R_{b1}+R_{b2}}\cdot V_{CC}-V_{BEQ}}{R_{e1}+R_{e2}}=2mA\approx I_{CQ}，I_{BQ}=\frac{I_{CQ}}{\beta}=20\mu A。$$

$V_{CEQ}=V_{CC}-I_{CQ}R_C-I_{EQ}(R_{e1}+R_{e2})=3.3\text{V}$。

(2)电路的小信号等效电路如下：

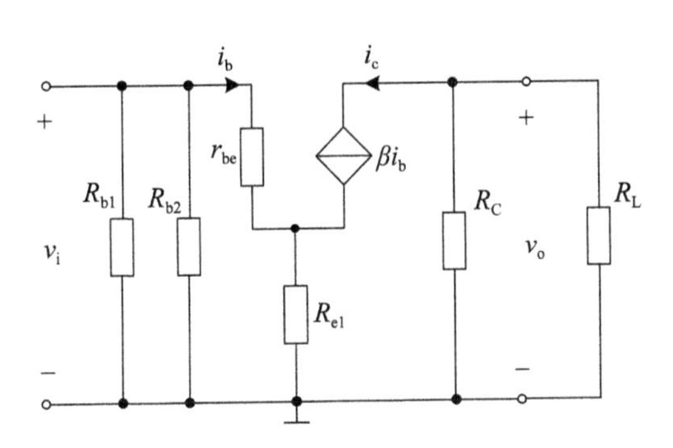

$r_{be}=200+(1+\beta)\dfrac{26\text{mV}}{I_{EQ}}=1.5\text{k}\Omega$,

$A_v=-\dfrac{\beta(R_C/\!/R_L)}{r_{be}+(1+\beta)R_{e1}}=-25.2$。

$R_i=R_{b1}/\!/R_{b2}/\!/[r_{be}+(1+\beta)R_{e1}]=33\times10^3/\!/10\times10^3/\!/6.55\times10^3=3.53\text{k}\Omega$。

$R_o\approx R_C=3.3\text{k}\Omega$。

(3)R_{e1}既有交流又有直流负反馈，起到稳定静态工作点和提高输入电阻的作用，同时使得电路的增益下降。R_{e2}只有直流负反馈，起到稳定静态工作点作用。在R_{e2}两端接旁路电容C_e，这样R_{e2}对交流参数无影响。

四、(1)该电路中引入了电压串联负反馈。

(2)在深度负反馈条件下的电压增益$A_{vf}=\dfrac{v_o}{v_i}=\dfrac{R_f+R_{e1}}{R_{e1}}$。

(3)要稳定输出电流，并且减小输入电阻，则要引入电流并联负反馈。反馈信号从T_2的发射极取出，加到T_1的基极。

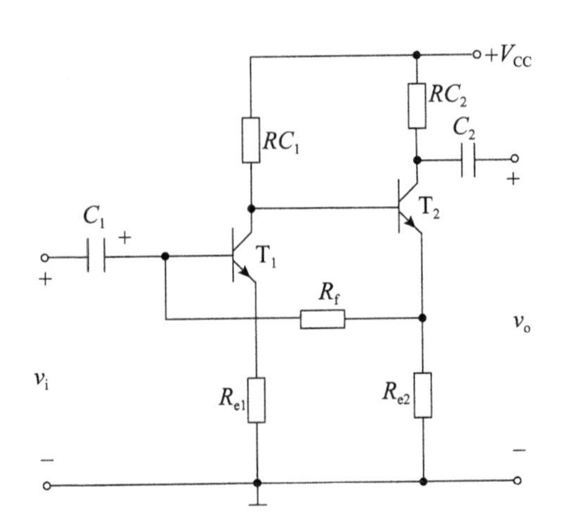

五、当静态工作点从 Q_1 移到 Q_2 时，I_B不变，直流负载线斜率减小，R_C 减小。当静态工作点从 Q_2 移到 Q_3 时，直流负载线斜率不变，I_B增大，R_b减小。当静态工作点从 Q_3 移到 Q_4时，直流负载线斜率和 I_B都不变，V_{CC}增大。

六、$v_{o1}=-\dfrac{R_2}{R_1}v_{i1}$，$v_{o2}=\dfrac{R_3+R_4}{R_3}v_{i2}$，

$$v_o=-\frac{R_7}{R_5}v_{o1}-\frac{R_7}{R_6}v_{o2}=\frac{R_7R_2}{R_5R_1}v_{i1}-\frac{R_7}{R_6}\frac{R_3+R_4}{R_3}v_{i2}。$$

七、(1)当 $v_i=3V$ 时，$v_{o1}=3V$，$v_{o2}=+12V$，T 饱和，$v_o\approx 0$。

(2)当 $v_i=7V$ 时，$v_{o1}=7V$，$v_{o2}=-12V$，T 截止，$v_o\approx 6V$。

(3)当 $v_i=10\sin\omega t(V)$时，$v_{o1}=v_i=10\sin\omega t(V)$。

当 $v_{o1}=v_i>5V$ 时，$v_{o2}=-12V$，T 截止，$v_o\approx 6V$。

当 $v_{o1}=v_i<5V$ 时，$v_{o2}=+12V$，T 饱和，$v_o\approx 0$。

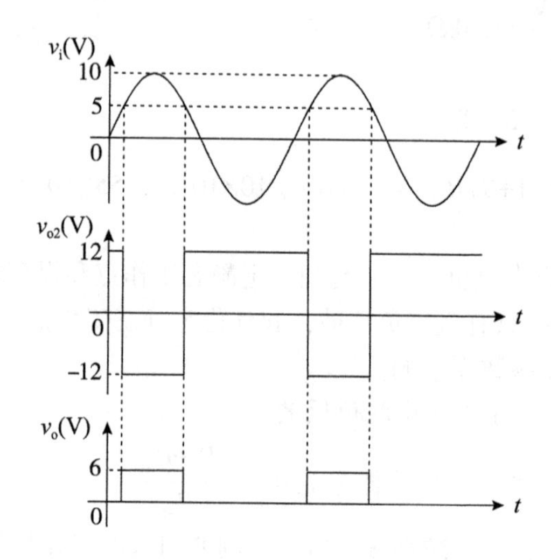

八、(1)由于 $I=0.2mA$，可得 $I_{EQ1}=0.1mA\approx I_{CQ1}$，

$$I_{RC1}=\frac{V_{BEQ3}}{R_C}=\frac{0.7}{10K}=70\mu A,$$

所以 $I_{BQ3}=I_{CQ1}-I_{RC1}=0.1\times10^{-3}-70\times10^{-6}=30(\mu A)$。

$I_{CQ3}=\beta\times I_{BQ3}=1.5mA$。由于 $v_i=0$ 时 $v_o=0$，R_{C3}的压降等于 V_{EE}，

$$R_{C3}=\frac{V_{EE}}{I_{CQ3}}=\frac{15}{1.5\times10^{-3}}=10k\Omega。$$

(2)由于 $r_{be1}=r_{be2}=13.5k\Omega$，$r_{be3}=1.1k\Omega$，

$$A_v=A_{v1}\times A_{v2}=-\frac{\beta(R_C/\!/r_{be3})}{2(R_B+r_{be1})}\times\left(-\frac{\beta R_{C3}}{r_{be3}}\right)=950。$$

模拟电路测试题四参考答案

一、选择填空题

1. D C　2. 4kΩ　3. B A　4. 负载电阻 信号源内阻　5. B

6. 带阻 低通 带通　7. 恒流区 恒流区 可变电阻区 截止区

二、(1) $I_{DQ}=1\text{mA}$，$V_{DSQ}=5.8\text{V}$，$V_B=2.6\text{V}$，$I_{EQ}=1\text{mA}\approx I_{CQ}$，$I_{BQ}=\dfrac{I_{CQ}}{\beta}=33.3\mu\text{A}$，$V_{CEQ}=5\text{V}$。

(2) 电路的交流微变等效电路图：

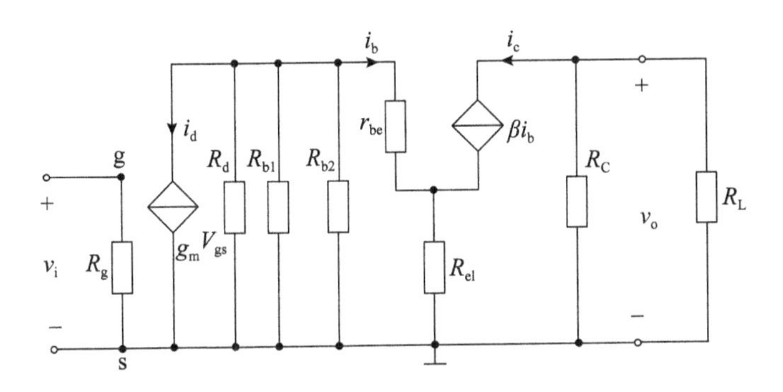

(3) 电压放大倍数

$$A_V=A_{V1}\times A_{V2}=-g_m\{R_d /\!/ R_{b1} /\!/ R_{b2} /\!/ [r_{be}+(1+\beta)R_{e1}]\}\times\frac{-\beta(R_C /\!/ R_L)}{r_{be}+(1+\beta)R_{e1}}\approx 41.4。$$

输入电阻 $R_i\approx R_g=3.3\text{M}\Omega$。

输出电阻 $R_o\approx R_c=5.1\text{k}\Omega$。

三、(1) 可列下列四个方程：① $\dfrac{v_i}{R_1}+\dfrac{v_{o2}}{R_2}=-\dfrac{v_{o1}}{R_3}$；

② $\dfrac{v_{o1}-v_L}{R_8}=\dfrac{v_L}{R_6}+\dfrac{v_L}{R_L}$；③ $i_o=\dfrac{v_L}{R_L}$；④ $v_{o2}=-\dfrac{R_5}{R_6}v_L$

联解得：$v_i=\dfrac{R_1(R_3R_5-R_2R_6-R_2R_8)}{R_2R_3R_6}R_Li_o-\dfrac{R_1R_8}{R_3}i_o$

当 $R_3R_5=R_2R_6+R_2R_8$ 时，$v_i=-\dfrac{R_1R_8}{R_3}i_o$，$i_o$ 与负载电阻 R_L 无关。

(2) 实现(0~5V)→(0~−10mA)的变换，$R_8=1\text{k}\Omega$。

四、根据电压传输特性，这是一个施密特触发电路，输出电压为±6V，上下触发电平为±2V。选定参数：$V_Z=\pm6\text{V}$，$R_2=2R_1$，$R_P=\dfrac{2}{3}R_1$。

五、要组成 RC 正弦振荡电路，RC 串、并联构成正反馈，R_f 构成负反馈，连接为：⑤接④，⑦接②，⑥接①；④接⑨，⑧接③。

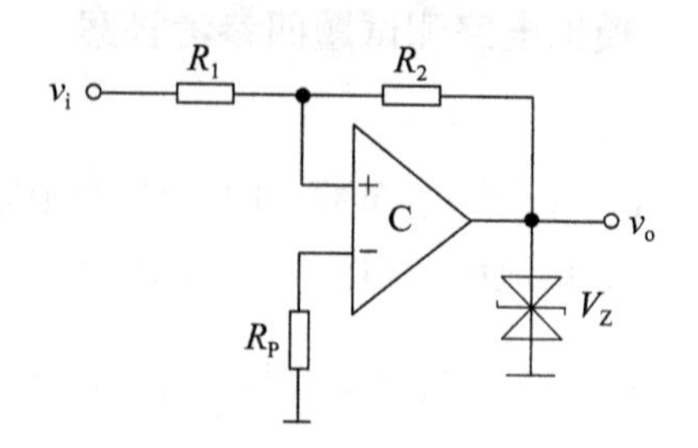

若要满足振荡条件，电阻 R_f应取 $2R_1$ 值，为 2kΩ。

六、(1) VD_1、VD_2 的作用是消除交越失真，R_1、R_2 的作用是使 VD_1、VD_2 微导通，工作在恒压模式。

(2) R_L 上可能得到的最大输出功率 $P_{om}=\frac{(10-1)^2}{2R_L}=\frac{81}{40}\approx 2(\mathrm{W})$。

(3) 当负载 R_L 上得到的最大输出功率时，电路的效率 $\eta=\frac{\frac{9^2}{2R_L}}{\frac{2\times 10\times 9}{\pi R_L}}=70.65\%$。

七、(1) 电路中存在电流串联负反馈。

(2) $A_{vf}=\frac{v_o}{v_i}=-\frac{R_4}{R_1R_3}(R_1+R_2+R_3)$。

(3) 输入电阻 $R_{if}=\infty$，输出电阻 $R_{of}=R_4 // \frac{r_{be2}}{\beta_2}$。

八、(1) 运放的同相输入端为上，反相输入端为下。

(2) 输出电压 $v_o=\frac{R_1+R_2}{R_1}\times 6\mathrm{V}$。

(3) 虽然 $R_2=3\mathrm{k}\Omega$ 输出最大电压 $v_0=15\mathrm{V}$，由于 $v_{12}\geqslant 3\mathrm{V}$ 才能正常工作，所以输出最大电压 $V_o=12\mathrm{V}$。

第十三章　数字电路测试题

数字电路测试题一

一、填空题(共 20 分，20 空，每空 1 分)

1. 逻辑函数的化简方法有(　　)和(　　)。

2. $(35.75)_{10}$=(　　$)_2$=(　　$)_{8421BCD}$。

3. 表示逻辑函数功能的常用方法有(　　)、(　　)、卡诺图等。

4. 组合电路由(　　)构成，它的输出只取决于(　　)而与原状态无关。

5. 不仅考虑两个(　　)相加，而且还考虑来自(　　)相加的运算电路，称为全加器。

6. 译码器输入的是(　　)，输出的是(　　)。

7. 一个 4 选 1 的数据选择器，应具有(　　)个地址输入端和(　　)个数据输入端。

8. 时序逻辑电路的输出不仅和(　　)有关，而且还与(　　)有关。

9. 移位寄存器不但可(　　)，而且还能对数据进行(　　)。

10. OC 门的输出端可并联使用，实现(　　)功能；三态门可用来实现(　　)。

二、选择题(共 20 分，10 题，每题 2 分)

1. 是 8421BCD 码的是(　　)。

A. 1010　　B. 0101　　C. 1100　　D. 1101

2. 和逻辑式 $A+A\overline{BC}$ 相等的是(　　)。

A. ABC　　B. $1+BC$　　C. A　　D. $A+\overline{BC}$

3. 二输入端的或非门，其输入端为 A、B，输出端为 Y，则其表达式 Y=(　　)。

A. AB　　B. $\overline{AB}$　　C. $\overline{A+B}$　　D. $A+B$

4. 一个 T 触发器，在 $T=1$ 时，加上时钟脉冲，则触发器(　　)。

A. 保持原态　　B. 置 0　　C. 置 1　　D. 翻转

5. 欲对全班 43 个学生以二进制代码编码，最少需要(　　)位二进制码。

A. 5　　B. 6　　C. 8　　D. 43

6. 比较两个一位二进制数 A 和 B，当 $A=B$ 时输出 $F=1$，则(　　)。

A. $F=AB$　　B. $F=\overline{A}B$　　C. $F=A\overline{B}$　　D. $F=A\odot B$

7. 逻辑函数 $F(A, B, C)=AB+BC+A\overline{C}$ 的最小项标准式为(　　)。

A. $F(A, B, C)=\sum m(0, 2, 4)$

B. $F(A, B, C)=\sum m(1, 5, 6, 7)$

C. $F(A, B, C)=\sum m(0, 2, 3, 4)$

D. $F(A, B, C)=\sum m(3, 4, 6, 7)$

8. 设某函数的表达式 $F(A, B)=A+B$，若用四选一数据选择器来设计，则数据端 $D_0D_1D_2D_3$ 的状态是(　　)。

A. 0111　　B. 1000　　C. 1010　　D. 0101

9. 在移位寄存器中采用并行输出比串行输出(　　)。

A. 快　　B. 慢　　C. 一样快　　D. 不确定

10. 用触发器设计一个 24 进制的计数器，至少需要(　　)个触发器。

A. 3　　B. 4　　C. 6　　D. 5

三、化简(共 10 分，2 题，每题 5 分)

1. 用代数法化简下式为最简与或式。

$F=A+\bar{A}BCD+A\bar{B}\ \bar{C}+BC+\bar{B}C$

2. 用卡诺图化简下式为最简与或式。

$Y(A, B, C, D)=\sum m(0, 2, 4, 5, 6, 8, 9)+\sum d(10, 11, 12, 13, 14, 15)$

四、根据已知条件，画出输出波形(共 10 分，2 题，每题 5 分)

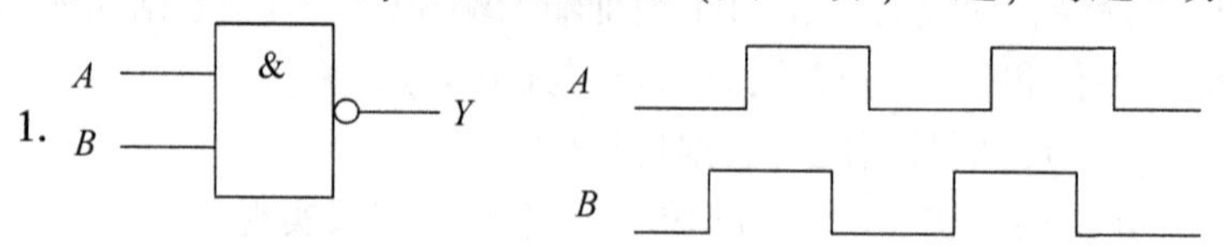

2. 设 Q 原始状态为“1”。

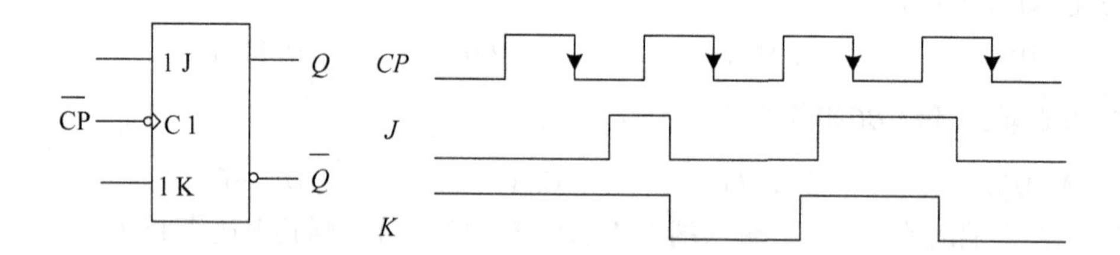

五、分析题(共 25 分，4 题)

1. TTL 门电路如下图所示，试写出 Y_1、Y_2 的表达式。(6 分)

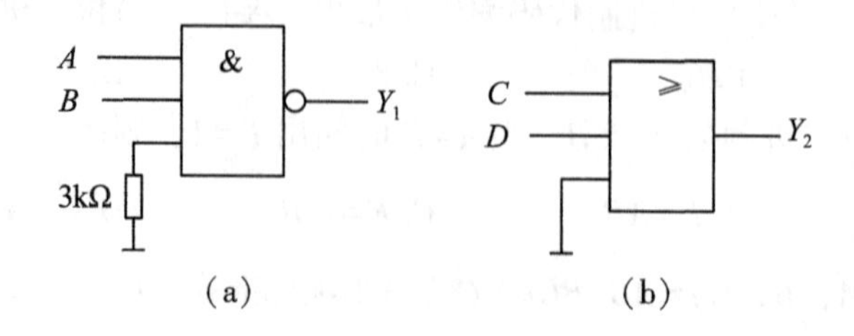

(a)　　(b)

2. 试用集成四位二进制计数器74X161构成10进制计数器。(5分)

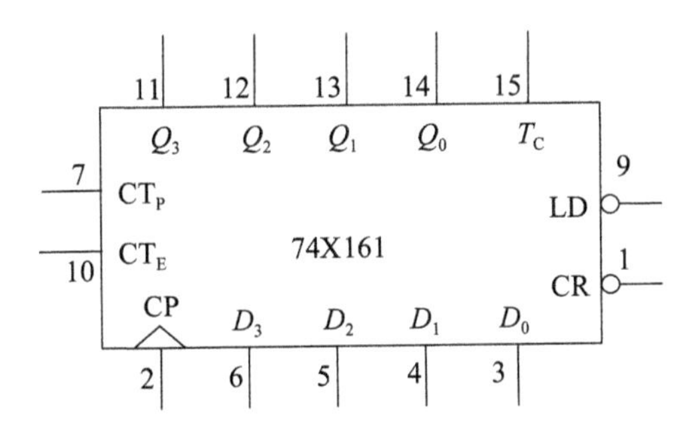

3. 写出 S_i、C_o 的表达式。(4分)

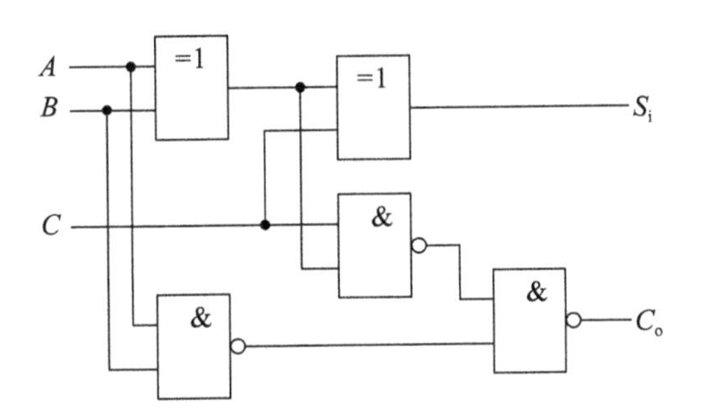

4. 时序电路如下图所示，3个触发器的K端状态均为1，试分析其功能，设初态 $Q_2Q_1Q_0=011$。(10分)

(1)写出电路的驱动方程、状态方程；

(2)列出状态转换表；

(3)分析逻辑功能；

(4)画出状态图；

(5)检查能否自启动。

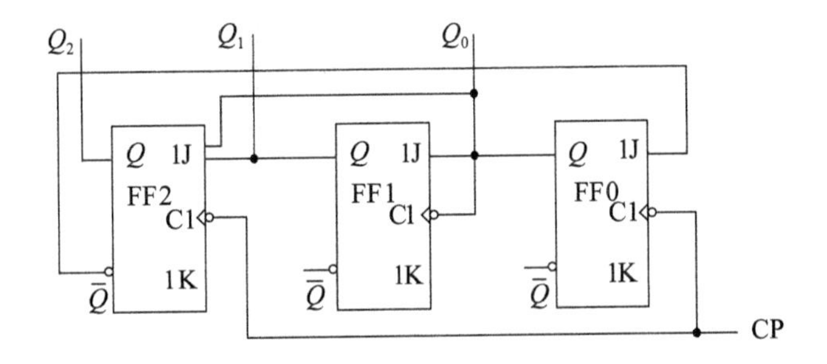

六、试用与非门设计一组合电路，该电路输入为一位8421BCD码，当输入为奇数时，输出为“1”，否则为“0”。(输入只提供原变量)(15分)

数字电路测试题二

一、选择题(共 24 分，12 题，每题 2 分)

1. 逻辑函数 $F(A、B、C)=A\odot B+\overline{A}\,\overline{C}$的最小项表达式为(　　)。

   A. $F=\sum m(0、2、5、7)$　　B. $F=ABC+\overline{A}C$

   C. $F=\sum m(1、3、6)$　　D. $F=\sum m(0、1、2、6、7)$

2. 逻辑函数 $F(A、B、C、D)=\sum m(1、4、5、9.13)+\sum d(12、14、15)$ 的最简与或式为(　　)。

   A. $F=AB+\overline{C}D$　　B. $F=B\,\overline{C}+\overline{C}D$　　C. $F=C\,\overline{D}+\overline{B}C$　　D. $F=A\,\overline{C}+\overline{C}D$

3. 逻辑函数 $F=\overline{\overline{\overline{B}\,\overline{C}}+C(D+A)}$的反函数是(　　)。

   A. $\overline{F}=\overline{(\overline{B+C})\cdot(\overline{C}+\overline{D}\,\overline{A})}$　　B. $\overline{F}=\overline{\overline{\overline{B}+\overline{C}}\cdot(C+DA)}$

   C. $\overline{F}=\overline{\overline{BC}+\overline{C}\cdot(\overline{D}+\overline{A})}$　　D. $\overline{F}=\overline{\overline{B+C}\cdot\overline{C}+\overline{D}\,\overline{A}}$

4. 已知逻辑变量 A、B、F 的波形图如图 1 所示，F 与 A、B 的逻辑关系是(　　)。

   A. $F=AB$　　B. $F=A\oplus B$　　C. $F=A\odot B$　　D. $F=A+B$

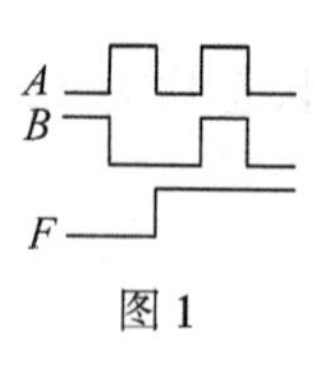

图 1

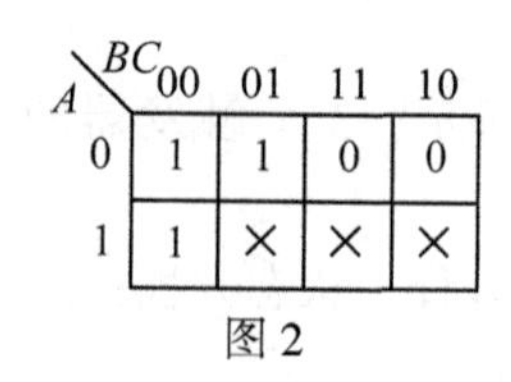

图 2

5. 已知逻辑函数 F 的卡诺图如图所示，能实现该函数功能的电路是(　　)。

A.
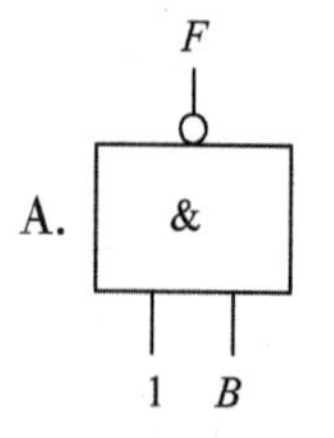

B.
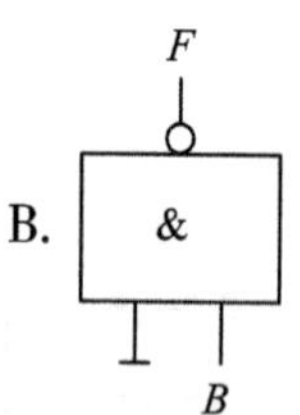

C.
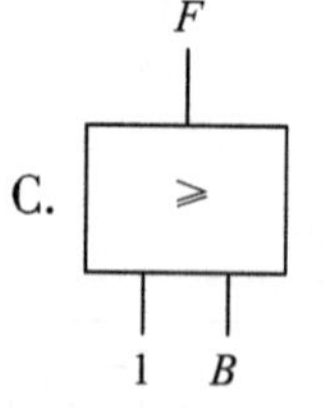

D.
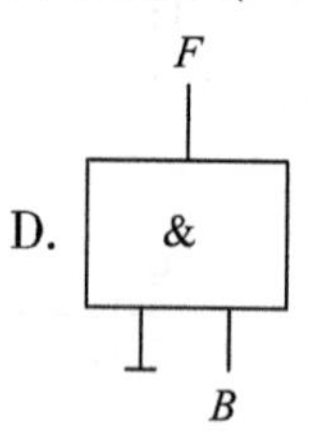

6. 三态门电路如图所示，输出 F 为(　　)。

   A. 低阻　　B. 高阻　　C. $\overline{AB}$　　D. 1

7. OC 门电路图如图所示，该电路可完成的功能是(　　)。

   A. $F=\overline{AB}$　　B. $F=\overline{AB}+\overline{C}$　　C. $F=1$　　D. $F=\overline{AB}\cdot\overline{C}$

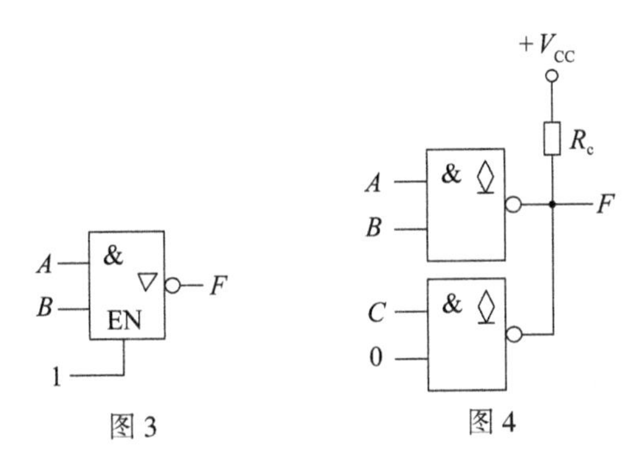

图 3　　图 4

8. 一个十六选一的数据选择器，其地址输入端的个数为(　　)。

A. 2　　B. 3　　C. 4　　D. 5

9. 下列逻辑电路中，属于组合逻辑电路的是(　　)。

A. 计数器　　B. 触发器　　C. 寄存器　　D. 译码器

10. 只有暂稳态的电路是(　　)。

A. 单稳态触发器　B. 多谐振荡器　C. 施密特触发器　D. 定时器

11. 为了把串行输入的数据转换为并行输出的数据，可以使用(　　)。

A. 寄存器　　B. 移位寄存器　　C. 计数器　　D. 存储器

12. 和 TTL 电路相比，CMOS 电路最突出的优点在于(　　)。

A. 可靠性高　　B. 抗干扰能力强　C. 速度快　　D. 功耗低

二、填空题(共 16 分，16 空，每空 1 分)

1. 二进制数$(1011.1001)_2$ 转换为八进制数为(　　)，转换为十六进制数为(　　)。

2. 在八位 D/A 转换电路中，设 $V_{REF}=-5V$，输入数字量 $D_7\sim D_0$ 为全 1 时对应的输出电压值 $v_o=$(　　)，$D_7\sim D_0$ 为 10001000 时 $v_o=$(　　)。

3. 已知逻辑函数 $F=A\oplus B$，它的或-与表达式为(　　)，与非-与非表达式为(　　)。

4. RS 触发器的特征方程是(　　)，约束条件是(　　)。

5. TTL 与非门空载时，输出高电平 V_{oH}约为(　　)V，输出低电平 V_{oL}约为(　　)V。

6. 555 定时器构成的施密特触发器，若电源电压 $V_{CC}=12V$，电压控制端经 0.01μF 电容接地，则上触发电平 $V_{T+}=$(　　)V，下触发电平 $V_{T-}=$(　　)V。

7. 若 ROM 具有 10 条地址线和 8 条数据线，则存储容量为(　　)，可以存储(　　)个字。

8. 74HC194 移位寄存器的控制信号 $S_1S_0=$(　　)时实现向左移位功能，是将 D_{SL}的数据移入(　　)中。

三、分析、计算题(共 30 分，5 题，每题 6 分)

1. 写出图 5 三态门电路 F 的函数表达式。

2. 化简逻辑函数：$F=A\overline{B}+\overline{A}B+B\overline{C}+\overline{B}C$(方法不限)。

3. 分析由图 6 所示 4 选 1 数据选择器 74LS153 组成的组合逻辑电路，写出 $F(A,B)$

的函数表达式。

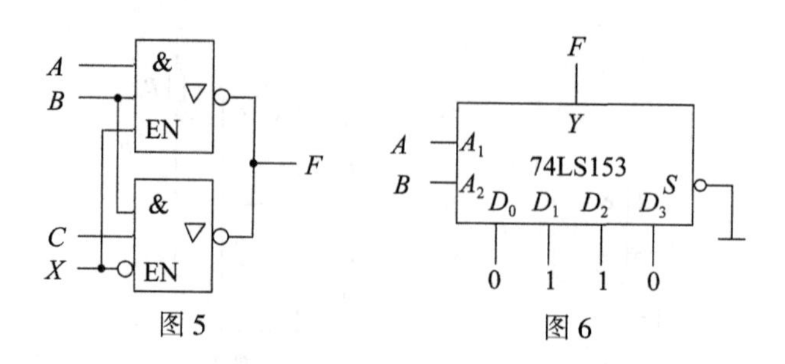

图5 图6

4. 分析图7所示时序逻辑电路的功能，写出驱动方程、状态方程，列出状态转换表，画出状态转换图，说明电路能否自启动。

5. 图8电路是一个防盗报警电路，a–b 端被细铜丝接通，此铜丝置于盗窃者必经之处。当盗窃者闯入室内将铜丝碰断后，扬声器即发出报警声。

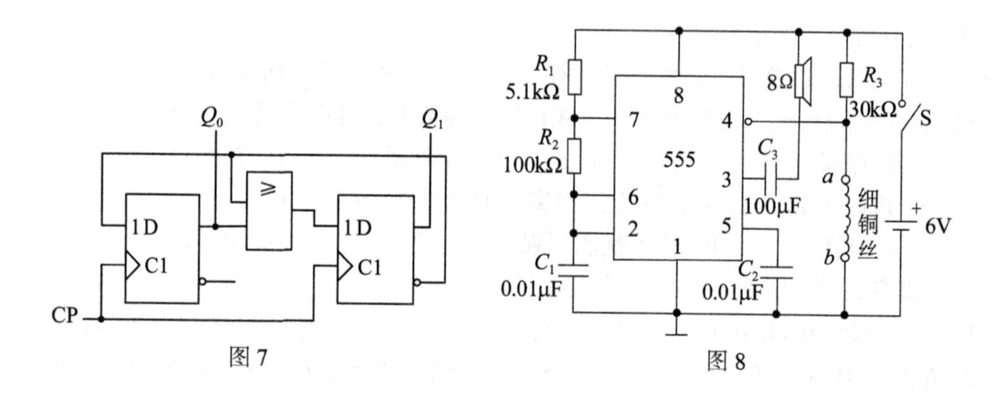

图7 图8

(1)555定时器接成何种电路？

(2)简单说明本电路的工作原理。

(3)计算报警声音的频率。

四、设计题(共30分，3题，每题10分)

1. 用门电路设计一个1位数值比较器电路，其实现框图如图9所示，要求当输入$A>B$时，$Y_1=1$；$A<B$时，$Y_2=1$；$A=B$时，$Y_3=1$。列出真值表，用适当的门电路实现。

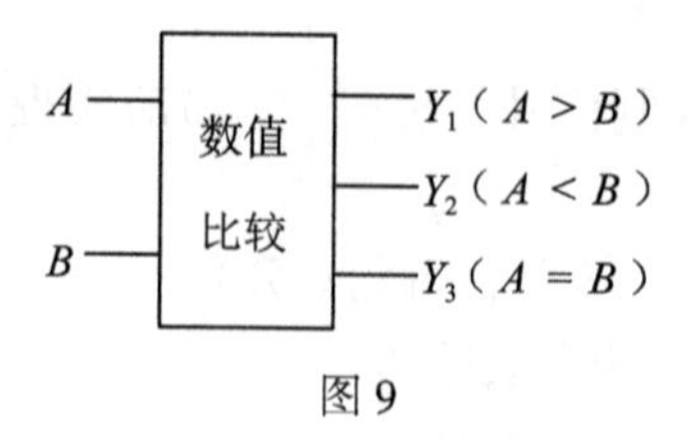

图9

2. 用 3 线/8 线译码器 74LS138 和一个与非门设计一个三变量奇偶校验器，要求当输入信号有奇数个 1 时，输出信号 F 为“1”，否则为“0”。

3. 用下降沿触发的 JK 触发器设计一个四进制加法计数器，写出状态转换表、状态方程、驱动方程，画出电路图。

数字电路测试题三

一、填空题(共 20 分，10 题，每题 2 分)

1. $[35.42]_D=[\quad\quad]_B=[\quad\quad]_H=[\quad\quad]_{8421BCD码}$ (误差 $\varepsilon<0.1\%$)。

2. 十进制数 9 的余 3 循环码为(　　)，它是先将 9 的 8421BCD 码加 3 得到余 3 码，再将它的余 3 码变换成余 3 循环码。“加 3”可以通过加法器来实现，“码变换”可以通过(　　)电路来实现。

3. 化简函数

$L(A, B, C, D)=(AB+BD)\overline{C}+(\overline{A\oplus B})D+CD$

$=(\quad\quad\quad\quad)$

$=\sum m(\quad\quad\quad)$。

4. 在如图 1 所示电路中，设两触发器的初始状态均为 0，经过 3 个下降沿时钟脉冲 CP 作用后，Q_1 的状态为(　　)，Q_2 的状态为(　　)。(状态用“0”或“1”表示)

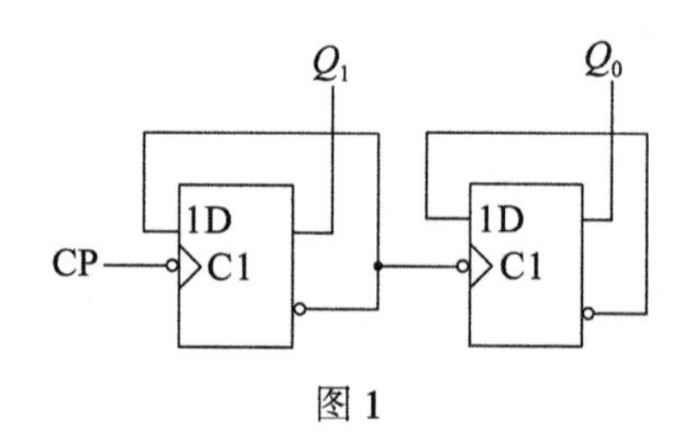

图 1

5. 集成 JK 触发器 74X112 中有三种不同的非号，其中$\overline{CP}$的非号表示(　　)，$\overline{R_D}$的非号表示(　　)，$\overline{Q}$ 的非号表示(　　)。

6. 74HC194 移位寄存器的控制信号 $S_1S_0=(\quad)$时实现向左移位功能，是将 D_{SL} 的数据移入(　　)中。

7. 基本 $\overline{S}\,\overline{R}$ 锁存器能作为机械开关的去抖动电路是因为开关每变化一次，锁存器只翻转(　　)次，当 $\overline{S}\,\overline{R}=11$ 时，输出 Q 状态为(保持不变)，这种锁存器不存在 S=R=0 的情况。

8. A/D 转换的 4 个过程是(　　　)、(　　　)、(　　　)、(　　　)。

9. 555 定时器构成施密特触发器时将 2 脚和 6 脚相连作为信号输入端，5 脚通过小电容接地，输入信号幅度小于$\frac{V_{CC}}{3}$时电路输出为(　　)，输入信号只有达到(　　)以上，电路才发生翻转。

10. 欲组成存储容量为 64K×8 的存储系统，共需(　　)片存储容量为 8K×8 的存储芯片，组成的存储系统地址线的数量为(　　)根。

二、选择题(共20分，10题，每题2分)

1. 下列说法不正确的是(　　)。

① 异或门不能实现奇偶校验

② 异或门能实现二进制码转换成格雷码

③ 同或门是异或门的非函数

④ 两个二进制数相乘可以用异或门直接实现

A. ①②　　B. ③④　　C. ②③　　D. ①④

2. 下图不能够实现二分频的电路是(　　)。

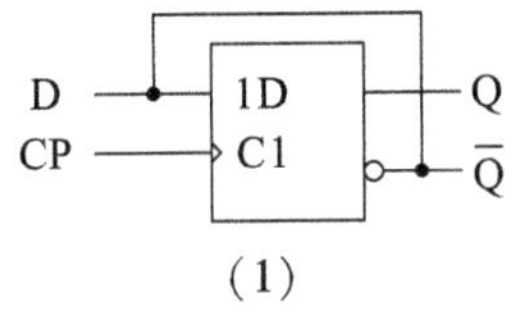

(1)

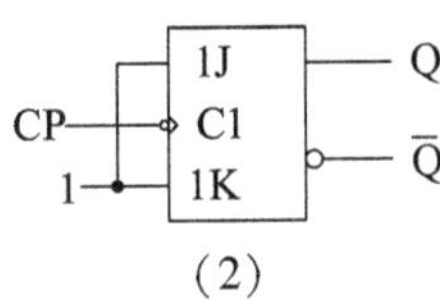

(2)

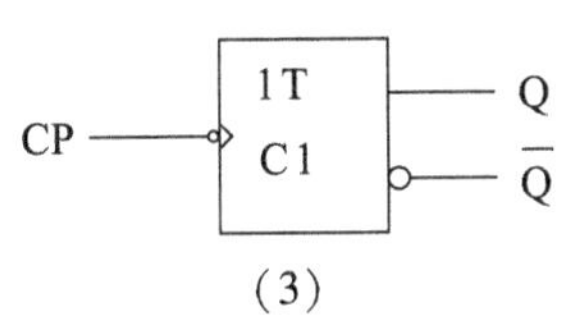

(3)

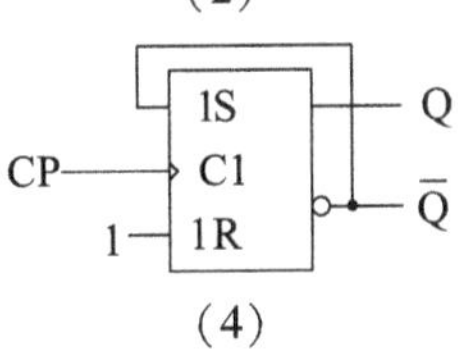

(4)

A. (4)　　B. (1)和(4)

C. (1)(2)和(4)　　D. (1)(2)(3)和(4)

3. 下列说法正确的是(　　)。

① 以74LS开头的集成块都是TTL系列的集成块

② 74LS00多余的输入端可以并接在一起

③ 军品级的集成电路工作温度范围为−100℃~100℃

④ CMOS电路多余的输入端不可以悬空

⑤ TTL集成块的多余输入端通过电阻接地输入端也可能是高电平

A. ①②③　　B. ①②④　　C. ①③④　　D. ①②④⑤

4. 逻辑函数表达式 $L=AC+\bar{C}D$ 不可以写成(　　)。

①$\overline{\overline{A\cdot C}\cdot\overline{\bar{C}\cdot D}}$　　②$\overline{\overline{(A+C)}+\overline{(\bar{C}+D)}}$

③ $\overline{\bar{A}C+\bar{C}\,\bar{D}}$　　④ $(A+\bar{C})(C+D)$

A. ①　　B. ②　　C. ③　　D. ④

5. 下列说法正确的是(　　)。

① T触发器可以用JK触发器来实现

② 寄存器是由对脉冲电平敏感的锁存器构成的

③ 74X139的 $\overline{E}$ 是输入使能端，可作为片选信号也可用来扩展的

④ 74HC283通过异或门可以实现两个四位二进制数的加减运算

A. ①②③　　B. ①②④　　C. ①③④　　D. ②③④

6. 若一个10位二进制D/A转换器的满刻度输出电压为10.23V，当输入为

(1100000010)B 时，输出电压为(　　)V。

A. 2. 65　　B. 5. 12　　C. 7. 7　　D. 8. 58

7. 下列说法错误的有(　　)。

① CMOS 芯片的与非门速度比与门速度快

② 电路中的模拟地和数字地必须一直分开

③ 八选一的数据选择器可以用二选一的数据选择器构成

④ 两位二进制数进行比较结果有三种可能

A. ①　　B. ②　　C. ③　　D. ④

8. $\overline{A\oplus}\ \overline{B\oplus C}\neq$(　　)。

①$A\oplus B\odot C$　　②$A\oplus C\odot B$　　③$B\oplus C\odot A$　　④$C\odot B\odot A$

A. ①　　B. ②　　C. ③　　D. ④

9. 在如图 2 所示用 555 定时器组成的施密特触发电路中，它的回差电压等于(　　)

A. 5V　　B. 2V　　C. 4V　　D. 3V

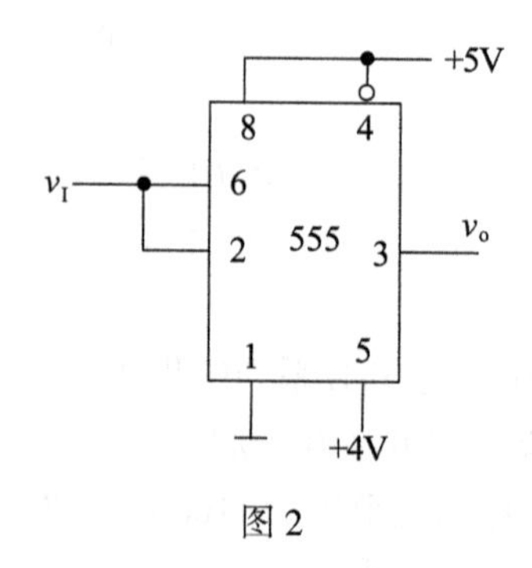

图 2

10. 下列说法正确的是(　　)。

① OD(或 OC)门输出可以直接进行“线与”功能

② 74HC283 可以实现一个六位二进制数的 6 倍运算电路

③ CD4532 的 GS 是用来判别输入端有无符合要求的编码信号

④ 触发器是对时钟脉冲的边沿敏感的器件

A. ①②　　B. ③④　　C. ①③　　D. ①②③④

三、画图、简答及叙述题(共 60 分)

1. 图 3 是由 74HC151 和非门组成的电路，M_1、M_0、B 为选择信号输入端，A、$\overline{A}$、0、1 为数据输入端，$L=\overline{Y}$ 为输出逻辑变量，试求 M_1M_0 分别为 01 和 10 时，输出 L 实现的逻辑功能及表达式。(8 分)

2. 分别用 74HC138 及 74HC20 设计一个带进位的全加电路，其中 A 为被加数，B 为加数，C 为低位的进位，S 为和，E 为向高位的进位。74HC138 及 74HC20 框图如图 4 所示。(8 分)

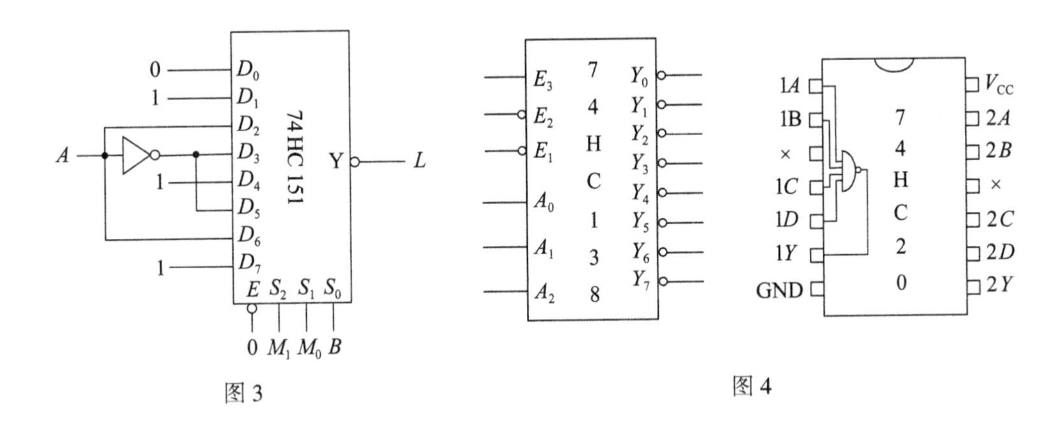

图 3　　　　图 4

3. 分析图 5 所示中的 $S_1S_0=01$ 和 10 实现的逻辑功能。(8 分)

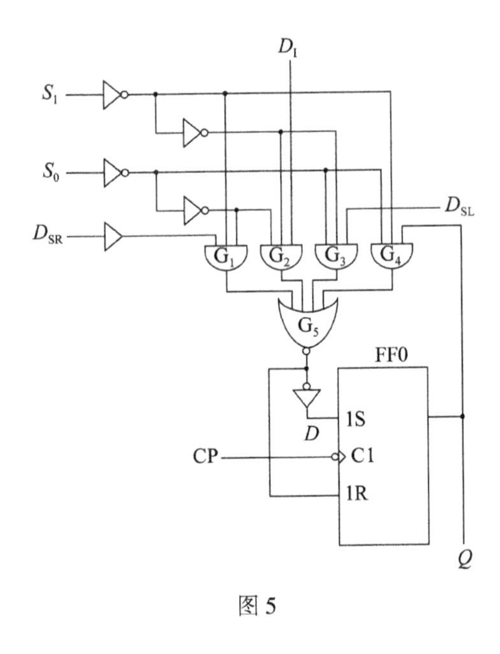

图 5

4. 由 555 定时器和 74HC161 计数器组成的电路如图 6 所示，试分析：

(1) 555 定时器构成何种电路，当 $C=10\mu F$，$R_1=51k\Omega$，输出信号的周期为 1s 时 R_2 值(4 分)；

(2) 两片 74HC161 构成多少进制计数器？(4 分)

(3) 图中(1)、(2)与非门的作用？(3 分)

(4) 图中(3)、(4)与非门及反相器的作用？(3 分)

5. 试分析图 7 所示时序电路的功能。(10 分)

(1)写出电路的激励方程、状态方程和输出方程；

(2)画出电路的状态图。

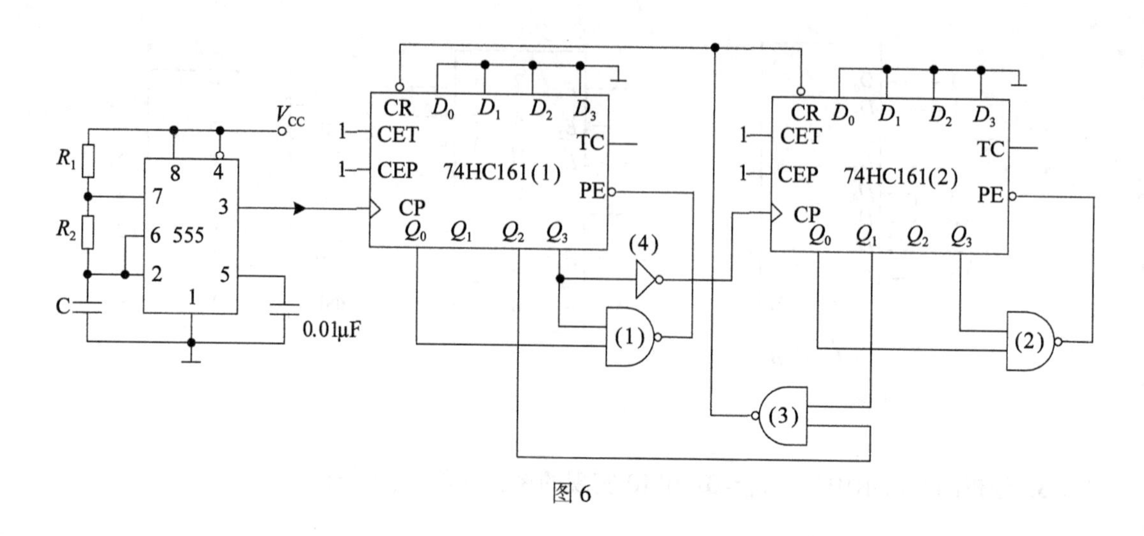

图 6

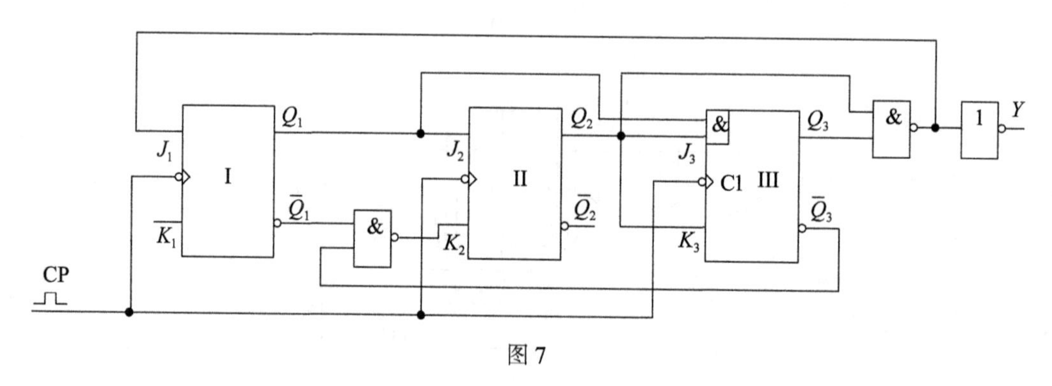

图 7

6. 4 位二进制同步计数器 74HC163 功能表如表 1 所示，4 位移位寄存器 74HC195 功能表如表 2 所示。

表 1 **74HC163 功能表**

清零	预置	使能		时钟	预 置 输 入				输 出			
$\overline{CR}$	$\overline{LD}$	CT_T	CT_P	CP	D_0	D_1	D_2	D_3	Q_0	Q_1	Q_2	Q_3
0	×	×	×	↑	×	×	×	×	0	0	0	0
1	0	×	×	↑	d_0	d_1	d_2	d_3	d_0	d_1	d_2	d_3
1	1	0	×	×	×	×	×	×	触发器保持，CO=0			
1	1	×	0	×	×	×	×	×	保 持			
1	1	1	1	↑	×	×	×	×	计 数			

表 2　　**74HC195 功能表**

清零	移位/置入	时钟	串入		并入				输出			
$\overline{CR}$	$SH/\overline{LD}$	CP	J	$\overline{K}$	D_0	D_1	D_2	D_3	Q_0	Q_1	Q_2	Q_3
0	×	×	×	×	×	×	×	×	0	0	0	0
1	0	↑	×	×	d_0	d_1	d_2	d_3	d_0	d_1	d_2	d_3
1	1	↑	0	1	×	×	×	×	Q_0^n	Q_0^n	Q_1^n	Q_2^n
1	1	↑	0	0	×	×	×	×	0	Q_0^n	Q_1^n	Q_2^n
1	1	↑	1	1	×	×	×	×	1	Q_0^n	Q_1^n	Q_2^n
1	1	↑	1	0	×	×	×	×	$\overline{Q}_0^n$	Q_0^n	Q_1^n	Q_2^n

(1)简要回答集成芯片中同步清零方式和异步清零方式的区别，判断 74HC163 和 74HC195 两种芯片的清零方式，说明理由；(3 分)

(2)分析图 8 中 74HC195 所组成电路的功能，并画出状态转移图；(4 分)

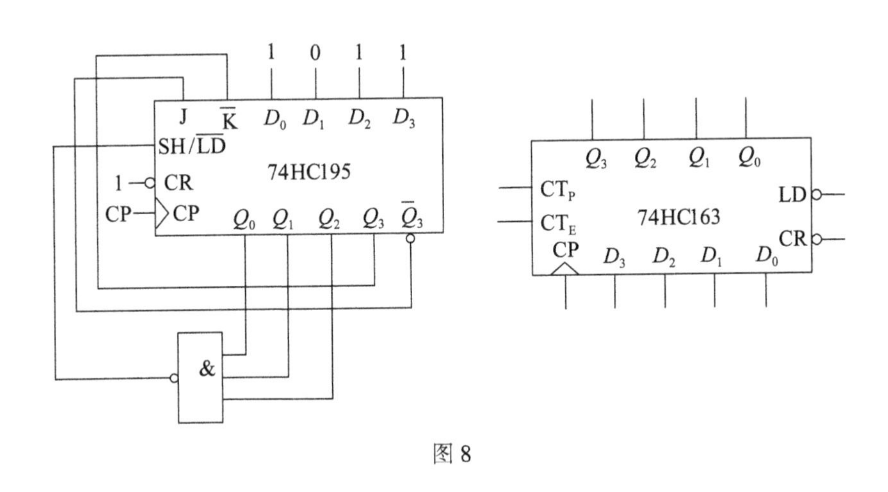

图 8

(3)使用 74HC163 设计模 7 同步计数器。(5 分)

参 考 答 案

数字电路测试题一参考答案

一、填空题

1. 代数化简和卡诺图化简　　2. 100011.11　0011 0101.0111 0101

3. 逻辑表达式　波形图　　4. 逻辑门 同一时刻各输入的状态

5. 本位数 低位进位　　6. 二进制代码 与代码对应的有效信号

7. 四　二　　8. 输入　现态　　9. 可以对数据进行寄存　移位

10. 线与　总线控制

二、选择题

1. B　2. C　3. C　4. D　5. B　6. D　7. D　8. A　9. A　10、D

三、化简

1. $F = A + \overline{A}BCD + A\overline{B}\,\overline{C} + BC + \overline{B}C = A + C$

2. 用卡诺图化简 $Y(A, B, C, D) = \sum m(0, 2, 4, 5, 6, 8, 9) + \sum d(10, 11, 12, 13, 14, 15) = A + \overline{D} + B\overline{C}$

AB \ CD	00	01	11	10
00	1	0	0	1
01	1	1	0	1
11	×	×	×	×
10	1	1	×	×

四、根据已知条件，画出输出波形。

1.

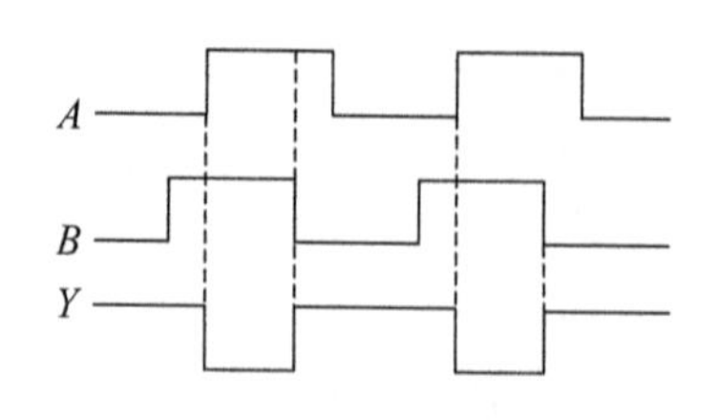

2.

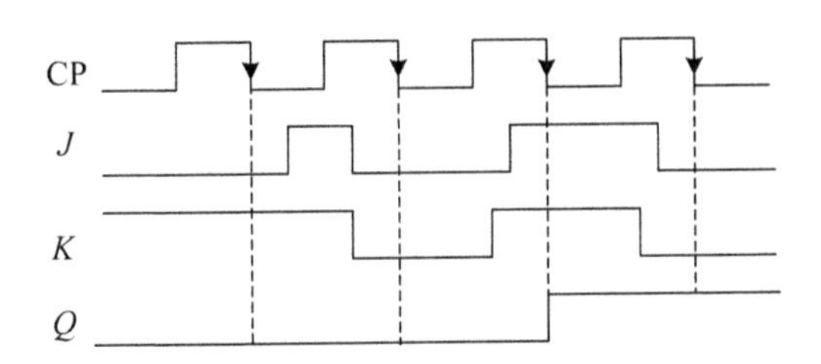

五、分析题。

1. TTL 门电路的 Y_1 表达式 $Y_1=\overline{A\cdot B\cdot 1}=\overline{AB}$（接 3kΩ 的电阻相当于接高电平）；$Y_2$ 的表达式 $Y_2=C+D+0=C+D$。

2. 用 74LS161 构成 10 进制计数器。

这里采用异步清零法，用$\overline{Q_3Q_1}$作为 CR 的清零信号，显示 0000-1001。

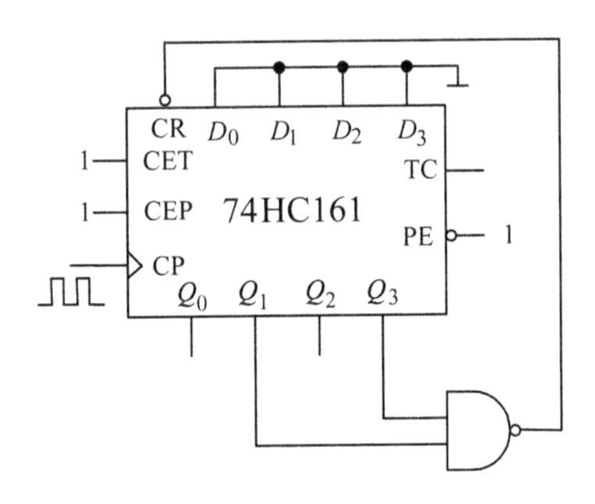

3. 写出 S_i、C_o 的表达式。

全加器：$S_i=A\oplus B\oplus C$；$C_o=(A\oplus B)C+AB$

4.（1）写出电路的驱动方程、状态方程：

$J_0=\overline{Q_2}$，$K_0=1$；$Q_0^{n+1}=\overline{Q_2^n}\,\overline{Q_0^n}$；$CP_0=CP$

$J_1=Q_0$，$K_1=1$；$Q_1^{n+1}=\overline{Q_1^n}Q_0^n$；$CP_1=Q_0$

$J_2=Q_1Q_0$，$K_2=1$；$Q_2^{n+1}=\overline{Q_2^n}Q_1^nQ_0^n$；$CP_0=CP$

（2）状态转换表：

Q_2^n	Q_1^n	Q_0^n	CP_1	Q_2^{n+1}	Q_1^{n+1}	Q_0^{n+1}
0	0	0	↑	0	0	1
0	0	1	↓	0	1	0
0	1	0	↑	0	1	1
0	1	1	↓	1	0	0
1	0	0	↑	0	0	1
1	0	1	↓	0	1	0
1	1	0	→	0	1	0
1	1	1	↓	0	0	0

(3)逻辑功能：001-010-011-100 序列循环。

(4)状态图：

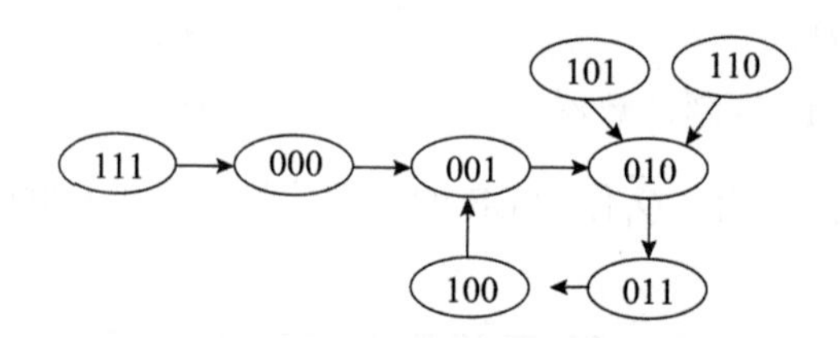

(5)由于不在循环的序列都能够进入循环，故能够自启动。

六、设 $DCBA$ 为输入，是一位 8421BCD 码，Y 为输出，这样得到真值表。

D	C	B	A	Y	D	C	B	A	Y
0	0	0	0	0	1	0	0	0	0
0	0	0	1	1	1	0	0	1	1
0	0	1	0	0	1	0	1	0	×
0	0	1	1	1	1	0	1	1	×
0	1	0	0	0	1	1	0	0	×
0	1	0	1	1	1	1	0	1	×
0	1	1	0	0	1	1	1	0	×
0	1	1	1	1	1	1	1	1	×

DC \ BA	00	01	11	10
00	0	1	1	0
01	0	1	1	0
11	X	X	X	X
10	0	1	X	X

DC \ BA	00	01	11	10
00	0	1	1	0
01	0	1	1	0
11	0	0	0	0
10	0	1	0	0

若将大于十的数为任意项，则 $Y=A$；若不考虑任意项，则 $Y=\overline{D}A+\overline{C}\,\overline{B}A$。

用与非门来实现该组合电路为 $Y=\bar{D}A+\bar{C}\,\bar{B}A=\overline{\overline{\bar{D}A}\cdot\overline{\bar{C}\,\bar{B}A}}$。

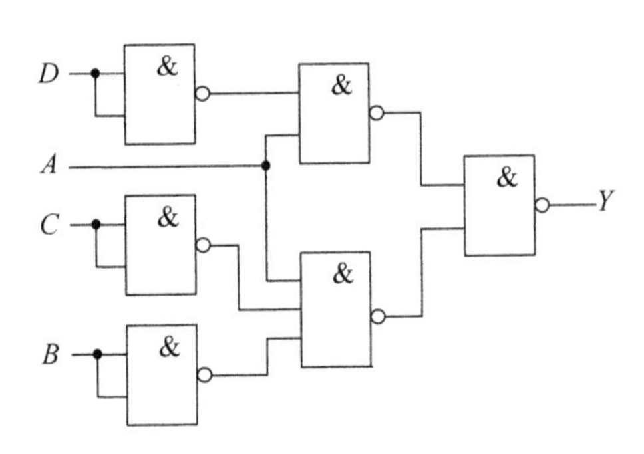

数字电路测试题二参考答案

一、选择题

1. D　2. B　3. A　4. C　5. A　6. C　7. A　8. C　9. D　10. A　11. B　12. D

二、填空题

1. $(13.11)_o$　$(B.9)_H$　　2. 4. 98V　2. 66V　　3. $(A+B)(\bar{A}+\bar{B})$　$\overline{\overline{A\bar{B}}\cdot\overline{\bar{A}B}}$

4. $Q^{n+1}=S+\bar{R}Q^n$　$S\cdot R=0$　　5. 5　0　　6. 8　4　　7. 1K×8　8192　　8. 10　Q_3

三、分析、计算题

1. $F=X\cdot\overline{AB}+\bar{X}\cdot\overline{BC}$

2. $F=A\bar{B}+\bar{A}C+B\bar{C}$

3. $F=A\bar{B}+A\bar{B}$，说明电路能否自启动。

4. 驱动方程：$D_1=\overline{Q_1^n}+Q_0^n$，$D_0=\overline{Q_1^n}$。

状态方程：$Q_1^{n+1}=\overline{Q_1^n}+Q_0^n$，$Q_0^{n+1}=\overline{Q_1^n}$。

状态转换表：

Q_1^n	Q_0^n	Q_1^{n+1}	Q_0^{n+1}
0	0	1	1
0	1	1	1
1	0	0	0
1	1	1	0

状态转换图：

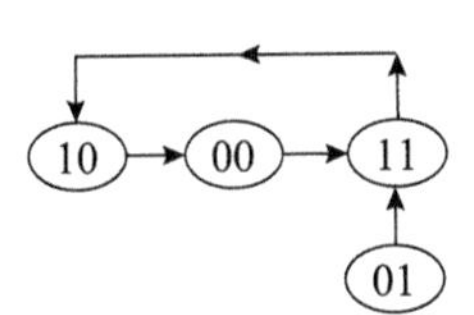

电路能自启动。

5.（1）555 定时器构成多谐振荡电路。

（2）工作原理：铜丝不断开，555 的 4 脚接地，555 不工作。铜丝断开，555 的 4 脚接电源（高电平），555 构成多谐振荡电路，3 脚接喇叭发出报警声音。

（3）报警声音的频率 $f=\dfrac{1}{0.7(R_1+2R_2)C_1}\approx 7\text{kHz}$。

四、设计题

1. 用门电路设计一个 1 位数值比较器电路，要求当输入 $A>B$ 时，$Y_1=1$；$A<B$ 时，$Y_2=1$；$A=B$ 时，$Y_3=1$。

（1）列真值表：

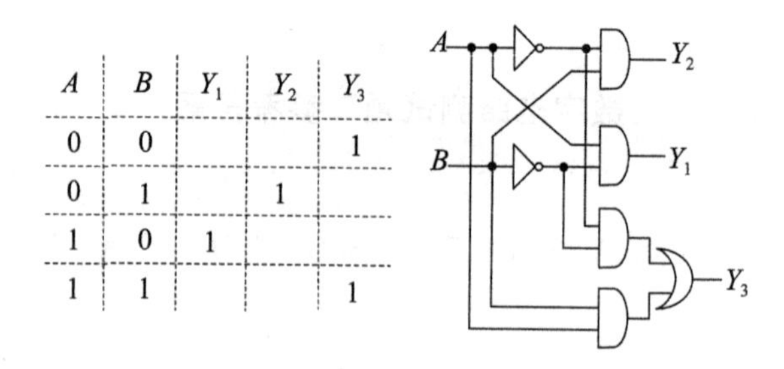

A	B	Y_1	Y_2	Y_3
0	0			1
0	1		1	
1	0	1		
1	1			1

（2）逻辑表达式为：$Y_1=A\overline{B}$；$Y_2=\overline{A}B$；$Y_3=AB+\overline{A}\,\overline{B}$。

（3）画电路图。

2. 用 3 线/8 线译码器 74LS138 和一个与非门设计一个三变量奇偶校验器，要求当输入信号有奇数个 1 时，输出信号 F 为“1”，否则为“0”。

（1）列真值表：

A	B	C	F
0	0	0	0
0	0	1	1
0	1	0	1
0	1	1	0
1	0	0	1
1	0	1	0
1	1	0	0
1	1	1	1

（2）$F(A,\ B,\ C)=\overline{A}\,\overline{B}C+\overline{A}B\overline{C}+A\overline{B}\,\overline{C}+ABC=\overline{A}(B\oplus C)+A(B\odot C)=A\oplus B\oplus C$

$$=\sum m(1,\ 2,\ 4,\ 7)$$

$$=\overline{\overline{Y_1}\cdot\overline{Y_2}\cdot\overline{Y_4}\cdot\overline{Y_7}}$$

（3）用 74138 来实现逻辑电路图如下：

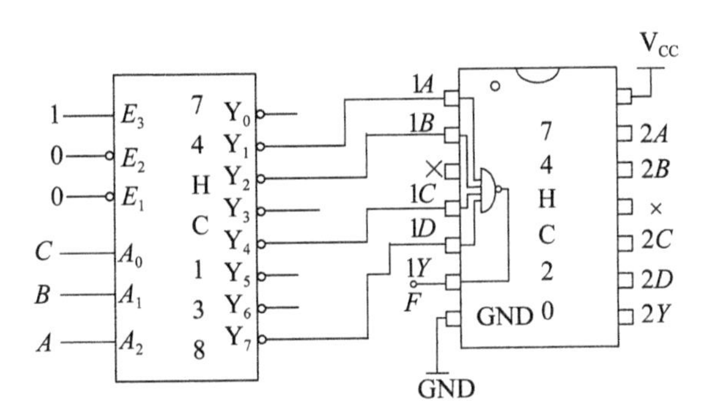

3. 用下降沿触发的JK触发器设计一个四进制加法计数器，写出状态转换表、状态方程、驱动方程，画出电路图。

(1) 状态转换表：

Q_1^n	Q_0^n	Q_1^{n+1}	Q_0^{n+1}	J_1	K_1	J_0	K_0
0	0	0	1	0	×	1	×
0	1	1	0	1	×	×	1
1	0	1	1	×	0	1	×
1	1	0	0	×	1	×	1

(2) 驱动方程 $J_1=K_1=Q_0^n$，$J_0=K_0=1$。

(3) 画电路图：

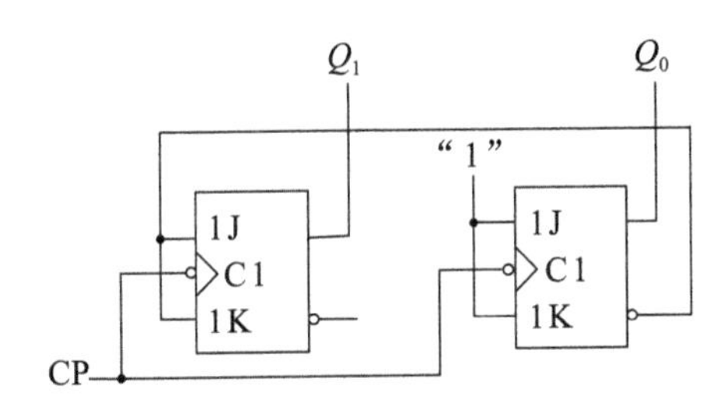

数字电路测试题三参考答案

一、填空题

1. 10 0011. 0110 1011 10　23. 6B2　0011 0101. 0100 0010　2. 1010　异或

3. $CD+\overline{A}D+AB\overline{C}$　1，3，5，7，11，12，13，15　4. 1　0

5. 时钟的下降沿　低电平有效　Q 的取反　6. 10　Q_3　7. 一　保持不变

8. 取样　保持　量化　编码　9. 1　$\frac{2V_{CC}}{3}$　10. 8　16

二、选择题

1. D　2. A　3. D　4. B　5. C　6. C　7. B　8. D　9. B　10. D

三、画图、简答及叙述题

1. $M_1M_0=01$，$B=0$，$Y=A$；$B=1$，$Y=\overline{A}$。

$L=\overline{Y}=\overline{\overline{B}\cdot A+B\cdot \overline{A}}=\overline{A\oplus B}=A\odot B$，

实现同或功能。

$M_1M_0=10$，$B=0$，$Y=1$；$B=1$，$Y=\overline{A}$。

$L=AB$，实现与的功能。

2. (1)先列出真值表：

A	B	C	E	S
0	0	0	0	0
0	0	1	0	1
0	1	0	0	1
0	1	1	1	0
1	0	0	0	1
1	0	1	1	0
1	1	0	1	0
1	1	1	1	1

$$S(A,\ B,\ C)=\overline{A}\ \overline{B}C+\overline{A}B\overline{C}+A\overline{B}\ \overline{C}+ABC=\sum_m(1,\ 2,\ 4,\ 7)$$

$$E(A,\ B,\ C)=\overline{A}BC+A\overline{B}C+AB\overline{C}+ABC=\sum_m(3,\ 5,\ 6,\ 7)$$

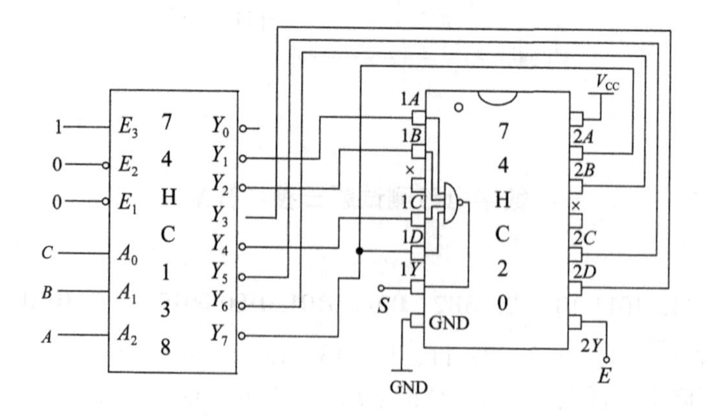

用 74HC138 来实现时，首先将 E_3、E_2 和 E_1 分别连接上高电平、低电平和低电平；然后将 C、B、A 分别与 A_0、A_1、A_2 相连接；最后将$\overline{Y_1}$、$\overline{Y_2}$、$\overline{Y_4}$、$\overline{Y_7}$分别与 74HC20 的 1A、1B、1C、1D 相连，输出 S 与 1Y 相连。而将$\overline{Y_3}$、$\overline{Y_5}$、$\overline{Y_6}$、$\overline{Y_7}$分别与 74HC20 的 2A、2B、2C、2D 相连，输出 E 与 2Y 相连。

3. $S_1S_0=01$ 时，G_2、G_3、G_4的输出均为 0，G_1 的输出为 D_{SR}，Q 的输出就为 D_{SR}，即输出为要右移的数据。

$S_1S_0=10$ 时，G_1、G_2、G_4的输出均为 0，G_3 的输出为 D_{SL}，Q 的输出就为 D_{SL}，即输出为要左移的数据。

4. (1) 555 定时器构成多谐振荡器，输出方波。

$T=0.7\times(R_1+2R_2)C=1\text{s}$，计算得 $R_2=36\text{k}\Omega$。

(2) 每片 74HC161 先通过同步置数方式构成十进制计数器，再级联成一百进制，最后通过异步清零方式构成 24 进制计数器。

(3) 图中(1)、(2)与非门的作用是构成十进制为置数端$\overline{\text{PE}}$提供低电平。

(4) 图中(3)与非门的作用是构成 24 进制为清零端$\overline{\text{CR}}$提供低电平。

图中(4)反相器的作用是将 Q_3 的下降沿转变成上升沿。

5. (1) $J_1=\overline{Q_2\cdot Q_3}$，$K_1=1$，$Q_1^{n+1}=\overline{Q_2^n\cdot Q_3^n}\cdot\overline{Q_1^n}$；

$J_2=Q_1$，$K_2=\overline{\overline{Q_1}\,\overline{Q_3}}$，$Q_2^{n+1}=Q_1^n\overline{Q_2^n}+\overline{Q_1^n}\,\overline{Q_3^n}Q_2^n$；

$J_3=Q_1\cdot Q_2$，$K_3=Q_2$，$Q_3^{n+1}=Q_1^nQ_2^n\overline{Q_3^n}+\overline{Q_2^n}Q_3^n$；

$Y=\overline{\overline{Q_2^nQ_3^n}}=Q_2^nQ_3^n$

(2) 电路的状态图如下：

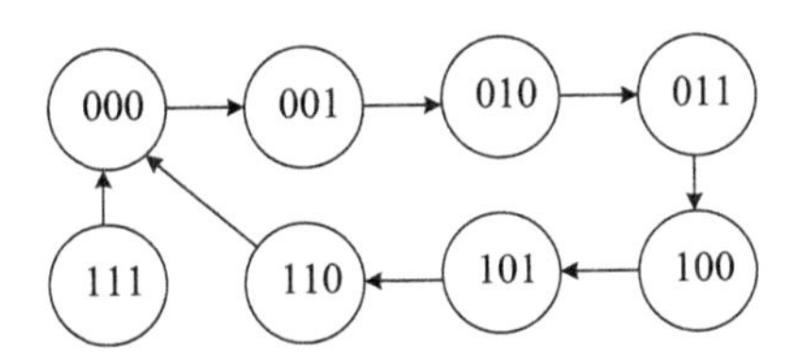

6. (1) 74HC163 为同步清零方式，清零需要时钟信号；74HC195 为异步清零方式，清零不需要时钟信号。

(2) 74HC195 组成右移电路。

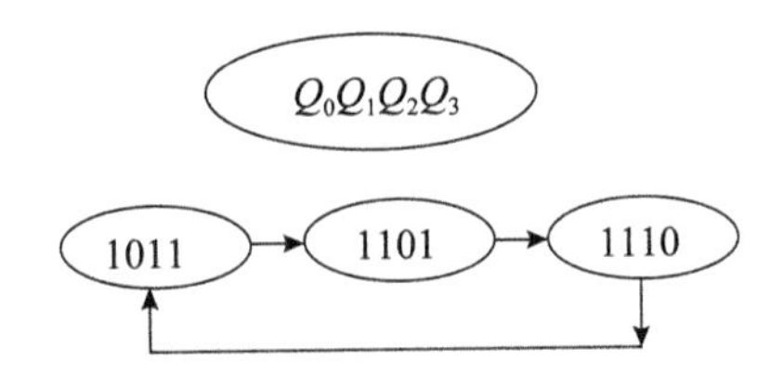

(3)使用74HC163设计模7同步计数器。

0000-0110 同步置零法

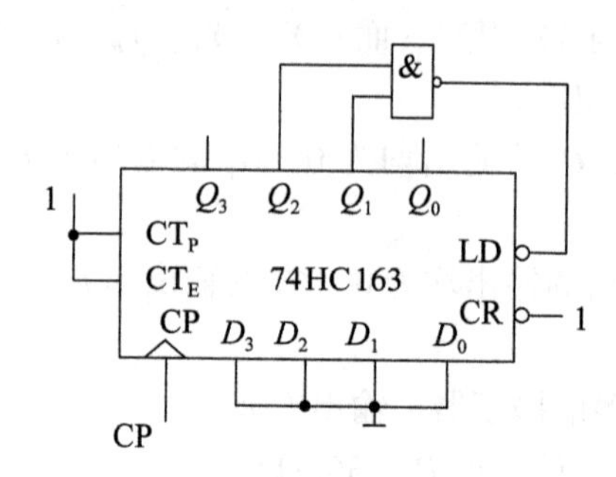

第十四章　电子技术综合测试题

电子技术综合测试题一

一、填空题(共 20 分，10 题，每题 2 分)

1. 如图 1(a)、(b)所示的放大器中，当温度降低时，I_C 变化的电路是(　　)；放大器输入电阻较小的电路是(　　)。

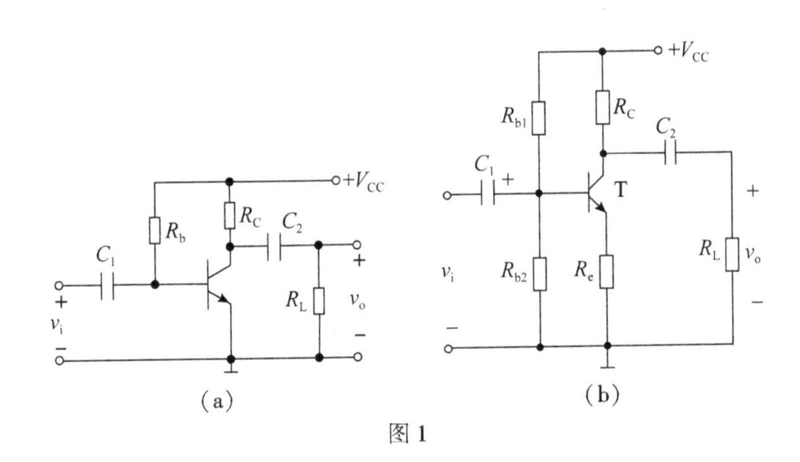

图 1

2. 十进制数 13 转换为二进制为(　　)，用 8421BCD 码表示为(　　)。

3. $L=\overline{A}\,\overline{B}+CD+0$ 的反函数 $\overline{L}=$(　　　)。

4. 已知单相桥式整流电路在无滤波电容时，R_L 上的电压为 20V，则当增加一容量足够大的滤波电容后，R_L 上的电压为(　　)。

5. 正弦波振荡器的振荡平衡的相位条件是(　　)，振幅条件是(　　)。

6. 差动放大电路的工作特点是能够放大(　　)信号，而抑制(　　)信号。

7. 对于 D 触发器，欲使 $Q^{n+1}=Q^n$，输入 $D=$(　　)，对于 JK 触发器，欲使 $Q^{n+1}=Q^n$，输入 $J=$(　　)，$K=$(　　)。

8. A/D 转换的四个步骤为(　　　　)、(　　　　)、(　　　　)、(　　　　)。

9. 乙类互补对称功放电路的效率较高，在理想情况下，其数值可达(　　)，但这种电路会产生一种被称为(　　)失真的特有的非线性失真现象，为消除这种失真，应使电路工作在(　　)类状态。

10. 图 2 为 555 定时器构成的(　　)电路，其输出脉冲宽度为(　　)。

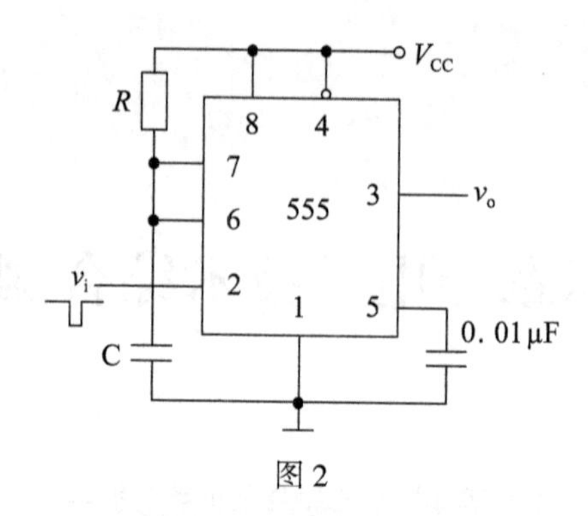

图 2

二、选择题(共 20 分，10 题，每题 2 分)

1. N 型半导体的多子是(　　)。

A. 空穴　　B. 自由电子　　C. 正离子　　D. 负离子

2. 逻辑电路的输入 A，B，C 波形和输出 F 波形之间的关系如图 3 所示，则该电路的逻辑表达式 F=(　　)。

A. $\overline{\bar{A}\,\bar{B}+AB}$　　B. $A\odot B$　　C. $\overline{\bar{A}B+A\,\bar{B}}$　　D. $A+B$

3. 测得某三极管的三个电极电位如图 4 所示，则可断定：Ⅰ为(　　)极，Ⅱ为(　　)极，Ⅲ为(　　)极，该管属于(　　)型管。

A. 发射　　B. 基　　C. 集电　　D. PNP　　E. NPN

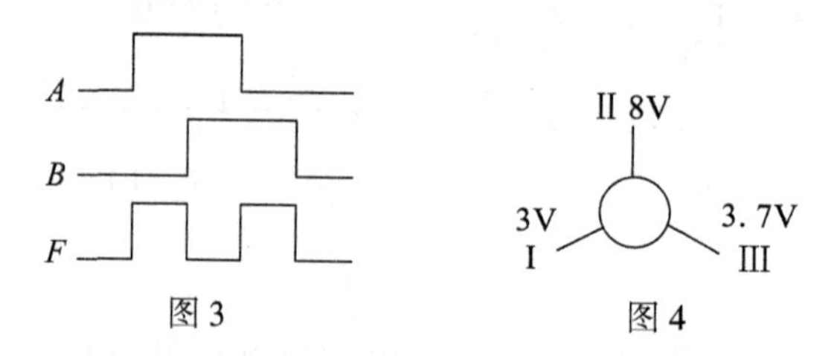

图 3　　图 4

4. 图 5 所示电路的级间交流反馈为(　　)。

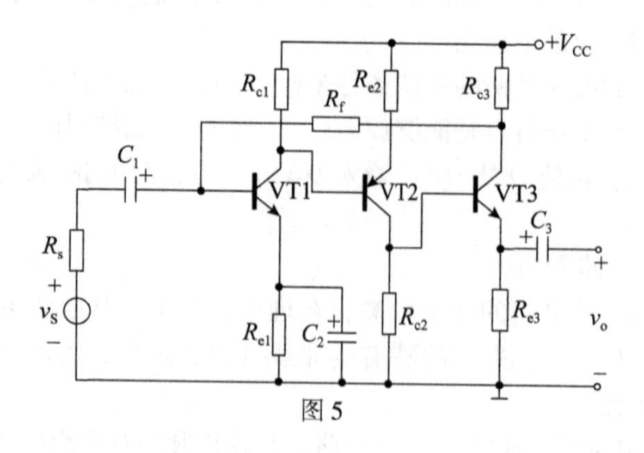

图 5

A. 电流串联负反馈　　B. 电压并联正反馈

C. 电流并联正反馈　　D. 电流并联负反馈

5. 下面逻辑式中，不正确的是(　　)。

A. $\overline{A \oplus B} = A \odot B$　　B. $AB+AC = (A+B)(A+C)$

C. $\overline{ABC} = \overline{A}+\overline{B}+\overline{C}$　　D. $\overline{A+B+C} = \overline{A}\,\overline{B}\,\overline{C}$

6. 电压串联负反馈使(　　)。

A. R_o 减小 R_i 增大　　B. R_i 减小 R_o 增大

C. R_o 与 R_i 增大　　D. R_o 与 R_i 减小

7. 一个四位二进制码减法计数器的起始值为 1001，经过 100 个时钟脉冲作用之后的值是(　　)。

A. 1100　　B. 0100　　C. 1101　　D. 0101

8. 单管放大电路共有三种组态，其中放大倍数较大且输入输出电压反相的电路是(　　)。

A. 共基　　B. 共射　　C. 共集　　D. 电流源

9. 八路数据选择器如图 6 所示，输出的逻辑函数是 F=(　　)。

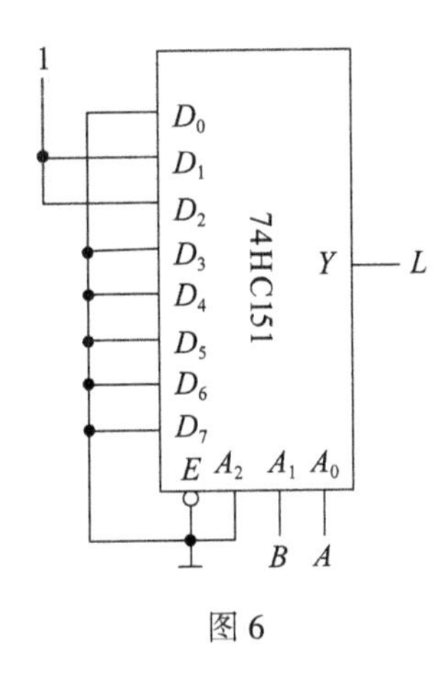

图 6

A. $AB+\overline{A}B$　　B. $\overline{A}\,\overline{B}+AB$　　C. $A\oplus B$　　D. $A+B$

10. 一个逻辑函数，如果有 n 个变量，则有(　　)个最小项。

A. n　　B. $2n$　　C. 2^n　　D. 2^{n-1}

三、分析题(共 10 分，2 题，每题 5 分)

1. 图 7(a)所示比较电路中 D_Z=6V，根据图 7(b)所示输入电压波形，画出输出电压波形。

2. 电路如图 8 所示，设二极管 D_1、D_2 为理想元件，计算电路中的 V_{AB}的值。

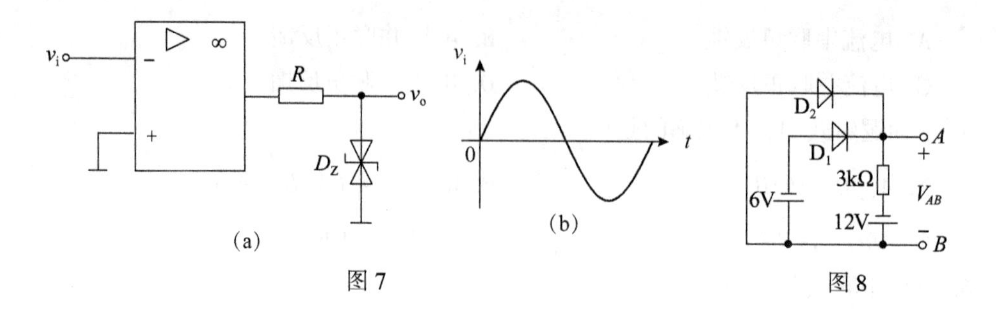

图 7　　　　　　图 8

四、计算题(共 26 分，3 题)

1. 如图 9 所示电路。(12 分)

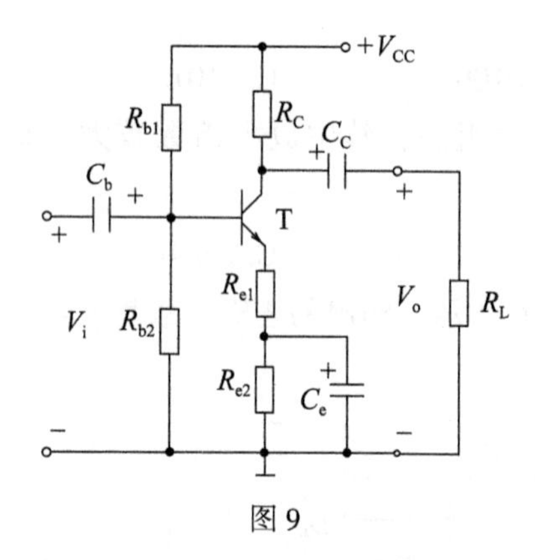

图 9

(1)求出电路的静态工作点；

(2)画出交流通路及微变等效电路；

(3)求 R_i，R_o，A_V 的数学表达式。

2. 用卡诺图化简逻辑函数。(4 分)

$$L(A, B, C, D) = \sum m(1, 2, 5, 6, 7, 9) + \sum d(10, 11, 12, 13, 14, 15)$$

3. 电路如图 10 所示，A_1、A_2 均为理想运放。(10 分)

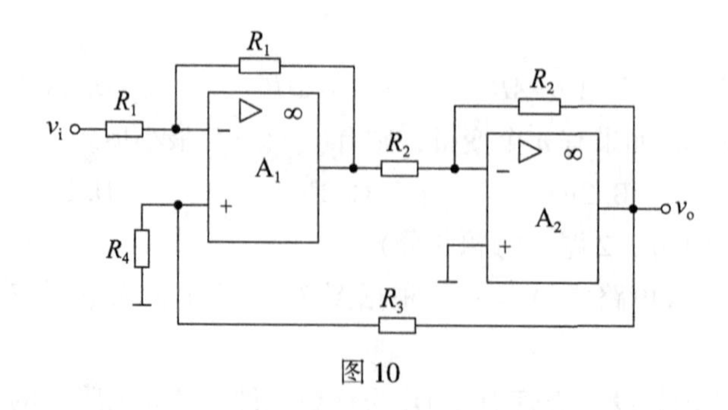

图 10

(1)指出电路对于 A_1 及 A_2 的反馈类型及极性。

(2)求 V_o 同 V_i 的关系式。

五、设计题(共24分，2题)

1. 用集成四位二进制计数器74161接成七进制计数器(图11)，分别用异步清零和同步置数两种方法实现。(10分)

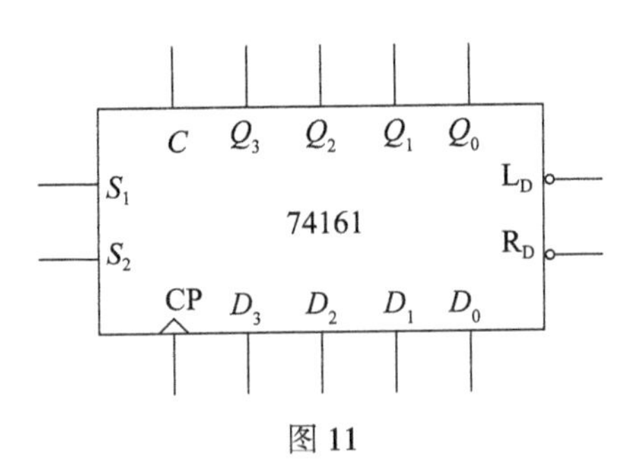

图11

2. 如图12所示，试分别用：(14分)

(1)小规模逻辑门电路(与非门)实现逻辑函数 $F=\overline{A}C+BC+A\overline{C}$；

(2)用3-8线译码器74138和门电路实现逻辑函数 F。

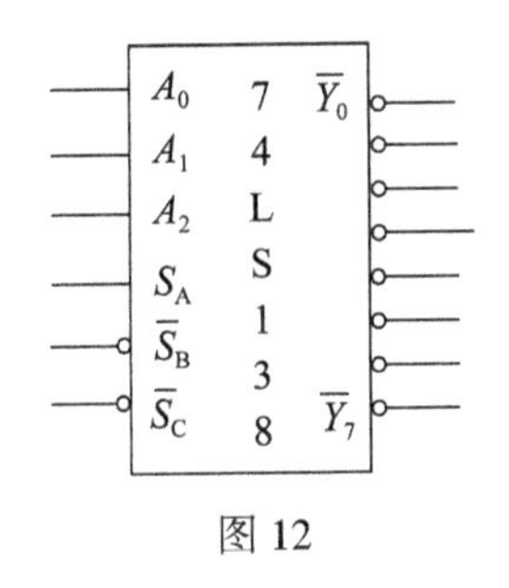

图12

电子技术综合测试题二

一、填空题(共20分，10题，每题2分)

1. 测得某放大电路中BJT的三个电极A、B、C的对地电位分别为$V_A=5V$，$V_B=5.7$，$V_C=3V$，则可断定：A为(　　)极，B为(　　)极，C为(　　)极，该BJT属于(　　)型管。

2. 常用的放大器件有两种：双极性三极管与场效应管。其中，(　　)是电压控制器件，(　　)是电流控制器件。

3. 晶体三极管用来放大时，应使发射结处于(　　)偏置，集电结处于(　　)偏置。

4. 三极管有三种基本组态，其中(　　)组态具有较高的输入电阻和较低的输出电阻；(　　)组态具有较低的输入电阻和较高的输出电阻；(　　)组态同时具有电流和电压放大作用。

5. 逻辑函数$F=A(\overline{B}+\overline{CD+\overline{E}F}+G)$的对偶函数$F'=$为(　　)；反函数$\overline{F}=$(　　)。

6. 十进制数47的二进制码是(　　)，8421BCD码是(　　)。

7. 寻址容量为8K×8的RAM需要(　　)根地址线。

8. OCL功率放大电路当电源电压为$\pm V_{CC}$，$V_{CES}=0$，负载为R_L时，其最大不失真功率为(　　)。

9. 一种数字电路其即时的输出不仅同即时输入有关，而且同过去的输入有关，该电路称(　　)电路。

10. 组合逻辑电路是指由(　　)组合而成的电路。

二、选择题(共20分，10题，每题2分)

1. 某数/模转换器的输入为8位二进制数字信号($D_7 \sim D_0$)，输出为0~25.5V的模拟电压。若数字信号为10010110，则输出的模拟电压为(　　)。

A. 12.1V　　B. 10.01V　　C. 15V　　D. 20.1V

2. 下列复合管中不合理的是：(　　)。

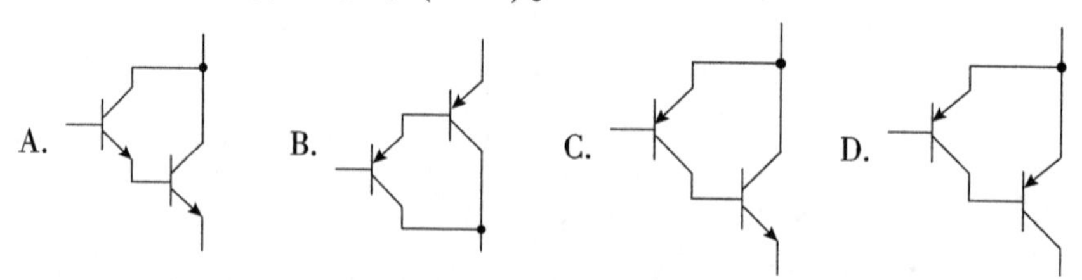

3. 对于图1中的反馈电路，下列说法正确的是(　　)。

A. (b)图电压反馈　　B. (a)图电流反馈

C. 都是串联反馈　　D. 只有(a)图是串联反馈

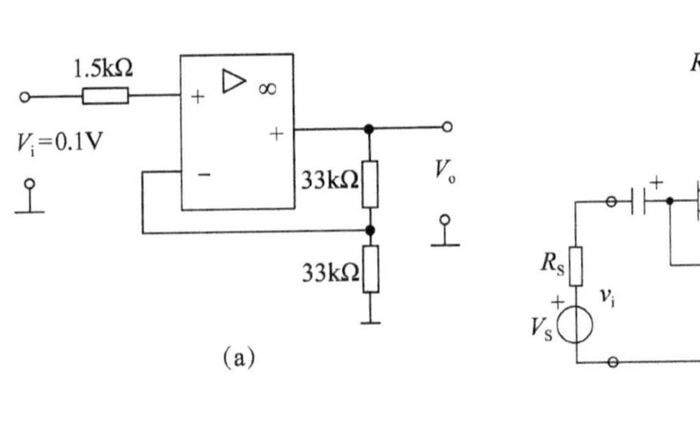

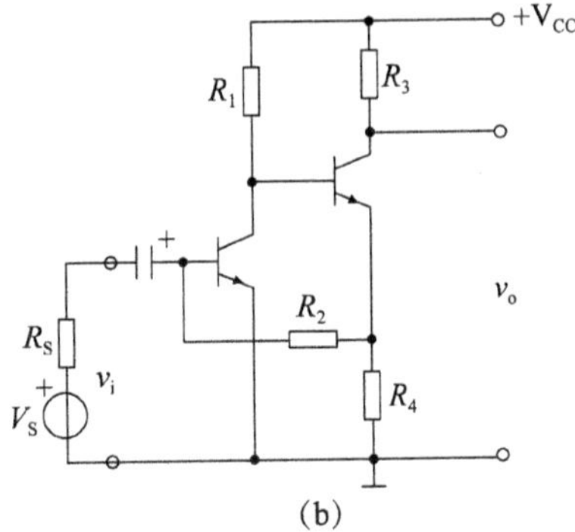

图 1

4. 某逻辑函数为 $L=AB+CD$，其与非-与非式为（　　）。

A. $L=\overline{\overline{AB}\cdot\overline{CD}}$　　B. $L=\overline{(\overline{A}+\overline{B})\cdot(\overline{C}+\overline{D})}$

C. $L=\overline{A}\,\overline{C}\cdot\overline{B}\,\overline{C}\cdot\overline{B}\,\overline{C}\cdot\overline{B}\,\overline{D}$　　D. $L=\overline{\overline{AB+CD}}$

5. 单相桥式整流、电容滤波电路，变压器次级电压的有效值为 10V，正常工作时负载上的直流电压为(　　)，若不慎将电容开路，则负载上的直流电压变为(　　)。

A. 24V　　B. 9V　　C. 18V　　D. 12V

6. 在函数 $F=AC+BD$ 的真值表中，$F=1$ 的状态有(　　)个。

A. 5　　B. 12　　C. 7　　D. 11

7. 差动放大电路由双端输出改为单端输出，共模抑制比 K_{CMR} 减少的原因是(　　)。

A. $|A_{vd}|$不变，$|A_{vc}|$增大　　B. $|A_{vd}|$减小，$|A_{vc}|$不变

C. $|A_{vd}|$减小，$|A_{vc}|$增大　　D. $|A_{vd}|$增大，$|A_{vc}|$减小

8. 当输入电压为正弦信号时，若 NPN 管共射放大电路发生饱和失真集电极电流 i_c 的波形将(　　)；输出电压 V_o 的波形将(　　)。

A. 顶部削波　　B. 底部削波　　C. 双向削波　　D. 不削波

9. 逻辑电路如图 2 所示，当 $A=0$，$B=1$ 时，C 脉冲来到后 D 触发器(　　)。

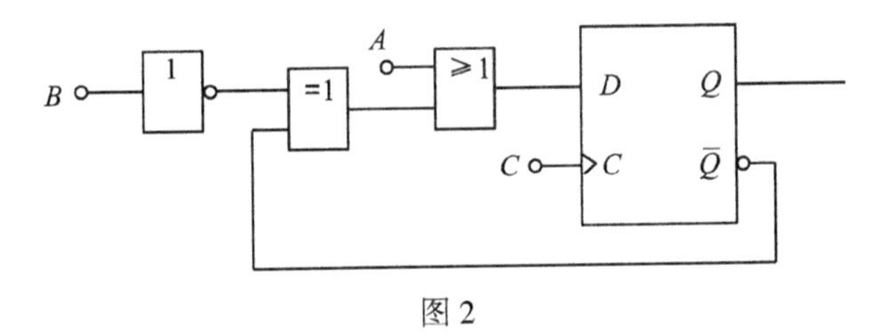

图 2

A. 具有计数功能　B. 保持原状态　　C. 置“0”　　D. 置“1”

10. 设计一个十一进制计数器，最少需要(　　)个 JK 触发器。

A. 3　　B. 2　　C. 4　　D. 5

三、分析题(共 18 分，3 题)

1. 二极管的双向限幅电路如图 3 所示，设 $v_i=5\sin\omega t$(V)，$V_1=-V_2=2$V，二极管为理

想器件。试画出 V_o 的波形。(6 分)

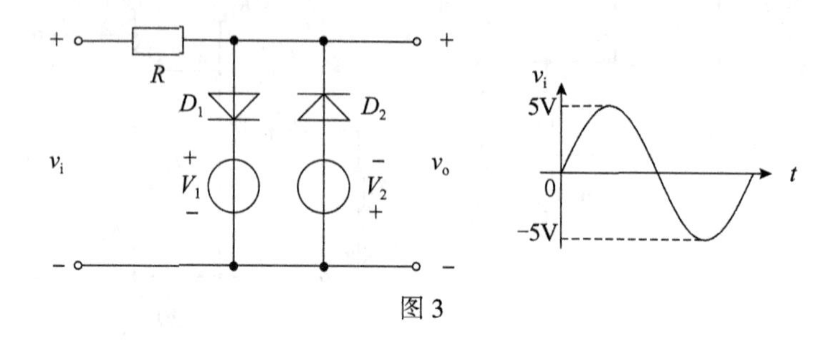

图 3

2. 用公式法或卡诺图化简以下两式：(8 分)

(1) $F_1=\overline{BC+AB+A\overline{C}}$

(2) $F_2=\sum m(0, 2, 4, 5, 7, 13)+\sum d(8, 9, 10, 11, 14, 15)$

3. 如图 4(a)、(b)所示电路，判断电路能否振荡。(4 分)

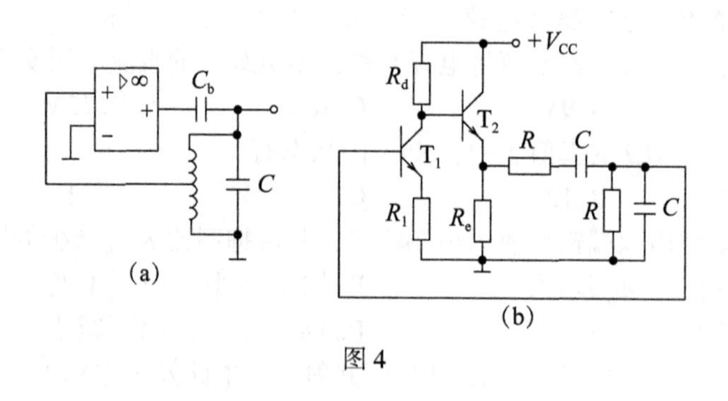

图 4

四、计算题(共 20 分，2 题，每题 10 分)

1. 电路如图 5 所示，设三极管的 $\beta=100$，$V_{BEQ}=0.6\text{V}$，$V_{CC}=10\text{V}$，$R_C=3\text{k}\Omega$，$R_{e1}=200\Omega$，$R_{e2}=1.8\text{k}\Omega$，$R_{b1}=33\text{k}\Omega$，$R_{b2}=100\text{k}\Omega$，负载电阻 $R_L=3\text{k}\Omega$。

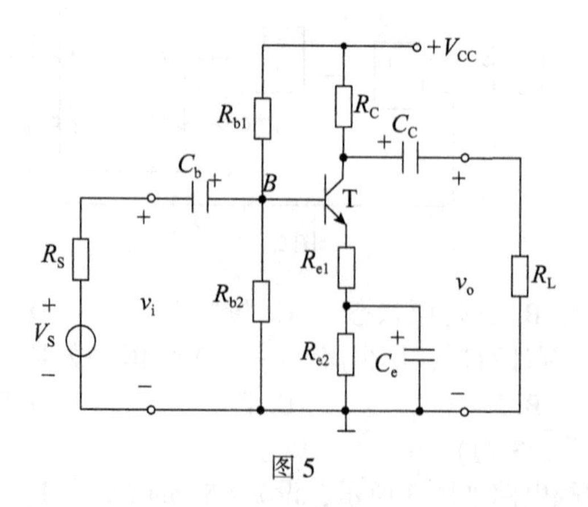

图 5

(1)画出微变等电路；

(2)求 A_v；

(3)设 $R_S=4k\Omega$，求 A_{VS}；

(4)求 R_i 和 R_o。

2. 电路如图 6 所示，设 A_1、A_2 为理想运放，最大输出电压为±12V。

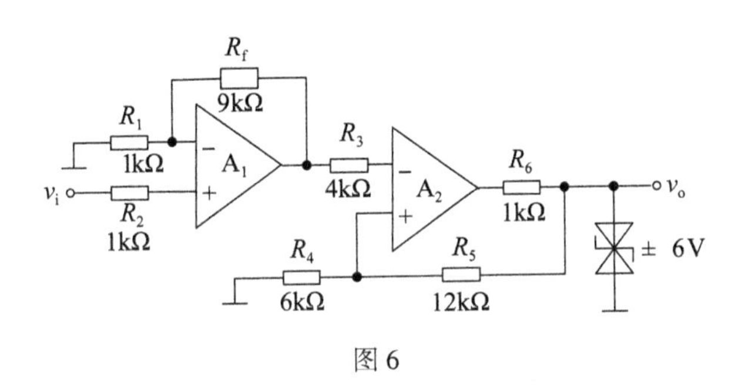

图 6

(1)说明 A_1、A_2各构成何种基本应用电路。

(2)A_1、A_2 是否存在虚断、虚短、虚地？各工作在线性区还是非线性？

(3)试写出 v_{o1}、v_o 表达式。

五、作图题(共 6 分)

电路如图 7 所示，根据已知输入波形和电路作其输出波形，初态为 0。

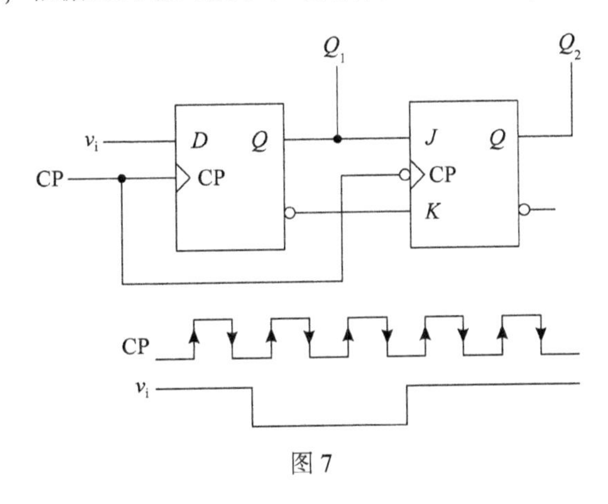

图 7

六、设计题(共 16 分，2 题，每题 8 分)

1. 用 74161 和必要的组合器件设计一模可变计数器，要求：$A=0$ 时为 10 进制，$A=1$ 时为 6 进制。

2. 有一“T”形走廊，在相会处有一盏路灯，在进入走廊的 A、B、C 三地各有一个控制开关，都能独立进行控制。(用 74138 或 74151 带上必要的逻辑门设计)

控制要求：任意闭合一个开关，灯亮；任意闭合两个开关，灯灭；3 个开关同时闭合，灯亮。

要求列出逻辑函数 Y。设 A、B、C 代表 3 个开关(输入变量)，开关闭合状态为 1，断开为 0；灯亮 Y(输出变量)为 1，灯灭 Y 为 0。

电子技术综合测试题三

一、填空题(共22分，11题，每题2分)

1. 测得某放大电路中三极管的三个电极电位分别为 $V_1=-9\text{V}$，$V_2=-6\text{V}$，$V_3=-6.2\text{V}$，则对应电极1脚是(　　)极，2脚是(　　)极，3脚是(　　)极；此BJT类型是(　　)。

2. 在深度负反馈电路中，开环放大倍数A增大一倍，则闭环放大倍数 A_f(　　)，反馈系数 F 增大一倍，则闭环放大倍数 A_f(　　)。

3. 理想集成运算放大器工作在线性区时，两个输入端电流 $I_-=I_+=$(　　)，简称(　　)，两个输入端电压 V_- 和 V_+ 的关系为(　　)，简称(　　)。

4. 将十进制数$(139)_{10}$转变为二进制数为(　　)，转变为十六进制数为(　　)。

5. 电路如图1(a)、(b)所示的函数表达式分别为：$Y_1=$(　　)，$Y_2=$(　　)。

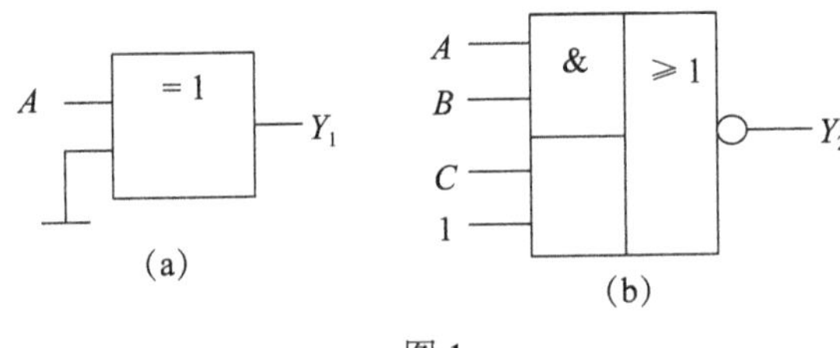

图1

6. 三态门的(　　)端信号无效时，三态门的输出呈现(　　)状态。

7. JK触发器的特征方程是(　　)，D触发器的特征方程是(　　)。

8. 有个10位逐次逼近型ADC，其最小量化单位为0.001V，则其参考电压为(　　)。

9. 直接耦合放大器，由温度变化引起零输入对应非零输出的现象称为(　　)，主要原因是(　　)造成的，为克服这种现象一般采用(　　)电路。

10. 三极管有三种基本组态。其中，(　　)组态具有较高的输入电阻和较低的输出电阻；(　　)组态具有较低的输入电阻和较高的输出电阻。(　　)组态同时具有电流和电压放大作用。

11. 触发器按逻辑功能分(　　)、(　　)、(　　)、(　　)等四种类型。

二、选择题(共20分，10题，每题2分)

1. 在画基本放大电路的交流通路时，耦合电容 C 视作(　　)，直流电源 V_{CC} 视作(　　)。

　A. 开路，短路　B. 短路，开路　C. 开路，开路　D. 短路，短路

2. 乙类互补对称功率放大电路，产生的特有的失真是(　　)。

　A. 交越失真　B. 饱和失真　C. 截止失真　D. 大信号失真

3. 电压负反馈电路具有(　　)。

　A. 稳定输出电压，使输出电阻减小　B. 稳定输出电压，使输出电阻增加
　C. 稳定输出电流，使输出电阻减小　D. 稳定输出电流，使输出电阻增大

4. 下列函数中，是最小项表达形式的为(　　)。

A. $F=A+BC$　　B. $F=A\overline{B}C+AB\overline{C}+\overline{A}BC$

C. $F=\overline{AB}C+\overline{A}B\overline{C}+ABC$　　D. $F=A(B+C)+AB\overline{C}$

5. 八路数据选择器，其地址输入(选择控制)端有(　　)个。

A. 1　　B. 2　　C. 3　　D. 8

6. 要使3-8线译码器(74LS138)能正常工作，使能控制端 G_1，$\overline{G_{2A}}$，$\overline{G_{2B}}$的电平信号应是(　　)。

A. 100　　B. 111　　C. 011　　D. 001

7. 设 $F=AB+\overline{C}\,\overline{D}$，则它的非函数是(　　)。

A. $\overline{F}=\overline{A+B}\cdot\overline{C+D}$　　B. $\overline{F}=(\overline{A}+\overline{B})(C+D)$

C. $\overline{F}=(A+B)\cdot(\overline{C}+\overline{D})$　　D. $\overline{F}=\overline{AB}\cdot\overline{CD}$

8. 电路如图2所示的逻辑表达式为(　　)。

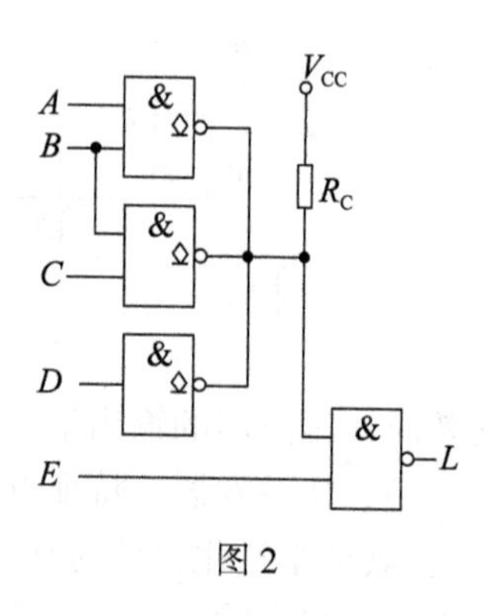

图2

A. $L=AB+BC+D+\overline{E}$　　B. $L=\overline{AB}+\overline{BC}+D+\overline{E}$

C. $L=AB\cdot BC\cdot D+\overline{E}$　　D. $L=AB+BC+\overline{D}+\overline{E}$

9. 如图3所示为单相桥式整流电容滤波电路，负载上的直流输出电压 v_o 约为(　　)，若负载开路，则 v_o 为(　　)。(V_2 为变压器次级输出电压的有效值)

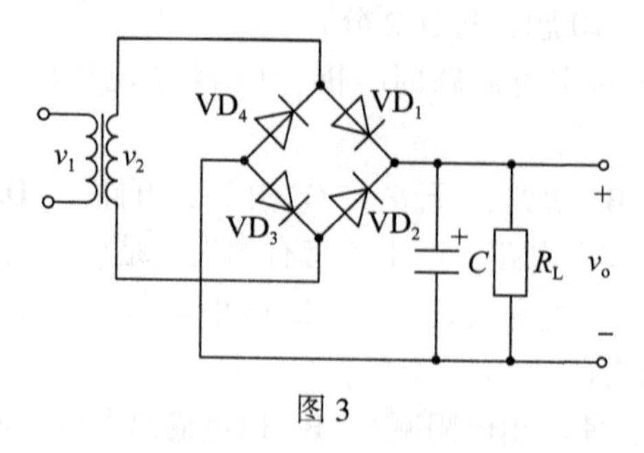

图3

A. $0.9V_2$，$1.2V_2$　　B. $1.2V_2$，$\sqrt{2}V_2$

C. $0.9V_2$，$\sqrt{2}V_2$　　D. $\sqrt{2}V_2$、$1.2V_2$

10. 硅稳压管稳压电路如图 4 所示，D_{w1}、D_{w2}的稳压值分别为7V、8V，则此电路的输出电压为(　　)。(稳压管正向导通时压降为 0.7V)

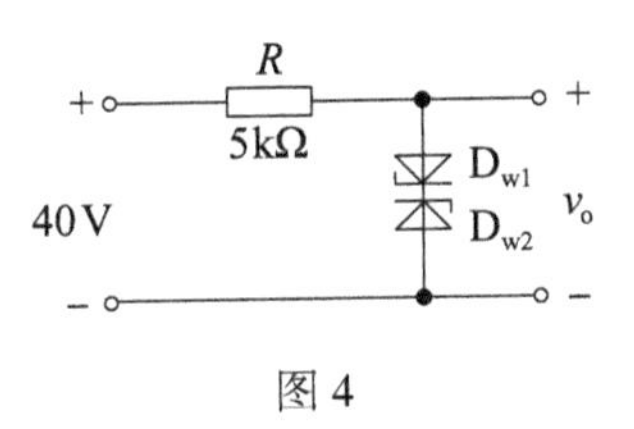

图 4

A. 15V　　B. 8.7V　　C. 7.7V　　D. 15.7V

三、分析计算题(共 10 分)

电路如图 5 所示。

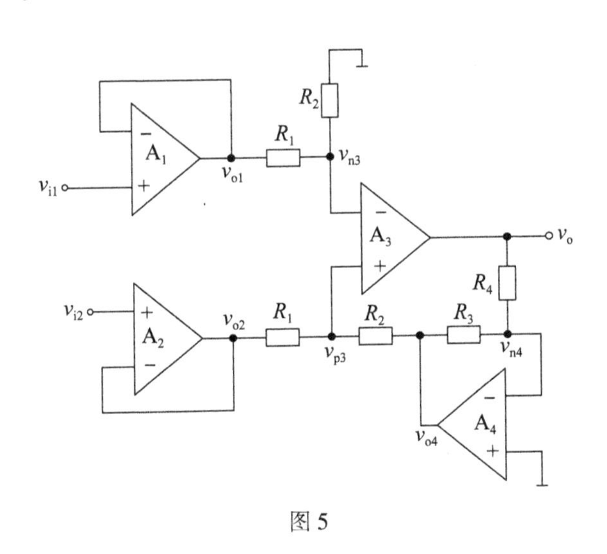

图 5

(1)图中的 A_2、A_4构成何种基本运算电路；

(2)求电路的电压增益 $A_v=\dfrac{v_o}{v_{i1}-v_{i2}}$。

四、函数化简题(共 10 分)

将下列两个逻辑函数化简成最简与或表达式：

$F_1=(A+\bar{A}C)(A+\bar{C}D+\bar{D})$；

$F_2=\sum m(0,1,4,7,9,10,15)+\sum d(2,5,8,12,14)$。

五、分析设计题(共 18 分，2 题，每题 9 分)

1. 用 3-8 线译码器和必要的逻辑门电路实现逻辑函数 $Y=A\oplus B\oplus C$。

2. 分别用异步清零和同步置数将 74161 连接成 12 进制计数器。

六、连线分析题(共10分，2题，每题5分)

1. 要使图6(a)、(b)所示两个振荡电路满足相位平衡条件，应该如何连线？

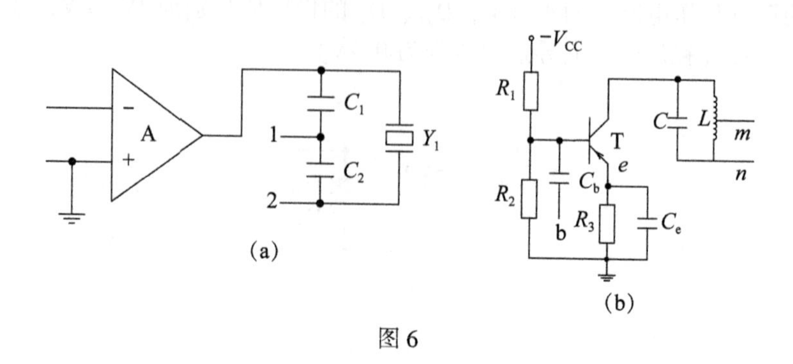

图6

2. 电路如图7所示，设二极管为理想的，判断二极管是否导通，并求 V_{AO} 值。

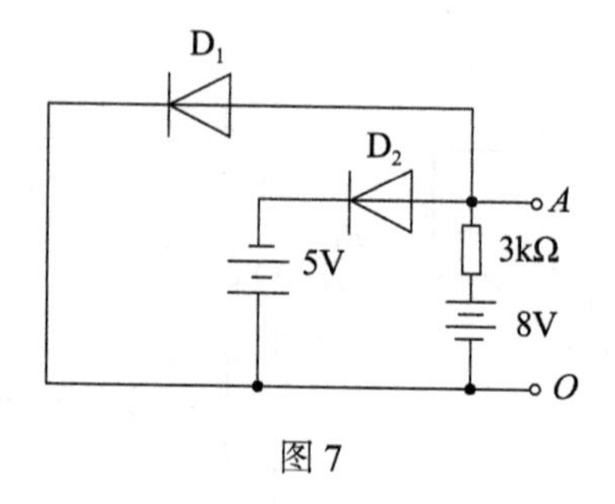

图7

七、计算题(共10分)

电路如图8所示，已知：$\beta=100$，$V_{BEQ}=0.7V$，$V_{CC}=12V$，$R_{b1}=20k\Omega$，$R_{b2}=80k\Omega$，$R_c=2k\Omega$，$R_L=2k\Omega$，$R_{e1}=200\Omega$，$R_{e2}=1.8k\Omega$。

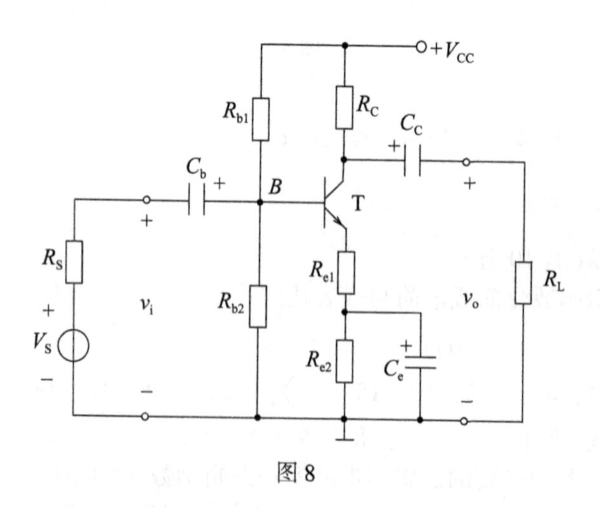

图8

(1)估算电路的静态工作点：I_{BQ}，I_{CQ}，V_{CEQ}；

(2)计算交流参数 A_v，R_i，R_o值；

(3)该电路是更容易产生截止失真还是饱和失真，应调整哪个元件值，如何调？

参考答案

电子技术综合测试题一参考答案

一、填空题

1. A A 2. 1101 00010011 3. $(A+B)\cdot(\overline{C}+\overline{D})\cdot 1$

4. $\frac{20}{0.9}\times 1.2=\frac{80}{3}=26.6(\text{V})$ 5. $\varphi_A+\varphi_F=2n\pi(n=\pm 1,\ \pm 2,\ \cdots)$ AF=1

6. 差模 共模 7. Q^n 0 0 8. 采样 保持 量化 编码

9. 78.5% 交越 甲乙 10. 单稳态触发器 $t_w=1.1RC$

二、选择题

1. B 2. A 3. A C B E 4. D 5. B 6. A 7. D 8. B 9. C 10. C

三、分析题

1.

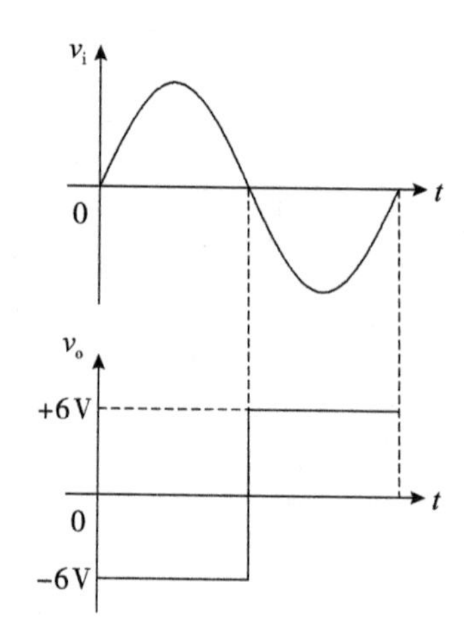

2. 先假设 D_1、D_2 全部断开，则：$V_{D1}=-6-(-12)=6(\text{V})$，$V_{D2}=0-(-12)=12(\text{V})$，所以 D_2 先导通。D_1 截止，$V_{AB}=0$。

四、计算题

1. (1) 静态工作点计算：$V_B=\frac{R_{b2}}{R_{b1}+R_{b2}}V_{CC}$，$I_{EQ}=\frac{V_B-V_{BEQ}}{R_{e1}+R_{e2}}$，$I_{BQ}=\frac{I_{EQ}}{\beta+1}$，$I_{CQ}=\beta\cdot I_{BQ}$，$V_{CEQ}=V_{CC}-I_{CQ}R_C-I_{EQ}(R_{e1}+R_{e2})$。

(2) 画交流通路和微变等效电路

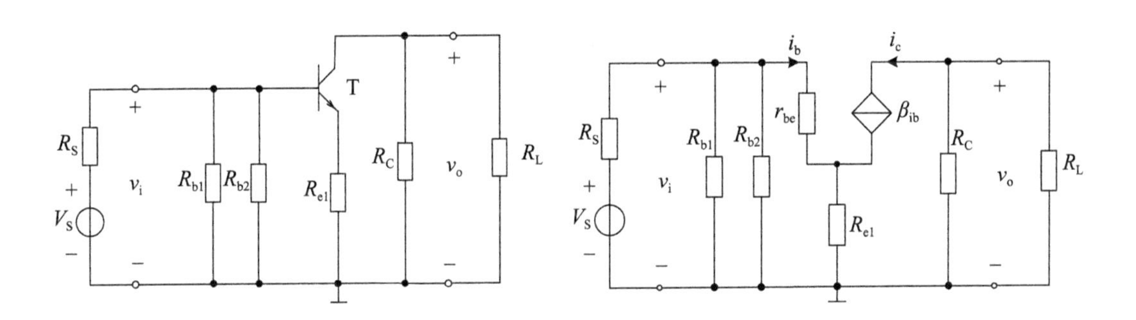

(3) $A_V=-\frac{\beta(R_C/\!/R_L)}{r_{be}+(1+\beta)R_{e1}}$，$R_i=R_{b1}/\!/R_{b2}/\!/[r_{be}+(1+\beta)R_{e1}]$，$R_o\approx R_C$。

2. 卡诺图化简：

AB \ CD	00	01	11	10
00		1		1
01		1	1	1
11	×	×	×	×
10		1	×	×

$F=\overline{C}D+C\overline{D}+BD$

3. (1) 电压串联负反馈；

(2) 用叠加法计算 $-v_i+2\frac{R_4}{R_4+R_3}v_o=-v_o$，$\frac{v_o}{v_i}=\frac{R_4+R_3}{3R_4+R_3}$。

五、设计题

1. 用异步清零和同步置数两种方法将 74161 接成七进制计数器，七进制为 0000-0110。

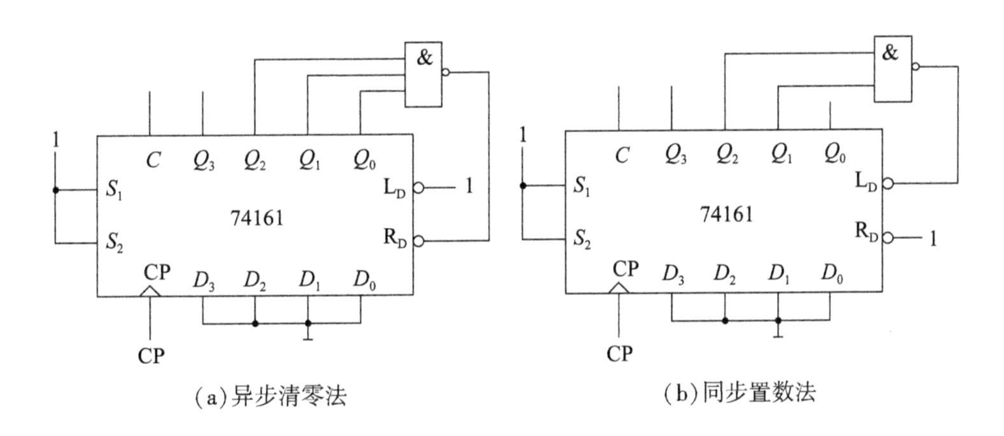

(a) 异步清零法　　(b) 同步置数法

2.(1)用与非门实现逻辑函数 $F=\overline{A}C+BC+A\overline{C}$。

$F=\overline{A}C+BC+A\overline{C}=\overline{\overline{\overline{A}C}\cdot\overline{BC}\cdot\overline{A\overline{C}}}$

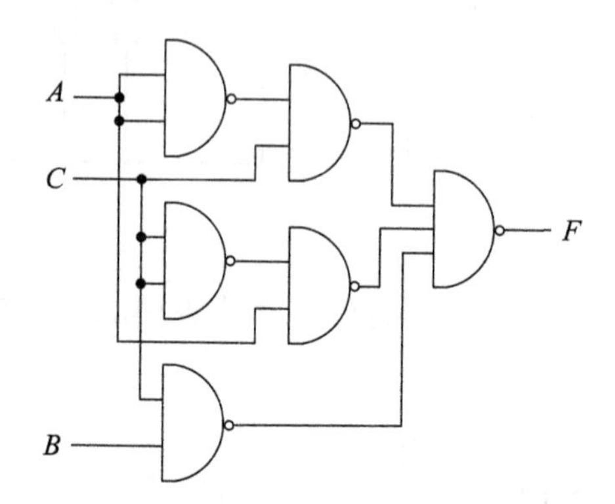

(2)用 74138 和门电路实现逻辑函数 F。

$F(A,B,C)=\overline{A}C+BC+A\overline{C}=\sum m(1,3,4,6,7)=\overline{\overline{m_1}\cdot\overline{m_3}\cdot\overline{m_4}\cdot\overline{m_6}\cdot\overline{m_7}}$

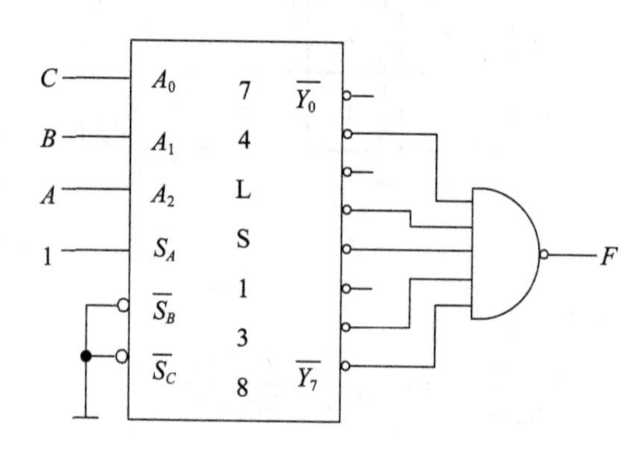

电子技术综合测试题二参考答案

一、填空题

1. 基极 发射极 集电极 PNP 管 2. 场效应管 双极性三极管

3. 正向 反向 4. 共集电极 共基极 发射极

5. $A+[\overline{B}\cdot\overline{(C+D)(\overline{E}+F)}\cdot G$ $\overline{A}+[B\cdot\overline{(\overline{C}+\overline{D})(E+\overline{F})}\cdot\overline{G}$

6. 101111 01000111 7. 13 8. $\dfrac{V_{CC}^2}{2R_L}$ 9. 时序逻辑

10. 逻辑门电路

二、选择题

1. C 2. D 3. D 4. A 5. D B 6. C 7. C 8. A B 9. A 10. C

三、分析题

1.

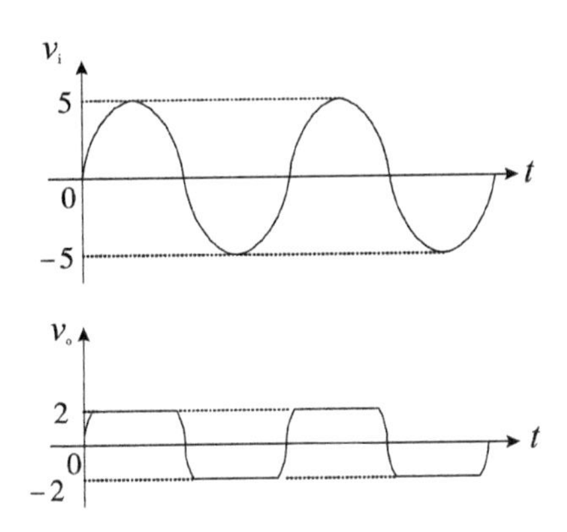

2. 化简

(1) $F_1=\overline{A}\,\overline{C}+\overline{B}C$　　$F_2=\overline{B}\,\overline{D}+BD+\overline{A}B\,\overline{C}$

3. 判断电路能否振荡。(4 分)

A. 能　　B. 不能

四、计算题

1. (1) 微变等效电路：

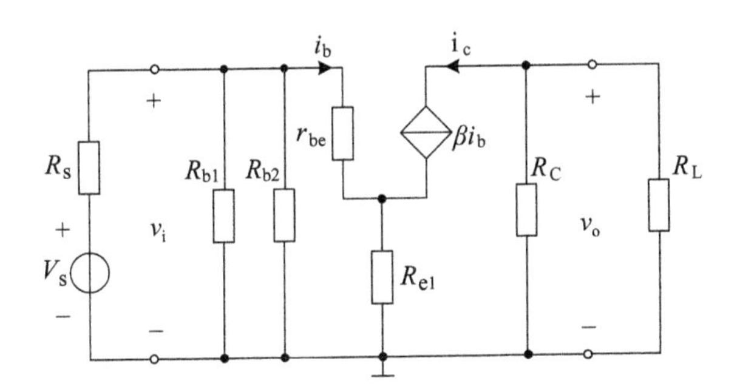

(2) $A_V=-\dfrac{\beta(R_C/\!/R_L)}{r_{be}+(1+\beta)R_{e1}}$，$r_{be}=200+(1+\beta)\dfrac{26\text{mV}}{I_{EQ}}$，$I_{EQ}=\dfrac{V_B-V_{BEQ}}{R_{e1}+R_{e2}}$，$V_B=\dfrac{R_{B2}}{R_{B1}+R_{B2}}V_{CC}$，代入计算得：$A_V=-6.5$。

(3) $A_{VS}=\dfrac{R_i}{R_i+R_S}A_V$。$R_i=R_{b1}/\!/R_{b2}/\!/[r_{be}+(1+\beta)R_{e1}]$

代入计算得：$A_{VS}=-4.9$。

(4) $R_i=12\text{k}\Omega$，$R_o=R_C=3\text{k}\Omega$。

2. (1) A_1 构成同相放大电路，A_2 构成施密特比较电路。

(2) A_1 存在虚断和虚短，其工作在线性区；A_2 存在虚断，其工作在非线性区。

(3) $v_{o1}=10v_i$，对于 A_2，$V_{TH}=2V$，$V_{TL}=-2V$，$v_{o1}>2V$，$v_0=-6V$；$v_{o1}<2V$，$v_o=6V$。

五、作图题

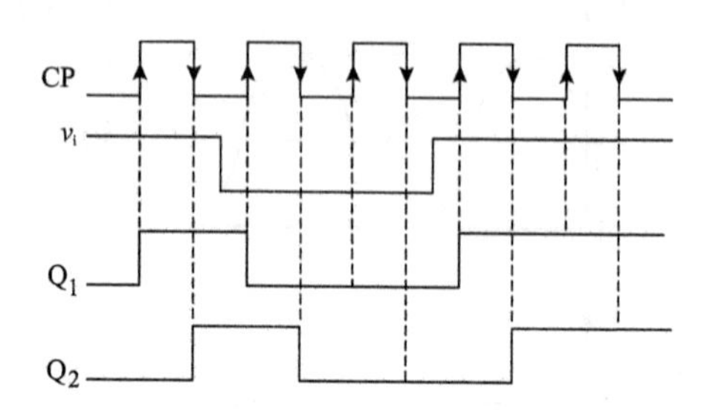

六、设计题

1. 用 A 控制初值($A=D_2$)，用 A 控制计数值 $\overline{CR}=\overline{\overline{M}Q_3Q_0+MQ_2Q_1}$。

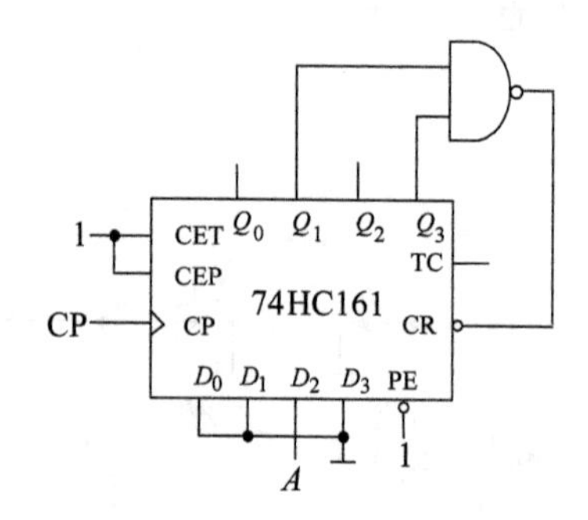

2. $Y(A, B, C)=\overline{A}\,\overline{B}C+\overline{A}B\overline{C}+A\overline{B}\,\overline{C}+ABC=\sum m(1, 2, 4, 7)$

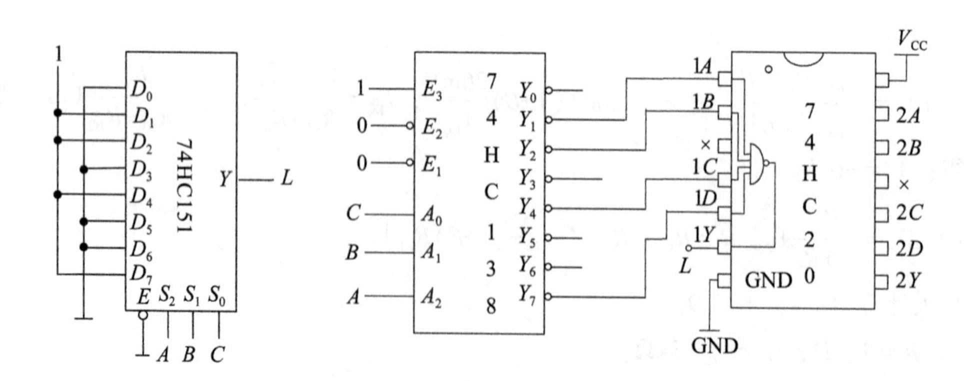

电子技术综合测试题三参考答案

一、填空题

1. 集电极　发射极　基极　PNP

2. 不变　减小一半

3. 0　虚断 $V_-=V_+$　虚短

4. $(10001011)_2$　$(8B)_{16}$

5. A　$\overline{AB+C}$

6. 使能　高阻

7. $Q^{n+1}=J\overline{Q^n}+\overline{K}Q^n$　$Q^{n+1}=D$

8. 1.024V

9. 温漂　三极管的参数会随温度变化而变化　差动放大

10. 共集电极　共基极　共发射极

11. JK　D　T　RS

二、选择题

1. B　B　2. A　3. A　4. B　5. C　6. A　7. B　8. A　9. B　B　10. B

三、分析计算题

(1) 图中的 A_2 构成电压跟随器，A_4构成反相放大电路。

(2) 由于 $v_{o1}=v_{i1}$，$v_{o2}=v_{i2}$，$v_{p3}=v_{n3}=\dfrac{R_2}{R_1+R_2}v_{i1}$，$v_{o4}=-\dfrac{R_3}{R_4}v_o$，

又由于 $i_{R_1}=i_{R_2}$，即$\dfrac{v_{o2}-v_{p3}}{R_1}=\dfrac{v_{p3}-v_{o4}}{R_2}$，代入整理得：$-\dfrac{R_3}{R_4}v_o=\dfrac{R_2}{R_1}(v_{i1}-v_{i2})$，

所以 $A_V=\dfrac{v_o}{v_{i1}-v_{i2}}=-\dfrac{R_2R_4}{R_1R_3}$。

四、函数化简题

将下列逻辑函数化简成最简与一或表达式：

$F_1=(A+\overline{A}C)(A+\overline{C}D+\overline{D})=A+A\overline{C}+A\overline{D}+AC+C\overline{C}+C\overline{D}=A+C\overline{D}$

$F_2=\sum m(0, 1, 4, 7, 9, 10, 15)+\sum d(2, 5, 8, 12, 14)$

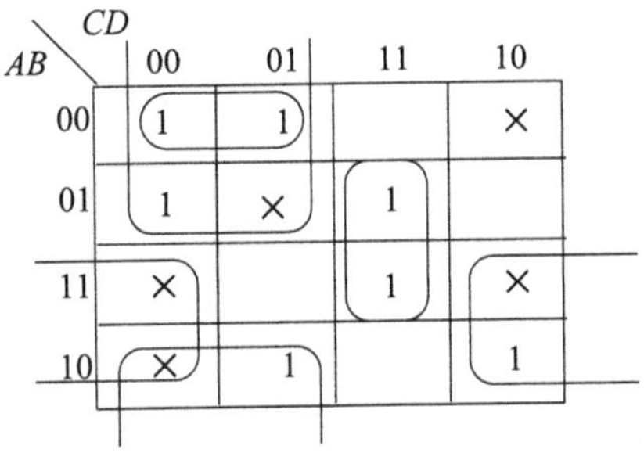

AB \ CD	00	01	11	10
00	1	1		×
01	1	×	1	
11	×		1	×
10	×	1		1

利用图示卡诺图化简法，得：$F_2=\overline{A}\,\overline{C}+\overline{B}\,\overline{C}+A\overline{D}+BCD$

五、分析设计题

1. **解**：$L(A,\ B,\ C) = A \oplus B \oplus C = \sum m(1,\ 2,\ 4,\ 7)$

将变量 A、B、C 分别接到 3 线-8 线译码器的 A_2、A_1、A_0，$E_3E_2E_1$ 取 100。

用 74138 来实现逻辑电路图如下：

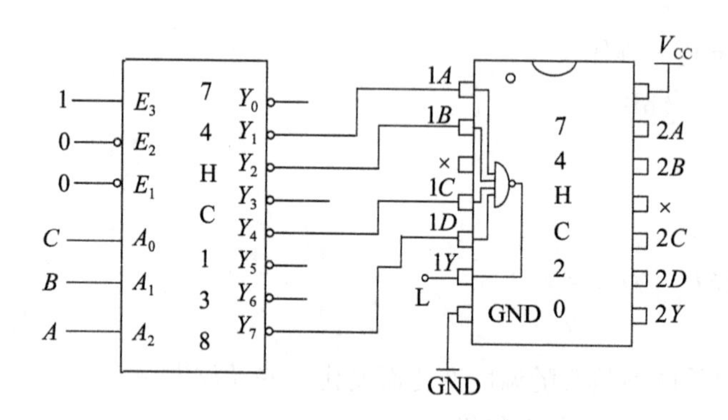

2. 用 74161 接成 12 进制计数器，分别用异步清零和同步置数两种方法实现。

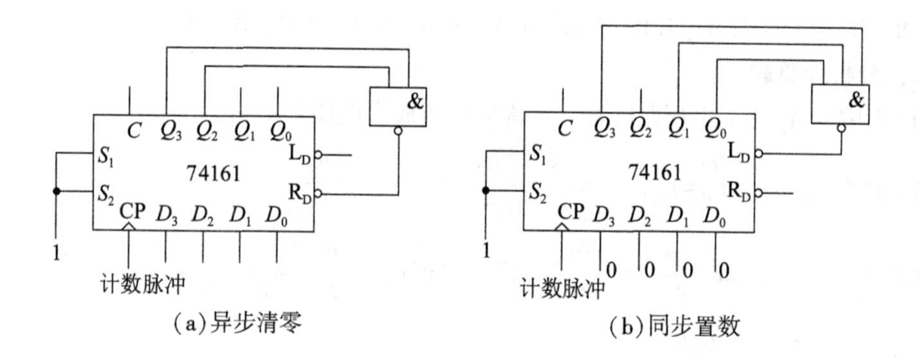

(a)异步清零　　　　(b)同步置数

六、连线分析题

1. 振荡电路满足相位平衡条件正确的接法：

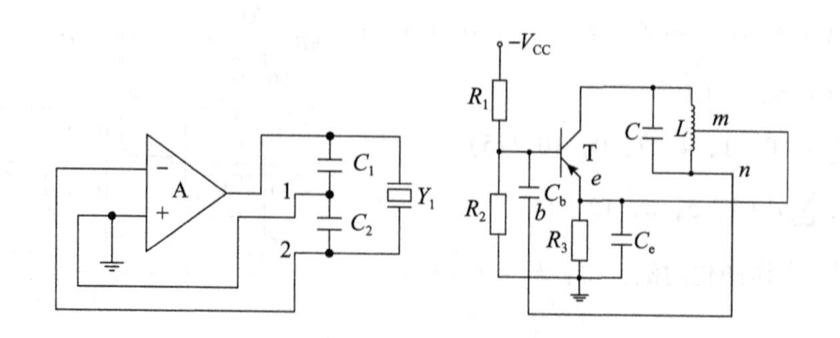

2. 设二极管为理想的，判断二极管是否导通，并求 V_{AO} 值。

假设 D_1、D_2 全部断开，则 $V_{D1}=8V-0V=8V$，$V_{D2}=8V-(-5V)=13V$，D_2 管优先导通，D_1 管截止，$V_{AO}=-5V$。

七、计算题

解：(1) $V_B=\frac{R_{b2}}{R_{b1}+R_{b2}}V_{CC}$，$I_{EQ}=\frac{V_B-V_{BEQ}}{R_{e1}+R_{e2}}=0.85mA\approx I_{CQ}$，$I_{BQ}=\frac{I_{CQ}}{\beta}\approx\frac{I_{EQ}}{\beta}=8.5\mu A$，

$V_{CEQ}=V_{CC}-I_{CQ}R_C-I_{EQ}(R_{e1}+R_{e2})=8.6V$

(2) $A_V=-\frac{\beta(R_C /\!/ R_L)}{r_{be}+(1+\beta)R_{e1}}$，$r_{be}=200+(1+\beta)\frac{26mV}{I_{EQ}}=3.3k\Omega$，$A_V=-4.2$

$R_i=R_{b1} /\!/ R_{b2} /\!/ [r_{be}+(1+\beta)R_{e1}]=9.4\ k\Omega$，$R_o\approx R_C=2k\Omega$。

(3) 临界 $I_{CQm}=\frac{V_{CC}}{R_C+R_{e1}+R_{e2}}=3mA$。$I_{CQ}\approx0.85mA<\frac{1}{2}I_{CQm}$，所以该电路是更容易产生截止失真，为减小失真，应增大 R_{b2} 或减小 R_{b1}。

参 考 文 献

[1] 童诗白，何金茂．电子技术基础试题汇编[M]．北京：高等教育出版社，1993.

[2] 孙肖子.《模拟电子电路及技术基础》教、学指导书[M]．西安：西安电子科技大学出版社，2015.

[3] 王振宇，成立.《模拟电子技术基础》学习指导与习题解答[M]．南京：东南大学出版社，2015.

[4] 吴文全，尹明.《电子技术基础》实验与学习指导[M]．北京：电子工业出版社，2015.

[5] 陈大钦.《电子技术基础：模拟部分》学习辅导与习题解答[M]．北京：高等教育出版社，2014.

[6] 罗杰，秦臻.《电子技术基础 数字部分》学习辅导与习题解答[M]．北京：高等教育出版社，2013.